Wolfgang Kappeller

Das Marketing-Lexikon für die Praxis

Wolfgang Kappeller

Das Marketing-Lexikon für die Praxis

Erläuterungen, Fallbeispiele, Lösungen

verlag
moderne industrie

Die Deutsche Bibliothek – CIP-Einheitsaufnahme

Kappeller, Wolfgang:
Das Marketing-Lexikon für die Praxis : Erläuterungen, Fallbeispiele, Lösungen/Wolfgang Kappeller – Landsberg/Lech : mi, Verl. Moderne Industrie, 2000
ISBN 3-478-37400-6

Umschlaggestaltung: Farenholtz, Landsberg/Lech
Satz: Mitterweger & Partner, 68723 Plankstadt
Druck: Himmer, Augsburg
Bindearbeiten: Thomas, Augsburg
Printed in Germany 910470/100001
ISBN 3-478-37400-6

Inhaltsverzeichnis

Vorwort

Für Führungskräfte in mittelständischen Unternehmen, die immer wieder aufs Neue mit aktuellen Vermarktungsproblemen konfrontiert werden, dient dieses Lexikon als Ideengeber und schnelle Informationsquelle.

Das »Marketing-Lexikon für die Praxis« bietet, im Vergleich zu konventionellen Marketinglexika, einen wichtigen Mehrwert: Es verknüpft die aktuellen Marketing-Fachbegriffe mit den jeweiligen Einsatzbereichen und bietet konkrete Handlungsanleitungen.

Zusätzlichen Nutzen bietet der Know-how-Transfer, der sich aus den veröffentlichten Unternehmensbeispielen ergibt. Sie sollen den Anwendern Orientierungspunkte bieten und ihnen auch die Information vermitteln, inwieweit sich in der Alltagspraxis die beschriebenen Lösungsmethoden bewährt haben.

Ausschlaggebend bei der Konzeption war eine Systematik, die sich an den spezifischen Bedürfnissen der aus der Unternehmenspraxis kommenden Nutzer orientiert. Dies zeigt sich besonders deutlich bei der Zusammenstellung der Stichwörter. Maßgebend war hier, inwieweit ein Begriff für ein aktuelles Problemfeld steht. Die Marketingbegriffe möglichst lückenlos aufzulisten, war dabei zweitrangig.

Ebenfalls am praktischen Nutzen orientiert sich die Definition des jeweiligen Stichworts. Hier bestand die Vorgabe darin, den Begriff aus den Welten der Marketingwissenschaft, der Marktforschungsinstitute, Werbeagenturen und Unternehmensberatungen zu lösen und in die Welt des mittelständischen Anwenders zu übertragen.

Das »Marketing-Lexikon für die Praxis« will aber auch auf die Wettbewerbschancen kleiner und mittelständischer Unternehmen Einfluss nehmen. Diese stehen derzeit vor der Herausforderung, sich auch in ihren angestammten Märkten behaupten zu müssen.

Den Ausschlag hierzu gibt eine sich neu abzeichnende Strukturveränderung in der Wirtschaft: Global Player entwickeln sich gleichzeitig auch zu Local Playern. Mit dieser Doppelstrategie sind sie nicht nur in den Weltmärkten, sondern auch in Marktnischen und regionalen Märkten präsent, die für sie bisher ein zu geringes Volumen aufwiesen.

Umso notwendiger ist für mittelständische Unternehmen, die Marketingstrategien der Global Player für sich zu entdecken und für die eigenen Zwecke anwendbar zu machen. Hier will das Marketing-Lexikon ebenfalls Lösungen aufzeigen.

Ein umfangreiches Schlagwortverzeichnis am Ende des Lexikons erleichtert das schnelle Auffinden der Fachbegriffe. Es enthält einerseits die Stichwörter und andererseits Fachbegriffe, die in den Texten vorkommen.

Für die Unterstützung in den Bereichen E-Commerce und Internet-Marketing danke ich Herrn Dr. Thomas Wirth und Herrn Andreas T. Frenko. Ebenso gilt mein Dank Herrn Rechtsanwalt Jürgen Abrahamczik für seine juristische Betreuung.

Ein besonderer Dank gilt Regina Mittenhuber, meiner Partnerin in der Fachredaktion PROFITEXT. Ihr ist es mit zu verdanken, dass dieses Lexikon erscheinen konnte. Bei Herrn Mathias Bauer bedanke ich mich für die gute Betreuung.

Kitzingen, August 2000 — Wolfgang Kappeller

ABC-Analyse
Diese Methode hilft herauszufinden, welche Kundensegmente oder Produktgruppen einem Unternehmen besonders hohe Erträge bringen. Die Klassifizierung kann nach unterschiedlichen Kriterien erfolgen, bspw. nach dem Umsatzanteil des jeweiligen Produkts oder Kundensegments.

Problemfeld:
In Vertriebsorganisationen zeigt sich z.B.: Je schwieriger die Akquisition eines Kunden ist, umso intensiver wird sie betrieben. Ein anderes Beispiel: Für einen scheinbar pflegeleichten Kunden wird der Aufwand an Zeit und Kosten für die Kundenpflege gering gehalten. Dafür erhalten die Kunden am meisten Zuwendung, die laufend mit Lieferantenwechsel drohen.
In der Konsequenz werden die Kräfte eines Unternehmens gebunden, um schwierige Kunden zu halten. Dabei wird jedoch außer Acht gelassen, wie viel diese tatsächlich zur wirtschaftlichen Weiterentwicklung des Unternehmens beitragen.

Problemlösung:
Mit Hilfe der ABC-Analyse kann die Bedeutung bestimmter Märkte, Geschäftsfelder, Produktsegmente und Produkte, Kundengruppen und Kunden festgestellt werden. Die Einteilung erfolgt in drei Klassen, A, B und C.
Am häufigsten anzutreffen sind ABC-Analysen, die sich am Umsatz orientieren. Dabei werden Produkte bzw. Kunden nach ihrem Umsatzanteil eingestuft:
A für einen hohen Umsatzanteil
B für einen mittleren Umsatzanteil
C für einen geringen Umsatzanteil

In der Regel ergibt die ABC-Analyse, dass mit einem relativ kleinen Anteil des Sortiments beziehungsweise der Gesamtkundenzahl ein relativ hoher Umsatzanteil getätigt wird. Das

sog. Pareto-Prinzip geht hier von einem Verhältnis von 20:80 aus.
Die Anwendung der ABC-Analyse birgt die Gefahr, dass aus den Ergebnissen falsche Schlüsse gezogen werden. Besonders umsatzstarke Kunden sind nicht unbedingt auch die ertragsstärksten Segmente. So können schnell andere Ergebnisse herauskommen, wenn die ABC-Analyse auf der Basis des Ertragsanteils durchgeführt wird.
Ertragsschwache Kunden können bspw. hohe Ertragspotenziale aufweisen bzw. hohen Nutzen bringen, wenn sie als Referenz- und Empfehlungskunden hohe Marketingleistungen erbringen.
Ertragsschwache Produkte eines Sortiments können die wichtigste Voraussetzung sein, um ertragsstarke Sortiments- und Dienstleistungsbereiche anzukurbeln. Ein typisches Beispiel ist das Ersatzteil-, Zubehör- und Wartungsgeschäft.
Um in etwa bemessen zu können, wie wichtig ein Kunde für das Unternehmen ist, muss sein strategischer Wert ermittelt werden. Dies erfolgt über die sog. Kundenwertanalyse.
Aus der ABC-Analyse können wichtige Schlüsse gezogen werden. So kann sich herausstellen, dass ein Umsatzanteil von 80 Prozent über eine einzelne Produktgruppe erwirtschaftet wird. Kommt es in diesem Segment zu Absatzproblemen, sind auch 80 Prozent des Umsatzes gefährdet.
Es kann sich aber auch herausstellen, dass Kosten erheblich gesenkt werden können, wenn bestimmte C-Produkte aus dem Sortiment genommen werden.
Das Ergebnis der kundenbezogenen ABC-Analyse ist ein Fingerzeig, in welcher Form und in welcher Intensität die einzelnen Kunden betreut werden sollen. Bspw. basiert die Termingestaltung des Außendienstes auf einer ABC-Analyse: A-Kunden werden häufiger, C-Kunden seltener besucht. Oder die Klassifizierung ist der Orientierungspunkt, ob Kunden über persönliche Besuche, über das Telefon oder nur über Mailings betreut werden.
Diese Strategie dient nicht nur der Kostensenkung. Sie steigert auch die Wettbewerbskraft, wenn die frei werdenden Ressourcen dazu verwendet werden, besonders umsatz- bzw. ertragsstarke Kunden noch stärker zu binden.
Die üblicherweise praktizierte ABC-Analyse trifft ihre Differenzierung aus einer Gegenwartssicht. Dabei berücksichtigt sie nicht, inwieweit sich Sortimentsbereiche und Kundengruppen in der Zukunft entwickeln werden.
Unternehmen gehen verstärkt dazu über, die ABC-Analyse im Hinblick auf Kundenanforde-

rungen und Kundenerwartungen anzuwenden. So listen sie alle Anforderungen und Erwartungen auf, die Kunden an die Unternehmens- oder Produktleistungen richten. Dann klassifizieren sie die Anforderungen danach, inwieweit diese für die Kaufentscheidung maßgebend sind und dem Unternehmen die Möglichkeit bieten, sich im Wettbewerb zu differenzieren.

- Ein A-Kriterium ist wettbewerbsentscheidend. Es muss unbedingt erfüllt und in den Werbemaßnahmen deutlich kommuniziert werden.
- Ein B-Kriterium sollte nur erfüllt werden, wenn es dem Kunden als besondere Zusatzleistung kommuniziert werden kann.
- Ein C-Kriterium sollte nur erfüllt werden, wenn dies weitgehend kostenneutral möglich ist und zur Abrundung dient.

Die ABC-Analyse kann auch dazu verwendet werden, um festzustellen, welche Produkt- und Unternehmensleistungen vom Kunden überhaupt wahr- und angenommen werden. Hier dient sie als Orientierungshilfe für Effizienzsteigerungs- und Kostensenkungsstrategien. In diesem Fall bedeutet die ABC-Klassifizierung:

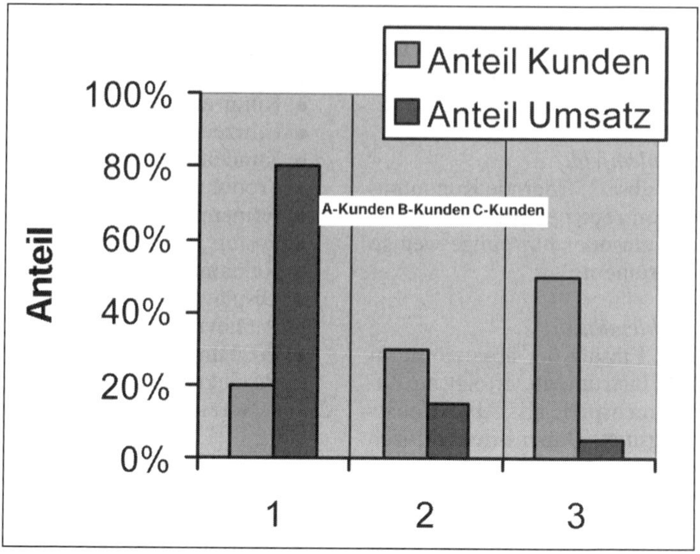

ABC-Analyse: Kundenanteile umsatzbezogen

- Ein A-Kriterium bietet keinerlei Kostensenkungspotenziale.
- Ein B-Kriterium bietet Einsparmöglichkeiten, wenn bei den A-Kriterien bereits ein genügend großer Wettbewerbsvorsprung erreicht ist.
- Ein C-Kriterium ist lediglich ein Kostenfaktor, für den Kunden aber kein erkennbarer Nutzenfaktor. Deshalb kann auf ihn verzichtet werden: bspw. zu Gunsten der A-Kriterien.

■ Absatzfördernde Kommunikation

Das Zusammenspiel der unterschiedlichsten Instrumente der Werbung, des Direktmarketings, der Verkaufsförderung, der Öffentlichkeitsarbeit und des persönlichen Kundenkontakts.

Problemfeld:
Die absatzfördernde Kommunikation reduziert sich häufig auf nur ein oder nur einige wenige Instrumente.

Problemlösung:
Der Einsatz der absatzfördernden Instrumente erfolgt im Zusammenspiel als Absatzförderungsmix. Dabei orientiert sich die Art, der Umfang, der Inhalt, die zeitliche Abfolge und das Zusammenwirken der einzelnen Maßnahmen an einer zuvor festgelegten Gesamtstrategie.

Generell zeigt sich, dass sowohl immer wieder neue Inhalte als auch immer wieder neu eingesetzte Absatzförderungsinstrumente für Impulse sorgen. Bewirkt wird dies durch den Umstand, dass die Zielgruppe wechselweise und kampagnenweise aus den unterschiedlichsten Quellen mit dem Produkt und seinen Nutzenversprechungen konfrontiert wird. Diese überraschende Wiedererkennung hält ihre Aufmerksamkeit wach und sorgt außerdem für ständige Penetration der Inhalte.

Als Absatzförderungsinstrumente zählen:

1. Im Bereich Werbung:
   - Printwerbung
   - Onlinewerbung
   - Plakatwerbung
   - Funkwerbung
   - TV-Werbung
   - Kinowerbung
   - Fahrzeugwerbung
   - Kundenzeitschrift
   - Produktbroschüre
   - Firmenprospekt
   - Poster
   - Reklametafeln
   - Displays
   - Audiovisuelle Werbung
   - Werbung an, auf und in Produktverpackungen
2. Im Bereich Verkaufsförderung:
   - Produktpräsentationen
   - Kundenclub
   - Gutscheine
   - Preisausschreiben
   - Gewinnspiele

- Sonderverkäufe
- Zugaben
- Kostprobenaktionen
- Ausstellungen
- Events
- Vorführungen

3. Im Bereich Öffentlichkeitsarbeit:
   - Presseaussendungen
   - Presseeinladungen
   - Sponsoringaktionen
   - Produktplacements
   - Anwenderseminare
   - Hotlines
   - Kongressteilnahme
   - Auftritte mit prominenten Persönlichkeiten
4. Im Bereich Direktmarketing:
   - Werbebriefe
   - E-Commerce
   - Werbemails
   - Postwurfsendungen
   - Prospektverteilung
   - Katalogabgabe
   - TV-Dauerwerbesendungen
5. Im Bereich persönlicher Kontakt:
   - Messeteilnahme
   - Präsentationen
   - Demonstrationen
   - Kundenbefragungen
   - Werbeveranstaltungen
   - POP-Verkaufsaktionen
   - Persönlicher Kundenbesuch
   - Telefonberatung
   - Telefonverkauf

Eine weitere Regel der absatzfördernden Kommunikation ist die langfristige strategische Planung. Sie sollte, beginnend bei der Neueinführung eines Produktes, seinen Lebensweg begleiten und die Konsumenten immer wieder aufs Neue dazu bewegen, das Produkt zu nutzen beziehungsweise ihm die Treue zu halten. Somit ist es wenig effizient, durch kurzfristig eingesetzte absatzfördernde Kommunikation akute Probleme lösen zu wollen.

■ **Absatzkanal**
Weg bei der Verteilung eines Produktes oder einer Dienstleistung bis zum Endkäufer.

Problemfeld:
Mit den Veränderungen der Kundenprofile und des Kaufverhaltens verändern sich auch die Distributionswege, über die Kunden erreicht werden können.

Problemlösung:
Wie das Produkt und die produktbegleitenden Marketingmaßnahmen muss auch das Distributionsnetz permanent überprüft werden, inwieweit es noch imstande ist, die angepeilten Wunschzielgruppen zu erreichen und inwieweit der einzelne Absatzweg von ihr angenommen wird. Ein typisches Beispiel ist hier der Versandhandel. Im Zeitalter des Internets gilt es gerade bei jüngeren Käuferzielgruppen nicht mehr als »up to date« per Versandhauskatalog

seine Auswahl zu treffen. Versandhäuser gehen deshalb dazu über, parallele, internetgestützte Absatzwege einzurichten.
Dieser zusätzliche Absatzkanal bringt dem Versandhandel mehrere Vorteile:

- Während er sich im Katalog-Warenangebot an allen Zielgruppen gleichermaßen orientieren muss, bietet ihm ein kundengruppenorientierter Absatzkanal die Chance, sich in der Sortimentszusammenstellung entsprechend zu spezialisieren.
- Die begleitenden Marketingstrategien lassen sich ebenfalls je nach Absatzweg modifizieren. Typisch hier Hotelketten, die Häuser unterschiedlicher Kategorien anbieten. Diese werden in der Regel auf unterschiedlichen Wegen unter unterschiedlichem Namen mit unterschiedlichen Werbebotschaften vermarktet.

Es ist aber auch das Ziel eines Unternehmens, möglichst viele, unterschiedliche Absatzwege zu erschließen um die unterschiedlichsten Kundenkreise zu erreichen. Hier gelten die Kreditkartenanbieter als Beispiel. Zu ihren Vertriebswegen zählen nicht nur Banken und Sparkassen, sondern auch Kundenclubs von Einzelhandelsketten. Teilweise knüpfen die jeweiligen Vertriebspartner ein eigenes Angebotspaket, wie es die Verbindung von Versicherungsleistungen und Clubkarte zeigt. Ein typisches Beispiel ist auch die Verknüpfung der Bahn-Card mit der Visa-Card.
Welcher Absatzkanal für welchen Zweck gewählt wird, dies orientiert sich sowohl an den distributionspolitischen als auch an den Unternehmens- und Marketingzielen.
So kommt es nicht nur darauf an, ob die Endkunden über die jeweiligen Distributoren auch wirklich erreicht werden. Ebenso ausschlaggebend ist, dass es in die Verständniswelt der Kunden passt, dass das entsprechende Produkt dort geführt wird. Beispiel Schmuck in Gold und echten Steinen. Hier scheuen Kunden den Erwerb in Einkaufszentren, auch wenn deren Angebote wettbewerbsfähig sind.
Ähnliches gilt für den Vertrieb von Premiumprodukten. Hier kann sich die Wahl des falschen Absatzkanals negativ auf das Markenimage auswirken. Im Extremfall kann sie den Markenwert auf Dauer beeinträchtigen, bspw. wenn eine hochwertige Konfektionsmarke nicht mehr nur über Boutiquen, sondern auch über Diskonter vertrieben wird.
Schließlich gilt auch die Fachkompetenz, die der Endkunde mit dem Vertriebsweg verknüpft. So wird er beim Com-

puterkauf eher bei einer Fachhandelskette Vertrauen entwickeln als in einem Einkaufszentrum.

■ **Absatzmittler**
Vertriebspartner, die die Erschließung regionaler Märkte, die Akquisition der Kunden, ihre Betreuung und die Verteilung der Waren gewährleisten.

Problemfeld:
Der Markterfolg eines Unternehmens und seiner Produkte steht und fällt mit dem Engagement und der Leistungsfähigkeit der Absatzmittler.

Problemlösung:
Unternehmen stellen sowohl Kundenorientierung wie auch Vertriebspartnerorientierung in den Mittelpunkt ihrer Bemühungen. Sie gehen davon aus, dass sie nicht nur auf dem Kundenmarkt sondern auch auf dem Markt der Absatzmittler im Wettbewerb mit ihren Konkurrenten stehen. Beispiel Versicherungsmakler. Ihnen stehen bei der Kundenberatung theoretisch Lebensversicherungsprodukte von mehreren hundert Anbietern zur Verfügung. Doch in der Regel konzentriert sich ihre Verkaufstätigkeit nur auf wenige Einzelne, mit denen sie gute Erfahrungen gemacht haben und von denen sie sich gut betreut fühlen. Die Provisionshöhe ist hierbei nur in Bezug auf den Aufwand maßgebend, den sie hierfür leisten müssen.
Der Absatzmittler konzentriert seine Aktivitäten somit in erster Linie auf die Produkte, die er am leichtesten verkaufen kann. Deshalb ist es das Ziel der Unternehmen, ihm die entsprechenden Voraussetzungen zur Hand zu geben und zwar

- Produktkompetenz durch Qualifizierungsmaßnahmen. Dies beginnt bei Seminaren, Kongressen, Partnerveranstaltungen sowie Workshops und endet bei regelmäßig versandten Newsletter, Fallstudien, Best-Practice-Beschreibungen und Argumentationshilfen.
- Verkaufskompetenz durch unterstützendes Material. Hierzu zählt laufend aktualisiertes Präsentationsmaterial, das sich an den Kunden-Problemfeldern orientiert und typische Kundeneinwände berücksichtigt, Beispielberechnungen, Referenzen und Empfehlungen.
- Marktaufbereitung und »Hinausverkauf« der Produkte durch begleitende Image- und Produktwerbung, lokale Werbe- und Verkaufsförderungsmaßnahmen, sowie Werbekostenzuschüsse.
- Effizienzsteigerung durch Rationalisierung und Automatisierung der Abläufe, Delegierung administrativer

Aufgaben in die Unternehmenszentrale, Betreuung des Absatzmittlers durch einen serviceorientierten Innendienst.

■ Account Management

Der Beruf des Account-Managers ist relativ neu. Im Investitionsgütervertrieb hat er in etwa die gleichen Aufgaben wie der Key Account Manager in der Konsumgüterindustrie. Während beim konventionellen Verkäufer Absatz und Umsatz im Mittelpunkt seiner Bestrebungen stehen, ist es beim vorwiegend in der Investitionsgüterindustrie tätigen Kundenbetreuungsmanager die Zusammenführung aller an einer Entscheidung beteiligten Personen im Kundenunternehmen sowie der entsprechenden Gesprächspartner seines eigenen Unternehmens. Damit setzt er dem Buying Team seines Kunden ein »Selling Team« seines Unternehmens entgegen.
Zu diesem Team gehört vor allem technisches Personal, das Fachinformationen liefert, Kundendienstmitarbeiter, die in der Installation und Wartung der Anlagen kompetent sind und Mitglieder der Geschäftsleitung, sofern gesellschaftliche Kontakte von Chef zu Chef den Auftragserfolg beschleunigen können.

Problemfeld:
In Kundenunternehmen durchlaufen Kaufentscheidungen über Maschinen und Zuliefererteile einen Prozess, in den Entscheider, Mitentscheider und Beeinflusser in der unterschiedlichsten Zusammensetzung involviert sind. Für den Vertriebsingenieur, der durch sein Angebot diesen Prozess in Gang gesetzt hat, ist es wichtig, die am Entscheidungsprozess beteiligten Personen zu identifizieren, und ihre Meinungsbildung beeinflussen zu können.

Lösung:
In Unternehmen der Investitionsgüterindustrie entwickelt sich ein neuer Verkäuferberuf: der des Account Managers. Dieser Kundenbetreuungsmanager fungiert als Moderator und Koordinator, der aus seinem Unternehmen jene Experten zusammenführt, die aus ihren Erfahrungen und Kenntnissen heraus bei den Mitentscheidern und Beeinflussern des Kunden Überzeugungsarbeit leisten.

Lösungsweg:
1. Stufe:
Die erste Aufgabe des Account Managers ist, beim Kundenunternehmen den Gatekeeper, also den Türöffner, ausfindig zu machen, über den er seinen Akquisitionsprozess in Gang setzen kann. Hierbei kann es sich

um eine Sekretärin oder einen Sachbearbeiter handeln. Ausschlaggebend ist, dass der Gatekeeper die Strukturen im Unternehmen kennt und kompetent über die Entscheidungswege im Unternehmen Auskunft geben kann. Wenn es der Gatekeeper dazu noch versteht, zwischen dem Account-Manager und der Schlüsselperson in dieser Entscheidungskette zu vermitteln, hat er seinen Zweck erfüllt.

2. Stufe:
Im Laufe der Kontaktgespräche macht der Account-Manager die Entscheidungswege im Kundenunternehmen transparent. Er erfährt, welche Positionen die im Buying Center vertretenen Personen innehaben. In der Regel umfasst dieser Kreis Personen aus dem kaufmännischen und technischen Bereich. Er besteht also aus dem Meister, in dessen Abteilung die neue Maschine laufen soll, aber auch aus Einkäufern, Produktionsleitern, F&E-Ingenieuren, Controllern und letztendlich auch aus dem Finanzvorstand, der die Mittel für die entsprechende Investition zur Verfügung stellen muss.
Zum Kreis derjenigen, die mehr oder weniger maßgeblich an der Entscheidung mitwirken, zählen aber auch die informellen Beeinflusser. Dies können bspw. Betriebsräte, aber auch Mitarbeiter sein, die die Maschine bedienen werden. Letztendlich sind es auch Fachverbände bzw. Referenzunternehmen, die der Kunde als Informationsquelle sucht.

3. Stufe:
Jetzt kommt es darauf an, das Persönlichkeitsprofil des jeweiligen Beteiligten transparent zu machen: Mit welchen Mitteln wird er zugänglich? Inwieweit ist seine Meinungsbildung beeinflussbar? Mit welchen Argumenten lässt er sich vom Produkt überzeugen?

4. Stufe:
Jetzt vermittelt der Account-Manager jedem dieser Mitentscheider einen entsprechenden Gegenpart aus seinem Unternehmen. Ausschlaggebend ist, dass der Gesprächspartner die spezifischen Kompetenzen aufweist, um seinen Gesprächspartner auf der Kundenseite zu überzeugen und Gegenargumente zu widerlegen. Falls in seinem Unternehmen für einen bestimmten Fachbereich das notwendige Spezialistenwissen nicht vorhanden ist, zieht er externe Berater hinzu.

5. Stufe:
Die in den protokollierten Einzeldialogen erkannten kritischen Faktoren werden in den vom Account-Manager geleiteten Strategiesitzungen bespro-

chen und Lösungskonzepte entwickelt. Doch häufig werden solche Bedenken auch gar nicht klar artikuliert, so dass der Account-Manager aus dem Gesprächsverlauf die kritischen Faktoren erkennen muss.
In einem solchen Fall werden die Gesprächspartner bei den Folgetreffen diese kritischen Faktoren von sich aus ansprechen und die Lösungskonzepte darlegen, die in den Strategiesitzungen vereinbart wurden.

6. Stufe:
Die Gesprächspartner sollten sich auch auf einer emotionalen Ebene treffen, um die Gesprächspartner auf der Kundenseite gegen die Einflussnahme von Wettbewerbern so weit wie möglich resistent zu machen. Diese emotionale Anbindung des Kundenunternehmens zählt zu den wichtigsten Aufgaben des Account-Managers, denn nach einschlägigen Erfahrungen werden auch beim Erwerb von Investitionsgütern 90 Prozent der Entscheidungen aus dem Gefühl heraus getroffen.

Weiterführende Literatur:
Senn, Christoph: Key Account Management für Investitionsgüter, Wien 1997

■ **Adaptionsprozess**
Der Zeitraum vom Markteintritt eines Produktes bis zu seiner Etablierung.

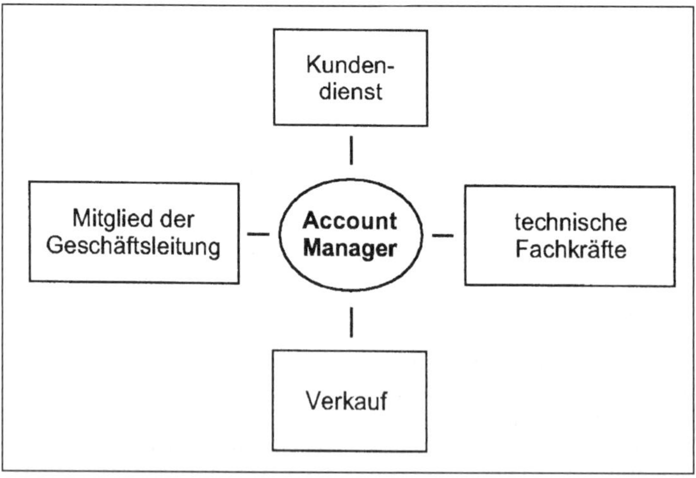

Account-Manager: Teamzusammensetzung

Problemfeld:
Bei der Einführung neuer Produkte müssen bei Kunden zwei Störfaktoren berücksichtigt werden:

- Die Scheu vor einem Kaufrisiko und
- Ablehnung, sobald das Produkt nach Meinung des Kunden nicht in seine Welt passt.

Ein typisches Beispiel für den ersten Fall ist in Deutschland die Einführung der neuen Fernsehnormen. Hier ist auch nach Jahren der Einführung die Bereitschaft zum Systemwechsel relativ gering.
Das Beispiel für den zweiten Fall ist der Versuch der Autoindustrie, Modelle mit besonders sparsamen Motoren zu vermarkten. Dies scheiterte bislang an der Ansicht potenzieller Abnehmer, ein sparsames Auto verfüge nicht über den Prestigewert eines übermotorisierten Fahrzeugs.
Je geringer somit die Risikobereitschaft und der Kompatibilitätsgrad mit den Normen und Werten der Käufer ist, um so länger dauert der Adaptionsprozess.

Problemlösung:
Mittels der so genannten Diffusionsforschung lässt sich feststellen, unter welchen Voraussetzungen vom Markt Neuerungen übernommen werden. Somit lässt sich auch erkennen, welche Voraussetzungen geschaffen werden müssen, damit der Adaptionsprozess möglichst kurz ist.
Der Ausgangspunkt für die Diffusionsforschung ist die Zielgruppe und ihre spezifischen Eigenschaften. So sind bspw. Alter, Einkommen und soziales Umfeld Hinweise dafür, welche Einstellungen sie gegenüber Neuerungen haben und in wieweit sie risikobereit sind um Neuerungen zu übernehmen.
In der nächsten Phase werden die Barrieren aufgelistet, die überwunden werden müssen bis die Zielgruppe das neue Produkt adaptiert, es also in ihrem Weltbild Platz für das neue Produkt geschaffen hat.
Beispiel: Ein Kosmetikprodukt speziell für Frauen über 60:

- Erkennen der Innovation (»Jetzt gibt es eine Hautcreme für ältere Frauen.«)
- Interesse an dessen besonderen Eigenschaften (»Die Creme macht ältere Haut zart.«)
- Bewertung ihres Nutzens (»Offensichtlich gibt die Creme der Haut Feuchtigkeit zurück.«)
- Versuch des neuen Produktes (»Ich wünsche, dass das Produkt sein Versprechen hält.«)
- Übernahme des neuen Produktes (»Das Produkt hat mich überzeugt.«)

Damit bei den Konsumenten diese Barrieren möglichst schnell überwunden werden, müssen zunächst die Meinungsführer und Vorbilder der jeweiligen Kundengruppen als so genannte »Innovatoren« aktiviert werden. Dazu werden bspw. in den Einführungskampagnen bekannte Sport- oder Showstars eingesetzt. Wichtig ist, dass sich die Zielgruppe mit ihnen identifzieren kann und zur Nachahmung angeregt wird.
Ebenso ausschlaggebend sind PR-Maßnahmen, beziehungsweise Product-Placements in den Massenmedien. Sie sollen die Konsumenten mit dem neuen Produkt-Trend vertraut machen.
Der neue Trend wird von den Innovatoren an die »Frühadapter« weitergereicht. Von hier aus erschließt sich die »Frühe Mehrheit«, dann die »Späte Mehrheit.« Mit den Nachzüglern nimmt der Produkttrend sein Ende.

■ Added Value Strategie

Die Added Value Strategie bezieht sich auf das Kundenverhalten, sich für ein Produkt oder für eine Dienstleistung zu entscheiden, die den größten Mehrwert bietet. Dieser Nutzen kann materieller Art sein, wie bspw. die Zusatzfunktion eines Gerätes. Sie kann aber auch ideell sein, wie der Imagewert einer Marke.

Problemfeld:
Versandhauskataloge, Verbraucherzeitschriften und auch das Internet bieten dem Verbraucher die Möglichkeit, Produkte direkt miteinander zu vergleichen. Seine Entscheidung fällt auf das kostengünstigste Angebot der jeweiligen Leistungsklasse. Diese direkte Vergleichbarkeit ihrer Produkte bedeutet für die Hersteller einen ertragszehrenden Wettbewerb auf dem Preissektor.

Hintergrund:
Added Value-Strategien werden seit der Frühzeit des Marketings angewandt. Bereits um 1900 wurden den Warenpackungen Sammelbilder beigelegt und Kaffeebohnen in bunt verzierten Blechdosen angeboten, in denen später das Haushaltsgeld aufbewahrt wurde.

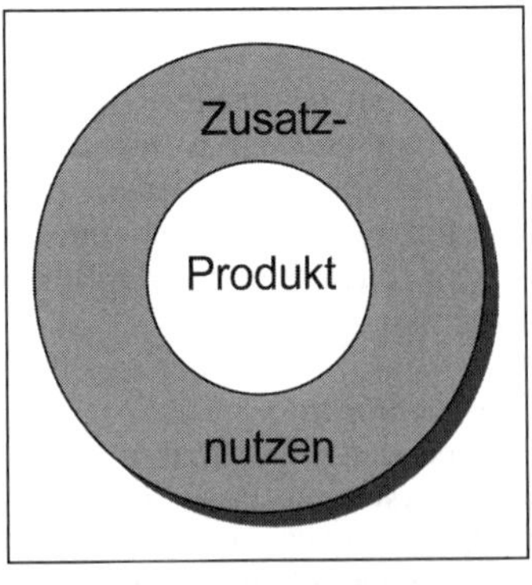

Added Value Strategie: Höherer Mehrwert eines Produkts durch zusätzlichen Nutzen

Problemlösung:
Ein Produkt oder eine Dienstleistung bietet den Käufern zusätzliche Nutzenmerkmale. Wenn diese den Bedürfnissen der anvisierten Zielgruppen entsprechen, wirken diese Mehrwert-Faktoren als wettbewerbsentscheidende USPs, als Alleinstellungsmerkmale.
Heute greifen besonders gerne die Unternehmen zu Added Value-Strategien, in deren Märkten der Preiswettbewerb keine Differenzierungsmöglichkeit mehr bietet. Dazu gehören

- Autoversicherer mit ihren »Mobilitätsgarantien« (Notruf-Services, Pannenhilfen und Sicherheits-Checks).
- Mobilfunkanbieter mit subventionierten Handy-Angeboten.
- Kaufhäuser, deren Kundenkarten den Besitzern VIP-Privilegien versprechen.

Added Value-Strategien basieren unter anderem auf folgenden Regeln: Die Nutzen- und Präferenzsteigerung des Produktes und der Dienstleistung

- orientiert sich an konkreten Kundenbedürfnissen,
- kann von Wettbewerbern relativ schwer kopiert werden,
- lässt sich gut an die anvisierte Zielgruppe kommunizieren.

Investitionsgüterhersteller bieten für Kunden wichtige Zusatznutzen durch produktbegleitende Dienstleistungen, bspw. die Integration ihrer Maschinen in den Produktionsablauf, die Schulung der Mitarbeiter und schnelle Hilfe bei Maschinenausfällen.
Ausschlaggebend ist, dass sich die Added Value-Strategie an die anvisierte Zielgruppe richtet. So sind die Mehrwertangebote dazu geeignet, das Produkt klar zu positionieren.

- Direktbanken bspw., die sich an Gutverdienende mit relativ wenig frei verfügbarer Zeit wenden, bieten als Zusatzleistung den Versand von Devisen.
- Autohersteller bieten in den höheren Klassen Sondermodelle mit luxuriösen Zusatzausstattungen an, in den unteren Klassen besonders zinsgünstige Finanzierungen.

■ Adressbuchwerbung

Anzeigen in Adress- und Telefonbüchern als Bezugsquellenhinweis.

Problemfeld:
Anbieter suchen nach Möglichkeiten, mit Kunden in Kontakt zu kommen, bei denen potenzieller Bedarf vorhanden ist. Andererseits fehlen diesen Kunden Hinweise darauf, welcher Anbieter ihren Bedarf besonders gut zu decken versteht.

Problemlösung:
Telefon-, Adressbücher und Bezugsquellenhinweise nehmen

eine Art Börsenfunktion ein. In welchem Raum, also einem Stadtgebiet, einer Region oder bundesweit sie in welcher Auflage an wen und unter welchen Voraussetzungen verteilt werden, das geht aus ihren Mediadaten hervor. Sie sind für den Werbetreibenden der Gegenwert für seine Werbeanzeige.
Es ist also ausschlaggebend, dass das Adressbuch möglichst von der Kundengruppe als Informationsmedium genutzt wird, das der Werbetreibende mit seiner Anzeige erreichen will.

- Bspw. Handwerksbetriebe und Dienstleister, die im Privatkundengeschäft innerhalb eines relativ eng begrenzten Einzugsgebiets tätig sind. Sie konzentrieren sich bei ihren Eintragungen eher auf den Branchenteil des örtlichen Telefonbuchs. Hier haben sie auch die Chance, dass im Umfeld relativ wenig Wettbewerber vertreten sind.

Doch gerade im ländlichen Raum, beziehungsweise in bestimmten Branchen, ist das auf den lokalen Raum beschränkte Umsatzvolumen zu gering. Hier ist es sinnvoll, Adressmedien zu nutzen, die den gesamten Landkreis oder die Region beinhalten.

- Adressmedien im Geschäftskundenbereich umfassen in der Regel die gesamte Bundesrepublik oder werden sogar europaweit vertrieben. Sie bilden eine attraktive Börse bspw. für Zulieferer, Lohnfertiger, Ausrüster, aber auch für Anbieter von Spezial- und Gebrauchtmaschinen.

Im elektronischen Zeitalter verlieren die konventionellen Adressbücher allerdings an Bedeutung. Deshalb sind Adressbuchverlage dazu übergegangen, ihre Bezugsquellennachweise auf CD-ROM anzubieten oder als internetgestützten Service zur Verfügung zu stellen. Sie haben den Vorteil, dass

- dem Nutzer bei der Suche vielfältige Auswahlkriterien zur Verfügung stehen
- er aus der PC-Anwendung heraus mit dem Anbieter in Kontakt treten kann, bspw. per Mail, per Fax oder indem er dessen Rufnummer automatisch anwählen lässt.

Werbeanzeigen in konventionellen oder elektronischen Adressbüchern sind allerdings besonderen Regeln unterworfen. Generell gilt, dass der Werbetext unmittelbar auf den Punkt kommen soll. Die Formulierung unterscheidet sich somit zum Teil erheblich von der Gestaltung der Anzeigen, die für die Zeitungs- und Zeitschriftenwerbung gedacht sind.

Die Stufen:

1. Präzise Darstellung des Kunden-Problemfeldes, für das

eine Lösung angeboten wird. Typisch hier die Schlagzeile »Kaminsorgen?« bei Kaminsanierern oder »Lackschaden?« bei Autolackierern.
2. Präzise Darstellung des Lösungsangebots und zwar mit Begriffen, die von allen anvisierten Kunden verstanden klar zugeordnet werden können, bspw. »Nagelpflege« statt »Maniküre« oder »Nail-Repair«.
3. Präzise Darstellung der besonderen Kompetenz, also die über das Leistungsangebot der Wettbewerber hinausragende Leistungsfähigkeit. Bei einem Pizzadienst kann dies bspw. die besonders kurze Anlieferzeit (»in 20 Minuten bei Ihnen«) oder ein besonders günstiges Angebot sein (»Sie zahlen die Partypizza, wir spendieren die Getränke.«)

■ After Sales Marketing

Dieser Begriff beschreibt die Marketingaktivitäten nach einem abgeschlossenen Akquisitionsvorgang. Darunter fallen vor allem Maßnahmen der Kundenbindung und der Einstieg in die nächste Akquisition.

Problemfeld:
Die häufige Praxis in Unternehmen: Sobald der Kunde den Auftrag unterschrieben hat, endet seine Betreuung. Der Verkäufer wendet sich der nächsten Akquisition zu. Doch diese Vernachlässigung kann dazu führen

- dass der Kunde seine Entscheidung bereut und vom Kauf zurücktritt
- dass er Zusatzkäufe oder
- den Folgekauf beim Wettbewerber tätigt.

Problemlösung:
Verschiedene Kundenbindungsmaßnahmen nach dem Kauf sollen das Ertragspotenzial des Kunden über den gesamten Kundenlebenszyklus hinweg an das Unternehmen binden.
»Nach dem Kauf ist vor dem Kauf«, so lautet das Motto des After-Sales-Marketing. Damit wird die Kundenbetreuung nach einem Verkaufsvorgang zur ersten Maßnahme für das Folgegeschäft.
In Unternehmen werden diese Kundenbindungsstrategien an unterschiedlichen Zielen ausgerichtet und entsprechend konzipiert.

- bei Audi bspw. werden die einzelnen Kundengruppen mit unterschiedlichen After-Sales-Maßnahmen angesprochen. Dazu erhalten die Händler spezielle Servicerichtlinien zur anspruchgerechten Betreuung der einzelnen Kundensegmente per Mailing, Telefonmarketing und bei persönlichen Kontakten.

Zum After Sales Service gehören Notdienstbetreuung, Hol-

und Bringdienst sowie regelmäßige Zufriedenheitsabfragen. Es zeigte sich, dass Kunden mit dem Produkt und der Unternehmensleistung zufriedener sind, wenn sie intensiv betreut werden.

- bei 3M verläuft After Sales Marketing im Zusammenspiel zwischen dem Verkauf und der Kundendienstabteilung. Somit hat dort speziell der Servicemitarbeiter wichtige verkaufsfördernde Funktionen. Er kennt die Kundenanforderungen besonders gut. Auf Grund seiner regelmäßigen Kundendiensttermine weiß er genau, wann beim Kunden der Zeitpunkt der Ersatzbeschaffung gekommen ist. Bei 3M erhalten deshalb auch Kundendiensttechniker Verkaufsschulungen. Außerdem sind sie mit Präsentations- und Prospektmaterial ausgestattet. Eine Prämienregelung soll sie zur engen Zusammenarbeit mit dem Vertrieb motivieren.
- Bei Microsoft liegt ein Schwerpunkt des After-Sales-Marketings bei der zyklischen Messung der Kundenzufriedenheit. Dabei werden die registrierten Nutzer danach gefragt, inwieweit sie das Produkt weiterempfehlen beziehungsweise wieder kaufen würden.

Zur Durchführung der After Sales Maßnahmen setzen Unternehmen vielfach auch Incentives an, bspw. Verkäufer-, Techniker- und Vertriebspartner-Wettbewerbe an. Ziele sind hier u.a. die Ausschöpfung des Cross Selling-Potenzials, also der Zusatzverkauf an Zubehör und Ersatzteilen, aber auch an Service-Dienstleistungen und Finanzierungen.

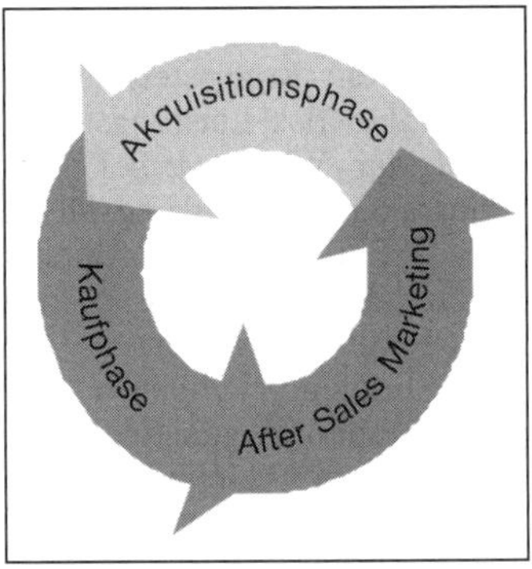

After Sales Marketing: Regelkreis

■ After Sales Service

Der Kundendienst fungiert beim After Sales Service nicht nur als Kundenbindungsinstrument, sondern als ertragbringendes Geschäftsfeld.

Problemfeld:
Die Potenziale, die der Unternehmensbereich »Kundendienst« bietet, werden oft nicht erkannt.

Problemlösung:
Unternehmen gehen verstärkt dazu über, produktbegleitende Dienstleistungen als wettbewerbsentscheidenden Faktor auszubauen. Damit orientieren sie sich daran, dass Kunden auf externe Unterstützung bei ihren immer komplexer werdenden Produktionsanlagen angewiesen sind.
Demnach konzentriert sich die Tätigkeit des Kundendienstes auf:

- die Ersatzteillogistik
- die Aufbereitung von Gebrauchtmaschinen

und vor allem auf die

- Instandhaltung als Wartung (Bewahren des mängelfreien Zustands),
- Inspektion (Kontrolle der Mängelfreiheit) und
- Reparatur (Wiederherstellen des mängelfreien Zustands).

Somit ist der Kundendienst nicht nur ein Marketinginstrument für Neuprodukte. Vielmehr hat er einen eigenen Markt und benötigt eine spezielle Marketingstrategie.
Ausgangspunkt ist die Kostenrechnung. Kundendienst soll nicht mehr als Kostenfaktor gesehen und durch den Produktverkauf subventioniert werden, sondern selbst Gewinne erwirtschaften.
Die Strategiestufen für den Aufbau des Geschäftsfeldes After Sales Services:

1. Situationsanalyse
Die Untersuchung soll ein klares Stärken/Schwächenprofil des Kundendienstbereichs ergeben. Dazu werden Wettbewerbsunternehmen als Vergleichsfaktoren herangezogen, und zwar nicht nur auf dem Markt des Kerngeschäfts, sondern auch unabhängige Dienstleistungs- und Ersatzteilanbieter, die auf den Markt des After-Sales-Geschäfts drängen. Der Preis-/Leistungsvergleich wird häufig dadurch erschwert, dass diese Anbieter entweder hochspezialisiert sind und sich auf wenige Grundleistungen beschränken oder ihren Service in unterschiedlichen Zusammenstellungen pauschal anbieten. Ähnliche Probleme ergeben auch Wettbewerbsvergleiche im Ersatzteilmarkt, wo von Maschinenherstellern, Zulieferern und Teileverwertern Originalteile, Fremdersatzteile, Aufbereitungsteile und Altteile angeboten werden.

2. Analyse des Kundenverhaltens
Die Untersuchung des Beschaffungsverhaltens der einzelnen Kundengruppen (nach Auftragswert, Branche, Produktsortiment, Instandhaltungskonzept sowie Standorte) ist eine wesentliche Aufgabe bei der Entwicklung eines Services-Marketings. Nach allgemeiner Erfahrung wirken mehrere sachkun-

dige Mitarbeiter als Buying Team an der Entscheidungsfindung mit, was zu einem relativ rationalen Beschaffungsverhalten führt. Ausschlaggebend für das Wiederverkaufsverhalten ist auch das Kundenvertrauen, das sich aus einer intensiven Kundenpflege ergibt.

3. Analyse der Vertriebswege
Hierbei wird auch geklärt, inwieweit sich After-Sales-Dienstleistungen über das bestehende Vertriebsnetz vermarkten lassen. In der Regel erfolgt die Distribution von After Sales Service sowohl direkt zum Kunden, als auch über Vermittler und Händler. Geklärt werden muss auch, wie diese Vertriebspartner für das After-Sales-Geschäft verprovisioniert werden.

4. Analyse der Kommunikationswege
Hier soll festgestellt werden, inwieweit die bestehende Infrastruktur des Kundendienstes in der Lage ist, aktive Marktbearbeitung zu betreiben.

5. Analyse der Aufträge
Weitere ausschlaggebende Daten ergeben sich aus der Auftragsanalyse. Hierbei ging es nicht um die absoluten Zahlen, sondern um das Erkennen von Entwicklungen zur Prognose möglicher Trends. Für die Trendbestimmung lassen sich das Maschinenalter, die Auftragszahl und die Auftragssumme in Verbindung bringen. Ein Ergebnis dieser Auftragsanalyse kann sein, dass Kunden für jüngere Maschinen im Verhältnis mehr Kundendienstleistung in Anspruch nehmen, also für komplizierte Technik eher externen Service in Anspruch nehmen.

6. Analyse der Trefferquote
Zur besseren Steuerung der Marketingmaßnahmen und der optimalen Nutzung der Ressourcen dient die Angebots-Trefferquote. Hier wird zwischen Angebotswert und Angebotszahl unterschieden um bspw. festzustellen, inwieweit die Trefferquote bei kleinen und großen Akquisitionsprojekten unterschiedlich ist. Das Ergebnis kann dazu genutzt werden, um schon in der frühen Akquisitionsphase die Abschlusswahrscheinlichkeit zu prognostizieren.

7. Auswertung der Analysen
Werden solche Analysen sorgfältig ausgewertet und interpretiert, zeigen sie interne und externe Schwachstellen auf, bspw. in der Transparenz

- der Wettbewerber und ihren Stärken-/Schwächenprofilen
- der Kundengruppen und ihren konkreten Nutzenbedürfnissen, Präferenzen und Kaufverhalten.

- der künftigen Marktpotenziale in Bezug auf neue Kundenbedürfnisse und den Einsatz moderner Technologien, bspw. Teleservice.
- des Wettbewerbs.

8. Strategische Ziele setzen
Hierbei werden folgende Marketingziele ins Auge gefasst. Bspw.:

- Umsetzung der erkannten Kundenproblemfelder in klare Serviceprodukte wie Ersatzteilverkauf, Reparaturteileherstellung, Reparaturen, Überholungen, Umbauten, Modernisierung, Montage für Inbetriebnahme, Demontage, Ersatzteilaustausch, Inspektion. Pauschalverträge für Wartung und Revisionen, Gebrauchtmaschinenhandel mit in Zahlung genommener oder aufgekaufter Produkte, Schulungen zur Instandhaltung.
- Kundenorientierte Kommunikation dieser Problemlösungen.
- Eine Wettbewerbsdifferenzierung durch Aufbau eines Service-Images.
- Gezielte Marktausschöpfung und Marktexpansion.

Außerdem können konkrete Planziele festgelegt werden, bspw. in Bezug auf

- die Erhöhung der Angebots-Trefferquote.
- Effizienz des Angebots- und Auftragsablaufs.
- Reaktionszeit und
- Lieferzeit.

Zur konkreten Umsetzung werden schließlich folgende Schritte festgelegt:

- Marktsegmentierung zur Differenzierung der Marketingmaßnahmen
- Bestimmung der Produkt-Markt-Politik
- Bestimmung der Preispolitik
- Bestimmung der Distributionspolitik
- Bestimmung der Kommunikationspolitik

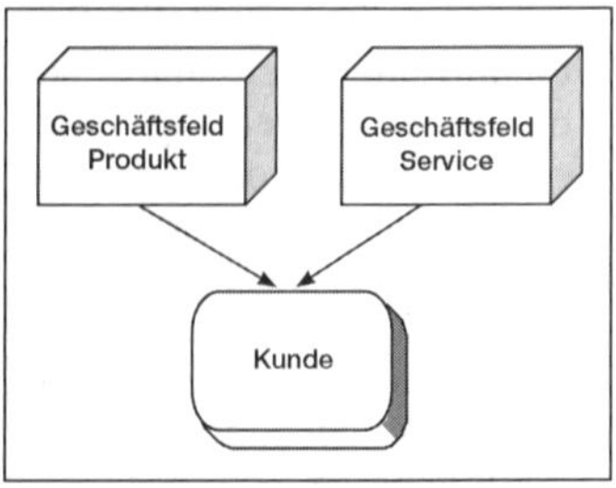

After Sales Service: Planung der Infrastruktur

AIDA-Formel

Die Kommunikationswirkung einer Werbestrategie in den vier Stufen:

- Attention (Aufmerksamkeit)
- Interest (Interesse)
- Desire (Wunsch)
- Action (Aktion)

Problemfeld:
In der Praxis zeigt sich, dass sich diese Glieder der Wirkungsket-

te nicht leicht zusammenfügen lassen.

Problemlösung:
Die klassische Abfolge der AIDA-Strategie ist:

- Der Konsument soll die neue Botschaft wahrnehmen. Dies wird durch die entsprechenden Werbemaßnahmen bspw. Werbung in den Medien oder mittels Mailing erreicht.
- Er soll durch das neuartige, ungewöhnliche Nutzenversprechen Interesse gewinnen.
- Durch die Verknüpfung seiner spezifischen Problemstellung und die dargestellte Problemlösungseigenschaft soll er zu der Bewertung gelangen, dass das Produkt für seine Zwecke das Richtige ist.
- Der Schritt von der Kaufbereitschaft zum Kauf erfolgt durch eine gezielte Aufforderung, eine bestimmte Aktion vorzunehmen.

Es hat sich jedoch gezeigt, dass diese Wirkungskette auch davon abhängt, in wieweit die Werbeinhalte eher emotionaler oder rationaler Natur sind. Bspw. kann die Botschaft Aufmerksamkeit erzeugen, wenn sie beim Konsumenten Ängste auslöst. Typische Beispiele sind hier Kampagnen für Schlankheitsmittel oder Deodorants. Der Konsument sieht sich in der Gefahr, sich in seinem sozialen Umfeld zu isolieren. Sein Interesse wird geweckt, sobald ihm ein Weg dargestellt wird, wie er dieses Risiko vermeiden kann. Die Darstellung der positiven Auswirkung des Produktes, bspw. wie er dadurch in seinem Freundeskreis an Beliebtheit gewinnt, weckt seinen Besitzwunsch. Die auffordernde Darstellung, wie einfach es ist, das Produkt in seinen Besitz zu bringen, löst schließlich die gewünschte Reaktion aus. Beispielhaft hierfür sind die TV-Dauerwerbesendungen für Küchengeräte, Kosmetikartikel und Haarpflegeprodukte.

■ Akzeptanzkriterien

Die Kriterien an denen Produktideen gemessen werden, bevor sie weiter entwickelt werden.

Problemfeld:
Ob eine Produktidee weiter verfolgt wird, entscheidet sich oft nach subjektiven Gesichtspunkten. Die Folge ist, dass Produkte zur Marktreife entwickelt wurden, dort jedoch nicht die erforderliche Marktakzeptanz erreichten.

Problemlösung:
Welche Produktidee weitergeführt wird und welche zurückgestellt wird, entscheidet sich nach klar festgelegten Kriterien. Diese werden aufgelistet, gemeinsam verabschiedet und gelten ausnahmslos für alle Vor-

schläge. Solche Kriterien orientieren sich bspw. am Umsatz- und Ertragspotenzial, an der prognostizierten Wachstumsrate, der Umsatzrendite und dem Marktanteil. Aber auch weiche, beziehungsweise politische Faktoren können zu Akzeptanzkriterien zählen, bspw. ob das vorgeschlagene Produkt das Unternehmensimage optimiert, den Abverkauf anderer Produkte unterstützt, stärkt oder Wettbewerber schwächt.
Bei der Auflistung der Akzeptanzbarrieren können Kriterien verbunden (Umsatzvolumen von mindestens XXX Mark UND Marktreife in höchstens X Monaten) und alternativ angewandt werden (Marktanteil von mindestens X Prozent oder Umsatzrendite von mindestens X Prozent).
In der Regel werden Produktideen auch noch in den einzelnen Realisierungsphasen Akzeptanzkriterien unterworfen, sodass sich ihre Zahl der weiter verfolgten Entwicklungen immer mehr reduziert und sich zum Schluss die Innovation herauskristallisiert, für die die besten Marktchancen zu erwarten sind.
Das Ziel ist, die Investition für die Neuproduktentwicklung nicht auf alle Ideen gleichermaßen zu verteilen, sondern die bevorzugt zu unterstützen, bei denen die Chancen des Markterfolgs besonders groß sind.

■ Angebot

Die schriftliche Aufstellung der Problemlösungsfähigkeiten und Qualitätskriterien eines Produktes sowie den produktbegleitenden Dienstleistungen mit den Konditionen.

Problemfeld:
Angebote reduzieren ihren Inhalt auf den Produktpreis, ohne dass sie ausreichend deutlich machen, welchen Produktnutzen der Käufer dadurch erhält.

Problemlösung:
Bereits während des Verkaufsgesprächs wird deutlich, welchen Nutzen der Kunde vom entsprechenden Produkt erwartet, beziehungsweise welche Problemfelder zur Lösung anstehen. An diesen Merkmalen sollten sich nicht nur die weiteren Argumente des Verkäufers orientieren. Sie sollten auch die Basis für das schriftliche Angebot sein.
Wenn das schriftliche Angebot nur als Folgephase des Verkaufsgesprächs gesehen wird, dann wird nur noch über Konditionen verhandelt. Es fehlen jedoch die Produktleistungen, für die der Preis kalkuliert ist. Deshalb ist es sinnvoll, im schriftlichen Angebot kundennutzenorientiert die Inhalte der Produktpräsentation und des Verkaufsgesprächs zu wiederholen, damit auch die Preisleistungsfähigkeit des Produktes deutlich zum Vorschein kommt.

Möglichkeiten hierzu sind

- das konfektionierte Angebot: Es zitiert generell alle Produktnutzenargumente, ohne auf die spezifischen Wünsche des einzelnen Kunden einzugehen. Die simpelste Form ist hier das Produktprospekt mit Preisliste.
- das kundenorientierte Angebot: Hier werden speziell die Nutzenaspekte beschrieben, auf die es dem Kunden besonders ankommt.
- das kundeneinwandorientierte Angebot: Es greift nochmals alle Kundeneinwände auf und setzt ihnen die entsprechenden Fakten und Argumente entgegen.
- das kundenbedürfnisorientierte Angebot: Es orientiert sich in seinen Inhalten auch an den emotionalen Kaufkriterien, wie Image- oder Genussgewinn beim Besitz des Produktes.
- das beeinflusserorientierte Angebot: Es wendet sich in seinen Inhalten auch an diejenigen, für die der Kunde Rechtfertigungsargumente für seine Kaufabsichten benötigt. Muss sich der Käufer bspw. für die Wirtschaftlichkeit des Kaufs rechtfertigen, dann beschreibt das Angebot die Langlebigkeit des Produktes, seine geringe Reparaturanfälligkeit und den hohen Wiederverkaufswert. Bezieht sich der Rechtfertigungsgrund auf die Leistungsdimension des Produktes, dann kann das Angebot, wie im Autohandel üblich, die »hohen Sicherheitsreserven im Extremfall« beschreiben.

Diese Kriterien sollen dazu dienen, ein Angebot »unvergleichbar« zu machen. Maßgebend ist, dass die Leistungskriterien deutlich hervortreten. So wird das Risiko vermindert, dass sich der Kunde beim Angebotsvergleich ausschließlich auf den Preis konzentriert.

Ein weiteres Mittel, Angebote unvergleichbar zu machen, ist die Zusammenstellung eines Angebotspaketes, das neben dem Produkt noch produktbegleitende Leistungen beinhaltet, die dem Kunden zusätzlichen Komfort bieten.

Aus diesen Paketangeboten lassen sich sogar noch zusätzliche Nutzenaspekte gewinnen. Bspw. die Sicherheit, dass dem Kunden im Reparatur- oder Wartungsfall Ersatz zur Verfügung steht oder dass er in Schulungen für den Gebrauch, bspw. eines Personalcomputers befähigt wird. Allerdings sollte in Marktumfragen ermittelt werden, inwieweit Kunden solche Paketangebote in Anspruch nehmen.

Schließlich werden Angebote unvergleichbar, wenn die Einzelleistungen gesplittet oder gestaffelt angeboten werden. Hier ist es das Ziel, den Grundpreis möglichst tief zu setzen und ihn entsprechend zu bewerben. Erfahrungen bspw. in der Kfz-Branche zeigen, dass Kunden von sich aus die aufschlagpflichtigen Extras in Anspruch nehmen.

■ **Angriffsstrategie**
Offensiven gegenüber anderen Marktteilnehmern zur Verteidigung oder zur Erweiterung des Marktanteils.

Problemfeld:
Besonders bei nicht ausbaufähigen Märkten, beziehungsweise stagnierenden Märkten lässt sich Wachstum nur durch Verteilungskämpfe erreichen.

Problemlösung:
Die Voraussetzung einer Angriffsstrategie ist die Definition der strategischen Ziele. Häufig wird der Fehler gemacht, dass sich Aktionen lediglich gegen Wettbewerber richten, ohne dass festgelegt wird, welche Ergebnisse exakt erreicht werden sollen. Solch ein Ziel kann bspw. die Vergrößerung des Marktanteils sein.
Erst in der zweiten Phase wird bestimmt, gegen welchen Konkurrenten sich die Offensive richten soll. Die Entscheidung hierüber ergibt sich aus einer Stärken-/Schwächenanalyse.
Diese sollte allerdings aus der Sicht des Marktes, beziehungsweise der Zielgruppe erfolgen. Bspw.: Bei welchem Unternehmen klagen Kunden über

- veraltete Produkte?
- ein zu dünnes Vertriebsnetz?
- schlechte Betreuung?
- schlechte Beratungsleistung?
- Qualitätsprobleme?
- zu lange Lieferzeiten?
- ein mangelhaftes Sortiment?
- hohe Preise?
- unflexible Administration?
- mangelhaftes Beschwerdemanagement?

In der nächsten Phase wird erforscht, in wieweit die Kunden des Wettbewerbers diese Mängelpunkte akzeptieren oder ob diese ausreichen, sie zum Wechsel zu veranlassen. Häufig werden von Kunden solche Mängel in Kauf genommen, wenn sie durch Stärken in anderen Bereichen, bspw. in Bezug auf die Preisgestaltung oder der räumlichen Nähe wettgemacht werden.
Dann ist ausschlaggebend, wie hoch der Anteil der Konkurrenzkunden ist, der den entsprechenden Mangel zum Anlass nehmen würde, die Lieferquelle zu wechseln. Schließlich stellt sich die Frage, in wieweit es dem Wettbewerber möglich ist, diesen Schwachpunkt zu beseitigen. Lässt sich dies nur mit hohem finanziellen Aufwand oder nur langfristig erreichen, dann hat er kaum eine Chance, den Angriff abzuwehren.

Allerdings kann er seinerseits Schwachpunkte nützen um zum Gegenangriff zu starten. Deshalb sollte man auch das eigene Unternehmen einer Stärken-/ Schwächenanalyse unterziehen und vorbeugende Abwehrmaßnahmen ergreifen.
Stehen Ziel, Gegner und Angriffspunkt fest, dann wird die Angriffstaktik bestimmt. Üblicherweise wird zunächst der Schwachpunkt des Gegners zum akuten Kundenproblem stilisiert. Dann wird zu diesem Problem ein Lösungsangebot unterbreitet. Bspw. kann die Bearbeitungsdauer eines Versicherungsfalles als inakzeptabler Mangel dargestellt werden, um dann den eigenen, schnellen Service in Szene zu setzen.
In der Praxis erfolgen solche Angriffe sogar auf angebliche Schwachpunkte. Bspw. kann in der Reifenbranche solch eine Aktion auf den Verschleiß zielen, wobei die Produkte des Angreifers nicht unbedingt eine höhere Verschleißfestigkeit aufweisen müssen. Entscheidend ist in diesem Fall nur, wer den Erstschlag führt. Die Reaktionen des Angegriffenen werden in einem solchen Fall als Rechtfertigungsversuche bewertet.
In der letzten Phase wird die Art der Angriffsinstrumente bestimmt bspw.

- Werbeanzeigen und -spots
- Messeauftritte
- PR-Kampagnen
- Beiträge in Fachzeitschriften
- Kongressbeteiligungen

und gezielt für die Kunden des Wettbewerbers

- Mailings
- und Präsentationsmaterial für die persönlichen Gesprächskontakte.

Ihr Einsatz wird entsprechend koordiniert. Wenn es bspw. bei dem Schwachpunkt um den Gesundheits- oder Sicherheitsaspekt eines Produktes geht, kann er zunächst in Kongressreferaten zum aktuellen Problemfeld gemacht werden. Dann kann das Thema in Zeitschriftenbeiträgen verbreitet werden. Wenn es entsprechend populär geworden ist, kann es zum Objekt politischer oder lobbyistischer Aktivitäten werden.
Schließlich wird der Angriffstermin festgelegt: Der beste Zeitpunkt ist, wenn entweder der Gegner an einer anderen Front zu tun hat, oder wenn die Öffentlichkeit gegenüber dem Thema entsprechende Sensibilität entwickelt hat. Ein Beispiel hierfür sind Produkte, für deren Entwicklung Tierversuche unternommen werden.
Die Angriffsstrategie kann in verschiedenen Formen verlaufen:
Der Frontalangriff führt zwar schneller zum Ziel, ist jedoch nur sinnvoll, wenn der Wettbewerber geringen Widerstand erwarten lässt.

Der Flankenangriff erfolgt dort, wo ihn der Wettbewerber am wenigsten erwartet.
Der Umzingelungsangriff hat verschiedene Angriffspunkte zum Ziel. Der Wettbewerber muss sich in mehreren Bereichen gleichzeitig verteidigen.
Der Vorbeiangriff richtet sich an Punkte, die zunächst die Ausgangsbasis des Gegners stärken. Dies sind bspw. Kooperationen oder Strategische Allianzen mit anderen Unternehmen. Der direkte Angriff erfolgt erst in der zweiten Phase.
Der Zermürbungsangriff ist eine Strategie, die sich aus vielen unzusammenhängenden Einzelaktionen zusammensetzt. So hat der Wettbewerber keine Möglichkeit, sich davor zu schützen oder sie abzuwehren.

▪ Außendienst

Mitarbeiter, die direkt beim Kunden beratend tätig sind, Aufträge akquirieren oder Serviceaufgaben ausführen.

Problemfeld:
In den jeweiligen Branchen sind erhebliche Veränderungen im Gange. Einerseits zwingen die relativ hohen Vertriebskosten zur Reduzierung des Außendiensteinsatzes. Andererseits müssen aus Wettbewerbsgründen die Kunden noch intensiver durch persönliche Kontakte gebunden werden.

Problemlösung:
Die zum Teil gegenläufigen Veränderungen zeigen sich besonders deutlich bei den Finanzdienstleistern. Versicherungen bspw. gehen dazu über, ihren Außendienst vom ertragsschwachen Standardgeschäft zu entlasten. So erfolgt die Kundenakquisition für Sachversicherungen verstärkt per Direktmarketing, also per Mailing und Call Center.
Banken wiederum, die aus Kostengründen ihr Filialnetz reduziert haben, installieren einen Vertriebsaußendienst. Dadurch wollen sie auf den Geldanlagemärkten im Wettbewerb mit Versicherungen und Investanbietern bestehen.
Generell verändert sich jedoch der Arbeitseinsatz und das Aufgabengebiet des Außendienstes.

- Bisher betreute er Kunden unterschiedlicher Qualität in etwa mit gleichem Aufwand. Künftig konzentriert er sich auf Kunden mit besonders hohen Ertragspotenzialen, den so genannten A-Kunden. Die Betreuung der B- und C-Kunden erfolgt dann bspw. per Call Center.
- Bisher lag die gesamte Neukundengewinnung und Kundenbindung in seinem Aufgabenbereich. Heute erfolgen diese Maßnahmen im Zusammenspiel mit dem Innendienst, der vorwiegend für die telefonischen und schrift-

lichen Kundenkontakte zuständig ist.
- Bisher bestand der Außendienst aus reinen Verkaufsmitarbeitern, die in produktfachlicher und verkäuferischer Hinsicht gleichermaßen kompetent sein mussten. Heute ist speziell im Geschäftskundenbereich Team Selling die Regel. Das heißt, dem Verkäufer stehen bei seinen Verkaufsaufgaben Experten anderer Abteilungen zur Verfügung, bspw. Ingenieure aus der Forschungs- und Entwicklungsabteilung.
- Schließlich ändert sich auch die Form der Außendienstorganisation. Nachdem sich die konventionellen Handelsvertretungen zu schlagkräftigen Vertriebsunternehmen entwickelt und sich in der jeweiligen Branche hohe Kompetenzen entwickelt haben, gehen Hersteller und Importeure auch dazu über, ihren Vertriebsapparat per Outsourcing in fremde Hände zu geben.

Allerdings erfordert der Einsatz von Handelsvertretern eine neue Strategie des betreffenden Unternehmens. Seine Produkte müssen sich jetzt nicht mehr nur beim Kunden, sondern auch bei den Verkäufern gegenüber Wettbewerbsprodukten behaupten. Deshalb wird es eine zusätzliche Aufgabe des Marketings, die Verkaufsaufgabe für den Handelsvertreter so einfach wie möglich zu machen.

■ Außenwerbung

Älteste Werbeform, die dazu dient, ein Produkt- oder ein Dienstleistungsangebot einem möglichst großem Empfängerkreis zugänglich zu machen.

Problemfeld:
Plakatwände und Litfasssäulen werden als Medium speziell für die Markenartikelwerbung gesehen. Tatsächlich bringen sie aber auch für viele andere Werbezwecke ideale Voraussetzungen mit.

Problemlösung:
Dass sogar Handwerksbetriebe auf Plakatwerbung übergehen, zeigt, dass sie auch in kleinen und mittelständischen Unternehmen populär geworden ist. Unterstützt wird dieser Trend durch die neuen digitalen Drucktechniken, durch die sich auch Kleinauflagen wirtschaftlich herstellen lassen. Die Anbieter von Plakatwerbung wiederum bieten die Möglichkeit, die Plakatwerbung auf einzelne, ganz bestimmte Standorte zu beschränken.
Handwerksbetriebe bspw. nutzen die Plakatwerbung, um im Einzugsgebiet einen hohen Bekanntheitsgrad zu schaffen. Ihr Kalkül ist, dass sich im Bedarfsfall Kunden an den Betrieb

wenden, dessen Namen ihnen vertraut ist. Bei der Plakatwerbung wird dies durch die hohen Wiederholungskontakte erreicht.

Die fünf wichtigsten Werbeziele der Plakatwerbung sind deshalb:

- Neueinführung des Unternehmens, eines Produktes oder einer Dienstleistung.
- Steigerung des Bekanntheitsgrades.
- Verknüpfung des Unternehmensnamens mit einer herausragenden Unternehmensleistung.
- Markenbildung des Unternehmensnamens.

Nach einer Statistik des Fachverbandes Außenwerbung e.V werden 90 Prozent der Bevölkerung durch Plakatwerbung erreicht. Bezogen auf die Gesamtzahl der Werbeträger liegen die Altersgruppen bis 19 Jahren mit knapp 40 Prozent, die bis 29-jährigen mit knapp 20 Prozent und die bis 39-jährigen mit sieben Prozent über dem Durchschnitt der Gesamtbevölkerung (Quelle AWA Allensbacher Werbeträger Analyse).

Ob in der Praxis dieses Ergebnis wirklich erzielt wird, hängt von der Gestaltung des Werbeplakats ab. Die wichtigsten Regeln:

- Knapp und einfach dargestellter Inhalt: Im Idealfall besteht die Gestaltung lediglich aus einem Blickfang, einem kurzen Slogan und einem Hinweis auf das beworbene Produkt bzw. die Dienstleistung.
- Kontraste: Die einzelnen Elemente müssen auch aus der Entfernung identifizierbar sein.
- Starke Farben: Sie müssen Signalwirkung haben, der Werbebotschaft entsprechen und beim Betrachter die gewünschten Emotionen erzeugen.
- Bekannte Formen: Sie sollen beim Betrachter sofort bestimmte Vorstellungen hervorrufen.
- Klare Schriften in bestmöglicher Größe: Sie sorgen dafür, dass der Betrachter den Text in Sekundenschnelle aufnehmen kann.
- Positiv besetzte Schlüsselwörter: Wenn sie Ziele, Wünsche und Bedürfnisse der Betrachter wiedergeben, wecken sie deren Aufmerksamkeit.

Plakate sollen einen hohen Neuigkeitswert besitzen, unterhaltsam sein und visuelle Anreize bieten. Die Praxis bietet immer wieder Beispiele, auf welche Weise sich dies erreichen lässt:

- Henkel verwandelte Plakatsäulen in riesige Pritt-Stifte.
- Radio Diehl warb allein mit dem Satz »Komplett 398 DM« für ein Autoradio.

- Mit einem Kopfsprung in die Badewanne wirbt eine Badenixe für die Fachausstellung »Sanitär – Heizung – Klempner – Klima«.

Ein weiterer Erfolgsfaktor der Plakatwerbung ist die -Auswahl qualitativ hochwertiger Standorte. Die geografische Steuerbarkeit ist die Besonderheit dieser Werbeform, denn das Plakat kann bis auf den einzelnen Straßenzug genau platziert werden, und zwar genau dort, wo die Zielgruppe vermutet wird und wo es von ihr besonders gut wahrgenommen werden kann. Entscheidungsfaktoren sind somit

- die Lage, bspw. in der »Shopping-Meile« der Stadt oder an Haltestellen;
- die Kundengruppen der umliegenden Geschäfte;
- die Platzierung, bspw. gegenüber der Einmündung einer frequentierten Straße.

Ein Plakat passt sich schnell ins Straßenbild ein. Werbungstreibende wechseln deshalb ständig die Standorte, um Gewöhnungseffekte zu vermeiden. Andererseits wird durch die ständige Penetration Plakatwerbung durch das Unterbewusstsein aufgenommen.
Entscheidend ist schließlich auch, in welcher Form Plakatwerbung erfolgt:

- Die sog. Allgemeinstelle hat eine besonders hohe Werbewirkung, weil sie die Funktion des lokalen Bekanntmachungsblattes hat. Außerdem ist sie mit Abstand der preisgünstigste Werbeträger.

Die etwa neun Quadratmeter großen Tafeln und 2,6 Meter hohen Litfasssäulen können von mehreren Werbetreibenden gleichzeitig genutzt werden. Die Grundform ist der so genannte 1/1-Bogen, der das Standardformat von 59 mal 84 Zentimeter (DIN A1) aufweist. Aber auch 1/2-Bogen-Plakate sind möglich.
Die Ganzsäule verkündet ihre Werbebotschaft nach allen Seiten. Die 15 Quadratmeter Werbefläche werden vom jeweiligen Werbetreibenden komplett gebucht. Die konventionelle Ganzsäule wird derzeit um einige Varianten bereichert. So gibt es jetzt Säulen, die ihre Plakate von oben bestrahlen. Die modernste Form sind verglaste Säulen, bei denen sich der Leuchtkörper im Zylinder befindet und die Plakate durchleuchtet.
Die Großfläche mit ihrer 3,60 mal 2,60 Meter große Werbefläche wirkt auf die Entfernung besonders gut. Durch die flexible Buchung der Standorte, bspw. in der Umgebung von Einkaufszentren und Baumärkten, ist Zielgruppenwerbung möglich.

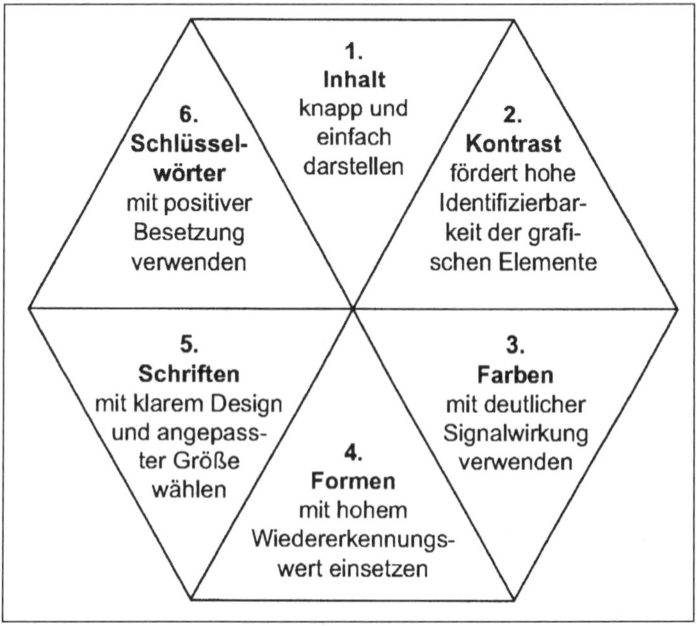

Außenwerbung: Elemente der Plakatwerbung

Das City-Light-Poster entfaltet vor allem bei Dunkelheit seine volle Werbekraft. Außerdem spricht es durch seine Standorte im Citybereich, an Haltestellen und in Bahnhöfen spezifische Zielgruppen an. Das »CLP« wirkt mit seinen knapp zwei Quadratmetern Werbefläche auch auf kurze Distanz. So kann es zur Werbebotschaft noch Detailinformationen transportieren.

Noch zu den Exoten der Plakatwerbung zählen die beleuchteten Superposter, die vorwiegend an Hausfassaden installiert sind und die Prismenanlagen, die dank Lamellentechnik im Neun-Sekunden-Wechsel ein anderes Großflächenplakat zeigen und schließlich die Baugerüstwerbung mit bis zu 1000 Quadratmeter großen Plakaten. Ebenso erfolgsentscheidend ist der richtige Zeitpunkt. Er ergibt sich in erster Linie aus den eigenen strategischen Zielen. Ein zweites Kriterium ist die saisonal höchst unterschiedliche Werbewirksamkeit dieses Mediums. Welche Monate sich besonders gut für die Plakatwerbung eignen, lässt sich aus dem

Werbeverhalten der großen Markenartikler herauslesen.
Sie halten sich gerade in den unwirtlichen Wintermonaten zurück, wobei der Dezember und der Januar am schwächsten gebucht sind. Die Werbungstreibenden gehen davon aus, dass durch die kurzen Tage, durch Nebel und Schneefall die Werbewirkung erheblich gemindert wird.
Andererseits bieten gerade die buchungsschwachen Zeiten Werbetreibenden mit kleinem Etat so manche Vorteile. So werden ungenutzte Werbeträger kurzfristig im freien Verkauf angeboten. Außerdem bleiben in auslastungsschwachen Zeiten ihre Plakate länger hängen als gebucht wurde.
Ein Geheimtipp unter den Werbetreibenden sind die Monate Juli und August. In diesem Zeitraum halten sich Markenartikler mit ihren Kampagnen zurück, weil sie in den anderen Medien nicht ausreichend ihre Zielgruppen erreichen. Doch gerade in den Sommermonaten ist Plakatwerbung erfolgsversprechend, weil die Abende lang und die Straßen und Plätze belebt sind.
Schließlich sollte man bei der Plakatwerbung auf die besonderen herstellungstechnischen Regeln achten und nur mit Druckereien arbeiten, die entsprechende Erfahrungen vorweisen können.
Plakate sollen für das Nassklebeverfahren geeignet sein, Wind und Regen trotzen und über Wochen ihre Leuchtkraft beibehalten. Zur Herstellung eignen sich deshalb holzfreie Papiersorten im Papiergewicht zwischen 100 und 120 Gramm. Bei Plakaten für City-Light-Poster (zwischen 115 und 140 Gramm) darf das Papier keine Wolkenbildung aufweisen.
Digitaldruck ist in einer Auflage bis 30, Siebdruck bis 1000, Offsetdruck ab etwa 500 Stück am kostengünstigsten.

■ Avatar

Diese zwei- oder dreidimensionalen virtuellen Figuren wurden einst für Computerspiele geschaffen. In letzter Zeit tauchen sie auch als elektronische Verkäufer im E-Commerce auf.

Hintergrund:
Im Hinduismus sind Avatare die Tier- und Menschengestalten, in denen Götter vom Himmel zur Erde herabsteigen.

Problemfeld:
Der Handel verlagert sich zunehmend auf das Internet. Doch speziell im Privatkundengeschäft ist die emotionale Bindung des Kunden mit entscheidend für den Verkaufserfolg. Im Einzelhandel entsteht solch eine Sympathieebene vor allem über den Verkäufer. Dem E-Commerce fehlt diese Möglich-

keit der persönlichen Kundenansprache.

Problemlösung:
In der virtuellen Welt des Internets treten virtuelle Firmenrepräsentanten auf. Diese Avatare agieren und reagieren wie Menschen, sie zeigen Gefühle durch Gestik und Mimik. Darüber hinaus können sie mit dem Kunden in Dialog treten: Der Internet-Nutzer gibt per Tastatur seine Frage ein. Sofort erscheint die Antwort des Avatars auf dem Bildschirm.
Ziel ist es, den Kunden in Dialogform durch das Sortiment zu führen, Neugierde für bestimmte Produkte zu wecken und in ihm Kaufbedürfnis zu wecken.

Lösungsweg:
Die Charakterisierung von Avataren für den Internet-Auftritt soll sich nach der Zielgruppe und den angebotenen Produkten orientieren. Wichtig ist aber auch, dass sie der Corporate Identity des Unternehmens entsprechen.
So kann das Aussehen eines Avatars bspw.:

- den versprochenen Produktnutzen (die Wirkung eines Schlankheitsmittels oder einer Kosmetikserie) verdeutlichen.
- Identifikationswirkung (durch die äußere Erscheinung) schaffen.
- Positive Gefühlsreaktionen (durch kindliche Gestik und Mimik) hervorrufen.

In Ostasien vermarkten sich sogar Fernseh- und Rockstars als Avatare. E-Commerce-Unternehmen zahlen Lizenzgebühren für das Recht, diese den lebenden Originalen nachempfundenen Kunstfiguren in die Internet-Auftritte zu integrieren, um eine hohe Identifikationswirkung zu erzielen. In Deutschland entstehen bereits die ersten Unternehmen, die für E-Commerce-Projekte solche virtuellen Verkäufer programmieren lassen.

B

■ B-Marke

Im niedrigeren Preissegment liegende Zweitmarke eines Herstellers.

Problemfeld:
In vielen Produktbereichen hält der Trend zu den unteren Preissegmenten, den namenlosen Produkten und den Handelsmarken weiter an. Dieser wendet sich gegen Markenhersteller, die den Wert ihrer Marke weiter pflegen wollen.

Problemlösung:
Hersteller entwickeln neben ihrem Markenprodukt Billiglinien, so genannte B-Marken. Diese verfügen über einen eigenständigen Namen und über eine Verpackungsgestaltung, die keinerlei Hinweis auf die Markenverwandtschaft liefert. Dadurch soll erreicht werden, dass im Handel die Premium-Marke nicht durch die B-Marke gestört wird.
Solche Unterscheidungsmerkmale zeigen sich vor allem in der Verpackungsart und der Verpackungsgestaltung. Sie signalisieren bei der Premiummarke den hohen Wert, bei der B-Marke den niedrigen Preis.
Dies ist insbesondere auch deshalb wichtig, weil es in bestimmten Produktbereichen wirtschaftlich nicht sinnvoll ist, das Premium- und das B-Markenprodukt in unterschiedlichen Qualitäten herzustellen. Außerdem muss die B-Marken im Qualitätswettbewerb mit den No-Names und Handelsmarken bestehen.
Vielfach ist es aber auch üblich geworden, dass der Hersteller den Handel sowohl mit seiner Premiummarke, seiner B-Marke als auch mit Handelsmarken und No-Names bedient und somit alle Segmente abdeckt.

■ Balanced Scorecard

Frei übersetzt heißt Balanced Scorcard ausgewogener Auswertungsbogen. Er dient dazu, die Leistungsfähigkeit eines Unternehmen, die bisher an Hand von financial measures – also Größen wie Umsatz und

Ertrag –, gemessen wurde, durch folgende Kriterien zu ergänzen:

- Qualität der Kundenbeziehungen,
- internal business process, die Kunden- und Marktorientierung der internen Geschäftsprozesse sowie das
- learning and growth, die Anpassungsfähigkeit an die Markt- und Kundenbedürfnisse des Unternehmens.

BS wird auch als Instrument des strategischen Managements eingesetzt. Sie integriert die Auswertungen aus den unterschiedlichen Bereichen, damit zur Bestimmung der Unternehmensqualität möglichst alle Kriterien berücksichtigt werden.

Hintergrund:
Noch vor zwei Jahren spielte die von den US-Professoren Robert S. Kaplan und David P. Norton entwickelte BS noch kaum eine Rolle. »Balanced Scorecard« war nur ein Insiderbegriff. Heute dagegen ist er in aller Munde, und die Zahl der Veröffentlichungen hat sich in den vergangenen Monaten verfielfacht. Auch liegen schon die ersten Unternehmenserfahrungen vor, u. a. von folgenden Unternehmen:

- ARAG Lebensversicherungs AG
- Bahlsen AG
- BASF AG
- Brose Fahrzeugteile GmbH
- Continental AG
- Deutscher Herold AG
- Heidelberger Druckmaschinen AG
- Lufthansa AG
- Siemens AG
- SKF-Gruppe

Problemfelder:
Manager sehen Umsatz- und Ertragssteigerungen ihres Unternehmens gerne als Ergebnis einer hohen Unternehmensleistung. Dabei sind sie zum Großteil auch die Auswirkungen eines günstigen Marktklimas. Diese Fehlinterpretation führt oftmals dazu, dass Maßnahmen zur Steigerung der Unternehmensleistung unterbleiben. In der Folge sind Unternehmen nicht in der Lage, Veränderungen ihrer Märkte zu bewältigen. So kommt es immer wieder zu überraschenden Unternehmenszusammenbrüchen.
Auch Investoren fordern finanzielle Ergebnisse, statt auf Wertsteigerung der Unternehmen in Form von Kundenzufriedenheit, Produkt- und Prozessinnovation und Mitarbeiterfähigkeit zu drängen. Das Ergebnis ist, dass Manager im Hinblick auf den Shareholder-Value ihr Augenmerk vornehmlich auf kurzfristige Ergebnisverbesserungen legen. Sie sind eher bereit, Investitionen zu vernachlässigen, die sich langfristig auf die Finanzkennziffern

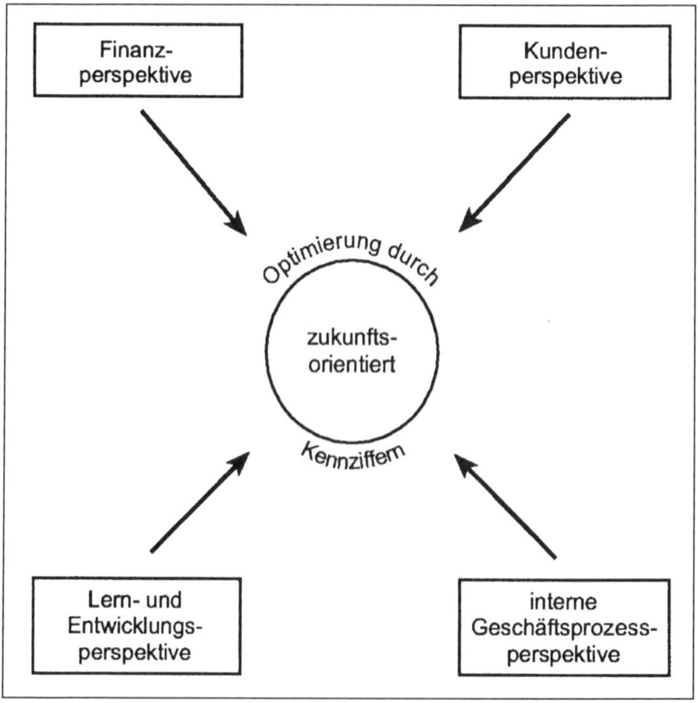

Balanced Scorecard: Quantifizierung der vier Entwicklungsperspektiven durch Kennziffern

auswirken, bspw. Investitionen in neue Märkte, neue Produkte, neue Techniken und Verfahren.
Dies gilt vor allem für Investitionen in das Human Capital, also die Weiterqualifizierung der Vertriebsmitarbeiter. Letztendlich ist auch die langfristige Kundenentwicklung davon betroffen.
All diese Faktoren sind ausschlaggebend, um langfristig finanzielle Ziele zu erreichen. Doch nach dem Motto »You can't manage what You can't measure« (was sich nicht messen lässt, lässt sich nicht verändern) stellt sich die Frage, wie sich diese weichen Faktoren der Unternehmensqualität als Kennzahlen vergleichbar machen lassen.

Problemlösung:
Die Grundidee der BS ist zunächst, dass alle Kriterien ange-

wendet werden sollen, mit denen sich die Qualität eines Unternehmens darstellen lässt:

- Die finanzielle Dimension eines Unternehmens. Die Jahres- und Quartalsabschlüsse beinhalten Informationen über die Vermögens-, Finanz- und Ertragslage.
- Kunden: Die Positionierung des Unternehmens in bestimmten Marktsegmenten, die Kundenzufriedenheit und die Kundenbindung.
- Geschäftsprozesse: Die Effizienz der implementierten Arbeitsabläufe.
- Mitarbeiter: Motivation, Kreativität, Leistungsfähigkeit und Qualifikation.

Weiterentwicklung: Die Fähigkeit eines Unternehmens, sich im kontinuierlichen Verbesserungsprozess (KVP) fließend an die sich verändernden Markterfordernisse anzupassen.

Das „balanced" in der Scorecard bedeutet Ausgewogenheit in dreifacher Hinsicht:

1. in der Darstellung des Unternehmens,
2. in der Einbeziehung aller wesentlichen Organisationseinheiten,
3. in der Kommunikation mit allen Mitarbeitern.

Mit der Balanced Scorecard werden folgende fünf Intentionen verfolgt:

1. Die Komplexität des Betriebsgeschehens zu erfassen und auf für alle Mitarbeiter transparenten Teilaspekte zu reduzieren,
2. Visionen und daraus abgeleitete strategische Ziele messbar zu machen,
3. Jedem Mitarbeiter diese strategischen Ziele nahe zu bringen,
4. Die Strategien im Unternehmensalltag (Budget) zu verankern,
5. Die Strategien den sich ändernden Lebensumständen anzupassen.

Lösungsweg:
Das BS soll Entwicklungstendenzen für folgende vier Perspektiven eines Unternehmens beleuchten:

- Finanzperspektive
- Kundenperspektive
- Interne Geschäftsprozessperspektive
- Lern- und Entwicklungsperspektive.

Zunächst müssen die vier Perspektiven über Kennziffern messbar gemacht werden. Außerdem sollen die Kennziffern zukunftsorientiert sein, um Entwicklungstendenzen sichtbar zu machen.

- Finanzielle Kennzahlen messen vergangene Leistungen, sind also vergangenheitsorientiert. Um im Management auch die langfristige, zukunftsorientierte Sicht auf die Finanzkennzahlen zu verankern, werden bei der BS gewünschte Entwicklungen im finanziellen Bereich als Zielgröße eingeführt. Zudem ist die Wachstumsphase eines neuen Produktes eine Zielgröße, gemessen wird bspw. der Anteil neuer Produkte am Umsatz. Bei der Reifephase sind es Kostensenkungsziele und in der Cash Cow-Phase die Entwicklung der Produkt- und Kundenrentabilität bzw. die Umsatzrendite.

- Die Kundenperspektive lässt sich durch zwei Gruppen von Kennzahlen abbilden:
  Die Kernkennzahlen beschreiben bspw. Marktanteile, Kundenakquisition, Kundenzufriedenheit, Kundentreue und Kundenrentabilität. Die „Leistungstreiberkennzahlen" beziehen sich auf die Aspekte, die für die Kunden besonders wichtig sind. Darunter fallen bspw. Produkt- und Serviceeigenschaften wie Funktionalität, Qualität, Preis und Zeit, Kundenbeziehungen wie Kompetenz, Erreichbarkeit und Reaktionsgeschwindigkeit.
- Bei der Geschäftsprozessperspektive geht es unter anderem um die Steigerung der Innovationskraft. Potenzielle Kundenwünsche müssen identifiziert werden, da sie die Produkt- und Prozessneuentwicklung vorantreiben und zu effizienter Herstellung und Auslieferung verhelfen.
- Die Lern- und Entwicklungsperspektive ist die am stärksten in die Zukunft gerichtete Perspektive. Sie misst neben den strategischen Potenzialen der Informationssysteme die Mitarbeiterpotenziale sowie deren Motivation und Zielausrichtung.
  Hier geht es vor allem um die Vertriebsmitarbeiter. Sie sollen vom Kunden ausgehende Ideen und Anregungen zur Verbesserung von Leistungen und Prozessen liefern. Dazu müssen die Verkäufer entsprechend befähigt und motiviert werden. Doch auch Flexibilität, Teamfähigkeit und Zielorientierung sollen in messbare Faktoren definiert werden.

Wie viele dieser Kennzahlen bei der BS verwendet werden, ist zweitrangig. Ausschlaggebend ist, dass die verwendeten Kennzahlen die Unternehmensstrategie beinhalten.

Anschließend werden Maßnahmen konzipiert, mit denen die strategischen Ziele erreicht werden sollen. Vision und Strategie werden an die Mitarbeiter weitergegeben. Jeder muss die Ziele seines Bereiches, aber

auch die Visionen des Unternehmens kennen und sich mit ihnen identifizieren können.
Bei der Planung werden die strategischen Maßnahmen abgestimmt, Ziele definiert und Budget zur Verfügung gestellt.
Während der Umsetzung wird permanent kontrolliert, inwieweit die Ziele und auch die Wege zu diesen Zielen modifiziert werden müssen.

Weiterführende Literatur:
Kaplan, Robert S; Norton, David: Balanced Scorecard, Stuttgart 1997

■ Bartergeschäft

Auch Kompensations- oder Gegengeschäft genannt. Hier sind sich die Geschäftspartner gegenseitig Lieferant und Kunde.

Problemfeld:
Kunden machen den Abschluss davon abhängig, dass der Lieferant auch bei ihnen Waren abnimmt, beziehungsweise sie die Rechnung durch Warenlieferung bezahlen können.

Problemlösung:
Bartergeschäfte machen nur Sinn, wenn sie strategische Vorteile bringen. Nur in Ausnahmefällen bieten Gegengeschäfte auch wirtschaftliche Vorteile, nämlich erst dann, wenn aktueller Bedarf nach der Gegenleistung vorhanden ist und wenn der Preis ihrem Marktwert entspricht.

Strategische Vorteile bieten Gegengeschäfte, wenn hierdurch bspw.

- ein neuer Kunde an das Unternehmen gebunden,
- ein Referenzkunde gewonnen wird,
- Folgegeschäfte im Zubehör- oder Servicebereich in Aussicht stehen,
- oder sich Cross-Selling-Möglichkeiten ergeben.

Unter diesem Kalkül bieten Lieferanten von sich aus Gegengeschäfte an. Es ist auch zur Praxis geworden, dass Verkäufer bei ihrer Akquisition bspw. eines Büromaschinenhändlers zunächst als Kunde auftreten. Doch den Kaufabschluss über eine Büromaschine zögern sie solange hinaus, bis der Händler gewillt ist, einen Abschluss, bspw. einer Versicherungspolice zu tätigen.

■ Beachtungswert

Dieser Begriff meint den Grad der Aufmerksamkeit, mit dem Konsumenten auf Werbemaßnahmen reagieren.

Problemfeld:
Nach Marktuntersuchungen steigt der Gesamtbeachtungswert von Zeitungsanzeigen mit zunehmendem Format von 28 Prozent (Anzeigengröße unter Einfünftel-Seite) bis 54 Prozent (ab halbseitigem Format). Auch Farbe steigert die Aufmerksam-

keit, Analysen zu Folge mit Beachtungswerten von 39 Prozent (schwarz-weiß) über 48 Prozent (eine Zusatzfarbe) auf 56 Prozent (zwei und mehr Zusatzfarben). Die Frage ist, wie sich die Aufmerksamkeit der Zielgruppe erhöhen lässt, ohne dass dies mit teuren Groß- und Farbanzeigen erkauft werden muss.

Problemlösung:
Eine Steigerung des Beachtungswertes bringt auch die Platzierung, etwa, ob der Anschluss zu redaktionellen Texten vorhanden ist: Der Beachtungswert liegt in diesem Fall um etwa zwölf Prozent höher, schwankt jedoch je nach Seitensparten von 37 Prozent (Wirtschaft) über 45 Prozent (Lokalteil) bis 49 Prozent (»aus aller Welt«).
Dieser Vergleich ist allerdings nur eine generelle Aussage. Verschiebungen ergeben sich je nach Zielgruppen: Bei der

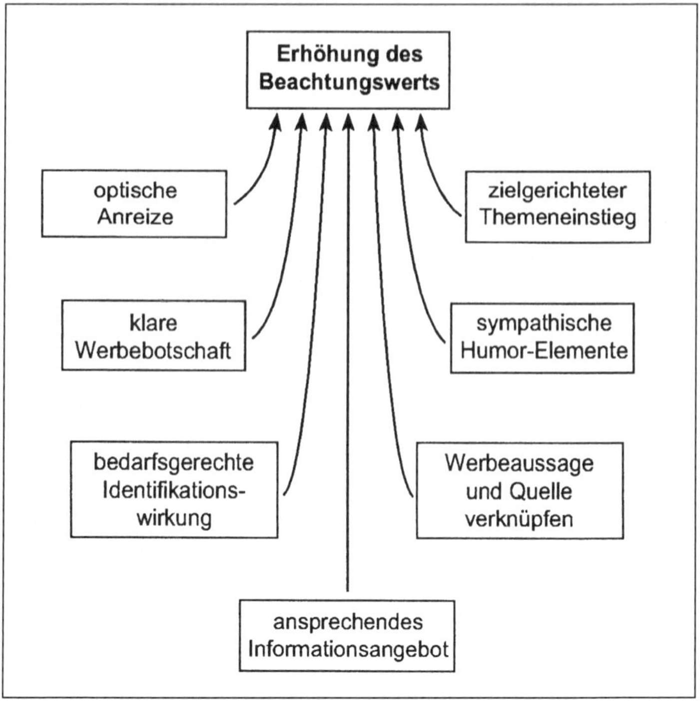

Beachtungswert: Werbemaßnahmen zur Steigerung des Beachtungswerts

»Zielgruppe Männer« etwa liegen die Ressortsparten Sport und Politik vor dem Lokalteil.
Allerdings befassen sich durchschnittlich nur etwa 18 Prozent aller Leser mit dem Inhalt der Anzeigen, die sie bemerkt haben. Bei Berufstätigen, die ihrem Arbeitstag nur etwa 15 Minuten zur Zeitungslektüre abgewinnen können, reduziert sich der Anteil sogar noch auf elf Prozent.
Dieser Anteil lässt sich stark erhöhen, wenn folgende Regeln beachtet werden:

- Optische Anreize: Das Leserauge wird eingefangen, die Neugierde geweckt.
- Zielgerichteter Themeneinstieg: Der Leser soll sich persönlich angesprochen fühlen.
- Pfiffige Humor-Elemente: Die Sympathieebene des Lesers soll geöffnet werden.
- Klare Werbebotschaft: Der Leser soll sich mit dem Anzeigeninhalt auseinander setzen.
- Ansprechendes Informationsangebot: Der Anzeigeninhalt soll gespeichert werden.
- Bedarfsgerechte Identifikationswirkung: Der Bedarf soll geweckt werden.
- Verknüpfung von Werbeaussage und Quelle: Zum Anbieter soll ein ausreichender Bezug hergestellt werden.

Um ihre werbenden Funktionen zu erfüllen, muss die Anzeige das Interesse des Lesers auf sich ziehen. Dies erreicht sie, wenn sie auffällt. Deshalb sollte bei der Gestaltung das gesamte Anzeigenumfeld berücksichtigt werden. Im Idealfall bilden die restlichen Anzeigen den passenden Rahmen.
Als Blickfang dienen bspw. große Buchstaben »Lassen Sie sich kein X für ein U vormachen« oder übergroße Satzzeichen: »Wollen Sie sich weiterhin mit geringen Renditen begnügen?« Auch Symbole, bspw. ein Stern weckt Neugierde: »Stellen Sie Ihre Zukunft unter einen guten *«.
Vielfältige Umsetzungsmöglichkeiten bieten vertraute Bilder wie Piktogramme und Verkehrszeichen (»Nur Erfolgreiche haben Vorfahrt« oder »Machen Sie aus Ihrer Karriere keine Einbahnstraße«).
Selbst kleine Provokationen sind erlaubt, wie bspw. ein Osterei als Weihnachtskugel (»das Ei des Columbus für Ihren Weihnachtseinkauf.«)
Schließlich zählt auch ein Schuss Humor bei der Textgestaltung wie »Wenn es um Ihre Zähne geht, nehmen wir kein Blatt vor den Mund«. Die Schlagzeile als Dogma („Wer seine Zeit plant, plant seinen Erfolg“) oder als Frage »Haben Sie heute auf Ihrem Einkaufszettel nicht das Wichtigste vergessen?«, veranlasst den Leser zum Nachdenken:

Identifikationen werden geschaffen durch die direkte Anrede („für Sie" „mit Ihnen"), durch das Angebot von Problemlösungen („wir helfen Ihnen") und vor allem dem Versprechen einer Wunscherfüllung: »Mit einem Wintergarten schaffen Sie sich Ihr eigenes Südsee-Paradies.«
Der weitere Anzeigentext hat die Aufgabe, in logischer Konsequenz den Leser vom Produktinteresse zum Produktbedürfnis zu führen und schließlich für ihn sogar den Kaufentschluss zu treffen: »Rufen Sie uns an, am besten sofort.«
Anzeigenbotschaften erreichen ihre Empfänger mit Sicherheit in Unterhaltung verpackt (»Der Disco-Witz der Woche«) oder in Service-Form (»Wie Sie Ihren Teppichboden richtig verlegen«). Als Anzeigenserie steigert das Servicekonzept den Bekanntheitsgrad und verschafft der Werbung Langzeitwirkung (»Aus dem Rezeptheft unseres Küchenchefs«). Leseraktionen mit Gewinnspiel-Charakter sorgen für eine reibungslose Produkteinführung (»Ein Partyfass auf Ihren Vers zu unserem neuen Bier«).

■ **Befragungsform**
Kontaktweg zu den Personen, die bei Marktforschungsaktionen befragt werden sollen.

Problemfeld:
Nicht nur die Formulierung einer Frage, sondern auch der Befragungsweg kann zu unterschiedlichen Ergebnissen führen.

Problemlösung:
Je nach Zielgruppe und Subjekt soll auch die entsprechende Befragungsform angewandt werden. Bspw.

- die schriftliche Befragung. Sie ist geeignet, wenn zu erwarten ist, dass die Empfänger persönliche Interviews verweigern oder sich beeinflussen lassen. Schriftliche Befragungen werden häufig bei älteren Konsumenten angewandt. Sie nehmen sich die entsprechende Zeit zur Beantwortung und legen Wert darauf, die Fragen gewissenhaft zu beantworten.

Diese objektive Haltung wird jedoch aufgegeben, wenn der Fehler gemacht wird, die schriftliche Befragung mit einem Gewinnspiel zu verknüpfen. Dann kommen die Interviewten in den Versuch, Wohlverhalten zu zeigen um ihre vermeintlichen Gewinnchancen zu erhöhen.
Besser ist es, die Empfänger über den Zweck der Umfrage zu informieren. Bspw. sollte um ihre Mithilfe gebeten werden, um das Produkt zu verbessern oder den Service zu steigern.

Kunden geben in solchen Fällen gerne Auskunft, auch wenn sie keinen direkten Nutzen aus solch einer Befragung ziehen können.

- die telefonische Befragung. Sie dient besonders der schnellen Informationsgewinnung bei einem großen Fragenkatalog. Sie wird gerne bei Berufstätigen angewandt, die keine Zeit finden, auf schriftliche Befragungen zu antworten. Außerdem kommen bei Telefonbefragungen die Antworten relativ spontan.

Allerdings können die Interviewer nicht einschätzen, inwieweit ihr Anruf willkommen ist. Deshalb werden die Interviewten zunächst über den Zeitraum informiert, der für das Gespräch angesetzt werden muss.

Wird diese Frist jedoch überschritten, dann besteht die Gefahr, dass die Gesprächspartner in Zeitnot geraten und dann durch unüberlegte Antworten schnell zum Ende kommen wollen. Ein weiteres Problem ist, dass sie den Interviewern keine Antwort schuldig bleiben wollen. Dies ist bspw. der Fall, wenn der Gesprächspartner den Inhalt oder den Sinn einer Frage nicht verstanden oder sich noch kein Urteil gebildet hat. Hier kann es sinnvoll sein, eine geschlossene Frage (»benutzen Sie das XY-Waschmittel«) in eine offene Frage (»welches Waschmittel benutzen Sie?«) zu verwandeln.

Für solche Fälle ist es auch sinnvoll, dass die Interviewer darauf geschult werden, auch auf die versteckten Signale zu achten. So können schnelle Antworten nach anfänglichem Zögern ein Zeichen dafür sein, dass der Interviewte die entsprechende Frage zwar nicht beantworten konnte, aber unbedingt beantworten wollte.

- die persönliche Befragung. Sie ist besonders vielfältig, denn der Interviewer kann zu den Antworten auch noch die körpersprachlichen Signale des Interviewten beschreiben. Sie ist aber auch relativ unsicher, wenn die Interviewer nicht ausreichend geschult sind und möglicherweise durch die Art der Fragestellung und die eigene Körpersprache den Interviewten beeinflussen.

▪ Beihefter

Werbematerial, das durch Klammerung oder Klebung fest mit der als Werbeträger fungierenden Zeitschrift verbunden ist.

Problemfeld:

Prospekte, die lediglich in Zeitschriften eingelegt sind, lassen sich relativ leicht entfernen. Aufgrund des glatten Kunstdruckpapiers gehen sie bereits beim Zeitschriftenkauf verloren.

Problemlösung:
Die Beihefter werden bereits bei der Zeitschriftenherstellung mit eingeklammert oder eingeklebt. So wirken sie wie Merkzeichen. Wird die Zeitschrift zur Hand genommen, dann öffnen sich die Seiten, zwischen denen sich der Beihefter befindet.
In der Regel wird eine Zeitschrift von ihrem Käufer mehrfach zur Hand genommen. Die Werbetreibenden, die Beihefter einsetzen, gehen auch davon aus, dass er somit immer wieder aufs Neue Aufmerksamkeit findet. Schließlich haben sie das Ziel, mit ihrem befestigten Prospekt auch den Zweit- und Drittleser der Zeitschrift zu erreichen.

▪ Beilagenwerbung
Werbematerial, das Zeitungen und Zeitschriften beigelegt ist.

Problemfeld:
Wurfsendungen werden von den Empfängern häufig bereits am Briefkasten aussortiert und weggeworfen.

Problemlösung:
Prospekte, Faltblätter, Werbepostkarten und Werbebriefe werden Zeitungen und Zeitschriften beigelegt, damit sie den Empfänger in einer Situation erreichen, in der er ihnen ausreichende Aufmerksamkeit widmen kann. So entgehen sie dem Risiko, dass sie unbesehen im Abfall landen. Beilagenwerbung bietet dazu noch den Vorteil der Empfängerselektion. Wie bei der Anzeigenwerbung werden die Publikationen favorisiert, die von der anvisierten Zielgruppe genutzt werden.
Bei verschiedenen Publikationen ist es sogar möglich, die Beilagenwerbung auf ein bestimmtes Gebiet zu begrenzen. Dies ist besonders für den Werbetreibenden sinnvoll, dessen Einzugsgebiet nur einem Teil des Auflagengebiets entspricht. Mit dieser Teilbelegung für einen bestimmten Ort, ein bestimmtes Stadtviertel oder sogar ein bestimmtes Wohngebiet kann er die Streuung erheblich reduzieren.

▪ Benchmarking
Der Begriff »benchmark« stammt aus der Vermessungstechnik und bedeutet Eckpunkt. Benchmarking ist eine Methode, die die Suche nach den besten Prozessen, bspw. im Vertrieb, sowie den optimalen Vorgehensweisen, bspw. im Kundenkontakt, bezeichnet.
In Unternehmen wird Benchmarking als systematischer Leistungsvergleich mit anderen Unternehmen, den sog. Peers, gesehen. Hierzu werden zu-

nächst bestimmte Kennzahlen erhoben, bspw. zur Kundenzufriedenheit oder zur Effizienz der Vertriebseffizienz. Ziel ist zunächst, herauszufinden, in welchen Bereichen noch Verbesserungspotenziale liegen. Dann werden die Geschäftsprozesse verglichen, in denen die Ergebnisse unterschiedlich sind. Auf diese Weise zeigt sich, welche Punkte konkret verbesserungsbedürftig sind.

Hintergrund:
Benchmarking wurde bei Xerox in den USA entwickelt und hat seinen Ursprung in den 80er Jahren.

Problemfeld:
Für Manager ist selbst bei intensiver Analyse der Prozesse und Vorgehensweisen nicht erkennbar, warum sich ihre Unternehmen im Wettbewerb nicht mehr durchsetzen können, die Erträge stagnieren oder Planungsziele nicht erreicht werden.

Problemlösung:
Um die Lernfähigkeit und das Wissen durch systematische Informationsgewinnung und offenen Erfahrungsaustausch zu steigern, werden vier Varianten des Benchmarking angewandt.

- Internes Benchmarking: Hier werden die Tätigkeiten und Prozesse zwischen den Abteilungen eines Unternehmens verglichen.
- Competitive Benchmarking: Hier verläuft der Vergleich mit direkten Wettbewerbern.
- Best Practise Benchmarking: Hier stammen die Vergleichsdaten aus Unternehmen anderer Branchen.
- Award Model Benchmarking. Hier werden die Kriterien eines Preises verglichen.

Der Ablauf des Benchmarkings:

- Zunächst wird in einer Ist-Analyse ein Stärken-/Schwächenprofil entwickelt.
- Dann wird der Bereich identifiziert, bei dem ein Benchmarking wünschenswert erscheint.
- Dessen Leistungsprofil wird in Zahlen oder Kennwerte definiert.
- Jetzt wird der passende Benchmarking-Partner ermittelt.
- Mit ihm werden die Zahlen und Kennwerte verglichen.
- Zeigen sich Unterschiede, werden die Prozesse verglichen, um den Ursachen auf den Grund zu gehen.
- Diese werden danach überprüft, inwieweit sie Lösungen zur eigenen Leistungsoptimierung beinhalten.
- Jetzt werden die Lösungen für die spezifischen Belange des eigenen Unternehmens modifiziert.
- Die Lösungen werden in eine Zielplanung gefasst.

Benchmarking: Vergleichsmaßstäbe (Kleinfeld, Marktforschung & Management, Nr. 1/1994, S. 19)

- Dieses wird in umsetzbare Aktionsschritte gegliedert, umgesetzt und die Umsetzung kontrolliert.
- Zum Abschluss erfolgt ein zweiter Benchmarking-Vergleich.

Benchmarking wird von Unternehmensberatern oft mit der Leistungssteigerung im Sport verglichen: Der beste Läufer kann das Rennen von Anfang an bestimmen und die Führungsposition einnehmen. Geht jedoch kein anderer Läufer sein Tempo mit, wird er zunehmend langsam und träge. Wenn er nicht darauf achtet, was hinter ihm geschieht, besteht zudem die Gefahr, dass er unvermutet überholt wird.
Bildet sich hingegen eine Spitzengruppe, spornt sich diese gegenseitig zu Höchstleistungen an. Nur dadurch werden neue Rekorde möglich.
Entscheidend für erfolgreiches Benchmarking sind geeignete Partner. Diese zu finden ist nicht leicht, zumal ein hohes Maß an Vertrauen nötig ist. Das Verfahren ist relativ aufwändig, außerdem muss es im Regelkreis ständig weitergeführt werden, wenn es seinen Zweck der permanenten Leistungssteigerung erfüllen soll.

Weiterführende Literatur:
Pieske, Reinhard: Benchmarking in der Praxis, Erfolgreiches Lernen von führenden Unternehmen, Landsberg 1997

■ Berufswerbung
Marketingmaßnahmen der Vertreter freier Berufe.

Problemfeld:
Auf Grund unklarer Regelungen in den jeweiligen Berufskammern werden Gerichte immer häufiger mit der Beurteilung von Berufswerbung befasst, berichtet der Zentralverband der Werbewirtschaft ZAW. Das Bundesverfassungs-

gericht hat wiederholt das Festhalten der Kammern an Werbebeschränkungen kritisiert.

Problemlösung:
Ärzte: Die Regelungen der Kammern gehen sogar über die Urteile der Gerichte hinaus. So hält auch die neue Berufsordnung an einem Werbeverbot fest. So wird bereits die Bezeichnung »Ärztehaus« als unzulässige Werbeaussage bewertet.
Zahnärzte: Hier gibt es von den Berufskammern je nach Bundesland unterschiedliche Beurteilungen. Nach einem Urteil des Bundesgerichtshofes ist es die Pflicht des Zahnarztes, abzuwehren, dass Dritte für ihn werben. Auch die Werbung einer Zahnklinik wurde in diesem Fall untersagt.
Apotheker: Hier sind die werblichen Grenzen verwischt, weil der Apotheker als Angehöriger eines freien Berufs und als Gewerbetreibender gesehen wird. Das Bundesverfassungsgericht hat erklärt, dass der Apotheker in vielen Sortimentsbereichen im Wettbewerb mit anderen Einzelhandelsbranchen steht und deshalb wie die anderen auf sich aufmerksam machen dürfe.
Demnach darf der Apotheker auch alle Werbeträger nutzen. Das Gericht hat aber dem Umfang Grenzen gesetzt. So darf der Apotheker nicht marktschreierisch und übertrieben werben.
Steuerberater: Auch für sie ist Werbung ohne konkreten Anlass nicht mehr grundsätzlich verboten. Als reklamehaft und damit berufswidrige Werbung wird jedoch gewertet, wenn sie häufig oder »übertrieben groß« erscheint. Auch die grafischen Elemente dürfen nicht »marktschreierisch« sein. Zulässig ist bspw. das Auslegen von Prospekten und die reine Textwerbung im Rundfunk und Kino.
Rechtsanwälte: Kammern und Gerichte erörtern nicht mehr, ob Werbung zulässig, sondern ob sie angemessen ausgestaltet ist, so der ZAW. Zwei Berufsordnungen geben die Grenzen vor: die BRAO (Bundesrechtsanwaltsordnung) und die BORA (Berufsordnung der Rechtsanwälte). Sie erlauben Werbung, »soweit sie über die berufliche Tätigkeit in Form und Inhalt sachlich unterrichtet und nicht auf die Erteilung eines Auftrags im Einzelfall gerichtet ist.« Demnach ist Werbung unsachlich, wenn wertende Formulierungen wie »erfolgreich«, »kompetent«, »vorbildlich« verwendet werden.
Allerdings dürfen Anwälte werben, wann sie wollen. Doch die Form muss dem Informationsinteresse der Empfänger entsprechen, erklärt der ZAW. So dürfen Werbebotschaften nicht Formulierungen enthalten, die

auf »Mandantenfang« hindeuten wie bspw. »kommen sie zu uns.« Kino-, Funk- und Fernsehwerbung sind nicht ausdrücklich verboten. Es gibt jedoch ein Urteil des Oberlandesgerichts München, das die Radiowerbung eines Anwalts mit der Begründung untersagt hat, dass sich die benutzten Stilelemente nicht in der gebotenen Form von der üblichen gewerblichen Werbung unterscheiden. Nicht verboten ist auch Außenwerbung. Andererseits hat das Landgericht Nürnberg-Fürth die Taxiwerbung eines Rechtsanwalts für »unsachlich« erklärt. Das Oberlandesgericht Frankfurt wiederum meint, Anwaltswerbung sei nicht schon deshalb unsachlich, wenn sie sich auf einer drehbaren Werbesäule befindet.
Wirtschaftsprüfer: Für sie gelten ähnliche Regelungen wie für Anwälte. So wurde vom Landgericht Hamburg eine doppelseitige Zeitungsanzeige beanstandet und die Grenze bei einer halbseitigen Anzeige gesetzt.

■ Beschwerdemanagement

Die systematische Ausforschung möglicher Kundenunzufriedenheit hat drei Ziele: Unternehmensschwächen aufzudecken, das Unternehmen den sich verändernden Kundenanforderungen anzupassen und Kunden langfristig als Ertragsbringer und Empfehlungsgeber zu binden.

Problemfeld:
Beschwerden werden vielfach als Angriffe gesehen, die es abzuwehren gilt. Kunden fühlen sich hingegen oftmals mit ihrem Anliegen alleine gelassen. Sie sind enttäuscht, verlieren das Vertrauen zu ihren Lieferanten und werden empfänglich gegenüber Wettbewerbsangeboten. Darüber hinaus entwickeln sie sich zu negativen Empfehlungsgebern.

Problemlösung:
Zunächst muss das Handeln des Beschwerdeführers von der Unternehmensleitung und den Mitarbeitern richtig beurteilt werden. Während unloyale Kunden stillschweigend den Lieferanten wechseln, wenn sie sich nicht richtig betreut fühlen, zeigt der Beschwerdekunde durch sein Verhalten, dass er sich eng an das Unternehmen gebunden fühlt.
Für Unternehmen sollte deshalb jede Beschwerde ein willkommener Anlass sein,

- die Bindung des Kunden zu festigen und
- die Beschwerdegründe zu analysieren, um herauszufinden, inwieweit sie als neue Anhaltspunkte zur Optimierung von Unternehmensabläufen, zur Verbesserung der Kommunikation und zur Verbesserung der Marktnähe dienen.

Professionelles Beschwerdemanagement erfordert entsprechende Unternehmensstrukturen. Die im Kundenkontakt stehenden Mitarbeiter im Innen- und Außendienst müssen über die entsprechenden Voraussetzungen verfügen, um bspw.

- den Kunden zum permanenten Feedback zu ermutigen,
- verärgerte Kunden sensibel zu führen und
- Beschwerdeanlässe richtig zu interpretieren.

Durch die entsprechende Vergabe von Kompetenzen ist es den Mitarbeitern möglich, den Kunden durch eine unbürokratische Lösung des Beschwerdefalles zu begeistern und ihn zum Multiplikator dieser Begeisterung zu machen.
Durch die Einbindung des Beschwerdemanagements in das Unternehmen bietet sich die Möglichkeit, Kundenfeedback systematisch einzuholen. Die entsprechenden Regeln des Beschwerdemanagements lauten:

1. Kunden sind von der Rechtmäßigkeit ihrer Beschwerde überzeugt. Deshalb sollte der Umgang mit einer Beschwerde unter dem Gesichtspunkt der schnellen Problemlösung erfolgen.
2. Im Unternehmen werden Verantwortliche benannt. Sie nehmen Beschwerden an und sind die einzigen Ansprechpartner für Beschwerdekunden.
3. Diese Anlaufstelle ist für den Beschwerdeführer problemlos erreichbar.
4. Im Idealfall ist der Beschwerdebeauftragte der Verkaufsmitarbeiter, der den jeweiligen Kunden betreut.
5. Der Beschwerdebeauftragte ist ausreichend auf diese Aufgabe vorbereitet und verfügt über die entsprechenden Kompetenzen.
6. Der Beschwerdefall wird als Projekt abgewickelt, wobei alle betroffenen Abteilungen mit einbezogen sind.
7. Ein Beschwerdefall sollte auch nach wirtschaftlichen Gesichtspunkten abgewickelt werden. Per Database wird der Beschwerdekunde nach seiner Ertrags- und Referenzstärke bewertet. Daran orientiert sich das weitere Vorgehen.
8. Höchste Priorität hat der Einsatz von Maßnahmen zur unmittelbaren Hilfe.
9. Dann werden Maßnahmen zur Beseitigung der Beschwerdeursache festgelegt.
10. Schließlich wird die Art der Wiedergutmachung festgelegt.
11. Diese erfolgt durch den zuständigen Verkäufer, damit er die wiedergewonnene Harmonie als Chance nutzen kann, um

- die Kundenbindung zu intensivieren,
- den Referenzwert des Kunden zu erhöhen,
- mit einer neuen Akquisition zu beginnen.

12. Parallel dazu wird der Beschwerdefall einer Analyse unterzogen. Dabei wird untersucht, welchen Nutzen das Unternehmen aus dem Beschwerdefall ziehen kann. Für:
    - die internen Prozesse,
    - die Kommunikation,
    - die Marketingstrategie.

Beispiel SAT 1: Wie bei allen Anbietern gehen auch beim Fernsehsender SAT 1 allmonatlich rund 25.000 Anrufe, 18.000 Briefe und 2.500 E-Mails von Zuschauern ein, die sich über Programmzusammenstellungen oder Programminhalte äußern. Die Briefinhalte werden zunächst per Datenbank ausgewertet. Besonders aufschlussreiche Zuschauerreaktionen kommen auf die Tagesordnung der Redaktionskonferenz.

Etwa 20 Prozent der Zuschauerreaktionen sind Beschwerden. Diesen gilt das besondere Augenmerk. Bei SAT 1 wird Beschwerdemanagement von der Erfahrung geleitet, dass Beschwerdeführer eine Erklärung der Sachlage erwarten. Jeder Beschwerdeführer erhält

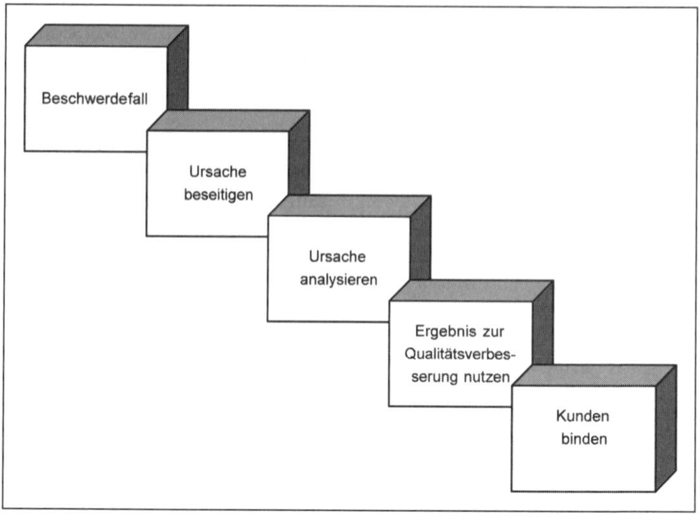

Beschwerdemanagement: Ablaufschema zur optimalen Behandlung von Beschwerden

deshalb ein Antwortschreiben mit ausführlichem Informationsmaterial. Daraus erfährt der Zuschauer bspw., unter welchen Gesichtspunkten die entsprechenden Programme konzipiert wurden.
Beispiel Sony: Kundenbeschwerden werden als wichtige Marktinformationen gesammelt und sorgfältig analysiert. Derzeit wird eine Datenbank aufgebaut, in der alle Kundenbeschwerden, -anregungen und -vorschläge verknüpft und aufbereitet werden können.
Diese Daten sollen auch mit dem Kommunikations- und Kaufverhalten dieser Kunden verglichen werden, um festzustellen, wie diese Kunden auf Optimierungsmaßnahmen reagieren. Über diese Vernetzung, die auch die Forschungs- und Entwicklungsabteilung mit einbezieht, führten Kundenbeschwerden auch schon zu erfolgreichen Produktinnovationen.
Beispiel Federal Express: Dort wurde die Erfahrung gemacht, dass Kunden zu engagierten Fürsprechern werden, wenn Beschwerdefälle schnell und reibungslos abgewickelt werden. Deshalb gelten dort sechs Beschwerderegeln:

- Die Mitarbeiter sind verpflichtet, noch innerhalb der Stunde mit dem Kunden in Kontakt zu treten.
- Die Kundenbeschwerde wird von einem Servicemitarbeiter als »Complaint Owner« verantwortlich bearbeitet.
- Der Servicemitarbeiter fertigt eine elektronische Akte an, auf die alle Abteilungen zugreifen können, die mit dem Vorgang befasst waren. Sie sind verpflichtet, innerhalb eines bestimmten Zeitraums zur Problemlösung beizutragen.
- Die Beschwerdehistorie ist in der Database niedergelegt, so dass jeder Mitarbeiter jederzeit dem Kunden qualifizierte Auskunft über den Verlauf des Beschwerdevorgangs geben kann.
- Allmonatlich wird ein detaillierter Beschwerdereport erstellt. So wird die Kundenbeschwerde als Präventivstrategie genutzt.

Weiterführende Literatur:
Stauss, Bernd; Seidel, Wolfgang: Beschwerdemanagement, Fehler vermeiden, Leistung verbessern, Kunden binden, München 1998

■ **Bevölkerungsverlagerung**
Veränderungen u.a. in der Altersschichtung, der Geburts- Heirats- und Sterberaten, sowie der geographischen Verteilung sowie der Gesellschaftsstrukturen.

Problemfeld:
Durch die demographischen Veränderungen verändern sich die Märkte, aber auch das Kaufverhalten und das Bedarfsprofil der einzelnen Konsumenten.

Problemlösung:
Die Beobachtung und Verfolgung der Bevölkerungsverlagerung gibt Hinweise auf sich verändernde und sich neu entwickelnde Märkte. Ebenso zeigt sie auf, in wieweit sich das Volumen und die Kaufkraft der einzelnen Zielgruppen verändern und mit welchen Marketingstrategien sie erschlossen und gebunden werden können.
Generell zeigen sich derzeit folgende Trends:

- Rückgang der Geburtenzahl. Spielwarenhersteller reagieren darauf, indem sie sich mit Hobbyprodukten an für sie positiven Trends orientieren. Bspw. an dem verzögerten Erwachsenwerden der Jugendlichen sowie der Tagesfreizeit derjenigen, die aufgrund des Arbeitsmarktes noch nicht oder nicht mehr im Berufsleben stehen. Hersteller von Babypflegeartikel wiederum suchen sich neue Abnehmer bei der wachsenden Zahl der Allergiker.
- Veränderung des Alterskegels. Als Reaktion entwickeln sich in allen Branchen Seniorenmärkte mit entsprechend modifizierten Produkten und Marketingstrategien. Von den Reiseveranstaltern über die Autobauer bis zu den Herstellern Weißer und Brauner Ware favorisieren sie Produkte, die dem Bedürfnis der Zielgruppe nach Bequemlichkeit und Komfort entsprechen.
- Veränderungen im Verhalten der jungen Altersklassen: Sie leben relativ lang im elterlichen Haushalt, treten spät ins Berufsleben ein und gründen relativ spät mit einem Partner einen gemeinsamen Haushalt. Lebensmittelhersteller reagieren hierauf bspw. mit kleineren Packungsgrößen und mit einer Sortimentsausweitung an Fertiggerichten.
- Landflucht: Da gerade in den Ballungsräumen die Verkehrsanbindungen überlastet sind, ziehen besonders die jüngeren Altersklassen vom elterlichen Haus im Grünen in die Innenstädte. Es ist wieder chic geworden, in den Zentren zu leben. Unterstützt wird dieser Trend durch die Stadtkernsanierungen. Baugesellschaften reagieren auf den Trend indem sie Stadthäuser, ehemalige Hotels oder Verwaltungsgebäude zu Apartementanlagen umplanen. Auch die Gastronomie, die Unterhaltungsindustrie und der gehobene Einzelhandel findet

wieder in die Stadtzentren zurück.
- Multikulturelle Gesellschaft: Der wachsende Anteil Nichtdeutscher veranlasst den Einzelhandel, sein Sortiment auf die Bedürfnisse und Konsumgewohnheiten fremdländischer Mitbürger einzurichten. Verschiedene Markenartikler platzieren ihre Printwerbung in den von diesen Bevölkerungsgruppen favorisierten Zeitungen und Zeitschriften.
- Veränderte Einkommensverteilung: Der Anteil der Bevölkerung mit mittlerem Einkommen reduziert sich. Dafür wächst der Bevölkerungsanteil mit niederem Einkommen. Hier reagiert der Handel über die steigende Zahl von Niedrigpreis- und Gebrauchtwarengeschäften.

Beziehungsmanager

Oberbegriff einer neuen Jobfamilie rund um die Kundenbindung.

Problemfeld:
Wie lässt sich die Ertragskraft eines Kunden über den gesamten Lebenszyklus hinweg an das Unternehmen binden?

Problemlösung:
In Unternehmen entstehen neue Funktionen, die sich mit Aufgaben des Beziehungsmanagements befassen. Zu dieser Jobfamilie gehört:

a) Der Relationship-Manager:
Er ist der Generalist im Beziehungsmarketing. Beginnend beim ersten Kundenkontakt ist der Beziehungsmanager dafür zuständig, dass der Kunde intensiv ans Unternehmen gebunden wird. Wie wichtig dies ist, zeigt sich bspw. in der Versicherungsbranche. Das Hauptproblem dort: Die sog. »Kaufreue«: Diese Bedenken treten auf, wenn die Kunden ihre Entscheidung noch einmal kritisch überdenken: Vielfach ergeben sich dann Zweifel, die dazu führen, dass sie von ihren Verträgen zurücktreten. Die Ursache liegt häufig im abrupten Kontaktabbruch, der sich nach dem Abschluss ergibt. Deshalb zählt zu den Aufgaben des Beziehungsmanagers, dass die Kommunikation mit dem Kunden auch nach der Akquisitionsphase weitergeführt wird.
Gerade wenn, wie im Autohandel der Fall, zwischen Auftragsunterschrift und Auslieferungstermin eine sehr große Distanz liegt, können solche Zweifel auftreten. Dem Beziehungsmanager obliegt die Aufgabe, für diese Zeiträume Warteprogramme zu entwickeln. Dabei muss er dem Kunden laufend die kaufentscheidenden Argumente wiederholen. Er muss ihm immer wieder vor Augen führen, dass er das Produkt unbedingt benötigt. Der Kunde muss auch in Zukunft der vol-

len Überzeugung sein, die richtige Entscheidung getroffen zu haben.
Die Aufgabe des Beziehungsmanagers geht jedoch über die einzelne Akquisition hinaus. Auch nach der Abwicklung muss die Begeisterung des Kunden anhalten: Er muss für Cross Selling-Maßnahmen empfänglich sein und sich als engagierter Empfehlungsgeber zur Verfügung stellen.

b) Der Kundenrückgewinnungsmanager:
Dieser Beruf ist eine Untergruppe des Beziehungsmanagers. Er filtert an Hand der Kundendatenbank die Kunden heraus, die abzuwandern drohen, oder die bereits schon abgewandert sind. Seine beiden Hauptaufgaben: Mit spezifischen Marketingstrategien Kunden zurückholen und wieder fest an das Unternehmen binden sowie die Ursachen für die Abwanderungstendenzen feststellen.
Der Kundenrückgewinnungsmanager gibt sogar Anstoß für Produkt- und Dienstleistungsmodifikationen. Bspw. im Mobilfunkbereich, wo Kunden zum Upgrading ihrer Handys ihre Verträge kündigen. Eine entscheidende Funktion des Zurückgewinnungsprogramms ist, die Top-Ten der Kündigungsgründe herauszufinden, um hierzu die entsprechenden Lösungen zu entwickeln. Im Beispiel Mobilfunk wäre dies ein automatisches Upgrading.
Der Erfolg des Beziehungsmanagements steht und fällt jedoch mit der funktionierenden Schnittstelle zum Kunden.

c) Der Call Center-Manager:
Diese Funktion ist nicht mehr neu. Neu ist aber, dass der Call Center-Manager künftig ein klares Berufsbild mit einheitlichen Aus- und Weiterbildungsstrukturen sowie einen fest umrissenen Karriereplan aufweist. Call Center-Manager müssen einerseits eine hohe Affinität zur modernen Kommunikationstechnik aufweisen. Andererseits müssen sie betriebswirtschaftlich, marketing- und verkaufsorientiert handeln können und außerdem noch über hohe Führungsqualitäten verfügen.
Sie sind dafür zuständig, dass beim Call Center alle technischen und personellen Kapazitäten ausgelastet sind, es möglichst effizient arbeitet, und dass das Leistungscontrolling bis auf den einzelnen Mitarbeiter bezogen, erfolgt.

■ Beziehungsmarketing
Die persönliche Geschäftsbeziehung zwischen Kunde und Verkäufer dient der emotionalen Bindung an das Unternehmen. Beziehungsmarketing orientiert sich zusätzlich auch an den unterschiedlichen Ge-

schäftsebenen, nämlich vom Verkäufer zum Einkäufer, vom Verkaufsleiter zum Einkaufsleiter und von der Führungsspitze des Lieferantenunternehmens zur Führungsspitzen des Kundenunternehmens.
In zukunftsorintierten Unternehmen wird Beziehungsmarketing in ein ganzheitliches Beziehungsmanagement integriert. Hier wird die Lieferanten-/Kundenbeziehung zur Partnerschaft innerhalb der Wertschöpfungskette.

Problemfeld:
Die moderne Kommunikationstechniken machen es möglich, die persönlichen Kontakte zwischen Verkäufer und Kunden zu beschränken. Dies spart Kosten und steigert die Effizienz der Vertriebsorganisation.
Auf der anderen Seite führt dies zu Beziehungsdefiziten. Dies ist besonders problematisch, da etwa 90 Prozent der Kaufentscheidungen auf der emotionalen Ebene getroffen werden.

Problemlösung:
Beziehungsmanagement soll sich nicht nur auf die Zusammenarbeit zwischen Verkäufer und Einkäufer beschränken, sondern alle Hierarchien eines Unternehmens mit einbeziehen. Ausschlaggebend ist, dass das Beziehungsmarketing als langfristige Unternehmensstrategie mit klaren Aussagen zur Beziehungsgestaltung angelegt ist.
Maßnahmen des Beziehungsmanagements sind auf der Verkäufer-/Einkäuferebene bspw. Kundenevents, auf der Managerebene Einladungen zu Kongressen und Tagungen, auf der Ebene der Unternehmensspitze Einladungen im gesellschaftlichen Bereich.
Damit sollen die Geschäftspartner die Möglichkeit haben, auch auf der privaten Ebene Kontakte zu knüpfen.
Die Ziele des Beziehungsmanagements sind:

- Die Entwicklung einer Sympathieebene
- Darstellung der Vertrauenswürdigkeit
- Demonstration der Unternehmenskompetenz

Beziehungsmanagement betrifft somit auch Lieferanten, Vertriebspartner, Distributoren, Institutionen, Verbände, Behörden, Meinungsbildner, und Mandatsträger.

Lösungsweg:
1. Stufe:
Kundenklassifizierung nach dem Ertragswert: Welcher Kunde muss mit welcher Intensität betreut werden?

2. Stufe:
Identifizierung der Personen im Kundenunternehmen, die in das Beziehungsmanagement mit eingebunden werden: Welche Entscheider, Mitentschei-

der und Beeinflusser auf Kundenseite müssen persönlich betreut werden?

3. Stufe:
Erstellung der Profile: Welche dieser Personen benötigen welche Art der persönlichen Betreuung?

4. Stufe:
Verteilung der Betreuungsaufgaben: Wer im Unternehmen betreut wen im Kundenunternehmen?

5. Stufe:
Zwischenreporte der Beziehungspflege: Welche Ergebnisse erbrachte die persönliche Betreuung?

6. Stufe:
Modifzierung des Beziehungsmanagements: Welche Erkenntnisse aus den Zwischenreports müssen wie umgesetzt werden?

Ziel:
Das Ziel ist,
- den Kunden gegenüber Wettbewerbern resistent zu machen,
- ihn dauerhaft zu binden,
- seine Preisempfindlichkeit zu reduzieren und
- positive Voraussetzungen für Geschäftsverhandlungen zu schaffen.

Weiterführende Literatur:
Kirchner, Gerhard: Das Unternehmen im Netzwerk, Erfolg durch Beziehungsmarketing, Landsberg 1993

■ Botschaft
Die an Käufer, Beeinflusser, Multiplikatoren und Nutzer gerichteten Inhalte von Werbemaßnahmen.

Problemfeld:
Mit der Gestaltung der Botschaft steht und fällt die Möglichkeit, die Zielgruppe zur gewünschten Aktion zu veranlassen.

Problemlösung:
Kommunikationsexperten orientieren sich an der Erkenntnis:
- Gut gedacht ist noch nicht gut gesagt.
- Gut gesagt ist noch nicht gut verstanden.
- Gut verstanden ist noch nicht gut begriffen.
- Gut begriffen ist noch nicht gut aufgenommen.
- Und gut aufgenommen ist noch nicht gut befolgt.

Dieser Spruch sagt aus, dass Botschaften mehrfache Übersetzungen durchlaufen, bis sie beim Empfänger ihre Wirkung hervorrufen.
- Der Sender erweckt einen bestimmten Wunsch,
- entwickelt hieraus eine konkrete Vorstellung,

- baut hieraus ein logisches Konzept,
- kleidet dieses in Worte,
- formuliert hieraus einen Text,
- den er über ein bestimmtes Medium an den Empfänger sendet.
- Dieser gibt den jeweiligen Worten seine Definition,
- setzt die Definitionen zu einem Bedeutungsinhalt zusammen,
- die bei ihm ein bestimmtes Bild hervorrufen.
- Dieses erzeugt Veränderungen seiner Emotionen,
- wobei er bestimmte Handlungsimpulse erhält.

Damit all diese Hürden überwunden werden, verfolgen Werbexperten den Weg in umgekehrter Richtung, nämlich vom Empfänger zum Sender. Ihr Ausgangspunkt ist die gewünschte Aktion des Kunden, bspw. die Kaufentscheidung.

- Zur Überwindung dieser Barriere suchen sie die Antwort auf die Frage »Welche Emotionsveränderung löst beim Kunden diesen Kaufimpuls aus?«
- Und dann: Welches Bild muss ich beim Kunden hervorrufen, damit seine Emotionen entsprechend verändert werden?
- Schließlich: Welcher Bedeutungsinhalt meiner Botschaft erzeugt beim Kunden das gewünschte Bild?

Allerdings ist auch der Weg der Rückübersetzung schwierig, weil Worte bei unterschiedlichen Personengruppen unterschiedliche Reaktionen hervorrufen. Dies resultiert aus den unterschiedlichen Erlebnissen, die sie in Bezug auf dieses Wort gemacht haben. Typisch hier der Begriff »Krieg«, der je nach Generation völlig verschiedene Gefühlsregungen bewirkt.
Deshalb ist es auch in der Werbung sinnvoll, Kundengruppen möglichst fein zu segmentieren und jedes Segment mit seiner eigenen Botschaft anzusprechen.

■ Branche

Unternehmen, die gleiche Produkte und Dienstleistungen herstellen und vertreiben.

Problemfeld:
Die Spezialisierung auf eine Branche birgt die Gefahr, von der Entwicklung dieser Branche abhängig zu werden.

Problemlösung:
Unternehmen orientieren sich in ihrer Geschäftstätigkeit nicht mehr an ihren Branchengrenzen, sondern nützen alle Synergien, die sich ihnen bieten, wenn sie bestimmte Kundengruppen erschlossen haben oder auf bestimmten Märkten präsent sind.
Typische Beispiele hierfür sind die Baumärkte. Sie sind nicht

mehr auf Material für den Heimwerker spezialisiert. Ihre Spezialisierung bezieht sich jetzt auf die Kundengruppe der Heimwerker, nach deren Bedürfnisprofil sie die Produkt- und Preissegmente ihres Sortiments zusammenstellen. Deshalb ist es jetzt üblich, dass Baumärkte auch Satellitenanlagen, Gartenpflanzen, Wohnmöbel und Fahrzeugzubehör anbieten.
Ein Sportartikelhändler kann außerhalb seiner Stammbranche einen Golfplatz, einen Fitnessclub oder sogar eine Schönheitsfarm betreiben. Hierbei ergeben sich synergetische Wirkungen, die allen drei Bereichen zugute kommen.
Ein Immobilienhändler deckt alle Bedürfnisse seiner Kunden ab, wenn er ihnen als alternative Geldanlageformen auch noch Investments und Lebensversicherungen anbietet.
Branchenübergreifende Aktivitäten werden auch durch die Entwicklung der Technologien notwendig. Beispielhaft ist hier die Fotobranche. Sie verliert durch die digitale Fotografie, in der ein elektronischer Speicher zum Träger der Bildinformationen wird, ihre Eigenständigkeit. Das Resultat ist, dass die Fotobranche zu einem Teilbereich der Computerbranche wird, zumal die elektronischen Bilder am Personalcomputer bearbeitet werden. Schon jetzt werden im IT-Fachhandel auch Digitalkameras angeboten.
Ähnliches gilt für die Branche der Unterhaltungselektronik und der Spielwarenbranche. Auch hiervon hat sich die IT-Branche Produktbereiche einverleibt. Die Konsequenz der betroffenen Handelsunternehmen ist auch hier die branchenübergreifende Konzentration auf bestimmte Kundengruppen, bspw. im Fachhandel »für Kids« die Spielwaren, Unterhaltungselektronik und Sportartikel gleichermaßen in ihrem Sortiment führen.
Doch nicht nur für den Handel sondern auch für Industrieunternehmen sind branchenübergreifende Strategien die Erfolgsvoraussetzung. Der Schlüssel hier ist die Kompetenz für eine bestimmte Technologie oder für die Herstellung eines bestimmten Grundproduktes beziehungsweise Bauteils. Dazu wird aufgelistet,

- für welche Branchen, Märkte und Anwendungen dieses Know-how verwertet werden kann
- und wie das Produkt modifiziert werden muss, damit es in den einzelnen Bereichen seinen Zweck erfüllt.

Die übergreifende Präsenz mindert die Abhängigkeit von der konjunkturellen und strukturellen Entwicklung einer Branche und hat den Vorteil, dass Wachstumschancen genutzt und

immer wieder neue Nischen besetzt werden können.
Allerdings verlangt jede Branche von den Teilnehmern intensive Marktkenntnisse, so über die Wettbewerbssituation, Kundenstruktur und Kundenbedürfnisse. Branchenübergreifend tätige Unternehmen lösen dieses Problem indem sie bspw.

- jeden Markt über eine eigenständige Tochtergesellschaft bedienen,
- an in diesen Branchen etablierte Unternehmen Lizenzen vergeben,
- oder mit Unternehmen Kooperationen eingehen, die in diesen Märkten bereits präsent sind.

Es gibt aber auch Unternehmen, die im Laufe ihrer Geschichte mehrfach die Branche gewechselt haben. Ein typisches Beispiel ist der einstige Röhrenhersteller Mannesmann, der jetzt als Mobilfunkanbieter sein Geschäft macht. Branchenwechsel bietet sich an, wenn

- das Segment stagniert oder schrumpft,
- neue, zu starke Wettbewerber in den Markt eintreten,
- der Verbleib riskante Investitionen fordert,
- sich neben dem angebotenen Produkt Substitutionsprodukte entwickeln. Bspw. wird der Markt der Fotokopierer durch die relativ preisgünstigen Tintenstrahl- und Laserdrucker bedroht. Auch Workflow-Programme, die das »papierlose Büro« möglich machen, gelten hier als Substitutionsprodukt.

Die beste Voraussetzung für einen Branchenwechsel ist gegeben, wenn eine bereits erschlossene Zielgruppe weiter bedient werden kann. Es lassen sich sogar ehemalige Kunden reaktivieren: Wenn ein Elektroinstallateur in den Bereich der Sicherheitstechnik wechselt, kann er damit rechnen, dass er bei seinen bisherigen Kunden auf eine hohe Nachfrage trifft.

▪ Brand design

Der Markenname eines Produktes ist einer der maßgebenden Faktoren für den Verkaufserfolg. Deshalb gehört die Suche nach dem passenden Markennamens zu der aufwändigsten Phase einer Markteinführung. Ziel ist es, einen Namen zu finden, der über lange Jahre hinweg auf allen Märkten die Identität des Produktes vermitteln kann.

Problemfeld:
Ein Markenname soll über einen langen Zeitraum hinweg modern wirken, zukunftsorientiert sein und Produktversprechen in sich tragen. Er muss also den sich laufend verändernden Zeitgeist immer wieder treffen. Der Markenname muss:

- im gesamten Lebenszyklus einer Marke dem Kunden unverwechselbar ein ganz bestimmtes Produkt vor Augen führen,
- bei wechselnden Zielgruppen und beim sich verändernden Zeitgeist seine Aussage unverändert beibehalten,
- auch in fremdsprachlichen Zielmärkten seine ursprüngliche Markenbotschaft verbreiten.

Problemlösung:
Wenn Markennamen nicht bestimmten Trends folgen, sondern ihren eigenen Trend setzen, verlängert sich dadurch auch ihr Haltbarkeitsdatum. Ausschlaggebend ist es deshalb, dass sie sich nicht an einen bestimmten Zeitgeist-Begriff anlehnen oder mit ihm austauschbar werden. Dies gilt bspw. für Begriffe aus den aktuellen Musik- und Fashionszenen sowie für Bezeichnungen, die einem modischen Lebensstil entstammen.

Hintergrund:
Coca-Cola ist ein Beispiel dafür, dass auch ein hundert Jahre alter Markenname aktuell sein kann. Sein Wert wird derzeit auf etwa 39 Milliarden Mark geschätzt. Doch es gibt auch deutsche Marken, die trotz hohen Lebensalters jung geblieben sind. Einige von ihnen sind sogar zum Synonym für ein Produkt geworden wie UHU für Klebstoff, NIVEA für Hautcreme und *Tempo* für Papiertaschentücher.
Es gibt aber auch Beispiele für mangelhafte Namenskreationen. So trugen bereits Hunderte von Produkten den Namen »Royal«. Der Name »Dove« für eine Seifenmarke erzeugt in deutschsprachigen Ländern ungewollt negative Bilder. In Frankreich wird aus dem Automodell »MR 2«, sobald der Name ausgesprochen wird, eine üble Bezeichnung aus der Fäkalsprache.

Lösungsweg:
Seine eigene Identität bekommt ein Markenname, wenn er vollkommen künstlich erzeugt wurde.
Die einzelnen Entwicklungsschritte:

1. Definition des Produktversprechens.
2. Definition der Zielgruppen, die mit dem Produktnamen erreicht werden sollen.
3. Definition der Wünsche und Bedürfnisse der Zielgruppen, die mit dem Produktversprechen erfüllt werden sollen.
4. Aus den Verbindungen von Wunsch und Versprechen werden assoziative Begriffe gebildet, je verschiedenartiger, umso besser.
5. Die Begriffe werden in Wortfragmente, Silben oder

auch nur Buchstabenverbindungen zerlegt.
6. Diese Wortstücke werden wieder miteinander kombiniert.
7. Diese neuen Kunstbegriffe werden analysiert, inwieweit das Produktversprechen aus der Wortkomposition herausklingt.
8. Durch Recherchen, bspw. per Internet, klären, ob weltweit bereits identische Markenbegriffe existieren.
9. Zielgruppenbefragungen in den deutschen Sprachräumen sowie in den fremdsprachigen Zielländern sollen Aufschluss darüber geben, inwieweit die Namensalternativen auch im Dialekt beziehungsweise in den jeweiligen Fremdsprachen ihr Wortbild beibehalten.
10. Die weitere Auswahl fällt unter der Maßgabe,
    - inwieweit sich der auditive Eindruck auch visuell übersetzen lässt
    - und dieses Markenlogo den Kriterien der Werbewirksamkeit entspricht.

■ Brand equity

Der Geltungswert einer Marke.

Problemfeld:
Marken, die nicht gepflegt werden, verlieren bei Konsumenten an Attraktivität, Zugkraft, ihre Bekanntheit sinkt. Dies gilt auch für Firmennamen.

Problemlösung:
- Durch laufende Zielgruppenbefragungen lässt sich feststellen, welche Zugkraft, beziehungsweise welche Bekanntheit ein Marken- oder Firmenname hat.
- Noch wichtiger als diese Markenbekanntheit ist die Markenakzeptanz. Sie ergibt sich aus der Frage, inwieweit sie von der Zielgruppe angenommen oder abgelehnt wird.
- Die wichtigste Frage gilt der Markenpräferenz. Mit ihr wird festgestellt, inwieweit unter konkurrierenden Marken die Wahl der Konsumenten auf sie fallen würde.
- Ausschlaggebend ist schließlich auch die Markentreue. Hier lautet die Frage, ob der Konsument im Entscheidungsfall auf eine andere Marke ausweichen würde, falls sie nicht vorrätig ist oder ob er sich in einer anderen Quelle mit seiner Stamm-Marke eindeckt.

Solche Untersuchungen sind schon deshalb sinnvoll, weil in Unternehmen die Geltung des Namens oder der Marke gerne überschätzt wird. Dies liegt in der Regel in einem bestimmten Unternehmenspatriotismus begründet.
So ergab eine Branchenumfrage, dass sich 600 Hersteller als Markenartikler bezeichneten.

Auf der Handelsebene der Branche wurden jedoch nur 250 genannt und eine Konsumentenbefragung ergab, dass lediglich 50 nach dem Namen bekannt waren.
Um in der Öffentlichkeit Geltungswert aufzubauen, muss ein Unternehmen zunächst Wissen vermitteln. Hierzu gibt es drei Möglichkeiten:

- Der Öffentlichkeit werden per Werbung Erfahrungen vermittelt. Ihr wird laufend der besondere Sinn, Zweck und Nutzen der Marke oder des Unternehmens deutlich gemacht.
- Den Konsumenten wird ermöglicht, die außergewöhnlich positiven Erfahrungen anderer Nutzer kennen zu lernen.
- Der Konsument erlebt die außergewöhnliche Leistungsfähigkeit aus eigener Erfahrung.
- Dann muss Vertrauen aufgebaut werden. Dies wird durch folgende Maßnahmen erreicht:
- Das Unternehmen, beziehungsweise die Marke entspricht exakt dem Qualitäts- und Leistungsbild, das sie in ihrer Kommunikation vermittelt und zwar in allen Bereichen, überall und jederzeit.
- Dem Unternehmen und seinen Mitarbeitern muss dieses Bild als Leitlinie dienen.
- Das Bild muss den Begutachtungen offizieller Stellen standhalten können.

Gerade am letzten Punkt scheitern oft die Versuche der Vertrauensbildung. Dies zeigt sich bspw. am Geltungsschwund von Unternehmens- und Markennamen, die von der Stiftung Warentest negativ beurteilt worden sind.
Es liegt im Interesse eines Unternehmens, Bekanntheit, Akzeptanz, Präferenz und Treue laufend zu steigern, denn sie sind das wahre Kapital eines Unternehmens. Dieser Geltungswert hat auch einen direkten Einfluss auf Absatz und Umsatz eines Unternehmens, weil vor allem durch ihn die Kaufentscheidungen der Kunden gelenkt werden: Konsumenten wenden sich den Marken, Kunden den Unternehmen zu, denen sie am meisten vertrauen.
Der Geltungswert hat sogar einen direkten Einfluss auf den Ertrag eines Unternehmens, weil es seine Preise durchsetzen kann und weil es – in Relation – mit geringerem Aufwand seine Umsätze erwirtschaften kann:

- Auf dem Markt ist bereits Nachfrage vorhanden.
- Die Marketingaufwendungen sind in Bezug auf die Umsatzhöhe relativ gering.
- Die Verhandlungsstärke gegenüber Handelspartnern be-

ziehungsweise Endkunden ist hoch.

- Die Erschließung neuer Geschäftsfelder, Kundengruppen oder Marktnischen wird durch den vorhandenen Geltungswert erleichtert.

■ Briefing

Vorbereitung eines Verkaufsmitarbeiters auf einen Kundenbesuch.

Problemstellung:
Unzureichend vorbereitete Besuchstermine steigern das Risiko des Misserfolgs.

Problemlösung:
Ähnlich wie Werbeagenturen von den Marketingleitern, so werden Außendienstmitarbeiter von ihren Vertriebsleitern gebrieft, wenn gemeinsam der Tourenplan zusammengestellt wird. Dieser Service soll die Verkäufer dazu befähigen, sich schon im Voraus auf bestimmte Gesprächssituationen einzustellen und für das Gespräch die richtige Strategie zu entwickeln. Zum Inhalt des Briefings zählen bspw. Umsatz- und Absatzentwicklung der Kundenbeziehung sowie Veränderungen im Bestellverhalten in Rhythmus, Preis- und Produktbereichen. Außerdem werden die aufgelaufenen schriftlichen und telefonischen Kundenkontakte besprochen und Gesprächsziele festgelegt.

In der Regel verläuft dieses Außendienstbriefing als Dialog, in den auch der Innendienstmitarbeiter mit einbezogen ist. Die gemeinsamen Festlegungen werden fixiert, das Protkoll dem Außendienstmitarbeiter als Gedächtnisstütze mit auf den Weg gegeben.

■ Bring-Prinzip

Konventionelle Methode des Marketings: Werbebotschaften und Produktinformationen werden aktiv zum Kunden gebracht.

Problemfeld:
Aufgrund des Bringprinzips werden die Adressaten von Werbematerial überflutet. Ihnen fehlt die Zeit und die Bereitschaft, aus der Menge ihre Auswahl zu treffen. Außerdem erhalten sie das Material in der Regel nicht zum Zeitpunkt des konkreten Bedarfs.

Problemlösung:
Es werden alle vom Kunden benötigten Informationen bereitgestellt und alle Voraussetzungen dafür geschaffen, dass er diese jederzeit abrufen kann. Möglichkeiten hierzu bieten das Internet, außerdem das Inbound-Call Center und der Faxabruf.
Besonders im Geschäftskundenbereich breitet sich dieses Selbstlenkungsmarketing nach dem Hol-Prinzip aus. So werden

in verschiedenen Einkaufsabteilungen generell keine Verkäufer mehr vorgelassen. Sie werden erst gerufen, wenn anhand des eingeholten Materials bereits schon bestimmte Vorentscheidungen getroffen wurden und Details besprochen werden müssen.
Auch im Privatkundengeschäft zeigt sich in verschiedenen Kundengruppen dieser Trend. Während Konsumenten früher Prospekte und Kataloge sammelten um bspw. für einen irgendwann vorgesehenen Hausbau über Informationsmaterial zu verfügen, warten sie heute ab, bis solch ein Projekt in ein konkretes Stadium getreten ist. Ab diesem Zeitpunkt nützen sie ebenfalls das Internet, um die passenden Bezugsquellen ausfindig zu machen und die Preise zu vergleichen.
Anbieter reagieren auf diese Veränderungen, indem sie den Kunden den interaktiven Dialog ermöglichen. Eine erste Stufe ist hier die Einrichtung eines so genannten Kundentelefons. Dies bedeutet, dass anrufende Kaufinteressenten ohne Umwege an einen kompetenten Gesprächspartner gelangen. Solch ein Kundentelefon sollte vor allem dann erreichbar sein, wenn der Kunde erfahrungsgemäß solche Anrufe tätigt. Unternehmen, die nicht über die personellen Voraussetzungen verfügen, machen ihren Anrufbeantworter zur »Hotline«, wobei sie dem Kunden den Rückruf an einem, ihm genehmen Zeitpunkt anbieten.
Eine Mischung aus Bring- und Hol-Prinzip sind Branchenfernsprechbücher und Serviceseiten von Tageszeitungen und Gemeindeblättern. Hier werden dem Kunden Bezugsquellenadressen zur Verfügung gestellt, aus denen er bei Bedarf die für ihn passenden Unternehmen auswählt und anspricht.
Die geschickteste Kombination von Bring- und Hol-Prinzip sind E-Mail-Newsletter, die der Kunde nach Belieben bestellen und abbestellen kann. Er lässt seine Mailadresse registrieren, wenn er aktuellen Informationsbedarf hat. Doch die Inhalte der Informationen konzentrieren sich nicht nur auf seinen konkreten Bedarf, sondern auch auf verwandte Produktbereiche.
Ähnliche Strategien verfolgen auch Internetseiten, die sich erst aufrufen lassen, wenn der Kunde bestimmte Personen- und Bedürfnisdaten eingegeben hat. Die Folge ist, dass er auch in weiterer Zukunft spezifische Produktinformationen und Werbebotschaften erhält.

■ Budgetierung

Der Mitteleinsatz für die Planung und Realisierung einer Marketingstrategie, eines Werbekonzeptes oder einer Verkaufsförderungsmaßnahme.

Problemfeld:
Der Schlüssel zur Festlegung des Budgets orientiert sich in der Regel nach den Möglichkeiten, nicht jedoch nach den Zielen, die durch den Einsatz der Mittel erreicht werden sollen.

Problemlösung:
Unternehmen, die ihr Budget bisher nach ihrer Finanzkraft bestimmten, mussten erkennen, dass dies ein unökonomischer Weg ist, Marketingstrategien umzusetzen. Ist die Finanzkraft hoch, fällt dementsprechend viel Geld für das Budget ab, dann besteht die Gefahr, dass mehr ausgegeben wurde als es die Ziele erforderten.
Ist die Finanzkraft niedrig und sind somit weniger Mittel vorhanden als gebraucht werden, dann lassen sich auch die gesetzten Ziele nicht erreichen. Dazu sind noch die eingesetzten Mittel verloren.
Noch riskanter handeln Unternehmen, die sich bei der Festlegung der Budgets am Umsatz orientieren. Dabei legen sie einen bestimmten Prozentsatz des Umsatzes zur Durchführung ihrer Maßnahmen fest. Dies führt jedoch dazu, dass sie auf sinkenden Umsatz mit einer Reduzierung der Marketingmaßnahmen reagieren und damit den Umsatzverfall eher noch beschleunigen.
Dass Umsatzprozente der falsche Schlüssel zur Berechnung des Budgets ist, zeigt sich auch im Hinblick darauf, wie Umsatzveränderungen zustande kommen können. Bspw. können Umsätze steigen, weil Einstandskosten an den Preis weitergegeben wurden, wie bspw. in der Mineralölbranche der Fall. Unter bestimmten Wachstumsvoraussetzungen können steigende Umsätze über einen bestimmten Zeitraum hinweg sinkende Erträge nach sich ziehen, sodass eine Auweitung des Marketingbudgets zusätzliche Belastungen bringt.
Aber auch die übliche Orientierung an Wettbewerbern wird mittlerweile kritisch beurteilt. Die Einstellung, dass der gleiche Markterfolg erzielt wird wie vom Wettbewerber, wenn man seine Richtwerte übernimmt, hat sich mittlerweile als Irrtum erwiesen. Ein Unternehmer mit geringerer Marktdurchdringung kann sich nicht mit dem Budget begnügen, das der stärkere Konkurrent für seine Marketingstrategien einsetzt. Generell bleibt bei der Konkurrenz-Orientierung unberücksichtigt, dass jedes Unternehmen von spezifischen Voraussetzungen ausgeht und jeder seine eigenen Marketingaufgaben zu lösen hat.
Unternehmen wechseln deshalb das Motto von »was kann ich mir leisten« zu »was muss ich mir leisten«. Ihre Budgetierung verläuft dann in folgenden Schritten:

- Festlegung der auf das Jahr bezogenen Marketingziele anhand ihrer langfristigen Marketingstrategie.
- Festlegung der daraus resultierenden Aufgaben.
- Kalkulation des dafür notwendigen Investitionsvolumens.
- Planung seiner Finanzierung.

Somit erfolgt die Budgetplanung nach den gleichen betriebswirtschaftlichen Kriterien wie die Festlegung der Investitionen für das Gesamtunternehmen.

■ Buying-Center

Dieses Gremium beim Kundenunternehmen bereitet Kaufentscheidungen vor. Der Kreis setzt sich aus Experten unterschiedlicher Fachrichtungen zusammen.

Problemfeld:
Ein Verkäufer oder Account-Manager weiß häufig nicht, wer beim Kunden in welcher Phase des Kaufprozesses der richtige Gesprächspartner ist. So kann es sein, dass er mit einem Einkäufer verhandelt, obwohl das entsprechende Projekt bereits zur »Chefsache« gemacht wurde.
Vielfach sind jedoch in den einzelnen Phasen gleich mehrere Mitentscheider und Beeinflusser beteiligt.

Lösung:
Wie spezifische Untersuchungen ergeben haben, werden in den Unternehmen die Beteiligungen der einzelnen Hierarchieebenen an den einzelnen Phasen der Kaufprozesse recht unterschiedlich gehandhabt:
Erfahrungsgemäß gibt die Chefetage eines Unternehmens den Anstoß zu einer Investition. Doch bereits in den ersten internen Vorgesprächen zieht sie sich aus dem Prozess zurück.
Jetzt ist die Ebene des mittleren Managements an der Reihe, die Entscheidungsfindung weiterzuführen. Allerdings sind gerade in Großunternehmen Mitarbeiter mit der weiteren Vorbereitung befasst.
Bei der konkreten Suche nach dem passenden Produkt-, beziehungsweise Dienstleistungsangebot sind sie bei etwa 40 Prozent der Unternehmen mit maßgebend.
Die Bewertung bzw. die Vorauslese ist wiederum bei den meisten Unternehmen die Angelegenheit des mittleren Managements. Dieses führt danach in der Mehrheit der Fälle auch die konkreten Verhandlungen mit den Anbietern. Schließlich trifft das mittlere Management meist auch die konkrete Entscheidung.
Nach diesem Untersuchungsergebnis sollte sich der Verkäufer zunächst an das mittlere Management wenden, wenn er ein

Standardprodukt oder eine Standard-Dienstleistung anbietet.
Wer sich hier gleich an die Führungsspitze wendet und von dort Protektion erhofft, wird sich seine wirklichen Gesprächspartner verprellen.
Anders bei Angeboten, bei denen es sich um neue Technologien oder Verfahren handelt: Hier muss er damit rechnen, dass für Gesprächspartner des mittleren Managements die Entscheidung zu riskant ist. Deshalb ist es besser, die Führungsetage zu überzeugen und sie zu veranlassen, dem mittleren Management grünes Licht für die weitergehenden Verhandlungen zu geben.
In dieser Phase ist es aber nicht mehr sinnvoll, die Führungsetage mit Details zu stören. Diese konkreten Informationen werden von den Managern benötigt, weil sie in der Regel Verantwortung tragen müssen. Die Empfänger von Informationen für Detailfragen sind jedoch die Mitarbeiter. Sie sammeln all diese Fakten, um das Statement, das von ihnen verlangt wird, abzusichern. Ergeben sich im Laufe der Akquisitionsprozesse Kontakte mit den Chef, sollte nur der herausragende Vorteil, den das Kundenunternehmen durch das Angebot genießt, angesprochen werden.

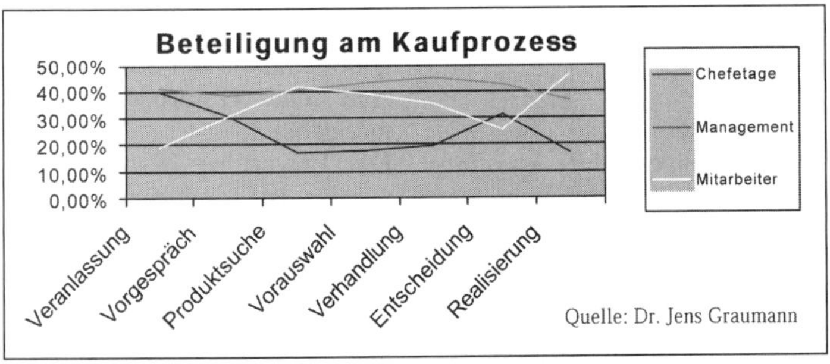

Buying Center: Beteiligung von Chefetage, Management und Mitarbeiterstab an den verschiedenen Phasen des Kaufprozesses

Call Center
Diese Einrichtung dient dem Telefonmarketing. Unterschieden wird hier zwischen Inbound- und Outbound-Call Center. Ersteres dient als Hotline, bei der eingehende Kundengespräche bearbeitet werden. Letzteres führt als Marketing- und Akquisitionsinstrument Kundenbefragungen durch oder wickelt Verkaufsgespräche ab.

Problemfeld:
Telefonmarketing hat als Bestandteil des Akquisitonsprozesses bzw. zur Betreuung von B- und C-Kunden seinen Platz gefunden. Allerdings erfordert der Telefonverkauf eine besondere Qualifizierung der Mitarbeiter und eine feste Integration in die Vertriebsorganisation.

Hintergrund:
Outbound-Call Center haben neben der Akquisition noch andere Aufgaben. wie:
- die Kundenbindung,
- die Verhinderung von Kaufreue (After Sales Calls),
- den Zusatzverkauf (Cross Selling),
- die Kunden-Reaktivierung bei Kunden, die ihren bisherigen Bestellrhythmus aufgegeben haben und bestimmte Produkte oder Produkte bestimmter Preisklassen nicht mehr bestellen.

Problemlösung:
Die Installation erfordert zunächst die Abstimmung zwischen den Vertriebskanälen, also mit dem Außendienst bzw. Vertriebspartner. Diese regeln
- die Kundenverantwortung,
- den internen Kommunikationsweg,
- und vor allem die Ertragszurechnung.

Dadurch soll verhindert werden, dass es zu Konkurrenzkämpfen und somit zur Effizienzminderung kommt.
Die Kooperation erfordert eine enge Kommunikation zwischen den Bereichen. So sollte der Outbound-Mitarbeiter gegenüber dem Außendienst Termin-

hoheit erhalten und bspw. auf dessen Terminkalender zugreifen können.

1. Phase: Organisatorische Einbindung
Da ein Outbound-Call Center im direkten Kundenkontakt steht, muss darauf geachtet werden, dass es zur »Visitenkarte des Unternehmens« wird. Zu lösen ist auch, mit welchen Schnittstellen das Outbound-Call Center angebunden wird.

2. Phase: Vernetzung mit anderen Abteilungen
Das Outbound-Call Center muss mit den anderen Unternehmensbereichen vernetzt sein. In erster Linie betrifft dies die Zusammenarbeit mit den Inbound-Bereichen. Ziel ist, dass die Informationen, die bei den Kundentelefonen eingehen, als Akquisitionsbasis genutzt werden. Zusätzlich ist der Outbound-Mitarbeiter auf die Randinformationen angewiesen, die sich aus den vorhergehenden Inbound-Gesprächen ergeben.
Eine weitere wesentliche Voraussetzung für den Erfolg eines Outbound-Call Centers ist die enge Verzahnung mit der Marketingabteilung:

- Gemeinsam werden Nachfass- und Cross Selling-Strategien erarbeitet.
- Die Erfolge von Marketing- und Outbound-Maßnahmen werden gemessen und gegenseitig verglichen. Dies gilt auch für den engen Erfahrungsaustausch über Kundenreaktionen und -anfragen.

Die Einbindung des Outbound-Mitarbeiters in den Marketingbereich erhöht seine Identifikation mit den Marketingzielen.

3. Phase: Bestimmung der Zielvereinbarungen
Die Definition messbarer Ziele dient der Leistungsoptimierung. Auch hier werden die Outbund-Mitarbeiter häufig mit eingebunden, damit sie die Wichtigkeit der einzelnen Ziele einschätzen können und wissen, wie diese Ziele zu priorisieren sind.

4. Phase: Rekrutierung der Mitarbeiter
Zunächst wird im Unternehmen geklärt, unter welchen Voraussetzungen die Mitarbeiter des Outbound-Call Centers tätig werden. Die Antworten hierzu ergeben sich aus folgenden Fragen:

- Welche fachlichen, methodischen und sozialen Qualifikationen sollen die Mitarbeiter mitbringen?
- Ist fachliches Know-how eine Grundanforderung oder soll es trainiert werden?
- Sollen Vollzeit- oder Teilzeitmitarbeiter beschäftigt werden?

- Nach welchen Kriterien wird die Vorauswahl durchgeführt?
- Wie soll das Bewerbungsverfahren aussehen?
- Welche Auswahlinstrumente werden eingesetzt?
- Welche Kriterien sollen die Stellenausschreibungen enthalten?

5. Phase: Zusammenstellung des Anforderungsprofils
Als Maßstab dient zunächst nicht die quantitative Leistungsfähigkeit der Mitarbeiter, sondern ihre Aufgaben-spezifischen Qualitäten. Entscheidend sind aber auch Extrovertiertheit und Frustrationstoleranz.
Um mit den unterschiedlichsten Reaktionen der Kunden umgehen zu können, müssen sich die Outbound-Mitarbeiter mit dem Unternehmen und seinen Produkten identifizieren können.
Dieses Anforderungsprofil stellt hohe Ansprüche an die Führungskraft der Outbound-Mitarbeiter. Sie muss durch intensive Betreuung, durch Vermittlung von Visionen und durch konsequente Hinleitung zu den vereinbarten Zielen die notwendige Unterstützung geben.

6. Phase: Training der Mitarbeiter
Outbound-Mitarbeiter sind gegenüber den Kunden Generalisten. Sie müssen für alle Produkte kompetente Beratung liefern. Deshalb muss das Trainingsprogramm ein möglichst breites Spektrum der zu vermittelnden Wissensgebiete beinhalten.
Dieser Bereich der Ausbildung erfolgt nicht nur theoretisch, sondern im Wechsel »on the job.« So werden die Outbound-Mitarbeiter auch mit den Aufgaben und der Arbeit der Kundenberater vertraut gemacht. Nach dem Ausbildungsprogramm wird dieser Wissensaufbau durch Coaching und Monitoring ergänzt.

7. Phase: Personaleinsatzplanung
Die Outbound-Einsatzplanung soll sich nicht nach einem geplanten Anrufsvolumen, sondern nach der Erreichbarkeit der Zielgruppe ausrichten. Der erste Planungsschritt ist deshalb die Festlegung der Anrufzeiten. Sie ist die Antwort auf die Frage: An welchem Wochentag und zu welcher Tageszeit ist die jeweils anvisierte Zielgruppe am sichersten zu erreichen?

8. Phase: Festlegung des Gesprächsablaufs
Ein Gesprächsleitfaden, das »Skript« standardisiert das Gespräch. Es soll jedoch freien Raum für den persönlichen Gesprächsstil geben.

9. Phase: Kennzahlenquellen festlegen
Die Kennzahlen zur Messung und Steuerung der Outbound-Aktivitäten werden meist über die Datenbankeintragungen ermittelt. So werden die Brutto- und Nettokontakte gemessen, um zu erkennen, wie viele Anwahlversuche notwendig sind, um einen Entscheider zu erreichen.
Bei der Erfolgsmessung von Verkaufsaktionen werden die Anzahl der Gespräche, aber auch der verkauften Produkte mit einbezogen. Bei Rückgewinnungsaktionen beziehen sich die Kennzahlen auf den Prozentsatz der angerufenen Personen, die wieder als Kunden gelten können.
Wenn die Mitarbeiter darüber informiert werden, welches Prinzip dieser Auswertung zu Grunde liegt, wissen sie, auf welche Weise sie die Kennzahlen beeinflussen können. Bereits aus diesen Kennzahlen ergeben sich für sie klare Handlungsanweisungen.

10. Phase: Die passende Technik vorgeben
Zunächst geht es um die Entscheidung über das passende Dialer-System, also die Software, die automatisch anwählt.

- Der »Preview Dialing« erlaubt dem Mitarbeiter, sich auf ein Gespräch vorzubereiten. Er hat alle relevanten Daten auf dem Bildschirm und löst den Wählvorgang manuell aus.
- Predictive Dialing automatisiert den Wählvorgang. Dabei werden jedem freien Berater Gespräche zugeführt. Der Dialer stellt die Verbindungen her. Er schließt Anrufbeantworter und besetzte Verbindungen automatisch aus.
- Power Dialer beschleunigen diese Wählvorgänge, indem sie über ein statistisches Verfahren mehr Verbindungen herstellen, als Mitarbeiter frei sind. Dies reduziert die Zeit zwischen den Gesprächen auf ein Minimum.

Weiterführende Literatur:
Reiter, Hanspeter: Die 166 besten Checklisten Call Center und Telefonmarketing, Landsberg 1999

■ Carry-Over
Die Nachwirkrate einer Werbemaßnahme.

Problemfeld:
Die Nachwirkung einer Werbemaßnahme ist je nach Werbeart und Zielgruppe relativ unterschiedlich. Dazu muss noch die Trägheitsrate berücksichtigt werden, also der Zeitraum, bis eine Werbemaßnahme ihre volle Wirkung entfaltet.

Problemlösung:
Festgestellt wird der zyklische Zusammenhang zwischen Werbeaufwand und Werbewirkung. Ausschlaggebend ist, wie groß die zeitliche Verzögerung zwischen dem Zeitpunkt der Werbung und die Auslösung des Kaufwunsches bei der Zielgruppe ist.
Dies ist besonders bei Saisonartikeln von großer Bedeutung, wobei sich hier sogar erhebliche Unterschiede im Käuferverhalten darstellen. In der Bekleidungsbranche bspw. zeigt es sich, dass es sinnvoll ist, die Werbeaufwendungen parallel zur Absatzkurve verlaufen zu lassen. Nach Branchenerfahrungen verpufft Werbung für die Sommermode, wenn das Thermometer noch Minustemperaturen zeigt. Die Werbewirkung hält jedoch nicht mehr an, bis tatsächlich der Frühling beginnt. Anders ist es bei Festartikel, bspw. für das Weihnachtsgeschäft. Hier beginnen die Werbemaßnahmen teilweise bereits im Oktober und November mit dem Resultat, dass sich Verbraucher bereits frühzeitig über das Angebot orientieren und teilweise bereits schon im Oktober und November die ersten Weihnachtseinkäufe tätigen. Wer seine Werbemaßnahmen erst im Advent beginnt, für den ist dieses Geschäft verloren.
Ähnliche Effekte zeigen sich auch bei Speiseeis und Erfrischungsgetränken. Hier wurde durch Werbung lange vor den so genannten »heißen Tagen« eine Art Vorsaison schaffen, sodass die Absatzkurve jetzt bereits im Frühjahr stark ansteigt und über die Sommermonate hinweg stabil bleibt.
Die Nachwirkrate wird allgemein in Zahlen dargestellt. Eine Nachwirkrate von 0,80 pro Monat sagt, dass die Werbewirkung um ein Fünftel niedriger liegt als im Vormonat.

■ Cash and Carry

Bezeichnung für einen so genannten Abholgroßhändler, bei dem die Einzelhandelskunden wie im Supermarkt einkaufen und bezahlen.

Problemfeld:
Die klassische Großhandelsstruktur ist relativ kostenaufwändig und bietet Serviceleistungen, die nicht alle Einzelhandelskunden in Anspruch nehmen wollen.

Problemlösung:
Abholgroßhändler reduzieren ihre Leistungen auf das Zusammenführen verschiedener Warengruppen verschiedener Quellen. Dieses Gesamtsortiment wird, ähnlich wie in einem Einkaufszentrum, den Kunden in Regalen und Schütten zum Kauf präsentiert. Diese wählen in Selbstbedienung aus, stellen ihren Bedarf zusammen und in

der Kassenzone begleichen sie die Kaufsumme ohne Inanspruchnahme eines Zahlungszieles.
Cash and Carry erfordert für den Großhändler einen relativ geringen logistischen und administrativen Einsatz.

- Während der klassische Großhändler per Außendienstbesuch, Telefon und Mailing aktiv seine Kunden betreut und sich mit einem festgelegten Sortiment lieferbar hält, agieren Abholgroßhändler passiv. Sie stellen ihr Sortiment zur Abholung bereit.
- Der klassische Großhändler verpflichtet sich, die bestellte Ware in vollem Umfang termingerecht auszuliefern. Beim Abholgroßhändler treffen Kunden aus dem vorhandenen Warenangebot ihre Wahl.
- Der klassische Großhändler führt Kundenkonten, stellt Rechnungen und schreibt Zahlungen gut. Der Abholgroßhändler kassiert in dem Moment, in dem die Ware seine Verkaufsräume verlässt.

Die gewerblichen Kunden der Abholgroßhändler sind in der Regel Einzelhändler, Gastronomen, Kioskbesitzer und Kantinenbetreiber. Sie schätzen am Cash and Carry-Gedanken die Möglichkeiten der schnellen Verfügbarkeit der Ware und damit der geringen Lagerhaltung.

■ Category Management (CM)

CM beschreibt den gemeinsamen Steuerungs- und Koordinierungsprozess von Hersteller und Handel, ausgehend von Kundenanforderungen und warenwirtschaftlichen Belangen. Diese betrifft bspw. die Zusammenführung von Produkten nach Verwendungszusammenhang bzw. nach dem Suchverhalten der Kunden am POS. Das Ideal des CM: Kundenbedürfnisorientiert das richtige Angebot des richtigen Sortiments in der richtigen Menge zur richtigen Zeit am richtigen Platz.

Hintergrund:
In der Praxis wird die Definition des Begriffs recht unterschiedlich gehandhabt. So kann sie nur als Produktgruppenmanagement gesehen werden, als Koordinierungsstelle zwischen Vertrieb und Marketing, aber auch als Gesamtmanagement der Hersteller/Handel-Vernetzung.
Im Kern geht es jedoch um die Harmonisierung der Interessen über die Optimierung der Wertschöpfungskette.
Der Category Manager hat somit eine Schnittstellenfunktion. Er verknüpft u.a. das Key Account Management, die Markt-

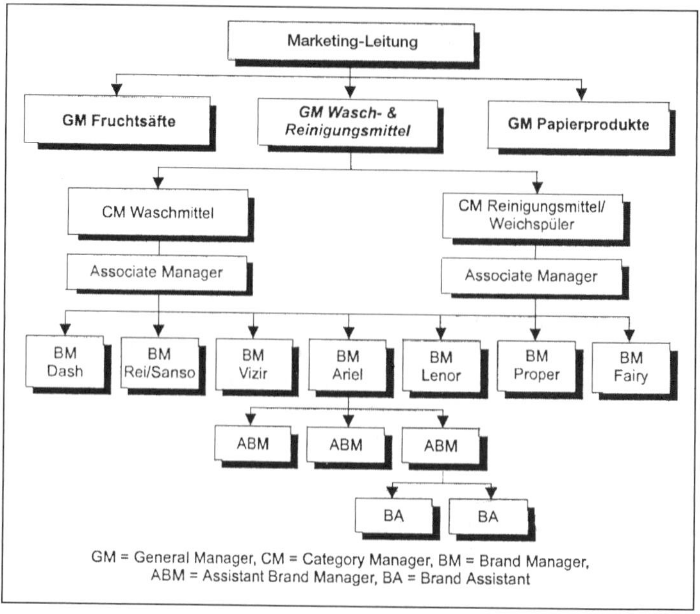

Category Management: Das Category-System bei Procter&Gamble (Bodenstein/Spiller, Marketing, Landsberg 1998)

forschung und die Logistik des Herstellers bspw. mit Einkauf, Verkauf und Regalflächen-Management des Handels.

Problemfeld:
Die Schnittstellenprobleme zwischen Hersteller und Handel basieren in der Regel auf unterschiedlichen Perspektiven. Während der Hersteller sein Produkt bzw. seine Marke ins Zentrum stellt, ist es beim Handel das Sortiment.

Problemlösung:
Da es für CM mehrere Begriffsdefinitionen gibt, existieren auch unterschiedliche Lösungsansätze. In jedem Fall erfüllt es aber Schnittstellenaufgaben:

- Zusammenarbeit und Maßnahmenkoordinierung der jeweiligen Produktmanager
- Vernetzung von Produktmanagement und Handelsmarketing
- Orientierung der Produktprogrammplanung des Herstellers an den Sortimentsanforderungen des Handels

- Maßnahmenkoordinierung der Key-Account-Manager
- Gemeinsame Konzeption der Verkaufsförderung
- Absatzlogistik
- Koordination des operativen Marketings
- Gemeinsame Entwicklung von Marketingstrategien
- Einbeziehung von Forschung und Entwicklung in die Hersteller/Handel-Verbindung
- Strategische Allianzen

Beim CM konzentriert sich ein Team auf eine bestimmte Produktkategorie, bspw. „Babynahrung." Das von einem Kategoriemanager geführte Team besteht aus Spezialisten für Marktforschung, Werbung, Verkaufsförderung und Verkaufsmanagement, aber auch EDV, Finanzen und Controlling. In manchen Unternehmen wird dieser Kategoriemanager zu einem Kundenbedürfnismanager, der sich aus der Sichtweise des Kunden bspw. mit dem Thema »gesundes Baby« beschäftigt.
Aktuelle Untersuchungen zeigen allerdings, dass in der Praxis CM über bestimmte Entwicklungsstadien noch nicht hinausgekommen ist. Häufig werden sie als zeitlich begrenzte Projekte geführt. Es werden aber auch bestimmte CM-Teilaspekte für individuelle Zwecke modifiziert. In manchen Unternehmen ist das CM-Team jedoch zu einem eigenständigen Profit-Center geworden.

Der Grund, warum CM noch nicht vollständig als Praxismodell eingesetzt wird, besteht darin, dass sich die Interessenlagen von Herstellern und Handel nie vollkommen in Einklang bringen lassen. Gleichwohl gehen Handelsexperten davon aus, dass die einzelnen CM-Initiativen im Laufe der Zeit zur Praxisreife führen.

■ Chancenhorizont

Er orientiert sich an dem Leitgedanken, dass jede Veränderung neue Möglichkeiten mit sich bringt. Die systematische Suche und Nutzung von Chancen in Form eines Chancen-Managements dient der Zukunftssicherung eines Unternehmens.

Hintergrund:
Das Erkennen von Chancen ist eine Frage der Wahrnehmung. Nicht erkannte Chancen sind misslungene Wahrnehmungen. Somit kommt es bei diesem Chancen-Management nicht auf die Problemlösungsfähigkeit an, sondern auf die Fähigkeit, sich bietende Marktmöglichkeiten schneller als der Wettbewerber zu erkennen und damit die Chancenführerschaft zu erringen.

Problemfeld:
Unternehmen werden vielfach defizitorientiert geführt. Bspw. wird ein Umsatzrückgang zum Anlass genommen, Marketing-

maßnahmen zu ergreifen. Damit werden die Unternehmen reakiv geführt. Das bedeutet, es wird erst im Nachhinein die Marketing-Initiative ergriffen. Zudem werden die Unternehmen auf diese Weise auch introvertiert geführt: Die Marketinginitiative orientiert sich lediglich am Umsatzrückgang, nicht aber am gesamten Markt- und Unternehmensumfeld. Umfragen zeigen, dass Firmen in Deutschland mehrheitlich defizitorientiert handeln, obwohl sie vom Nutzen eines Chancen-Managements überzeugt sind: Fast zwei Drittel erkennen es als wichtige Führungsaufgabe an. Aber nur etwa 20 Prozent setzen es tatsächlich um.

Problemlösung:
Der Ansatz heißt: Wechsel von der Defizitorientierung zur Potenzialorientierung. Dazu verhilft der Chancenhorizont zu einer ganzheitlichen Sicht nach vorne unter dem Motto »die Chancen erkennen und handeln.« Konkret geht es darum, im Unternehmen Chancenbewusstsein zu stärken, also bspw.

- die Einstellung zu schaffen, dass sich immer wieder neue Kunden- und Marktnischen eröffnen, die es zu erkennen gilt,
- Wissenstand zu schaffen, also herauszufinden, welche Quellen erschlossen werden müssen, damit die Chancen erkennbar werden.

Voraussetzungen:
Die Chancen müssen nach folgenden Kriterien analysiert werden:

- Die Erfolgswahrscheinlichkeit, die in ihnen steckt.
- Die Kompetenzen und die betrieblichen Kapazitäten, die notwendig sind, um die Chancen zu nutzen.
- Die Überlegenheit gegenüber Wettbewerbsunternehmen.

Lösungsschritte:
Zunächst muss im Unternehmen ein Innovationsklima und eine entsprechende Struktur geschaffen werden, damit aus Chancen konkrete Handlungen entstehen. Bspw. können Mitarbeiter aus Marketing und Vertrieb entsprechende Prozesse initiieren:

- Eine Unternehmenskultur schaffen, in der ein Chancenhorizont vorhanden ist,
- Sensoren entwickeln, die Chancen-Signale empfangen,
- Signalquellen identifizieren, von denen die entsprechenden Informationen abgerufen werden können,
- Informationen sammeln, verknüpfen und analysieren,
- Analyseergebnisse bewerten,
- Aus der Unternehmenssicht die Prioritäten setzen,
- Strategien zur Nutzung der Chancen entwickeln,

- Strategien Schritt für Schritt umsetzen.

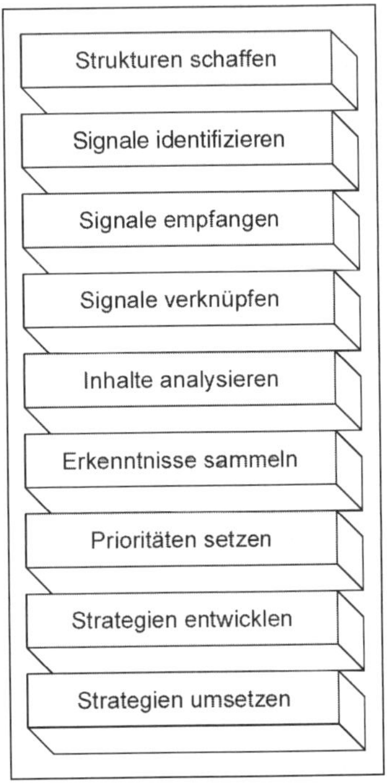

Chancenhorizont: Elemente des Chancen-Managements

■ **Chancenmatrix**
Die Umfeldanalyse, inwieweit ein Geschäftsvorhaben langfristige Wettbewerbsvorteile bringt.

Problemfeld:
Eine Marktchance zu entdecken ist noch nicht der Schlüssel zum Erfolg. Entscheidend ist, sie gegenüber den Wettbewerbern zu sichern.

Problemlösung:
Bei der Chancenmatrix orientiert sich ein Unternehmen nicht nur an den Marktbedürfnissen und den eigenen Stärken, sondern auch an den Kompetenzen der Wettbewerber. Ein dauerhafter Wettbewerbsvorteil entsteht nur, wenn die eigenen Möglichkeiten besser sind als die der Konkurrenten, die erkannten Chancen zu nützen. Die Erfolgserfordernisse im Zielmarkt beziehen also die zu erwartenden Aktivitäten der Mitbewerber ein.
Bei der Chancenmatrix werden zwei Bedingungen gegenübergestellt:

- Die Wahrscheinlichkeit, dass eine bestimmte Idee im Markt Erfolg findet.
- Die Wahrscheinlichkeit, dass diese Idee vor allen Wettbewerbern umgesetzt werden kann.

Ein Unternehmen, das beide Bedingungen erfüllen kann, wird sich beispielsweise durch eine Neuprodukteinführung einen dauerhaften Wettbewerbsvorteil verschaffen. Wenn es dazu allerdings weniger Kompetenzen aufweist als die Konkurrenz, leistet es die Vorarbeit, überlässt aber dem Wettbewerber den Markterfolg.

■ **Channel Marketing**
Die Strategie ist, für das jeweilige Produkt die Vertriebskanäle

zu schaffen, zu optimieren und zu verbinden, mit denen die anvisierten Wunschzielgruppen bestmöglich erreicht werden können.

Problemfeld:
Die Vertriebswege orientierten sich früher starr an Branchen und Sparten. Heute sind andere Strategien erforderlich.

Problemlösung:
Die Vertriebswege orientieren sich am Kunden und seinen spezifischen Bedürfnissen. Das typische Beispiel: Weil Kunden mit ihren Frühstücksbrötchen gerne auch die Morgenzeitung kaufen wollen, legen sie die Bäcker morgens auf der Theke aus. Dieses kundenorientierte Channel Marketing zeigt sich aber auch in der Convenience-Store-Entwicklung: Der Kunde will bestimmte Artikel beim Wocheneinkauf im Supermarkt finden, aber auch beim Spontaneinkauf im Tankstellenshop.
Channel Marketing beinhaltet deshalb die Strategie, für seine Produkte die jeweils optimalen Vertriebswege zu wählen und diese kundenorientiert auszubauen. Die jeweiligen Kriterien ergeben sich aus der Marktforschung.
Ein typisches Beispiel ist hier Coca Cola. Das Unternehmen orientierte sich an den Ergebnissen von Marktstudien, nach denen die Käufer von Getränkekisten einen dreimal höheren Verbrauch aufweisen als die Käufer von Einzelflaschen. So startete Coca Cola eine Verkaufsförderungsaktion für den Vertriebskanal, der typisch ist für den Absatz von Großgebinde: In über 1500 Outlets fanden Multipack-Aktionen statt. Die Botschaft an die Konsumenten lautete: »Diese Kiste ist ein Sparschwein«.
Diese Aktion brachte 3,5 Millionen Verbraucherkontakte und den Absatz von 500.000 Multipacks.
Besonders wichtig wird Channel Marketing beim Aufbau von E-Commerce, parallel zu den bestehenden Vertriebswegen.

■ **choice set**
Produkte, die von einem Konsumenten in die engere Wahl gezogen werden.

Problemfeld:
Wie können Kunden in der Entscheidungsphase beeinflusst werden?

Problemlösung:
Der Kunde beginnt mit dem Kaufprozess lange vor dem eigentlichen Kauf.
Zunächst erkennt er, dass sich bei ihm ein bestimmtes Problem entwickelt hat. Bei einem Jugendlichen sind dies bspw. die Unannehmlichkeiten, die sich aus der Nutzung öffentlicher Verkehrsmittel bei der Fahrt

zur Schule oder zum Arbeitsplatz ergeben. An diesem Punkt beginnt er mit dem Gedanken zu spielen, sich bald einen eigenen Wagen zuzulegen.
Die zweite Phase ist eine passive Informationssuche. Der Jugendliche verfolgt aufmerksamer die Autowerbung in den Medien und beobachtet andere Altersgenossen, die bereits Fahrzeuge besitzen. Hierbei ergibt sich bereits die erste Vorauswahl, denn aus dem »Total Set«, also aus der Menge aller Fahrzeugmodelle hat er nur eine Teilmenge wahrgenommen (Awareness Set).
Von dieser Gruppe beschäftigen ihn jedoch nur bestimmte Modelle (Processed Set), zu den anderen fehlt ihm der Zugang (Foggy Set).
Jetzt beginnt er mit der aktiven Informationssuche. Er befragt Freunde, lässt sich Prospekte schicken und liest Autozeitschriften mit Testberichten. Dabei zeigt sich für ihn, dass einige Modelle überhaupt nicht in Frage kommen (Rejekt Set). Andere Modelle erfüllen seine Bedürfnisse nur zum Teil, er behält sie im Auge (Hold Set).
Übrig bleibt ihm eine Teilmenge, bei der ihm die Entscheidung schwer fällt, weil sie ihm gleichermaßen gefallen (Accept Set).
Diese Entscheidungsprozedur des Kunden unterliegt somit nicht objektiven Qualitäts- und Nutzengesichtspunkten. Sie wird ausschließlich durch die Inhalte der Informationen gesteuert, die ihn erreicht haben.
Die entsprechenden Marketingmaßnahmen für ein Produkt haben zunächst das Ziel, es in die Wahrnehmung des potenziellen Kunden gelangen zu lassen. Er muss den Namen kennen und wissen, was sich hinter dem Namen verbirgt.
Doch den Namen eines Produktes zu kennen, heißt noch nicht, zu wissen, wie es ihm dienen kann. Damit sich der Kunde mit dem Produkt beschäftigen kann, benötigt er Informationen, die sein spezifisches Problem mit dem Produktnutzen verbindet.
In dieser Phase beginnt er den Produktvergleich. Hier sorgt die entsprechende Kommunikationsstrategie dafür, dass ihm das Produkt mit ans Herz wächst, es zur »ersten Wahl« wird.
Schließlich fällt seine Entscheidung für das Produkt, das in seinen Augen unter den Akzeptierten eine herausragende Stellung einnimmt. Somit fällt auch dem Marketing die Aufgabe zu, Werbebotschaften zu formulieren, die dem Kunden diese Besonderheit auch deutlich vor Augen führt.

■ Clanning

Der Wunsch eines Einzelnen nach Gruppenzugehörigkeit.

Problemfeld:
Für Unternehmen stellt sich die Frage, wie sie den Clanning-Trend für Marketingzwecke nutzen können.

Problemlösung:
Der derzeit wachsende Wunsch, zu Gleichgesinnten Zugang zu finden und mit ihnen gemeinsam ideelle Ziele zu verfolgen und Überzeugungen zu teilen, bietet für das Marketing neue Ansatzpunkte, nachdem die traditionellen Kundengruppen zersplittern. So zeigt sich, dass Clanning nicht nur das Phänomen bestimmter Alters- und Gesellschaftsschichten ist, sondern überall gleichermaßen auftritt, allerdings mit den unterschiedlichsten Themen und Inhalten.
Somit ist die Möglichkeit gegeben, dass sich Werbekampagnen bestimmten ideellen Themen annehmen und hierdurch bestimmte Kundengruppen erreichen. Solche Themen sind bspw. das multikulturelle Zusammenleben oder Partnerschaftsideale.

■ **Clusteranalyse**
Gruppenbildung zur Darstellung, Beobachtung und Profilierung von Markt-, Kunden- und Produktsegmenten.

Problemfeld:
Marktentwicklungen kann nicht durch eine einheitliche Gesamtstrategie begegnet werden.

Problemlösung:
Um sich auf seinen Märkten orientieren zu können, muss sich ein Unternehmen einen Überblick verschaffen wer wie mit wem im Wettbewerb steht, welche Kunden sich wie verteilen und welche Fremdprodukte mit den eigenen vergleichbar sind.
Ein Weg hierzu ist die Clusteranalyse. Sie strukturiert den vielfältigen Gesamtmarkt, in dem sie ihn in logische Untergruppen teilt.
Bspw. besteht das Fahrzeugangebot des Automobilmarktes aus den unterschiedlichsten Fahrezeugtypen und -modellen. Die Clusteranalyse sortiert diese Gesamtmenge in Gruppen sich ähnelnder Fahrzeuge. Ein Hersteller erkennt so, welches Modell welches Marktteilnehmers jeweils mit seinem Produkt in direktem Wettbewerb steht.
Bei der Clusterung von Konsumenten werden jeweils die zusammengefasst, deren Bedürfnisse, Kauf- und Entscheidungsverhalten sich möglichst ähneln. Hier kann ein Unternehmen die einzelnen Kundengruppen zielgerichtet ansprechen. Oder es kann dadurch Marktnischen erkennen. Wenn die Clusteranalyse bspw. ein großes Segment allein stehender Golf-spielender Frauen im Seniorenalter und mit einer bestimmten Kaufkraft erkennen lässt, dann kann dies

ein interessantes Segment für ein neues Verlagsprodukt sein, dessen Inhalt sich exakt an diesem Lesersegment orientiert. Außerdem bietet es Unternehmen eventuell der Sportartikel- und Modebranche, der Gastronomie und der Touristik, die ebenfalls in diesem Segment eine attraktive Kundengruppe sieht, eine attraktive Werbeplattform.
Die Grundregel der Clusteranalyse ist somit:

- Die Unterschiede zwischen den einzelnen Gruppen sollen möglichst groß,
- die Unterschiede innerhalb einer Gruppe möglichst gering sein.

Die beste Möglichkeit hierzu ist, das Profil eines solchen Segments mit möglichst vielen Kriterien zu beschreiben. Bei der Clusteranalyse von Kunden genügt es bspw. nicht, sie nur nach Alter, Einkommen und soziale Schicht aufzuteilen. Werden diese soziodemographischen Merkmale allein berücksichtigt, dann bleiben die Segmente inhomogen, denn es unterscheiden sich auch Konformisten und Individualisten, Aktive und Passive, Optimisten und Pessimisten. Somit zählen bei der Clusteranalyse auch psychographische Eigenschaften, die sich unter anderem in Charakter, Interessensgebiete, Verhaltensformen, Einstellungen und Bevorzugungen darstellen.

■ Commitment Selling

Die schrittweise Anbindung eines potenziellen Kunden.

Problemfeld:
Kunden lassen sich nicht nur mit dem besten Problemlösungs- oder Preisangebot gewinnen.

Problemlösung:
Sowohl der Umfang wie auch die Qualität des Angebots überfordert Kunden in ihrer Entscheidungsfindung, denn inzwischen zeigen in allen Branchen Produkte identische Preis-Leistungs-Merkmale.
Unternehmen verfolgen deshalb die Strategie des Commitment Selling. Das heißt, zum potenziellen Kunden wird zunächst eine Art Geschäftsfreundschaft entwickelt, bevor er akquiriert wird.
Zunächst wird nach Wegen gesucht, wie mit dem zukünftigen Kunden in Kontakt getreten werden kann. Mögliche Plattformen sind hier eine Messe, ein Kongress, eine Branchentagung oder auch ein gesellschaftlicher Anlass. Bei diesem lockeren, unverbindlichen Zusammensein ergeben sich die ersten Gespräche. Diese haben zwei Ziele:

- Es entsteht eine emotionale Beziehung.
- Der künftige Kunde bekommt einen Eindruck über die Kompetenz und die Leis-

tungsfähigkeit des Lieferunternehmens.

In der zweiten Phase bietet sich der Lieferant ihm als Retter in der Not an. Er unterstützt ihn in Notfällen, besorgt Informationen oder fädelt für ihn sogar Geschäfte ein.
In der dritten Phase werden dem künftigen Kunden Gefälligkeiten zuteil, die die künftige Geschäftsbeziehung betreffen. Ein Maschinenbauunternehmen wird hier seinem Kunden eine Analyse über die Effizienz des Produktionsprozesses erstellen und Optimierungsvorschläge unterbreiten. Pharmaunternehmen laden Ärzte zu Fortbildungsveranstaltungen in attraktive Urlaubsorte ein.
Somit umfassen Commitment Selling-Strategien auch den persönlichen, beziehungsweise den privaten Bereich. So finden sich Lieferant und Wunschkunde bei gemeinsamen Freizeitvergnügungen, bspw. bei Jagden, Segeltörns und Golfwochenenden.

■ **Component Value-Pricing**
Die Aufsplittung eines Preises nach Leistungskomponenten.

Problemfeld:
Kunden entscheiden sich oft auch deshalb für Wettbewerbsprodukte, weil diese ein geringeres Leistungsvermögen aufweisen und deshalb billiger sind.

Problemlösung:
Generell kaufen Kunden die Qualitätsstandards eines Produktes mit, ob sie sie benötigen oder nicht. Dies zeigt sich deutlich bei Videogeräten mit Sonderfunktionen, die nur von wenigen Nutzern auch wirklich in Anspruch genommen werden.
Beim Component Value Pricing kann der Kunde selbst bestimmen, welche Produkteigenschaften und -leistungen er kaufen und welchen produktbegleitenden Service er in Anspruch nehmen will. Solche Komponenten betreffen unter anderem

- die Produktqualität: Bspw. die Maßgenauigkeit eines Maschinenteils oder die Reinheit eines Grundstoffs.
- die Lieferfrist (ob die Ware kurzfristig gebraucht wird oder langfristig bestellt wird).
- die Einhaltung des Liefertermins (ob für den Kunden Differenzen akzeptabel sind).
- die Qualität der Verpackung (ob für den Kunden bspw. Feuchtigkeitsschutz notwendig ist).
- Qualität und Umfang der technischen Unterstützung
- die Garantiezeit.

Unternehmen geben an Kunden Kostenvorteile weiter, wenn diese auf die entsprechenden Premiumvorteile verzichten wollen und bspw. lieber selbst eine Maschine abholen und aufbauen als diesen Service vom Lieferanten in Anspruch zu nehmen. Es gibt auch Unternehmen, die zur Auswahl in ihren Preislisten den Wert dieser Komponente aufführen.

■ Computer Aided Selling

CAS ist ein aus den 90er Jahren stammender Begriff für den optimalen Computereinsatz in der Verkaufspraxis.

Problemfeld:
Außendienstmitarbeiter müssen sich während eines Kundengesprächs sowohl auf ihre verkäuferischen, wie auf ihre produktfachlichen und administrativen Aufgaben konzentrieren.

Problemlöung:
Der Computereinsatz beim Kundengespräch soll den Verkäufer zunächst dazu befähigen, spontan auf alle aktuellen Informationen zugreifen zu können, die er in einer bestimmten Gesprächssituation benötigt. Damit vermeidet er zeitraubendes Suchen in Produktkatalogen, Preis- und Lieferlisten, Kundenmappen und Gesprächsprotokollen.
CAS wird allerdings in den unterschiedlichsten Ausprägungen praktiziert.
Die einfachste Form des CAS ist der Einsatz eines Laptops mit den üblichen Standardprogrammen. Der Außendienstverkäufer kann sich bei Aufruf der Kundendatenbank über die Kundenhistorie informieren, über die Sortimentsdatenbank Produktdaten zusammenstellen, über die Tabellenkalkulation Angebote berechnen lassen und über das Textverarbeitungsprogramm das Angebot zum Ausdruck in die richtige Form bringen.
Aufwändigere CAS-Datenbanken verwalten auch Grafiken, Ton- und Videosequenzen. So kann ein Autokäufer die Wirkung verschiedener Lackfarben oder Sitzbezüge vergleichen und über Animationen auf dem Bildschirm und über Lautsprecher verfolgen, wie sich bestimmte Fahrzeuginstrumente bedienen lassen und wie bestimmte Fahrzeugmodule funktionieren.
Die Verknüpfung mit einem Tabellenkalkulationsprogramm ermöglicht es dem Verkäufer, für seinen Kunden Berechnungen zu erstellen, bspw. über die notwendige Dimensionierung einer Maschine oder zur Darstellung des Ablaufs einer Lebensversicherung.
Verknüpfte CAD-Programme (Computer Aided Design) machen es möglich, individuelle Kundenwünsche für ein Produkt zu berücksichtigen, bspw. bei der Gestaltung eines Fertighauses oder der Einrichtung eines Büros.
Verkäufer können den Ablauf des gesamten Kundengesprächs per Software gestalten. Die

Voraussetzungen bieten hierzu spezielle Präsentationsprogramme, die ihre Verkaufsargumente in Text und Bild transportieren.
CAS-Programme zeichnen sich damit aus, dass sie interaktiv genutzt werden können. Das heißt, die Applikationen werden so programmiert, dass sie der Verkäufer oder auch der Kunde je nach Wunsch und Bedürfnis steuern kann. Er kann das Programm »befragen« und er kann für bestimmte Teilbereiche vertiefende Informationen anfordern. So zeigen Immobilienhändler dreidimensionale Abbildungen ihrer Wohnungsangebote. Durch die entsprechende Steuerung mit der Computermaus kann der Kunde einen Raum aus den verschiedenen Blickrichtungen betrachten und von Raum zu Raum wechseln.
In der Regel setzt sich ein CAS-Programm aus so genannten Assistenten zusammen, die nach der entsprechenden Beratungsphase benannt werden. Der Präsentationsassistent kümmert sich um die Produktdarstellung, der Beratungsassistent beantwortet Kundenfragen, der Finanzassistent berechnet Konditionen und der Planungsassistent ermittelt die Lieferzeiten.
Bisher wurde CAS-Software offline eingesetzt. Das heißt, die Informationsinhalte befinden sich auf der Festplatte des Laptops oder auf einer CD-ROM. Der Nachteil ist, dass die Daten immer wieder auf den neuesten Stand gebracht werden müssen.
Bei Online-CAS wählt sich der Verkäufer vom Kunden aus in das Computernetz seines Unternehmens ein. Dies erfolgt entweder direkt oder über das Internet. So kann er bspw. mit Innendienstkollegen in Dialog treten, vom Kunden aus Bestellungen in das System eingeben und dem Kunden unmittelbar danach den Auftrag bestätigen.
Es ist damit zu rechnen, dass die Versicherungsbranche diese Möglichkeit zur Online-Policierung nützt. Sie profitiert durch die Reduzierung der Bearbeitungskosten, der Kunde durch die Reduzierung der Bearbeitungszeit.
Allerdings ist bereits schon die nächste Phase Wirklichkeit geworden: Kunden erhalten CD-ROMs mit den entsprechenden CAS-Inhalten oder sie werden durch die passenden Internetseiten bis zum Versicherungsabschluss geführt.

■ Conjoint Analyse

Erprobung alternativer Produktkonzepte durch die Kundenbewertung der einzelnen Attribute.

Problemfeld:
Bei jeder Neueinführung stellt sich die Frage, welche Attribute

in welchen Ausprägungen ein Produkt aufweisen muss, damit es beim Großteil der Zielgruppe zur Kaufentscheidung führt.

Problemlösung:
Die Conjoint Analyse geht von folgenden Grundannahmen aus: Der Kunde ermittelt für sich den Gesamtnutzen eines Produktes aus mehreren Teilnutzen, deren Bedarf er unterschiedlich stark bewertet. Dazu werden Versuchspersonen unterschiedliche Produktalternativen vorgelegt. Diese unterscheiden sich durch die unterschiedliche Zusammensetzung der Produktattribute. Die Probanden ordnen die Produktkombinationen entsprechend des Nutzens an, den sie daraus ziehen.
Bei der Umsetzung wird jedoch nicht unbedingt die Variante ausgewählt, die von allen Versuchspersonen besonders hoch bewertet wird. Berücksichtigt werden auch Ertragsfaktoren. Bspw. ob eine Verpackungsvariante übernommen werden kann, die weniger hoch bewertet wurde, aber kostengünstig umsetzbar ist.

■ **Convenience goods**
So genannte Güter des mühelosen Kaufs.

Problemfeld:
Bestimmte Produkte will der Kunde dort bekommen, wo sich der momentane Bedarf ergibt.

Problemlösung:
Hersteller sorgen dafür, dass diese convenience goods möglichst breit distribuiert werden. Zu solchen Gütern des mühelosen Kaufs zählen Produkte, die der Kunde seinen Kaufgewohnheiten gemäß mit minimalem Aufwand erwerben will und bei denen er auch keine großen Vergleiche anstellt, weil er sie regelmäßig und relativ häufig erwirbt.
Zu den Produkten, die der Kunde ohne Suchaufwand erwerben will, zählen Zigaretten. Er erwartet, dass er dafür an jeder Straßenecke und in jedem Lokal einen Automaten findet.
Convenience goods unterscheiden sich in drei Formen: In Güter des Regelkaufs, des Spontankaufs und des Dringlichkeitskaufs.
Zum Regelkauf gehören Produkte, für die sich der Abnehmer einmal entschieden hat, also für eine bestimmte Margarine- oder Biermarke. Sie will er immer bei der gleichen Quelle im gleichen Regalbereich wiederfinden.
Zum Spontankauf werden Produkte gezählt, die den Kunde beim Anblick animieren wie Süßigkeiten und Knabbersachen. Sie werden deshalb auch gerne dort platziert, wo der Kunde auf sie aufmerksam wird, wie im Kassenbereich von Supermärkten und Tankstellen, sowie in Automaten auf Bahnsteigen.

Zum Dringlichkeitskauf zählen Produkte, die Notfallsituationen überbrücken sollen. Händler stellen sie dann in den Mittelpunkt des Angebots, wenn in der Regel mit solchen Situationen zu rechnen ist, wie im Winter Streusalz, Türschlossenteiser und Überbrückungskabel. Oder sie holen die Regenschirme aus dem Lager, wenn der Wetterbericht Gewitter angekündigt hat.

■ Convenience-Store

Dieser Begriff bezeichnet eine Mischung aus Gastronomiebetrieb und Einzelhandelsgeschäft unter 400 m^2 Verkaufsfläche. Hauptmerkmal ist die räumliche Nähe zum Konsumenten.

Problemfeld:
Veränderte Lebensgewohnheiten führen dazu, dass es Verbrauchern nicht mehr möglich ist, innerhalb der gesetzlich festgelegten Ladenschlusszeiten ihren täglichen Bedarf zu decken.

Hintergrund:
Das Institut für Handel und Internationales Marketing und die LEKKERLAND Deutschland GmbH & Co. KG, einer der Distributoren für Convenience-Stores, hat 1200 Kunden in 90 Tankstellenshops von fünf Mineralölgesellschaften befragt. Das Marktforschungsprojekt brachte folgende Ergebnisse:

- Kundenprofil: Die Besucher von Tankstellen-Convenience-Shops sind überwiegend männlich, jünger als 35 und charakterisieren sich als Singles/Twins. Über 50 Prozent verfügen über ein monatliches Nettoeinkommen von über 3.000 DM. Die Mehrheit besitzt einen mittleren Bildungsgrad. Jeder vierte Kunde ist Abiturient, jeder fünfte Kunde hat Hochschulabschluss.
- Konsumententyp: 39 Prozent der Kunden sind qualitätsorientiert, 26 Prozent preisorientiert und 35 Prozent serviceorientiert.
- Einstellung zum Produktangebot: Rund drei Viertel der Befragten wünschen sich ein größeres Angebot.
- Kaufverhalten: Etwa 85 Prozent der Kunden kommen mit dem Fahrzeug zum Einkaufen. Etwa die Hälfte verbindet dies mit dem Tanken.
- Kaufgewohnheiten: 20 Prozent kommen einmal, 37 Prozent mehrmals wöchentlich. Diese Stammkunden sind vor allem männlich, durchschnittlich 34 Jahre alt und verfügen über ein Nettoeinkommen von 4.500 DM.
- Kaufgründe: An erster Stelle wurde »bequemer Einkauf«, dann die Verbindung von Einkaufen und Tanken genannt.
- Preisbereitschaft: Zwar beurteilten die Befragten das

Preisniveau als zu hoch. Die Akzeptanzgrenze liegt aber bei etwa 20 Prozent über dem Preisniveau der Supermärkte. Stammkäufer akzeptieren Preisaufschläge bis zu rund 77 Prozent. Abendkunden haben eine erheblich höhere Preisbereitschaft. Bei ihnen ist die durchschnittliche Preisbereitschaft (Differenz zwischen Preiseinschätzung im Supermarkt und Ausgabebereitschaft an Tankstellen) mehr als doppelt so hoch.

Problemlösung:
Die Umfrage zeigte auf, dass die typischen Convenience-Shop-Kunden vor allem auf »bequemes« Einkaufen Wert legen. Wichtig sind für sie auch lange Öffnungszeiten, ausreichende Parkmöglichkeiten und schneller Einkauf. Das Preisniveau nimmt auf der Wertungsskala erst Rang 6 ein, hinter Serviceleistungen des Personals und Qualität der Produkte.

Weiterführende Literatur:
Auer, Sarah; Koidl, Roman M: Convenience Stores, Handelsform der Zukunft-Praxis, Konzepte, Hintergründe, Frankfurt 1997

■ Corporate Identity (CI)

CI ist der Begriff für das einheitliche Gesamtbild einer Gruppe als Mittel zur Selbstdarstellung. Cl ist die Summe aller Erscheinungsweisen, mit denen sich eine Organisation präsentiert. In der wirtschaftlichen Praxis ist sie die strategisch geplante und operative Selbstdarstellung, so die Definition. Diese angestrebte Identität wird durch das Erscheinungsbild (Corporate Design), Kommunikation (Corporate Communications) und Verhalten (Corporate Behaviour) nach innen und außen vermittelt. Der CI-Gedanke orientiert sich an der Erfahrung, dass Kunden Unternehmen bevorzugen, die ihre Kompetenzen klar und deutlich herausstellen. Das Ziel ist deshalb, dem Unternehmen ein klares Profil und somit Markenwirkung zu verleihen.

Hintergrund:
Das älteste CI-Beispiel stammt aus der antiken Welt: das einheitlich gekleidete römische Heer, von dem jeder einzelne Legionär dem Gesamtbild von Kraft und Überlegenheit entsprechen sollte. Dieses »Image« sollte die eigenen Soldaten siegessicher machen, den Feinden aber jeglichen Mut nehmen, den Eroberungen Widerstand zu leisten.
Wie wichtig CI heute ist, ergaben entsprechende Umfragen: 85 Prozent der befragten Topmanager sehen Corporate Identity Policy als ein wichtiges Instrument im Rahmen der Internationalisierung ihres Unter-

nehmens an. 26 Prozent legen Wert auf CI aus Gründen der Identifikation und Wiedererkennung des Unternehmens, 17 Prozent zur Förderung der Marktposition und des Unternehmensgewinns durch das Image, 9 Prozent zur Kundengewinnung und 7 Prozent zur Mitarbeitermotivation.

Problemfeld:
Unternehmen ohne klares Profil wirken wenig kompetent und leistungsfähig. Sie müssen deshalb einen vergleichsweise höheren Aufwand betreiben, um ihre Produkte zu vermarkten als Betriebe, deren Name zum Begriff geworden ist und die beim Kunden einen entsprechenden Vertrauensvorsprung haben.

Lösungsweg:
Erster Schritt:
Bestandsaufnahme.
Sie soll dem noch diffusen Bild, das der Betriebsinhaber von seinem Unternehmen, seinen Unternehmenszielen und den künftigen Marktanforderungen hat, klare Konturen geben.
Folgende Fragen sind relevant:

- Welches Bild soll der Betrieb vermitteln?
- Welches Bild empfangen die derzeitigen Kunden?
- Welches Bild empfangen die noch nicht erschlossenen Kundengruppen?
- Welches Unternehmensbild kann die Kunden endgültig überzeugen?

Solch eine Gegenüberstellung zeigt auf, inwieweit bei den Beteiligten falsche Bilder von einem Unternehmen entstehen können. Bspw.:

- Wenn nur die bestehenden Kunden, nicht jedoch die Wunschkunden von der Leistungsfähigkeit des Betriebs wissen.
- Wenn nur die Führungskräfte von der Kundenorientierung ihres Betriebs überzeugt ist, nicht jedoch die Kunden selbst.
- Wenn der Unternehmer die Tradition des Betriebs als erfolgsentscheidendes Element sieht, der Wettbewerb jedoch von der Zukunftsorientierung der Unternehmen bestimmt wird.

Zweiter Schritt: Konzeption.
Ziel einer CI ist es, die unterschiedlichen Sichtweisen in Einklang zu bringen. Das Unternehmensbild soll sowohl den eigenen Vorstellungen wie auch dem Wunschbild des Kunden entsprechen. Erfolgsentscheidend ist aber auch die Zukunftssicht: Welche Kundenansprüche sind zu erwarten? Welche Kriterien sind auf lange Sicht für die Marktführerschaft ausschlaggebend?

Dritter Schritt:
Unternehmensbild festlegen.
Hier besteht die Gefahr, dass die Ziele unrealistisch hoch gesetzt werden. Es sollte aber der Anspruch, der mit der Unternehmensdarstellung gesetzt wird, auch erfüllt werden können. Je größer die CI-Versprechen sind, um so kritischer prüfen Kunden, ob es auch wirklich eingehalten wird. In der Regel wird deshalb ein eher allgemeines Unternehmensbild gewählt, bspw. kundenorientiertes Servicedenken.
In diesem Fall gestaltet sich der weitere Weg wie folgt:

- Die Kriterien, die das Unternehmen kundenorientiert machen, werden aufgelistet.
- Die Betriebsangehörigen werden zum kundenorientierten Verhalten qualifiziert.
- Die betrieblichen Abläufe werden kundenorientiert gestaltet.

Vierter Schritt Umsetzung.
Die Umsetzung von CI-Konzepten ist ein kontinuierlicher Prozess, in dem permanent kontrolliert und korrigiert wird, ob das Unternehmen seinem Bild nach außen entspricht.

Fünfter Schritt: Visualisierung.
Erst mit einer klaren Firmenidentität lässt sich ein einheitliches visuelles Erscheinungsbild gestalten: Eine konservative Firma tritt mit ihren Geschäfts-

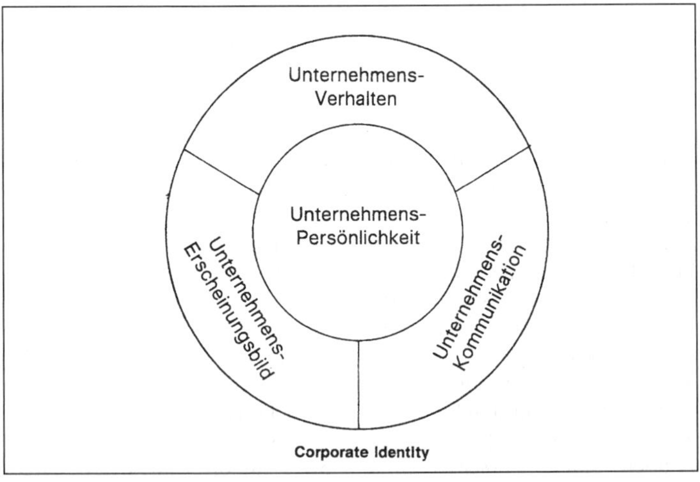

Corporate Identity (Birkigt/Funck/Stadler: Corporate Identity, Landsberg 1998)

papieren, Geschäftsberichten, Anzeigen und Werbespots eher konservativ auf. Ein innovatives Unternehmen signalisiert dies durch den Einsatz fortschrittlicher Gestaltungskomponenten und -prinzipien wie zukunftsweisende Logo-Formate, progressive Schriften und eine ungewöhnliche Architektur.
Damit diese visuelle Darstellung der Unternehmensidentität einheitlich ist, stellen viele Konzerne strenge Gestaltungsrichtlinien auf. Bei Olivetti wurden im Servizio di Corporate Identity alle Gestaltungsdetails in Büchern festlegt. BMW setzt zur Durchsetzung des global einheitlichen Auftritts CD-ROMs ein, die alle erlaubten Merkmale als Dateien beinhalten.

Weiterführende Literatur:
Kroehl, Heinz: Erfolgsfaktor Corporate Identity, München 1999
Birkigt, Klaus; Funck, Hans Joachim; Stadler, Marinus: Corporate Identity, Grundlagen, Funktionen, Fallbeispiele, 9. Aufl., Landsberg 1998

■ Coupon

Rücksendemöglichkeit für die Empfänger von Werbemaßnahmen.

Problemfeld:
Bei Werbemaßnahmen ohne Responsemöglichkeit ist es den Empfängern nicht möglich, spontan das Angebot anzunehmen oder zusätzliche Informationen anzufordern.

Problemlösung:
Coupons sollen dem Adressaten die Response so einfach wie möglich machen. Deshalb werden bei Prospekten die Coupons an eine Ecke der Seite platziert, damit sie der Empfänger mit einem Schnitt entfernen und zurücksenden kann. Bei Printanzeigen werden Couponanzeigen dementsprechend an die äußeren Ränder platziert.
Coupons sind aber auch als Postkarten gestaltet, die mit der Anzeige per Klebung oder Perforation verbunden sind.
Damit der Empfänger möglichst unbehindert seiner spontanen Regung folgen kann, wird ihm auch das Ausfüllen so einfach wie möglich gemacht. In der Regel reduzieren sich die Angaben auf Name, Adresse und Rufnummer. In bestimmten Fällen, wenn ein erhöhtes Interesse vorausgesetzt werden kann, werden noch detailliertere Angaben erfragt.
Auch die Rücksendung sollte so einfach wie möglich sein. In der Regel ist sie also portofrei. Im Geschäftskundenbereich hat das Rückfax die Aufgabe des Coupons übernommen. Bei Online-Marketing, also bei internetgestützten Marketingmaßnahmen sind die Response-

Coupons ebenfalls elektronischer Natur, bspw. in Form einer Rück-Mail.
Die Erfahrung zeigt, dass der Rücklauf der Coupons um so größer ist, je mehr Nutzen die Adressaten aus der Rücksendung haben. Auf diese Weise werden Coupons zu Gutscheinen für Kataloge, Warenproben, Werbegeschenke oder Teilnahmen an Gewinnspielen.
Gerade Gutscheine mit Verfalldatum bieten eine besonders hohe Response, weil sie die Empfänger dazu drängen, unmittelbar zu reagieren. Im Privatkundengeschäft unterliegen Werbe- und Geschenkgutscheine allerdings dem Rabattgesetz und dem Gesetz gegen unlauteren Wettbewerb.

■ Critical Incident Methode

Kunden werden von Unternehmen nach besonders negativen und positiven Erlebnissen in Bezug auf ihre Zufriedenheit befragt.

Problemfeld:
Wie lässt sich feststellen, ob und inwieweit sich in bestimmten Unternehmensbereichen negative Kundenerlebnisse häufen?

Problemlösung:
Die Methode der kritischen Ereignisse beinhaltet die intensive Befragung des Kunden nach besonders positiven und besonders negativen Erfahrungen mit dem Lieferunternehmen. Der Kunde wird im entsprechenden Interview konkret dazu aufgefordert, sich über seine Erlebnisse mit Verkäufern und Managern des Unternehmens zu äußern und zu schildern, welche besonders negativen oder besonders positiven Konsequenzen bestimmte Unternehmensabläufe für ihn gehabt haben.
Die Informationen aus dieser mündlichen Befragung werden in einem mehrstufigen Verfahren ausgewertet. Dabei wird das jeweilige Einzelereignis einer bestimmten Kategorie zugeordnet. Das Ziel ist, festzustellen, ob hier bestimmte Häufigkeiten zu erkennen sind.

■ Cross Promotion

Überkreuzte Verkaufsförderungsaktionen.

Problemfeld:
Unternehmen konzentrieren ihre Werbe- und Verkaufsförderungsmaßnahmen nur auf eines ihrer Produkte.

Problemlösung:
Cross Promotion ist auf zweierlei Weise möglich:

- Ein Produkt kann Werbeträger für ein anderes Produkt sein. So kann die Verpackung für ein Kosmetikprodukt Werbeaussagen für die gesamte Pflegelinie enthalten. Cross Promotion findet auch statt, wenn Spirituosen Cocktailrezepte beigegeben sind, bei denen andere Produkte des gleichen Herstellers benötigt werden. Auf der Verpackung eines Fertigprodukts kann das gesamte Sortiment aufgeführt sein.

Cross Promotion kann auch völlig artfremde Produkte zusammenführen. Bspw. kann sich auf dem Karton für Kosmetiktücher auch eine Probepackung Papiertaschentücher befinden.

- Cross Promotion findet auch statt, wenn mehrere Firmen für ihr jeweiliges Produkt gemeinsam werben, bspw. Waschmittel- und Waschmaschinenhersteller gemeinsame TV-Spots drehen.

■ **Cross Selling**
Bei diesem »gekreuzten Verkauf« bietet ein Unternehmen seinen Kunden, die bisher nur einen Teil der Produktpalette gekauft haben, zusätzliche Produkte an. Cross Selling verfolgt fünf Hauptziele:

- Steigerung und Sicherung des Umsatzes
- Verstärkung der Kundenbindung
- Steigerung und Sicherung des Gewinns
- Forcierung des Hauptsortiments über das Randsortiment
- Forcierung des Randsortiments über das Hauptsortiment.

Hintergrund:
Aktuell wurde die Cross Selling-Idee, als Kaffeeröster damit begannen, in ihren Filialen Aktionsartikel aus anderen Branchenbereichen zu vertreiben. Sie galten als zusätzliche Umsatzquellen, denn die Hausfrau sollte sich beim Kaffeekauf auch aus diesem Nebensortiment bedienen. Heute ist dieser Nonfood-Bereich zum Hauptsortiment geworden, denn er bestimmt jetzt den Umsatz der Filialen.

Problemfeld:
Zwar wächst im Einzelhandel der Anteil des Randsortiments am Gesamtumsatz. In der Regel wird es jedoch nicht strategisch eingesetzt, um Wunschzielgruppen zum Hauptsortiment zu führen.

Lösungsweg:

1. Ein breites Nebensortiment entwickeln. Das Randsortiment soll den potenziellen Kunden ins Geschäft locken und ihn gezielt zum Hauptsortiment führen. Unter diesem Gesichtspunkt muss es jedoch eine entsprechende Vielfalt aufweisen. Je breiter das Angebot im Randbereich, umso mehr Zielgruppensegmente werden damit angesprochen.
2. Kompetenz in den Nebensortimenten: Auch das Nebensortiment muss kompetent

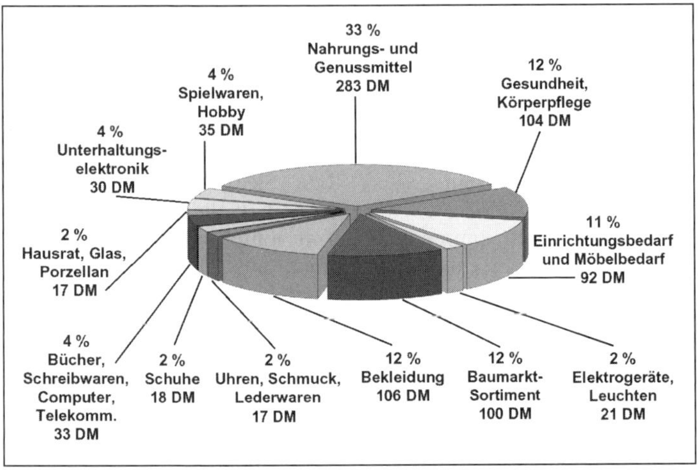

Cross Selling: GfK-Sortimentsbezogene Kaufkraft 1999 (GfK, Regionalforschung)

geführt werden. Es muss deshalb mit ebenso großer Sorgfalt gepflegt werden wie das Hauptsortiment, denn es ist ebenfalls den Wettbewerbsgesetzen unterworfen. Zwar erwartet der Kunde nicht die adäquate Sortimentsbreite und -tiefe, wie er es vom Hauptsortiment gewohnt ist. Doch er geht davon aus, dass das Angebot zumindest in Preis und Qualität wettbewerbsfähig ist.

3. Aktionsartikel des Nebensortiments subventionieren: Soll das Nebensortiment ausschließlich dazu dienen, den Absatz des Hauptsortiments zu steigern, dann sind Ertragsgesichtspunkte zweitrangig. Beim Cross Selling werden die Preise in Abhängigkeit von der gesamten Kundenbeziehung gestaltet. Deshalb können einzelne Artikel sogar unter den Grenzkosten angeboten werden, wenn dadurch der Absatz von ertragsstarken Artikeln des Hauptsortiments gefördert wird.
4. Die Artikel des Randsortiments nach strategischen Gesichtspunkten auswählen: Welche Artikel in das Randsortiment aufgenommen werden, richtet sich nach den Marketingzielen. Bspw.: den Kundenstamm verjüngen, ihn qualitativ verbessern, Zielgruppen mit hoher Kaufkraft ansprechen oder Kunden aus bestimmten Interessensgrup-

pen erschließen. Cross Selling ist hier ein Marketinginstrument, denn die Artikel des Randsortiments sollten aus der Bedürfniswelt der jeweiligen Wunschzielgruppen stammen.

5. Das Nebensortiment bewerben: Zur Verkaufsförderung dieser Aktionsartikel genügt oft schon eine bevorzugte Platzierung. Mehr Nutzen bieten sie als Blickfang für Zeitungsanzeigen und Werbeplakate. Aldi bspw. bewirbt sein Hauptsortiment, indem Woche für Woche noch zusätzlich besonders attraktive Artikel des Nebensortiments hervorgehoben werden. Besonders intensive Kaufimpulse lösen solche Mitnahmeartikel aus, wenn sie an vorgeschobenen Verkaufsposten angeboten werden, bspw. auf Gondeln im Gehsteigbereich. So nehmen sie dem Kunden die Schwellenangst. Auf dem Weg zur Kasse wird der Käufer dann auf die Angebote des Hauptsortiments aufmerksam gemacht. Diese Wirkung wird verstärkt, wenn der Kunde noch alle Sortimentsbereiche durchlaufen muss, bevor er zur Kassenzone kommt.
6. Haupt- und Randsortiment verschmelzen: Durch die Verschmelzung aller Segmente zu einer Einheit führt das Nebensortiment zum Hauptsortiment und das Hauptsortiment zum Nebensortiment. Dieses Ziel wird erst vollständig erreicht, wenn die Mitarbeiter in allen Sortimentsbereichen Beratungskompetenz aufweisen.

■ **Customer Integration**
Die Berücksichtigung individueller Bedürfnisse einzelner Kunden.

Problemfeld:
Kunden verlangen vermehrt speziell für sie entwickelte Problemlösungen.

Problemlösung:
Bei Customer Integration wird der Kunde in die Entwicklung eines Produktes mit integriert. In der Investitionsgüterindustrie erfolgt dies, indem der Kunde aktiv am Pflichtenheft für das neue Produkt mitwirkt. In der Konsumgüterindustrie bilden Kunden dazu so genannte Focusgruppen.
In verschiedenen Fällen stehen Kunden der F&E-Abteilung beratend zur Seite. Es gibt auch Beispiele, in denen Kunde und Lieferant bei der Produktentwicklung vollkommen zusammenarbeiten. Für den Hersteller hat dies den Vorteil, dass er sich an den Praxiserfahrungen seines Kunden orientieren kann und genau weiß, welche kritischen Punkte er bei der Produktentwicklung zu beachten

hat. Für den Kunden bringt diese Zusammenarbeit eine maßgeschneiderte Problemlösung und damit Marktvorteile gegenüber den Wettbewerbern.
Die Zusammenarbeit erfolgt unter folgenden Voraussetzungen:

- Der Kunde definiert exakt seine Bedürfnisse an das neue Produkt.
- Er legt klar, an welchen Punkten des Entwicklungsprozesses er wie intensiv an der Entwicklung mitwirkt.

Gemeinsam werden die Schnittstellen festgelegt, also an welchen Punkten welche Kunden- und Lieferantenabteilungen wie zusammenarbeiten.
Dann werden die Regeln dieser firmenübergreifenden Zusammenarbeit festgelegt. Dazu gehört auch die Klärung, wie die Kosten, die dem Kunden durch die Zusammenarbeit entstehen, getragen werden und generell, welche Vorteile der Kunde aus dieser Mitwirkung hat.

■ Customer Relationship Management (CRM)

Kundenbeziehungsmanagement bedeutet generell die systematische Gewinnung, Analyse und Vernetzung von Daten sowohl eines einzelnen Kunden wie auch einzelner Kundengruppen als Basis zielgerichteter Kundengewinnungs-, Kundenbindungs- und Marktnischenstrategien.

Hintergrund:
CRM ist ein gefragtes Marketinginstrument und dementsprechend auch ein attraktiver Markt für Anbieter entsprechender Software. Das CRM-Forum des Deutschen Direktmarktingverbands versteht darunter einen ganzheitlichen Ansatz zur Unternehmensführung. Eine Datenbank bildet die Basis, um die Prozesse der Marktbearbeitung zu optimieren. Zielsetzung von CRM ist die gemeinsame Schaffung von Mehrwerten auf Kunden- und Lieferantenseite über die Lebenszyklen von Geschäftsbeziehungen.

Problemfeld:
In wettbewerbsintensiven Märkten ist die Kenntnis der Kundenwünsche und das Einkaufsverhalten besonders wichtig, um erfolgreich Produkte zu erstellen und zu vermarkten. Als Grundlage dient eine Datenbank, in denen die einzelnen Informationen gesammelt werden.

Problemlösung:
Unternehmen setzen vermehrt computergestützte CRM-Systeme ein. Ihr Ziel ist, fortwährend und systematisch Informationen zu sammeln, zusammenzuführen, zu analysieren, zu bewerten und diese Ergebnisse ihren kundenrelevanten Funktionsbereichen zuzuführen.
Die Quelle AG bspw. kann unter anderem aus dem

- Alter,
- Geschlecht,
- Beruf,
- Familienstand und
- vor allem aus dem Bestellverhalten

des einzelnen Versandhauskunden laufend das Bedürfnisprofil sowohl in bezug auf die jeweilige Warengruppe wie auch auf das entsprechende Preissegment analysieren.
Dementsprechend ist das Versandhaus in der Lage, diesem Kunden maßgeschneiderte Angebote zu unterbreiten (One-to-One-Marketing). Vor allem offenbart sich auf diese Weise auch die Entwicklung der Kundenzufriedenheit in Bezug auf

- die Kundenorientierung der Unternehmensprozesse,
- Art, Breite und Tiefe des Angebots,
- Preisleistung und Kundennutzen des einzelnen Produkts.

Diese Erkenntnisse ermöglichen dem Unternehmen präzise Maßnahmen zur Bindung des einzelnen Kunden zu entwickeln und mehr Marktnähe zu erreichen.

■ Customer Satisfaction Barometer

Die Messung der Kundenzufriedenheit über Unternehmens- und Branchengrenzen hinweg.

Problemfeld:
Die Frage der Kunden-/Lieferantenbeziehung ist nicht nur das Thema einzelner Unternehmen, sondern eines ganzen Landes, denn sie spiegelt die Einstellung einer Gesellschaft zur Serviceorientierung wider.

Problemlösung:
Wie zuvor in Schweden werden seit 1992 auch in Deutschland branchen- und unternehmensübergreifend Erhebungen zur allgemeinen Kundenzufriedenheit durchgeführt. Dabei werden die Ergebnisse allen zugänglich gemacht. Das Ziel ist, die Öffentlichkeit generell für das Thema zu sensibilisieren. Das heißt, Servicegebern und Servicenehmern sollte gleichermaßen bewusst gemacht werden, inwieweit Service ein Qualitätsbestandteil, beziehungsweise ein Wettbewerbsfaktor ist. Außerdem sollten die beteiligten Branchen und Unternehmen die Möglichkeit bekommen sich Fremdbeurteilungen zu stellen und entsprechende Konsequenzen zu ziehen.
Bei dieser Umfrage sind rund 37.000 Bürger einbezogen. Sie werden in über 400 Fragen über knapp 40 Unternehmen und Branchen befragt. Diese Fragen betreffen

- Zeitraum der Kundenbeziehung,
- Häufigkeit des Kontaktes,
- Generelle Zufriedenheit,

- Zufriedenheit über einzelne Merkmale,
- Gründe für Zufriedenheit oder Unzufriedenheit,
- Art und Häufigkeit der Beschwerden,
- Weiterempfehlungsverhalten,
- Wiederkaufverhalten.

Die Ergebnisse werden bei der Auswertung mit dcn soziodcmographischen Daten der Interviewten in Beziehung gebracht.
Seit dem Startzeitpunkt zeigen die Ergebnisse deutliche Veränderungen. So ist in den ersten Erhebungsjahren die Kundenzufriedenheit deutlich gesunken. Experten sehen hier einen Zusammenhang mit der Sensibilisierung der Öffentlichkeit mit dem Thema und nehmen an, dass sich der Kunde »emanzipiert« hat. Eine andere Ursache kann der damalige Trend zum »Lean Management« sein, wobei möglicherweise nicht nur Effizienz gesteigert sondern auch Leistung abgebaut wurde. Seit etwa 1997 zeigt sich ein gegenläufiger Trend. Hier liegt die Ursache darin, dass Kundenzufriedenheit ein nationaler Trend geworden ist. Dies zeigt sich an der hohen Zahl der Buchveröffentlichungen und Managementkongresse, sowie von Kursen und Seminaren einzelner Kammern und Verbände zu diesem Thema.
Die wachsende Kundenorientierung wurde bei den Umfragen besonders in folgenden Bereichen festgestellt:

- Preis-Leistung
- Mitarbeiterverhalten
- Beratungsqualität
- Kompetenz am Telefon
- Kundenorientierung im Schriftverkehr

D

■ **Dachmarke**
auch Sortimentsmarke, Übermarke oder Hauptmarke genannt, ist die Bezeichnung einer Unternehmensmarke, in deren Namen verschiedene Produktmarken geführt werden.

Problemfeld:
Unternehmen, die einem neuen Produkt Markenbekanntheit geben wollen, tun sich schwer, wenn ihr Unternehmen nicht selbst Markenbekanntheit hat. Dieses Prinzip der Monomarke zwingt dazu, für jede neu geschaffene Produktmarke einen entsprechend hohen Marketingaufwand zu betreiben, um dem Produkt bei der Zielgruppe das gewünschte Image zu geben.

Problemlösung:
Beim Dachmarkenkonzept wirkt sich der Ruf bspw. der Unternehmensmarke auf die neue Produktmarke aus und gibt ihm bei den Konsumenten einen Vertrauensvorsprung. Die Markenbekanntheit und die Markenpräferenz sind bereits vorhanden. Dadurch kann jede Produkteinführung mit erheblich weniger Kosten bewerkstelligt werden als beim Einzelproduktmarken-Konzept.
Ein weiterer Vorteil: Konservative Konsumentengruppen warten in der Regel ab, bis sich eine neue Marke bewährt hat. Bei entsprechender langjähriger Vertrautheit der Dachmarke werden auch sie zu Erstkäufern.
Ein Dachmarkenkonzept ist auch sinnvoll, wenn die neue Produktmarke andere Botschaften aussenden soll als die Dachmarke. Typische Beispiele bieten hier die Unternehmen der Autoindustrie, die ihr Qualitätsimage mit dem spezifischen Profil einer bestimmten Produktmarke verknüpfen, bspw. Ford mit dem extravaganten K1, Nissan mit dem ungebundenen Patrol und Volkswagen mit dem sportlichen Golf.
Zudem führen immer wieder neue Produktmarken zur laufenden Verjüngung der Dach-

marke. Ebenfalls lässt sich auf diese Weise die Dachmarke an die sich verändernden Marktanforderungen und Zielgruppen anpassen.
Eine Verknüpfung von Dachmarke und Produktmarke ist jedoch unangebracht, wenn sich das jeweilige Image der Dach- und Produktmarke stört. Typisches beispiel der Kleinwagen Smart, der bewusst nicht unter der Dachmarke Mercedes vertrieben wird.
In der Konsumgüterindustrie verzichten Hersteller auf die Verbindung, damit es nicht zu Störungen zwischen den Preissegmenten kommt. So vertreiben Brauereien in den höheren Preissegmenten ihre Produkte nach dem Dachmarkenkonzept, in den unteren Segmenten nach dem Konzept der Einzelproduktmarke, also über einen Markenbegriff, der keinen direkten Rückschluss auf die Herstellermarke zulässt.

■ **Dämpfungsmarketing**
Die Reduzierung der Nachfrage aus strategischen Gründen.

Problemfeld:
Hohe oder überhöhte Nachfrage in bestimmten Bereichen und zu bestimmten Zeitpunkten kann sich ertragsschmälernd auswirken. Dies ist bspw. der Fall, wenn aufgrund von Abnahmespitzen zusätzliche personelle oder materielle Kapazitäten vorgehalten werden müssen.

Problemlösung:
Dämpfungsmarketing soll die Nachfrage steuern und dafür sorgen, dass der Absatz möglichst kontinuierlich verläuft. Bspw. soll es Fahrgäste veranlassen, Verkehrsmittel außerhalb des Berufsverkehrs zu nutzen. Dies wird durch entsprechende Tarif-Festlegungen erreicht. So gelten im öffentlichen Nahverkehr bei bestimmten Verkehrsverbündungen Seniorentarife nur zwischen 9 und 16 Uhr. Die Tourismusbranche »bestraft« Kunden, die für die Hauptsaison buchen, mit Zuschlägen.
Mit Dämpfungsmarketing lässt sich auch erreichen, dass Kunden von ertragsschwache auf ertragsstarke Produkte ausweichen. Dies erfolgt bspw. durch entsprechende Beratungstaktik bei Kunden, die sich durch ein Sonderangebot anlocken ließen. Ihnen werden möglichst drastisch die Leistungs- und Qualitätsgrenzen des »Schnäppchenangebots« und dann die Vorzüge einer teureren Alternative dargestellt.

■ **Database Marketing**
Dieser Begriff umfasst die Lehre von der datenbankgesteuerten Kommunikation mit Zielgruppen. Dieses computergestützte Marketing ermöglicht

auf Grund der Verknüpfung der unterschiedlichsten Markt- und Kundendaten eine relativ exakte Segmentierung der Kunden nach einheitlichen Merkmalen. Damit können die Kundengruppen individuell nach ihren Persönlichkeits- und Bedürfnisprofilen angesprochen werden.

Problemfeld:
Wenn in Marketingmaßnahmen alle Kunden angesprochen werden sollen, fühlt sich in der Regel keiner wirklich angesprochen. Es kommt zu hohen Streuverlusten.
Doch gerade bei vielschichtigen, diffusen Zielgruppen ist es schwierig, die passende Marketingstrategie zu entwickeln. Da es einer pluralistischen Konsumentengruppe an einem klaren Profil mangelt, lässt sich auch nicht klar umreißen, welche Produkte mit welchen Eigenschaften und mit welchen Botschaften zu welchem Preis auf welchem Weg vertrieben werden sollen.

Problemlösung:
Die elektronische Kundendatenbank sammelt und verknüpft personen- und marktbezogene Kriterien sowie Informationen, die sich aus der bisherigen Kundenhistorie ergeben. Ziel ist, das Kundenpotenzial in Käufergruppen mit identischen Merk-

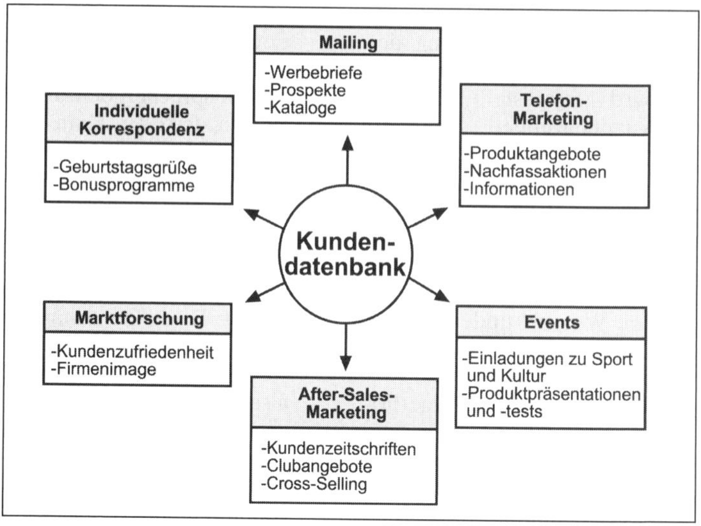

Database Marketing: Einsatzfelder des Database Marketing (Bodenstein/Spiller, Marketing, Landsberg 1998)

malen zu gruppieren, damit die Marketingaktivitäten exakt an den jeweiligen Gruppen ausgerichtet werden können.
Es zeigt sich, dass jetzt zunehmend auch mittelständische Unternehmen Database Marketing einsetzen, um möglichst effizient ihre Marketingziele zu erreichen. Es gibt ihnen die Möglichkeit, Nischen ausfindig zu machen dic sic bcsonders gut bedienen können und die ihnen die attraktivsten Kundengruppen bieten. Statt sich allen Kundengruppen gleichermaßen zuzuwenden, konzentrieren sie sich auf diejenigen, von denen sie sich langfristig die besten Erträge versprechen. Diese Methode ermöglicht ihnen dazu noch eine äußerst intensive Kundenansprache.

1. Schritt: Strukturierung des Einzugsgebiets. Hierbei wird festgestellt, welche Kundengruppen in welchem Volumen im Raum vertreten sind.
2. Schritt: Erstellung eines Wunschkundenprofils. Das bedeutet, all die Merkmale werden aufgelistet, die einen Wunschkunden für das Unternehmen besonders attraktiv machen. Bspw.:
   - Er verfügt über eine hohe Kaufkraft.
   - Er ist preisunempfindlich.
   - Er kauft im oberen Preissegment ein.
   - Er hat Bedarf in kurzen Zyklen.
   - Er lässt sich leicht binden.
   - Er hat einen hohen Referenzwert.
   - Er ist ein aktiver Empfehlungsgeber.
3. Schritt: Jetzt werden Bedürfniskriterien dieses Wunschkunden aufgelistet, die im Vergleich zu Wettbewerbern besonders gut erfüllt werden können oder in wirtschaftlich vertretbarer Weise erfüllbar gemacht werden können. Beispiel: besondere Produkteigenschaften, besondere Beratungsleistungen oder außergewöhnlichen Zusatzservice.
4. Schritt: Über das Wunschkundenprofil werden konkrete Zielgruppen identifiziert. Die Frage lautet hierbei: Welche Personengruppen entsprechen dem Profil am ehesten? Es kann sich um die Vertreter bestimmter Berufsgruppen, die Bewohner bestimmter Wohngebiete oder die Mitglieder bestimmter Vereine handeln.
5. Schritt: Diese Zuordnungen geben Hinweise auf die entsprechenden Adressquellen, also bspw. bestimmte Branchenauflistungen der Gelben Seiten, aber auch Mitgliederlisten von Verbänden, Kammern und Vereinen.
6. Schritt: Mit den Adressen beginnt der Aufbau einer

Database. Im Unterschied zur konventionellen Interessentenkartei wird diese Datenbank als System geführt und ständig erweitert. Dabei wird jede neu gewonnene Information über Markt, Zielgruppenverhalten und persönliche Charakteristika eingefügt und mit den bereits vorhandenen Informationen vernetzt. Dies gilt auch für Informationen, die sich aus den jeweiligen Akquisitionsprozessen ergeben. Das Ziel ist, die Kundengruppen und den einzelnen Kunden mit ihren Wünschen und Bedürfnissen, aber auch mit den jeweils zu erwartenden Ertragswerten immer klarer erkennbar zu machen.

7. Schritt: Auf Grund der Informationen der Database ist es möglich, die Kunden zu klassifizieren. Die Rangordnung ergibt sich aus zwei Kriterien: Die Ertragspotenziale und die Erfolgswahrscheinlichkeit, vor dem Wettbewerb diese Potenziale zu binden. Daran zeigt sich, welche Kundengruppen mit welcher Priorität erschlossen werden sollten.
8. Schritt: Für die darauf folgenden Marketingmaßnahmen werden die Adressen möglichst fein segmentiert. Die Kriterien sind hier unter anderem Bedürfnislage, Meinungsbildungs-, Entscheidungs- und Kaufverhalten. Diese spezifischen Merkmale ergeben sich ebenfalls aus der Database.
9. Schritt: Aus den genannten Merkmalen ergeben sich klare Hinweise, welche Wünsche und Erwartungen der Kunden des jeweiligen Segments bei einem Produktangebot berücksichtigt werden müssen.
10. Schritt: Auch der folgende Verkaufsprozess orientiert sich an den spezifischen Belangen des jeweiligen Zielgruppensegments. In der Regel betrifft dies Zeitpunkt, Art, Form und Inhalt eines Mailings, Zeitpunkt und Gesprächsinhalt beim Telefonmarketing und die Vorgehensweise im persönlichen Verkaufsgespräch.

Weiterführende Literatur:

Link, Jörg (Hrsg.); Brändli, D.; Schleuning, Ch.; Kehl, R. E.: Handbuch Database Marketing, Ettlingen 1997

■ Data Mining

Datenbankprogramme, die selbstständig Analysen treffen.

Problemfeld:

Konventionelle Datenbankprogramme sind lediglich in der Lage, auf gezielte Anfragen Antworten zu geben. Sie melden jedoch nicht selbstständig, wenn sich aus den gespeicherten Kunden- und Marktinformationen bestimmte Muster und Trends ergeben, die für das Unternehmen relevant sind.

Problemlösung:
Data Mining ist eine von IBM entwickelte Datenbanktechnologie, die von sich aus Erkenntnisse aus dem vorliegenden Datenmaterial sammelt. In dem sie immer wieder neue Statistiken erstellt, erkennt sie bspw., ob sich Kundengruppen, ihre Zusammensetzung oder ihr Kaufverhalten ändern, und schließt aus den ihr zur Verfügung stehenden Daten auf stagnierende oder sich neu ergebende Märkte. Besonders gut eignet sich Data Minning, um neue Kundensegmente zu entdecken und zu erschließen.

■ **Datenerhebung**
Die systematische Einholung von Markt- und Kundeninformationen.

Problemfeld:
Zur Entwicklung entsprechender Marketingstrategien benötigen Unternehmen möglichst exakte und möglichst detaillierte Informationen über Strukturen und Profile ihrer Märkte und Kunden. Doch die üblichen Methoden sind aufwändig und relativ unpräzise.

Problemlösung:
Das größte Problem ist die Frage der Repräsentativität, denn dass sich Personen freiwillig an Umfragen beteiligen, klassifiziert sie von vornherein als ein bestimmter Menschen- oder Kundentyp. Die Marktforschung spricht hier von Selbstselektion.
Wenn bspw. eine Zeitschrift ihre Leser auffordert, in einem umfangreichen Fragenbogen die Inhalte zu beurteilen, dann wird sie nur Antwort von den Lesern bekommen, die genügend Muse haben sich an einer solchen Aktion zu beteiligen und die einen Nutzen darin sehen, sich zu beteiligen. Falls diese innerhalb der Gesamtleserschaft in einer kleinen Minderheit sind, besteht die Gefahr, dass sich der Inhalt an ihren Wünschen orientiert (bspw. breite und ausführliche Inhalte) und nicht am Bedürfnis der Mehrheit, die eventuell eine kurze und knappe Berichterstattung wünscht.
Für den Verlag ergibt sich auch ein falsches Bild, wenn diese Response zur Leseranalyse genützt wird, denn es werden nur die Angaben derjenigen ausgewertet die bspw. beruflich nicht allzu stark engagiert sind und über entsprechend viel freie Zeit verfügen oder denen es darauf ankommt, für ihre Bemühungen eventuell ein Werbegeschenk zu bekommen.

Um solche Fälle zu vermeiden wurde bspw. von der Gesellschaft für Konsumforschung ein Testmarkt eingerichtet. Dazu wurde die Pfälzer Gemeinde Haßloch erkoren, deren Bevölkerungsstruktur dem deutschen Durchschnitt entspricht. Unter anderem wird erforscht, welche Werbemaßnahmen zu welchem Kaufverhalten führen.
ACNielens unterhält Testmärkte, in denen unter anderem Marktchancen von Neuprodukten erforscht werden.
Bei der Datenerhebung ist es vor allem auch ausschlaggebend, einen Stichprobenplan aufzustellen. Zwar sollte jede Gruppe der Gesamtheit entsprechend ihrem Anteil auch in der Stichprobenmenge vorhanden sein. Dabei muss jedoch berücksichtigt werden, welche Personengruppe welche Rolle in Bezug auf das Thema hat. So ist der Nutzer eines Produktes nicht in jedem Fall der Käufer, der Käufer nicht in jedem Fall der Entscheider. So wird in der Regel die Entscheidung über eine Rasierwassermarke von der Partnerin des Nutzers getroffen, die über ein Automodell maßgebend von dessen Kindern mitbeeinflusst.

Methoden für die Auswahl:

- bei der einfachen Zufallsauswahl soll jeder die gleiche Chance haben, in den Kreis der Interviewten zu kommen.
- bei der geschichteten Zufallsauswahl wird die Gesamtheit in Gruppen unterschiedlicher Merkmale unterteilt und es werden innerhalb der Gruppen die zu Befragenden gezogen.
- bei der Flächenauswahl wird der Gesamtkreis in Einzelgruppen aufgeteilt, die sich möglichst ähneln. Hieraus werden nach dem Zufallsverfahren Personen für die Stichproben gezogen.
- beim Convenience Sample werden sozusagen die Nächstbesten für Befragungen herangezogen.
- beim Ermessensverfahren werden die Personen ausgewählt, die nach Erfahrung möglichst exakte Informationen geben und
- beim Quota-Verfahren wird eine Stichprobe nach bestimmten Kriterien zusammengestellt, bspw. anteilsmäßig nach Alter, Einkommenshöhe und Familienstand.

■ Dauerniedrigpreis

Er gilt als Botschaft des Handelsunternehmens an seine Kunden, dass sie unbesehen kaufen und trotzdem mit den günstigsten Preisen rechnen können.

Problemfeld:
Sonderangebote können den Käufer zur Ansicht verleiten, dass regulär ausgezeichnete Ware überteuert ist.

Problemlösung:
Die Strategie der »Dauerniedrigpreise« soll den Kunden die Garantie geben, dass sie beim entsprechenden Handelsunternehmen in jedem Fall gut aufgehoben sind und sich nicht mehr bei verschiedenen Quellen aus Sonderangeboten bedienen müssen.
Typische Dauerniedrigpreis-Ketten sind Handelsketten wie Aldi, Norma und Plus. Ihre Strategie:

- Ein auf »Schnelldreher« begrenztes Sortiment.
- Relativ geringe Sortimentstiefe.
- Reduziertes Serviceumfeld.
- Laufende Kommunikation der Dauerniedrigpreis-Philosophie.

So wird auf den Preisschildern jede Absenkung des Dauerpreises deutlich kommuniziert. Auch die relativ spartanische Einrichtung der Outlets und ihre für den Kunden erkenn- und erlebbare Minimalbesetzung sollen die Kosten- und damit die Preis-Leistungs-Führerschaft deutlich machen.
Solch eine Dauerniedrigpreis-Strategie ist allerdings äußerst schwierig umzusetzen, weil der Begriff »Niedrigpreis« relativ ist und keinen Hinweis darauf zulässt, inwieweit das Sortiment der Wettbewerber wirklich teurer ist. Außerdem werden bei Sonderaktionen die Preise in der Regel nicht nach Ertrags-, sondern aus marketingstrategischen Gesichtspunkten festgelegt. Dies führt dazu, dass Wettbewerber die Dauerniedrigpreis-Ketten immer wieder mit Sonderangeboten unterbieten können.
Diese reagieren wiederum mit Niedrigpreis-Garantien. Sie versprechen ihren Kunden, Produkte genauso günstig abzugeben wie der Konkurrent sein Sonderangebot.

■ Deckungsbeitragsanalyse

Beurteilungsmethode zur Feststellung, inwieweit ein Produkt zum Unternehmensertrag beiträgt.

Problemfeld:
Es ist durchaus möglich, dass ein Produkt mit hohen Umsätzen in Wirklichkeit ein Verlustbringer ist.

Problemlösung:
Zur Feststellung, inwieweit sich der Verkauf eines Produktes oder einer Dienstleistung auf den Unternehmenserfolg auswirkt, gibt es verschiedene Analysesysteme.
Bei der Vollkostenrechnung werden jedem Produkt nach einem einheitlichen Schlüssel anteilmäßig die Selbstkosten zugeordnet. Dies kann jedoch zu falschen Ergebnissen führen, da sich bei dieser Methode beim Wegfall dieses Produktes die

Selbstkostenanteile der verbliebenen Produkte erhöhen.
Bei der Beurteilung nach Grenzkosteninformationen werden vom Listenpreis eines Produktes zunächst die Rabatte, Skonti und Boni abgezogen. Von diesem Nettoerlös gehen Herstellungs- und Transportkosten ab. Dies ergibt den so genannten Deckungsbeitrag I. Schließlich gehen die Kosten ab, die für Marketingmaßnahmen speziell für dieses Produkt anfallen. Dies ergibt den so genannten Deckungsbeitrag II. Schließlich gehen die Kosten ab, die unabhängig vom entsprechenden Produkt anfallen. Dies ergibt den Ertrag.
Nach der Deckungsbeitragsanalyse werden jedoch nicht nur Produkte und Sortimentsbereiche beurteilt, sondern auch Kundengruppen, Profit Center, also einzelne Geschäftsfelder, Filialen, Verkaufsbüros, Vertriebsregionen und einzelne Verkaufsmitarbeiter.
Doch der Deckungsbeitrag darf nicht alleiniges Kriterium für unternehmerische Entscheidungen sein. Ausschlaggebend ist, welche strategischen Aufgaben ein Produktbereich oder ein Kundensegment zu erfüllen hat. Bspw. wird ein Produkt in der Einführungsphase hohe Kosten verursachen, aber noch wenig Umsatz machen. Ein anderes Produkt hat die Aufgabe, durch seinen außergewöhnlich niedrigen Preis Kunden ins Geschäft zu locken.
Ähnlich bei Geschäftsfeldern. So kann das erste Geschäftsfeld die unbedingte Voraussetzung dafür sein, dass das zweite Erträge erwirtschaftet. So kann es im Zeitschriftenbereich nicht unbedingt darauf ankommen, dass der Vertrieb einen hohen Deckungsbeitrag erwirtschaftet. Ausschlaggebend ist, dass durch eine hohe Verkaufsauflage hohe Anzeigenumsätze erzielt werden.
Wenig rentable Filialen, Verkaufsgebiete und Kundensegmente werden oftmals aus Wettbewerbsgründen gehalten.

■ **Defensivstrategie**
Maßnahmen zur vorbeugenden Abwehr von Konkurrenzoffensiven.

Problemfeld:
Starke Unternehmen gehen oft davon aus, sie seien unangreifbar. Marktverteidigern fehlt die Möglichkeit des Benchmarkings, des Leistungsvergleichs.

Problemlösung:
Das Hauptprinzip ist die kontinuierliche Weiterentwicklung der Leistungsfähigkeit, orientiert an den künftigen Anforderungen des Marktes. Hier kann ein Marktverteidiger als Qualitäts-, Preis- und Leistungsführer fungieren und die Mitbewerber laufend zu reaktiven Handlungen veranlassen.

Häufig erfolgen Marktoffensiven von Mitbewerbern nicht frontal sondern in Geschäftsfelder oder Sortimentsbereiche, die auf Grund des geringen Volumens oder geringer Ertragspotenziale vom Marktverteidiger vernachlässigt wurden. So zählt zu den Maßnahmen der Vorwärtsverteidigung auch die Stärkung der Bereiche, die für das Unternehmen eher untergeordnete Bedeutung haben.
Hier wenden Marktverteidiger die Strategie an, für die weitere Entwicklung dieser Geschäftsfelder Tochtergesellschaften zu gründen, die ebenso flexibel reagieren können wie potenzielle Marktangreifer.
Ähnliches gilt für die Suche und Erschließung von Marktnischen. Wenn der Marktverteidiger generell alle sich ergebenden, also auch die weniger attraktiven Marktchancen nützt, dann bleibt den Verfolgern keine Möglichkeit, sich einzunisten.
Schließlich nützen dem Marktverteidiger auch Konkurrenten zu Benchmarking-Zwecken. Damit wollen sie der Gefahr entgegentreten, dass sie von ihnen in Teilbereichen, bspw. in der Innovationskraft oder in der Effizienz der Prozesse, überflügelt werden.
Der Marktverteidiger sollte aber auch vorausschauend handeln und Prognosen über das Verhalten seiner Wettbewerber stellen. So ist es ihm möglich, als erster in Angriff zu treten, bevor er auf den Angriff eines Wettbewerbers reagieren muss. Beispiel Deutsche Telekom: Hier starteten die neuen Anbieter mit massiven Preisoffensiven und nahmen der Telekom gerade die attraktivsten, ertragsstarken Kunden ab.
Bei solchen massiven Einbußen des Marktanteils bleibt nur noch übrig, sofort und auf breiter Front Gegenmaßnahmen zu ergreifen und ebenfalls durch massive Preissenkungen den Gegner in die Defensive zwingen. Hier besteht auch die Möglichkeit, in zwei unterschiedlichen Disziplinen zu kämpfen und mit der Preissenkung auch noch Serviceverbesserungen anzubieten oder neue, innovative Produkte und Dienstleistungen auf den Markt zu werfen.
Generell gibt es sechs Methoden der Marktverteidigung:

- Die Stellung halten. Diese passive Form besteht aus dem Aufbau von Barrieren. So kann der Marktverteidiger seine Marktmacht dazu nützen, seinen Vertriebspartnern davon abzuraten, die Produkte des Angreifers mitzuvertreiben. Oder er interveniert bei dessen Geschäftspartnern, auf deren Unterstützung der Marktangreifer angewiesen ist.
- Die Flanken schützen: Hier wird nicht nur das ange-

stammte Geschäftsfeld gesichert, sondern auch benachbarte Märkte.

- Frühzeitig dem Marktangreifer begegnen, bspw. noch bevor ein potenzielles Wettbewerbsunternehmen seine Geschäftstätigkeit aufgenommen hat. Diese Strategie erfordert jedoch ein gut funktionierendes Nachrichtennetz und die Fähigkeit, schnell zu handeln.

Solch eine proaktive Maßnahme könnte sein, mit der gleichen Geschäftsidee wie der Marktangreifer aktiv zu werden und diese mit mehr Tempo und mehr Kraft zu realisieren als er es kann. Ein weiterer Weg ist, dessen potenziellen Vertriebspartner vor ihm zu besetzen. Diese ersten Maßnahmen können auch nur dazu dienen, den Gegner davon abzuhalten, Umsätze zu machen und Erträge zu erwirtschaften. Seine Abwehraktivitäten sollen ihn so stark beschäftigen, dass er sich nicht mehr auf seinen Markteintritt konzentrieren kann, seine Zeitplanung und damit auch seine Finanzplanung nicht mehr zu realisieren ist.

- Konkurrenzkampf starten: Die Praxis zeigt, dass eine Gegenoffensive in der Regel zum Preiskrieg führt. Der Angegriffene kann hier versuchen, seine Kapitalkraft einzusetzen, indem er die Abgabepreise subventioniert. Anstelle der Preissenkung kann er zur Leistungssteigerung übergehen und bestimmte Qualitätsmerkmale seines Produktes erhöhen. Ein weiteres Mittel ist, frühzeitig ein Folgeprodukt auf den Markt zu werfen, oder zumindest anzukündigen.
- Eine flexible Marktverteidigung aufbauen: Hier geht der Marktverteidiger einen Schritt weiter als der Marktangreifer und bereitet sich bereits während des Konkurrenzkampfes auf eine zweite Aktion vor. Bspw. kann ein Tageszeitungsverlag ein Anzeigenblatt abwehren, indem er noch während der Gegenoffensive ein attraktiveres Erzeugnis auf den Markt wirft.
- Die Kräfte konzentrieren: Hier werden bspw. Kräfte aus ungefährdeten Bereichen abgezogen und an anderer Stelle eingesetzt. So können Vertriebsmitarbeiter von anderen Geschäftsbereichen oder aus anderen Verkaufsgebieten abgezogen werden. Dasselbe gilt für die »Materialschlacht«. Hierbei können die Mittel zu Lasten anderer Budgets aufgestockt werden.

■ Delphi-Methode

Expertenprognosen werden in mehreren Runden immer weiter verfeinert.

Problemfeld:
Es ist riskant mit einer Einzelprognose künftige Entwicklungen einzuschätzen.

Problemlösung:
Bei der Delphi-Methode werden zu einem bestimmten Thema Expertenmeinungen gesammelt. Die Befragten geben auch die Begründungen für ihre Ansichten ab. Diese werden zusammengestellt, verglichen und das Ergebnis wieder an die Experten zurückgegeben. Hierauf stellen die Experten ihre zweiten Prognosen, die wiederum gegeneinandergestellt werden.

■ Dienstleistungsmarketing

Oft wird der Begriff als »Marketing für unsichtbare Produkte« definiert. Weil somit das Produkt nicht für sich selbst sprechen kann, stehen beim Dienstleistungsmarketing Kriterien im Mittelpunkt, die die Qualität der Dienstleistung bezeugen sollen.

Hintergrund:
Das Servicezeitalter ist angebrochen. Selbst die Investitionsgüterindustrie wird zum Dienstleister, weil sie den Service rund um den Einsatz ihrer Anlagen mit anbietet. Oder weil sie sich von ihren Kunden sogar nur die Nutzung bezahlen lässt.
Auch Existenzgründer sind in der Mehrzahl Dienstleister, weil sich gerade im Servicesektor immer neue attraktive Marktnischen eröffnen. So listen die Branchenfernsprechbücher neuerdings auch Visa-Beschaffer und Flirtschulen, Mitflugzentralen und Haushüter-Services, Kulturbegleiter und Ghost-Dichter auf. Allein in der Stadt München wetteifern über 600 verschiedene Dienstleistungsbranchen um die Aufträge privater Kunden.
Das Bedürfnis nach Dienstleistung wächst vor allem im »Business to Business-Bereich (B2B)« und zwar im Hinblick auf

- die Ausgliederung bestimmter Funktionsbereiche, die Dienstleister billiger und/ oder besser machen können,
- die Know-how-Nutzung von Fachexperten, wenn im eigenen Unternehmen die entsprechenden Kompetenzen fehlen.
- die Verringerung des Kapitaleinsatzes durch die Anmietung von Betriebsräumen und Fabrikationsanlagen.

Problemfeld:
Bei einem immateriellen, abstrakten Gut wie der Dienstleistung kann der Kunde nicht durch einen konkreten Beweis überzeugt werden.

Problemlösung:

- Dienstleistungen leben vom Leistungsversprechen. Es kommt also darauf an, dem

Käufer die Dienstleistung möglichst datailliert vorzustellen. Dies geschieht an Hand von Beispielen.

- Positive Kundenbeurteilungen müssen die Produktbegutachtung ersetzen. Deshalb ist das Empfehlungsmanagement ein Erfolgsfaktor des Dienstleistungsmarketings.
- Der zentrale Punkt des Dienstleistungsmarketings ist die Erstellung einer individuellen Leistung. Sie muss den Anforderungen des Kunden exakt entsprechen. Pauschale Leistungsbotschaften an eine unklare Zielgruppe erfüllen diesen Zweck nicht.
- Das Leistungsangebot muss im gewünschten Umfang zum gewünschten Zeitpunkt bereitstehen. Es ist schädlich, wenn Kunden weniger Leistung erhalten, als sie bezahlen. Ebenso unbefriedigend ist es, wenn sie für Leistungen bezahlen müssen, die sie in diesem Umfang gar nicht benötigen.
- Der jeweilige Dienstleistungskunde muss deshalb eng gebunden und intensiv erforscht werden. Dadurch sollen neue Anforderungen rechtzeitig erkannt und das Dienstleistungsangebot entsprechend umgestaltet werden.
- Der Maßstab für den Marketingerfolg ist neben den monetären Kennzahlen die Qualität der Kundenzufriedenheit.
- Bei der Entwicklung einer Dienstleistung zu einer Marke spielt der Faktor der gleichbleibenden Qualität eine entscheidende Rolle.

Das Besondere im Dienstleistungsmarkt ist, dass Kunden aus dem Ruf des Anbieters auf die Qualität seines Angebots schließen. Nach entsprechenden Umfragen beurteilen Kunden das Dienstleistungangebot zunächst an der Solidität, dann an der Zuverlässigkeit und schließlich an der Kompetenz des Anbieters.

Beispiele:
Bei der Hotelkette Ibis liegt der Schwerpunkt bei der präzisen Orientierung der Dienstleistung am Qualitätsanspruch des Kunden.
Die Pedus GmbH, in Servicebereichen wie Gebäudereinigung, Wartung und Patientenverpflegung aktiv, setzt auf Innovation und entwickelt für ihre Kunden immer wieder neue Problemlösungen.
Für den Autovermieter Hertz entspringt die Markenqualität der Mitarbeiterqualität getreu der ersten Regel des Dienstleistungsmarketings: Dienstleistungskunden orientieren sich in ihrer Meinungsbildung nicht an ihrer besten, sondern an ihrer schlechtesten Erfahrung.

Weiterführende Literatur:
Meffert, Heribert; Bruhn, Manfred: Dienstleistungsmarketing, Grundlagen – Konzepte – Methoden, Wiesbaden 1999

■ Differenzierung

Der Kunde stellt Unterscheidungen zwischen verschiedenen Angeboten an.

Problemfeld:
Wenn Kunden keine Produktunterschiede vorfinden, dann orientieren sie sich am Preisunterschied.

Problemlösung:
Kunden benötigen Handreichungen, damit sie sich in einem Gesamtangebot orientieren können. Dies gilt besonders für Markenartikel. Damit sich Kunden nicht in erster Linie am Preis orientieren, müssen sie deutlich darauf aufmerksam gemacht werden, was ein bestimmter Markenartikel von allen anderen unterscheidet.
Je stärker, je bedeutender dieser Unterschied ist und je mehr dieser Unterschied ihrem Bedürfnis entspricht, desto stärker werden sie es allein auf Grund dieser Differenz zu anderen Produkten bevorzugen.
Die weitere Aufgabe der Marketingstrategie ist es, die Wichtigkeit dieser Differenz deutlich hervorzuheben. Sie muss diese Differenz zum Maßstab aller machen. Kunden sollen Wettbewerbsprodukte an diesem Kriterium messen, um hervorzuheben, dass das beworbene Produkt einzigartig. also unvergleichbar auf dem Markt ist.
Der Käufer muss zur Überzeugung gelangen, dass diese Produktbesonderheit für seine Kaufentscheidung ausschlaggebend sein muss, auch wenn er dafür einen höheren Preis akzeptieren muss.

■ Differenziertes Marketing

Die Entwicklung von parallelen Kompetenzen in verschiedenen Markt-, Produkt- oder Kundensegmenten.

Problemfeld:
Die Konzentration auf ein bestimmtes Segment ist relativ riskant.

Problemlösung:
Differenziertes Marketing soll vermeiden, dass sich Unternehmen bei der Erschließung verschiedener Segmente verzetteln. Deshalb wird für jedes Segment eine spezielle Marke entwickelt, hierfür jeweils ein spezifisches Marketingkonzept entwickelt und als eigenständiges Geschäftsfeld organisiert.
Allerdings erhöht die Strategie des differenzierten Marketings auch die Kosten

- bei der Produktentwicklung: Das Produkt wird nicht mehr, wie im undifferenzierten Marketing üblich, für einen

Gesamtmarkt konzipiert. Vielmehr wird es für jede einzelne Zielgruppe entwickelt.

So gibt es bei Inline-Skates nicht mehr nur Modelle verschiedener Größen. Ein Hersteller kann sie in Technik, Leistungsfähigkeit und Aussehen speziell für Kinder, für Heranwachsende, für Frauen und für Männer, für Anfänger und Fortgeschrittene sowie für Freizeit- und für Profiskater modifizieren.

- bei der Herstellung: Die nach Zielgruppen modifizierten Produkte bringen eine Erweiterung des Sortiments mit sich. Dies führt dazu, dass entsprechend viele kleine Serien aufgelegt werden müssen und dadurch die Produktionskosten steigen.
- beim Vertrieb: Für jede Zielgruppe muss ein spezieller Vertriebsweg gesucht werden. Im Beispiel Inline-Skates sind dies unter anderem der Sport- und der Spielwarenfachhandel, Handelsketten, Versandhandel, Direktverkauf und E-Commerce.
- beim Marketing: Beim differenzierten Marketing wird nicht mehr der Gesamtmarkt als Ganzes, sondern jede Zielgruppe für sich und jede über ihren spezifischen Kommunikationsweg angesprochen.
- bei der Verwaltung: Wenn jedes Segment zum eigenständigen Geschäftsfeld wird, dann fallen hier die entsprechenden Sach- und Personalkosten an.

Zeigt sich beim differenzierten Marketing eine Übersegmentierung, ist also bspw. für das einzelne Segment das Ertragsvolumen zu klein, dann schreiten Unternehmen zur Counter-Segmentation. Sie legen Segmente zusammen. Bspw. werden bei Off-Road-Fahrrädern das männliche und weibliche Kundensegment zusammengeführt.

■ **Differenzierungsstrategie**
Mit ihr wollen sich Unternehmen vom Kreis der Wettbewerber abheben. Das Ziel ist, die Vergleichbarkeit von Preis und Leistung des Waren- und Dienstleistungsangebots so gering wie möglich zu halten.

Problemfeld:
Wettbewerbsangebote, die für den Kunden in Preis und Leistung vergleichbar sind, sind austauschbar. Somit werden Anbieter dazu veranlasst, in den Wettbewerb um immer niedrigere Preise, beziehungsweise um immer höhere Leistungen zu treten.

Problemlösung:
Vielfach wird die Differenzierungsstrategie unter dem Leitspruch »besser als die anderen« angewandt. Doch im Grunde

führt dieses Zieldefinition eher noch stärker in den Wettbewerb, weil sie den Konkurrenten klare Orientierungspunkte zur Hand gibt. Das Ziel einer Differenzierungsstrategie ist deshalb, »anders als die anderen« zu sein. In diesem Fall erfolgt die Differenzierung, also die Abkoppelung vom Wettbewerb, in Form einer Nischenstrategie. Es werden also bestimmte Marktbereiche besetzt, die von Wettbewerbern noch nicht erkannt oder falsch eingeschätzt wurden. Somit besteht diese Differenzierung unter anderem in

- einer bestimmten Produktmodifikation, bspw. Scheren für Linkshänder,
- einer bestimmten Produktkombination, bspw. einem internettauglichen Fernsehgerät,
- einem ungewöhnlichen Vertriebsweg, bspw. in der Distribution von Hausfrau zu Hausfrau,
- ungewöhnlichen Marketingbotschaften, wozu es in der Markenartikelindustrie zahlreiche Beispiele gibt.

Die Differenzierung bedeutet der Wechsel vom Gesamtmarkt, der von allen bedient wird, zu einer noch unerkannten Nische. Markenartikler werden hier fündig, indem sie Trendprognosen im Hinblick auf neue Nischen und Chancen zur erfolgreichen Positionierung analysieren. Typische Beispiele hierfür ist das Szenegetränk Red Bull, die Armbanduhr Swatch und – als alleingestellter Markenartikel der Schlagerbranche – der Sänger Guildo Horn.
Auch mittelständischen Unternehmen bietet die Orientierung am Trend ebenfalls Anhaltspunkte zur Differenzierung.

Beispiel:
Typisch hierfür ist ein Handwerksbetrieb, der sich auf eine Kundengruppe konzentriert, die Handwerksbesuche als Störung ihrer Privatsphäre empfinden.
Der Erfolg dieser Differenzierung resultiert unter anderem daraus, dass das Kundensegment relativ ertragsstark und ausreichend groß ist, um es als Nische zu erschließen.
Die entsprechende Differenzierungsstrategie hatte das Ziel, der handwerklichen Dienstleistung Stil zu geben, sie sozusagen in die Wohnkultur dieses Kundensegments einzupassen. Der erste Punkt des Konzeptes war ein neues Anforderungsprofil für die Arbeitsplätze. Die Mitarbeiter sollten zu ihren fachlichen Qualifikationen auch über kommunikative Fähigkeiten und psychologisches Einfühlungsvermögen verfügen.
Von den Mitarbeitern wurde aber auch die Bereitschaft verlangt, ihre Arbeitszeit nach den

Kundenanforderungen auszurichten. Im Laufe der Zeit entwickelte sich eine Kernmannschaft, die diesen Voraussetzungen entsprach.
Der nächste Schritt war die optische Darstellung dieser besonderen Form der Kundenorientierung. Sie erfolgte mittels Arbeitsuniform mit weißen Handschuhen, weißem Hemd und Fliege für die Service-Mitarbeiter.
Dann erfolgte die Erschließung der passenden Zielgruppen: anspruchsvolle, dafür aber relativ preisunempfindliche Kunden. Die entsprechende Werbestrategie konzentrierte sich auf PR-Maßnahmen, bspw. auf Veröffentlichungen in Publikumszeitschriften und Mitwirkungen in TV-Shows, wobei jeweils das ungewöhnliche Erscheinungsbild des Unternehmens im Vordergrund stand.
Auf Grund dieser Publicity wurde das Unternehmen in der anvisierten Zielgruppe schnell akzeptiert. Ergebnis: Etwa 90 Prozent der Neuabschlüsse resultieren aus der Medienresonanz und den Empfehlungsleistungen bestehender Kunden.

■ Direkte Produktrentabilität

Nenngröße bei der Feststellung der Logistikkosten, die für ein Produkt anfallen.

Problemfeld:
Schnelldreher sind nicht unbedingt die besseren Ertragsbringer als Produkte mit niedrigerem Umschlag.

Problemlösung:
Die direkte Produktrentabilität (DPR) bezieht sich auf die Logistikkosten, die für den Handel mit einem Produkt anfallen, und zwar beginnend bei der Anlieferung bis zur Übernahme des Kunden an der Kasse. Hierbei werden jedoch nur die direkten Kosten erfasst, also diejenigen, die mit dem Handling dieses Produktes zu tun haben. Dazu gehört die Übernahme der Ware am Abladeort, der Weitertransport ins eigene Lager, die Verteilung an die einzelnen Outlets, die Verteilung in die einzelnen Regale. Auch die damit zusammenhängenden Verwaltungsaufgaben werden mit angesetzt.
Dieser Aufwand wird mit der Handelspanne abgeglichen, um festzustellen, wie hoch die wirkliche Rentabilität ist. Bei dieser Methode zeigt sich, welche Produkte wirklich Rentabilität aufweisen. So kann es sein, dass sich bestimmte Produkte zwar schnell drehen, also häufig umgeschlagen werden. Aber unter Umständen ist hierfür solch ein großer Logistikaufwand notwendig, dass der Schnelldreh-Vorteil wieder aufgehoben wird.

Direktes Überspringen
Strategie eines Verfolgers, durch Überspringen einer Produktgeneration die Innovationsführerschaft zu erlangen.

Problemfeld:
Während der Innovationsführer die besten Margen erzielt und den größten Marktanteil für sich beansprucht, müssen Anbieter von Me-Too-Produkten über den Preiswettbewerb um den verbliebenen Rest kämpfen.

Problemlösung:
Das direkte Überspringen des Innovationsführers erfordert hohen Kraftaufwand und hohen Kapitaleinsatz für die Forschung und Entwicklung, aber auch für die Markterschließung, denn die potenziellen Kunden müssen ja auch auf die neue Technik vorbereitet werden.
Bei der Strategie des direkten Überspringens wird zugrunde gelegt, dass der Innovationsführer nach folgendem Rhythmus vorgeht: Während sich eine Produktgeneration noch beim Handel befindet, befindet sich die nächste schon vor der Markteinführung und die übernächste bereits in den Schubladen der F&E-Abteilung.
Für den Verfolger kommt es darauf an, die Prognose zu treffen, welche Innovationskriterien diese dritte Generation auszeichnen könnte und dann den Markt mit einem eigenen Produkt zu überraschen.
In der Regel führt diese Politik allerdings zu einer »Inflation der Innovationen«, die den Markt verunsichern, weil der Generationswechsel immer schneller erfolgt und dadurch die Preise immer schneller verfallen. Der Konsument wiederum reagiert mit Zurückhaltung weil er befürchtet, dass durch den schnellen Generationswechsel auch sein gekauftes Produkt schnell veraltet.

Direktinvestition
Das eigene Engagement in einem Auslandsmarkt.

Problemfeld:
Bei der Erschließung von Auslandsmärkten über Geschäftspartner vor Ort reduziert sich die Einflussnahme und die Steuermöglichkeit.

Problemlösung:
Direktinvestitionen in den Zielmärkten bringen einem Hersteller auch direkte Markterfahrungen. Er kann schnell und flexibel reagieren und unbeschränkt seine Interessen vertreten. Die Alternativen:

- Die kleinste Form einer Direktinvestition ist ein eigenes Verkaufsbüro vor Ort, das die Vertriebspartner steuert.
- Aufwändiger ist der Aufbau eines eigenen Vertriebsnetzes, bspw. in Form eines Franchise-Systems.

- Schließlich folgt das eigene Montagewerk, in dem die vom Mutterwerk zugelieferten Teile zusammengesetzt werden.
- Die letzte Alternative ist die Gründung einer Auslandstochter, die die gesamte Wertschöpfungskette übernimmt, bspw. um Einfuhrbeschränkungen und Markthürden des Gastlandes zu umgehen, seine Investitionsanreize in Anspruch nehmen zu können und unter Umständen Arbeitskosten zu sparen.

Direktinvestitionen in Auslandsmärkten setzen allerdings hohe Kenntnisse und große Erfahrungen voraus. So gehen Unternehmen gerne in der Schritt-für-Schritt-Taktik vor und lassen ihr Engagement im Zielland kontinuierlich wachsen.

■ Direktmarketing

Dieses interaktive Marketingsystem, auch Dialogmarketing genannt, dient dazu, eine Transaktion mit dem Kunden zu erzielen. Genutzt wird es vor allem zur selektiven Kundenansprache.
In der Praxis wird der Begriff unterschiedlich verwendet:

- Für Marketingmaßnahmen, die beim Kunden zur Reaktion führen soll, also bspw. über das Mailing oder den Telefonverkauf. Dieses Vorgehen wird oft auch Database Marketing bezeichnet.
- Für Marketingmaßnahmen eines Direktvertriebs, also eines Herstellers oder Importeurs mit eigener Distribution, der also direkt an den Endkunden vertreibt. In diesem Fall erfolgt es auch über Funk und Fernsehen sowie das Internet.

Problemfelder:

1. Die jeweiligen Zielgruppen eines Produktes zergliedern sich in vielfältige Kundensegmente mit unterschiedlichen Interessenslagen. Um Kaufbedürfnis zu wecken, muss jedes Segment individuell angesprochen werden. Die klassische Werbung kann diese Anforderung nicht erfüllen.
2. In bestimmten Produktbereichen und bei bestimmten Kundengruppen ist die persönliche Kundenbetreuung nicht mehr wirtschaftlich.

Problemlösung:

- Direktmarketing ermöglicht es, Werbebotschaften direkt an bestimmte Personen zu richten.
- Die Botschaft kann so gestaltet werden, dass sie exakt das Problemfeld dieser Personen anspricht und ihnen die spezifische Problemlösung anbietet.
- Die Werbung kann exakt zu dem Zeitpunkt erfolgen, an dem das Problemfeld akut wird.

- Sie bietet den Empfängern die Möglichkeit, unmittelbar auf das Angebot einzugehen.

Durch diesen Nutzen wird Direktmarketing im Geschäfts- wie im Privatkundenbereich zum wettbewerbsentscheidenden Faktor. So gehen jetzt auch die unterschiedlichsten Einzelhandelsbranchen dazu über, Sortimentsteile oder sogar das Gesamtsortiment mittels Direktmarketingmaßnahmen zu vertreiben. Hier führt der Weg oft über das Mailing. Ein Antwortcoupon oder eine Antwortkarte dient der Response. Der Empfänger soll also die Möglichkeit bekommen, spontan zu bestellen oder zumindest noch zusätzliche Informationen anzufordern.
Immer stärker wird auch das Internet als Direktmarketing-Instrument verwendet. Der Kundendialog erfolgt hier auf der Internetseite und über E-Mail.
Unternehmen bieten aber auch ganze Sortimentsteile oder sogar das Gesamtsortiment per Mailing an. Auf diese Weise wird für diese Betriebe der Versandhandel zum zweiten Vertriebskanal.
Ein weiteres Instrument des Direktmarketings ist der Telefonverkauf. Vielfach ist er als Abschluss des Verkaufsprozesses dem Mailing nachgeschaltet.
Im Geschäftskundenbereich wird Direktmarketing als Einstieg in einen Verkaufsprozess eingesetzt:

- Der Kunde wird per Mailing auf das Angebot aufmerksam gemacht. Sein Interesse wird geweckt. Er wird zur Reaktion veranlasst, bspw. zur Aufgabe einer Bestellung.
- Die individuellere Kundenansprache erfolgt über den Telefonverkauf, der entweder dem Mailing nachgeschaltet ist oder eigenständig eingesetzt wird. Bei A-Kunden wird versucht, zumindest einen festen Termin für ein persönliches Gespräch zu vereinbaren. Bei B- und C-Kunden erfolgt der weitere Ablauf im Wechsel brieflich und telefonisch.

Weiterführende Literatur:
Vögele, Siegfried: 99 Erfolgsregeln für Direktmarketing, Der Praxis-Ratgeber für alle Branchen, Landsberg 1998

▪ Direktvertrieb

Absatz einer Ware durch Überspringen einer oder mehrerer Handelsebenen.

Problemfeld:
Anbietern ist die Nutzung fremder Distributionskanäle zu teuer oder zu wenig effizient.

Problemlösung:
Der Direktvertrieb direkt vom Hersteller wird auch Nullstufenkanal genannt. Dieser über-

nimmt alle Phasen des Wertschöpfungsprozesses, bis sich die Ware beim Verbraucher befindet. Die üblichen Formen des Direktvertriebs sind

- der Heimdienst, bei dem die Ware direkt bis zur Haustüre des Kunden gebracht wird. Zu solchen Heimdiensten zählt nicht nur der Tiefkühllieferant Eismann. Auch jeder Pizzaservice zählt zu diesem Vertriebssystem. Beispiele von Bäckereien, Fleischereien und Brauereien zeigen, dass diese Direktverkaufsform auch für viele andere Branchen geeignet ist.
- das Heimvorführsystem. Hier zählen zu den Ältesten der Kosmetikhersteller Avon, der Hersteller für Küchenzubehör Tupperware sowie der Hersteller für Küchen- und Haushaltsgeräte sowie Bodenbeläge, Vorwerk.
- das Factory Outlet, also der Fabrikverkauf.

Allerdings sind die Grenzen des Direktvertriebs nicht klar zu ziehen, denn unter Umständen zählen auch herstellerabhängige Franchise-Systeme und Sturkturvertriebe zum Direktvertrieb.

■ Diskrepanzmodell

Quantitative Methode zur Messung des Unterschieds zwischen wahrgenommener Produktleistung und Kundenerwartung.

Problemfeld:
Es ist schwierig in Erfahrung zu bringen, inwieweit ein Produkt die Erwartungen der Zielgruppe erfüllt.

Problemlösung:
Stichprobenweise werden Konsumenten befragt, inwieweit ein Produkt ihre Erwartungen bestätigt oder übertrifft. Hierzu werden zwei Messvarianten eingesetzt:

- Konsumenten werden zuerst vor der Nutzung, anschließend nach der Nutzung zur Bewertung aufgefordert. Ausschlaggebend ist hier die Veränderung ihrer Produkteinstellung.
- Konsumenten werden direkt befragt, inwieweit und in welchem Umfang ein Produkt ihre Erwartungen bestätigt.

■ Dissatisfaktor

Kriterium, das beim Kunden Unzufriedenheit hervorruft.

Problemfeld:
Für Hersteller ist es wichtig zu wissen, welche Faktoren ihrer Produkte beim Kunden Kaufablehnung hervorrufen.

Problemlösung:
Nach dieser »Zwei-Faktor-Motivationstheorie« gibt es produktbezogene Faktoren, die den Kunden zufrieden und die ihn unzufrieden machen. Dabei

könne man nicht davon ausgehen, dass der Kunde das Produkt kaufen wird, wenn die »Dissatisfaktoren« beseitigt werden. Anderseits seien sie jedoch ein Grund dazu, das Produkt nicht zu kaufen.
Bspw. wird kein Kunde nur deshalb ein Produkt kaufen, weil es über eine ausreichende Gebrauchsanweisung verfügt. Fehlt sie jedoch, wäre es ein Anlass, sich für ein Wettbewerbsprodukt zu entscheiden, dessen Handhabung klar beschrieben ist.
Schließlich führen nach dieser Theorie die Beseitigung der Dissatisfaktoren und die Schaffung von Satisfaktoren insgesamt zu einem Produkt, das all die Kriterien in sich trägt, die den Kunden zum Kauf veranlassen.

■ Distribution

Die vertriebliche Verteilung einer Ware.

Problemfeld:
Unternehmen nützen nicht alle Distributionswege, die sich ihnen bieten.

Problemlösung:
Neue Kundensegmente lassen sich in der Regel nur über neue Distributionskanäle erreichen. So wird beim Vertrieb über den Branchenfachhandel auch nur der Kunde erreicht, der dort seine Einkäufe tätigt.
Bspw. vertreiben Unternehmen an die unterschiedlichen Alters-, Einkommens- und Gesellschaftsgruppen über unterschiedliche Distributionskanäle, orientiert an den Einkaufsgewohnheiten der jeweiligen Segmente.
Andere orientieren sich an der geographischen Segmentierung und verkaufen an Stadtkunden über Filialen, an Kunden in ländlichen Räumen über den Versandhandel.
Wieder andere setzen je nach Kundenqualität unterschiedliche Distributionskanäle ein, für A-Kunden den Außendienstverkäufer, für B- und C-Kunden das Call Center.
Außerdem nutzen Unternehmen mehrere Vertriebskanäle zur gegenseitigen Absatzförderung. So unterstützt bei Bier, Wein, Spirituosen und Erfrischungsgetränken der Ausschank in der Gastronomie den Abverkauf im Handel und umgekehrt.
Bei bestimmten Produktmodifikationen kann es sogar notwendig werden, den Vertrieb über andere Kanäle zu organisieren. Wenn ein CD-Player speziell für Kinder auf den Markt gebracht wird, dann ist es besser, diesen über den Spielwarenhandel als über den UE-Handel zu vertreiben.
Unternehmen richten sich auch so genannte Multikanal-Marketingsysteme ein, weil die Gren-

zen zwischen den Branchen immer mehr verwischen und der Handel sich stattdessen immer mehr nach Kundengruppen segmentiert und dafür sein Sortiment branchenübergreifend zusammensetzt.
Generell ergeben sich bei der Hinzunahme zusätzlicher Distributionswege folgende Vorteile:

- Der Markt wird besser abgedeckt.
- Der Absatzkanal orientiert sich an den spezifischen Kundenbedürfnissen.
- Die Distributionskosten können sich senken, bspw. durch den Einsatz von Direktmarketing.
- Ein weiterer Vorteil ist, dass die Geschäftspartner der jeweiligen Vertriebswege untereinander in Wettbewerb treten. Dies ist dann der Fall, wenn mehrere Vertriebswege für ein Kundensegment bestehen. Wenn sie daraufhin ihre Verkaufsanstrengungen verstärken, hat dies einen positiven Effekt. Es zeigen sich aber auch negative Konsequenzen, bspw. Boykottierungsbestrebungen seitens des Handels. Dies ist besonders häufig der Fall, wenn der Hersteller seinen eigenen Fachhandelspartnern Konkurrenz macht und seine Ware auch im Direktvertrieb verteilt.

Solche Konflikte entstehen vielfach in der IT-Branche, bei der Aufteilung von Industriekunden und mittelständischen Abnehmern. Hier behält sich der Hersteller gerne die Betreuung der Schlüsselkunden vor, weil er hierzu, im Wettbewerb mit seinen Konkurrenten, seine gesamte Beratungskompetenz einbringen will. Konflikte entstehen, wenn der Fachhändler den Eindruck gewinnt, dass ihm hierdurch nur die weniger ertragsstarken Kunden bleiben.
Verschiedene Hersteller lösen dieses Problem, indem sie den Fachhändler bei der Betreuung dieses A-Kunden beteiligen und ihn auch, nach einem bestimmten Schlüssel, am Erfolg partizipieren lassen.

▪ Diversifikation

Der Aufbau eines neuen Aktivitäten- oder Geschäftsfeldes.

Problemfeld:
Unternehmen, die in ihrem angestammten Tätigkeitsfeld verharren, können weder ihre Risiken streuen noch die Chancen nutzen, die sich in neu entstehenden Märkten ergeben.

Problemlösung:
Generell werden drei Diversifikationsformen unterschieden:

- Horizontale Diversifikation: Meist nutzen Unternehmen die Möglichkeit, ihr erworbenes Know-how für verwandte

Produkt- oder Dienstleistungsbereiche in anderen Branchen einzusetzen, bspw. seine Vertriebswege für andere Produkte zu nutzen.

- Vertikale Diversifikation: Das Unternehmen übernimmt Teile der Prozesskette in Eigenregie, indem es bspw. zu seinem eigenen Zulieferer wird oder künftig als Direktverkäufer den Vertriebskanal bis zum Konsumenten weiterführt.
- Laterale Diversifikation: Hier wird das Unternehmen in völlig fremden Bereichen aktiv. Häufig ist dies der Fall, wenn Unternehmen Fremdfirmen aufkaufen oder in zukunftsorientierte Branchen investieren, weil die bisherigen Wachstumsgrenzen erkennen lassen.

E-Commerce
Bezeichnet die Nutzung des Internets als weltumspannende Handelsplattform.

Problemfeld:
Nach Expertenprognosen führt das Internet weltweit zur Vergleichbarkeit von Produkten aller Anbieter. Jedem Kunden wird es möglich sein, das preisgünstigste Angebot herauszufiltern. Das Resultat ist ein weltweiter Preiswettbewerb, den nur die stärksten Unternehmen überleben können.
So rechnet der amerikanische Konzern General Electric mit Einsparungen von jährlich rund 700 Millionen Dollar, wenn er per Internet seinen Bedarf an Zuliefererleistungen anschreibt.

Problemlösung:
E-Commerce bietet die Möglichkeit, mit potenziellen Kunden in intensive Kommunikation zu treten, um ihre Bedürfnisse zu erforschen und im internetgestützten Dialog kundenspezifische Problemlösungen zu entwickeln.
Aus dieser Sicht wird das Internet zum idealen Instrument zum Erforschen von Bedarfslücken, zur Erschließung neuer Märkte durch Aufbau eines Vertriebsnetzes, zur Kundenakquisition und zur Abwicklung von Geschäftsprozessen.
Der Erfolg von E-Commerce basiert auf folgenden Voraussetzungen:

- Bedarfsorientierung: Die Entscheidung für den Onlineauftritt fällt im Hinblick darauf, ob die Adressaten auf die Internetseiten zugreifen können und wollen. Deshalb muss geprüft werden, ob der Kommunikationsweg die Wunschzielgruppen erreicht.
- Nutzenorientierung: Bei der Gestaltung der Internetseiten steht der Servicegedanke vor den werblichen Belangen im Vordergrund. Der Besucher soll aus den Seiten direkten Nutzen ziehen können.
- Trennung der Adressaten: Die Botschaften sollen nach den Empfängergruppen getrennt werden: Nach Ziel-

gruppenbranchen, nach Geschäfts- und Privatkunden, nach Produktvertreiber und nach Produktnutzer.
- Erfolgskontrolle: Der Erfolg orientiert sich daran, ob der Zugriff die gewünschte Reaktion herbeiführt. Messbar wird dies bei der Auswertung der Response – Responseverstärker sind bspw. angehängte E-Mails, mit denen Interessierte zusätzliche Informationen anfordern können.
- Mediengerechte Gestaltung: Die Gestaltung von Print- und elektronischen Medien orientieren sich nach unterschiedlichen Regeln.
- Transparenz: Internetseiten eignen sich vor allem zur Darstellung herausragender Angebote und erst in zweiter Linie als Katalog des Gesamtsortiments.
- Aktualität: Die Inhalte müssen laufend aktualisiert werden. Die Häufigkeit orientiert sich daran, in welchen Abständen der Kunde auf die Seiten zugreift.
- Dialogfähigkeit: Das Internet dient dem Informationsaustausch. Deshalb sollten die Besucher der Internetseiten die Möglichkeit bekommen, Fragen zu stellen, Meinung zu äußern oder zumindest weiteres Informationsmaterial anzufordern.
- Adresssammlung: Ein elektronisches »Gästebuch« mit einem Fragenkatalog auf den Seiten bietet die Möglichkeit, Adressen zu sammeln und gemeinsam mit den Zusatzinformationen in einer Database aufzubereiten.
- Logische Einbindung: Die Kundenanfragen, -anforde-

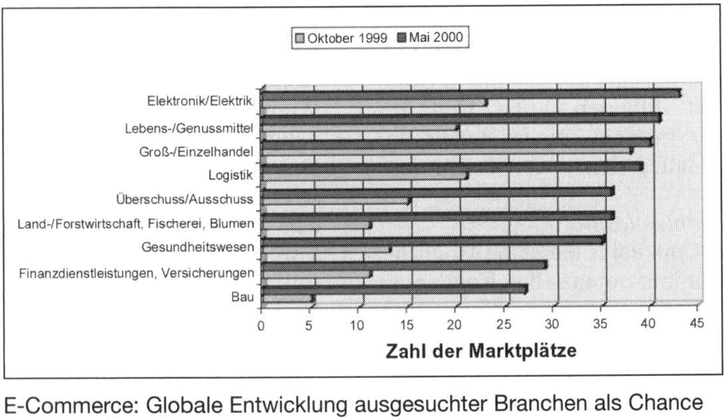

E-Commerce: Globale Entwicklung ausgesuchter Branchen als Chance für den E-Commerce rungen und -bestellungen, die Online eingehen, müssen mit den vorhandenen Unternehmensabläufen verknüpft werden.

Praxisbeispiel:
Für den Entwickler eines neuartigen chemischen Produkts mit vielfältigen Anwendungsmöglichkeiten in den unterschiedlichsten Branchen ergab sich folgende Problemstellung:

- Wie lassen sich weltweit alle in Frage kommenden Branchen erschließen?
- Wie lässt sich diese Vermarktung durchführen, bevor Nachahmer auf den Plan treten?
- Wie lässt sich mit beschränktem Mitteleinsatz in allen Märkten Vermarktungsstrategien in Gang setzen und ein Vertriebsnetz knüpfen?
- Zunächst beteiligte sich der Chemiker an fachspezifischen wissenschaftlichen »Newsgroups« des Internets. Er rechnete damit, dass diese Foren vor allem von F&E-Mitarbeitern seiner potenziellen Kundenunternehmen genutzt werden. Bei diesem Informationsaustausch brachte er laufend seine Forschungsergebnisse ins Gespräch. Resultat: Erste lockere Kontakte mit potenziellen Nutzern der Innovation. Dadurch erkannte der Wissenschaftler, inwieweit Bedarf für seine Innovation vorhanden ist.
Dann gestaltete er einen in vier Sprachen gehaltenen Internetauftritt. Im Mittelpunkt: Die Problemfelder und die neuartige Problemlösung, dann Anwendungsbereiche, technische Details und Anwendungsbeispiele.
Dann ließ er seinen Internetauftritt bei den wichtigsten Suchmaschinen registrieren. Damit sollte sichergestellt sein, dass seine Seiten mit aufgelistet werden, sobald ein potenzieller Kunde eines der dazu passenden Stichwörter eingibt.

Weiterführende Literatur:
Hudson, Bruce; Kelly, Kate: E-Commerce. Elf Siegerstrategien für den Hyperwettbewerb, Landsberg 1999

▪ Economies of Scope

Diese treten ein, wenn die Kosten für die gemeinsame Betreuung zweier zusammengeführter Segmente niedriger ist als die von zwei voneinander isolierten.

Problemfeld:
Einem Unternehmen können Wettbewerbsnachteile erwachsen, wenn es verschiedene Segmente unabhängig voneinander entwickelt.

Problemlösung:
Das Zusammenführen verschiedener Segmente zu einem Übersegment kann kostensenkend wirken und Synergiegewinne bringen. Dies trifft besonders auf Segmente zu, die sich ähneln oder überschneiden. Die Voraussetzung ist, dass solche Segmente identische Vertriebswege nutzen können, für die gleiche Zielgruppe zugeschnitten sind oder vergleichbare Produktionsprozesse durchlaufen. Im ersten Fall können sie gemeinsam vertrieben, im zweiten dazu noch gemeinsam kommuniziert und im dritten in der gleichen Produktionsstätte hergestellt werden.

■ Effektivitätsprüfung

Die Kontrolle der Leistungsfähigkeit von Marketingmaßnahmen.

Problemfeld:
Marktanteils-, Umsatz- und Ertragsentwicklungen können nicht als Kriterien zur Bewertung von Marketingleistungen dienen, da sie in direkter Konsequenz aus Marktgegebenheiten resultieren.

Problemlösung:
Gute Marktvoraussetzungen können noch besser genutzt werden, wenn die Marketingleistung für sich kontrolliert und entsprechend optimiert wird.

■ Efficient Consumer Response

ECR, effiziente Reaktion auf die Kundennachfrage, ist die Bezeichnung der gemeinsamen Initiative von Hersteller und Handel zur Optimierung der Schnittstellen. Als Idealziel soll ECR Verbrauchern einen höheren Nutzen bieten durch niedrigere Kosten, besseren Service, bessere Qualität und ein breiteres Angebot.

Problemstellung:
Nach Expertenmeinung entstehen an der Schnittstelle zwischen Hersteller und Handel etwa 27 Prozent der Gesamtkosten. Es wird angenommen, dass Schnittstellenprobleme Kostensteigerungen von bis zu sechs Prozent, gemessen am Verkaufspreis, verursachen.

Problemlösung:
Beim Konzept der „Efficient Consumer Response“ wird die Prozesskette kundenorientiert und ganzheitlich betrachtet. Die Namensgebung unterstreicht die Zielausrichtung auf den Endverbraucher.
Durch Einsatz von POS-Technologien bspw. Scannerinformationen soll der Kundenbedarf erkannt und die individuelle Nachfrage durch eine firmenübergreifend optimierte Logistikkette kostenminimal gedeckt werden.

Weniger aggressive Niedrigpreise, sondern ein besseres Preis-/Leistungsverhältnis sollen zu mehr Kundenzufriedenheit und damit zu höheren Marktanteilen und Umsatzsteigerungen führen. Dabei wird die Wertschöpfungskette vom Hersteller zum Konsumenten von einer Push-Strategie auf eine Pull-Strategie umgestellt werden.
ECR beinhaltet folgende Strategien:

- Efficient Assortment und somit
- Nachfragesteuerter Warenschub
- Automatische Disposition
- Synchronisierte Produktion
- Just in Time-Belieferung
- Cross Docking
- Bestandsreduktion
- Efficient Replenishment also
- kunden- und renditeorientierte Sortimentsgestaltung beziehungsweise Category Management
- kontinuierliche Warengruppenverbesserung
- bedarfsorientierte Warengruppeneinteilung
- funktionsübergreifende Organisation.

Efficient Replenishment ist ein integraler Bestandteil der gesamten ECR-Strategie mit dem Ziel, den Konsumenten mit dem richtigen Produkt am richtigen Ort zur richtigen Zeit, in der richtigen Menge und Qualität zum richtigen Preis zu versorgen. Hierzu gewährt der Handel den Industrieunternehmen Einblick in seine Lagerdaten bzw. seine genauen Abverkaufsdaten.
Beim Optimierungsansatz des Continuous Replenishments wird die automatische Belieferung eines Zentrallagers über den direkten Datenaustausch per EDI vom Handel an den Hersteller gesteuert. Eine abverkaufsgerechte Mengensteuerung ist durch Einsatz und Übermittlung von Scannerdaten möglich.
Empfindliche und umsatzstarke Warengruppen können vom Hersteller direkt an das Outlet geliefert werden.

1. Efficient Promotion also
   - Systemeffizienz von Handels- und Konsumentenpromotion
   - Wirtschaftlicher Handlingsaufwand
   - Schnelle Orientierung am Verbraucherverhalten
2. Efficient Product Introductions somit
   - Optimierung der Produktneueinführung
   - Absenkung der Floprate.

Bislang betraf ECR vorwiegend die Vernetzung von Hersteller und Handelsketten der Konsumgüterindustrie. Doch auch im mittelständischen Facheinzelhandel sind Überlegungen zum kooperativen Datenaustausch im Gange. Bei einer Umfrage von BBE DATA KOMPAKT zeigten sich 46 Prozent der befragten selbstständigen Facheinzelhändler bereit, ihre Daten an die Lieferanten weiterzuleiten. Die Minimierung des Lagerbestands ist hierbei der größte Anreiz für die Übermittlung der Abverkaufsdaten. Weniger Sorgen als um die Lagerkosten machen sich die Händler um Out-of-Stock, dem Ausverkauf bestimmter Artikel. Allerdings zeigt sich in der Praxis, dass die Einführung von Efficient Consumer Response nicht frei von Komplikationen ist. Eine Hürde bezieht sich auf das Misstrauen, das der Austausch von Firmendaten erzeugt. Vergleichsweise einfach zu lösen sind technische Probleme, bspw. im Bereich der Datenschnittstellen und der Scannertechnik.

■ **Einkaufspolitik**
Die Strategien der Handelsketten und des Einzelhandels bei der Warenbeschaffung.

Problemfeld:
Der Produktpreis ist bei der Entscheidung des Handels für einen bestimmten Anbieter nicht mehr der allein entscheidende Faktor.

Problemlösung:
Die Einkaufspolitik des Handels hat sich vom lieferantenbezogenen Einkauf zum Denken in Sortimenten und Problemlösungen gewandelt. So orientiert er sich nicht mehr am preisgünstigsten Anbieter, sondern wählt die Lieferanten aus, die ihm den besten Markterfolg gewährleisten.

Nicht billig, sondern richtig einkaufen, so lautet heute das Motto. Maßgebend sind die produktbegleitenden Dienstleistungen, bspw. Unterstützung bei der Sortimentsgestaltung. Ziel ist, den Einzelhandelskunden zu unterstützen, um gegenüber seinen Konkurrenten wettbewerbsfähig zu bleiben.

Handels- und Kaufhausketten wählen ihre Lieferanten vor allem nach ihrer Leistungsfähigkeit aus. Karstadt bspw. hat für seinen Einkaufsbereich Textilien ein Lieferanten-Beurteilungssytem entwickelt. Dessen wichtigsten Kriterien:

- Wie sind die Produktionsstätten erreichbar?
- Wer sind die weiteren Kunden?
- Wie ist das Qualitätsmanagement organisiert?
- Nach welchen Kriterien werden die Vorlieferanten ausgewählt?
- Wie lassen sich die Warenwirtschaftssysteme verbinden?

Handelsketten haben ihre Beschaffung global ausgerichtet. Bspw. gehen sie weltweit strategische Einkaufsallianzen ein, entweder mit Auslandstöchtern des eigenen Konzerns oder mit Ketten von Konzernen des Lieferlandes.

Auch die Einkaufsorganisationen haben sich gewandelt. So geht der Trend weg von lieferantenbezogenen Einkäufern hin zu Marketingteams, die bestimmte Sortimentsbereiche abdecken. Diese bestehen aus Marketing- und Produktmanagern.

Ein weiterer Trend: Die Ketten konzentrieren sich auf leistungsfähige Schlüssellieferanten, wobei die Sortimentskompetenz das oberste Gebot ist. Die Verhandlungen verlaufen hierbei auf drei Ebenen:

- Die Erarbeitung gemeinsamer Sortiments- und Marketingkonzepte.
- Einsparungen der Logistikkosten, bspw. durch Effizient Consumer Response (ECR).
- Verkaufsförderungsmaßnahmen am POS

Einzelhandel

Jede Organisation, die an den Konsumenten verkauft, zählt zum Einzelhandel. Deshalb zählen darunter:

- Ambulanter Handel
- Heimdienst
- Versandhandel

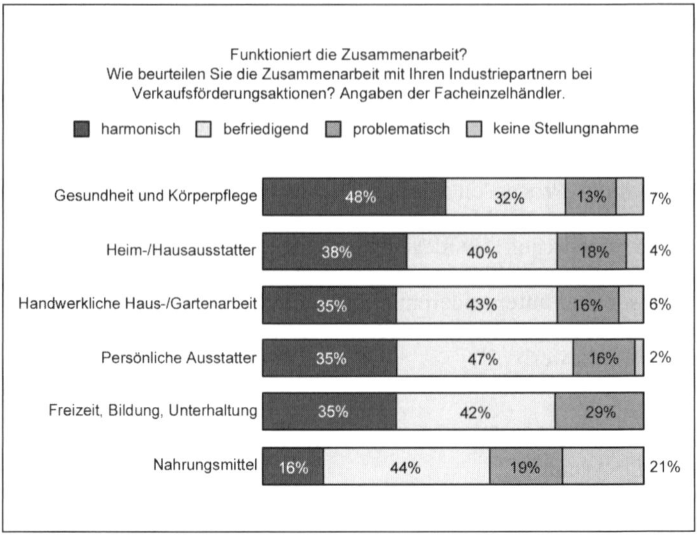

Einkaufspolitik: Zusammenarbeit zwischen Einzelhandel und Industrie (vgl. BBE Data Kompakt-Umfrage)

- Sammelbesteller
- Automatenverkauf
- Teleselling
- Fachhandelsgeschäft
- Supermarkt
- Discounter
- Fachdiscounter
- Duty Free Store
- Fabrikladen
- Fachmarkt
- Kleinpreisgeschäft
- Second-Hand-Shop
- Party-Discounter
- Warenhaus
- Boutique
- Verbrauchermarkt
- SB-Warenhaus
- Gemischtwarenhaus
- Convenience Store

Problemfeld:
Experten gehen davon aus, dass sich das Umfeld des Einzelhandels grundlegend verändern wird. Bspw. wird der preisaggressive Vertrieb weiter wachsen.
Nach ihren Prognosen werden sich somit auch die Marktanteile der klassischen Handelsformen deutlich verschieben.
Auslöser sind unter anderem

- Grenzüberschreitender Hyperwettbewerb
- Rückgang der Bevölkerungszahl
- Hoher Zuwandereranteil
- Neue Armut
- Wandel zur „Seniorengesellschaft“
- Zersplitterung der Zielgruppen
- Smartes Käuferverhalten
- Unberechenbarkeit der Trends

Problemlösung:
So geht die BBE Unternehmensberatung Köln davon aus, dass sich die Formen des Einzelhandels wie folgt den neuen Gegebenheiten anpassen wird:

- Der Fachmarkt wird zum Discounter.
- Das SB-Warenhaus entwickelt sich zum Discount-orientierten Filialsystem.
- Der kooperierende Fachhandel filialisiert sich.
- Der Online-Shop wird hohe Anteile dazugewinnen.
- Factory Outlet Center schaffen Erlebniswelten.

Es entwickeln sich

- Online-Discounter
- Reine Techno-Discounter
- Minimalisten, also Unternehmen mit extrem niedrigen Handelsspannen
- Automatenstraßen
- Kombinationsmodelle von Einzelhandel und verwandte Dienstleistungen wie bspw. Gastronomie und Unterhaltung.

Die Spezialisierung des Einzelhandels orientiert sich mehr und mehr an den Zielgruppen. So entstehen bspw. spezielle Shops, die von Lebensmitteln bis zur Bekleidung alles für das

Kleinkind bieten. Jeder Einzelhändler gehört einer Kooperation an, die ihm umfassenden Betreuungsservice bietet.

Einzelnischenstrategie

Sie bezieht sich auf Teilmärkte, die nicht oder noch nicht ausreichend ausgeschöpft werden. Solch eine Marktlücke entsteht durch Veränderungen, bspw. im Verbraucherverhalten, im demografischen Bereich oder in der technischen Entwicklung.

Nischen ergeben sich unter anderem bei

- Märkten: also die Bedienung eines kleinen Marktsegments.
- Kunden: die Konzentration auf eine spezielle Abnehmergruppe.
- Produkten: der Vertrieb bestimmter Produktspezifikationen.
- Vertriebsformen: die Distribution über einen besonderen Vertriebsweg.
- Prozessketten: hier bei der Übernahme spezieller Fertigungs- oder Logistikbereiche.

Hintergrund:

Der erfolgreichste Anwender einer solchen Einzelnischenstrategie ist Microsoft-Gründer Bill Gates, der ursprünglich für die IBM Betriebssystem-Software entwickelt hat.

Problemfeld:

Aus dem Wettbewerb im Markt wird immer mehr der Wettbewerb um Marktnischen. Selbst Großunternehmen wollen Marktlücken nicht mehr den Konkurrenten überlassen. Stattdessen machen sie Nischen zu Geschäftsfeldern neuer Tochterunternehmen.

Problemlösung:

Die Voraussetzung für den Erfolg in der Einzelnischenstrategie ist die Nähe zum Zielmarkt. Erst die intimen Kenntnisse über die Marktteilnehmer, das Kundenpotenzial und deren spezifische Bedürfnisse ermöglichen es, solch eine Nische zu erkennen und vor allem ihr Potenzial einzuschätzen.

Es gibt ausreichend Beispiele von Managern, die im Laufe ihrer Tätigkeit in ihrem Unternehmen solche Nischen entdecken und diese zur Basis ihrer Existenzgründung machen. In der Regel handelt es sich um nicht erfüllte Bedürfnisse von Unternehmenskunden, die sie dann als Dienstleister abdecken. Oder es geht um eine Kundengruppe, die mangels Volumen unerschlossen bleibt, für einen kleinen Anbieter jedoch ausreichend Potenzial beinhaltet.

Die Bedingungen für die Einzelnischenstrategie sind deshalb:

- Die Nische sollte soviel Ertragsvolumen beinhalten, dass es rentabel ist, sie zu erschließen.

- Sie sollte über ein ausreichendes Wachstumspotenzial verfügen.
- Sie sollte finanzstarken Wettbewerbern wenig Anreiz bieten und alle anderen Wettbewerber abhalten, bspw. durch das besondere Praxis-Know-how, das zur Erfüllung der nischenspezifischen Kundenanforderungen notwendig ist.

Dieser Punkt ist erfolgsentscheidend, weil der Anbieter nicht nur seine Zielgruppe und deren Bedürfnisse genau kennt, sondern auch genau weiß, wie er diese Anforderungen erfüllen kann. Großunternehmen, die auch andere Segmente bedienen, wird von den Abnehmern diese Kompetenz nicht zugesprochen.

Beispiele:

- Es zeigt sich, dass Anwälte, die auf Scheidungsrecht spezialisiert sind, mit der üblichen Standardsoftware für Anwaltskanzleien nicht ausreichend zufriedengestellt sind. Als Nischenprodukt bietet sich hier Software für Scheidungsanwälte an.
- Markenartikler stellen spezifische Anforderungen an die grafische Gestaltung ihrer Produktverpackungen. Hier ergibt sich eine Nische für ein entsprechend spezialisiertes Grafikstudio.
- Für einen Hersteller ist es oft nicht wirtschaftlich, produktbegleitende Dienstleistungen selbst anzubieten. Hier wird eine entsprechende Kooperation zur Nische.

■ Electronic Data Interchange

Dieser elektronische, unternehmensübergreifende Austausch strukturierter Geschäftsdaten (Abk.: EDI) automatisiert die Schnittstellen. Ziel ist, den Warenbestand, die Versandlogistik und das Verkaufsförderungsprogramm aufeinander abzustimmen.

Hintergrund:

Der elektronische Datenaustausch zwischen Hersteller und Handel erfordert einen einheitlichen Standard. Zunächst hatte hierzu die Centrale für Coorganisation (CCG) den so genannten SEDAS-Standard als Kommunikationsbasis eingeführt.

Als grenzüberschreitender Standard wurde 1987 von der Wirtschaftskommission der Vereinten Nationen für Europa der EDIFACT-Standard entwickelt. Vorteil: Er ist auch für die Anwendung in allen Wirtschaftsbereichen und in der öffentlichen Verwaltung geeignet. Im Laufe der Jahre bildeten sich eine Reihe von branchenspezifischen Variationen heraus.

Die Informationsvernetzung zur Koordinierung der Maßnahmensteuerung fällt im Facheinzelhandel allerdings noch auf relativ wenig Gegenliebe, so das

Untersuchungsergebnis von BBE DATA KOMPAKT. 44 Prozent der Mittelständler sehen in der EDI-Technik eine mittelmäßige bis weniger geeignete Alternative zur Verbesserung der Warenverfügbarkeit. Auch eine engmaschigere Abverkaufsdatenerfassung halten je 24 Prozent nur für mittelmäßig bis weniger geeignet.

Problemfeld:
Die Insellösungen im Datenabgleich verlängert die Reaktionszeit. Zur Überbrückung muss der Lagerbestand entsprechend hoch sein. Ein weiterer Kostenfaktor ist der relativ hohe Arbeitsaufwand durch die manuellen Eingaben, die zum Teil sogar mehrfach erfolgen müssen.

Problemlösung:
Durch den Einsatz von EDI können Hersteller und Handel ihre Verwaltungsarbeiten rationalisieren. Die elektronische Datenübermittlung ermöglicht Just-in-Time-Lieferungen, also exakt zu dem Zeitpunkt, an dem die Ware am POS benötigt wird.
Hierdurch vermindert sich die benötigte Lagerfläche und die Kapitalbindung. Da die Daten direkt von den Scannerkassen des Handels zum Hersteller gelangen, reduziert sich die Fehlerquote. Außerdem können die Daten zur exakten Analyse detailliert ausgewiesen werden.

Weiterführende Literatur:
Klagge, Dieter; Nett, Walter; Windler, Albrecht: Leitfaden – Electronic Data Interchange (EDI) im mittelständischen Betrieb, Organisation und Technik, Chancen und Risiken, Lohmar 1998

▪ E-Mail-Marketing
Der Versand von Werbebotschaften per Internet an Zielgruppen mit E-Mail-Adressen.

Hintergrund:
Laut einer Studie der Jupiter Communications wird der kommerzielle E-Mail-Markt in den nächsten Jahren rasant anwachsen und im Jahre 2005 ein Volumen von 7,3 Milliarden US-Dollar erreichen. E-Mail-Marketing soll damit einen Anteil von 13 Prozent an Direct-Mail erreichen. Nach der Studie soll die Zahl der kommerziellen E-Mails, die ein Online-Käufer im Jahr erhält, von derzeit 40 auf 1.600 im Jahre 2005 steigen.

Problemfeld:
Herkömmliche Werbepost landet oft nicht auf dem Schreibtisch des Empfängers. Außerdem sind die Herstellung des Werbematerials sowie der Versand relativ teuer.

Problemlösung:
Direct-Mailings und Public Relations per E-Mail werden sich zu den erfolgreichsten Werbe-

methoden entwickeln, so die Brancheneinschätzung. E-Mail-Marketing kann in mehreren Formen erfolgen:

- Als Mailtext.
- Als angehängte Datei, die der Empfänger öffnet.
- Als Internetadresse, die zur entsprechenden Internetseite des Anbieters führt.

Gerade für Online-Marketing oder E-Commerce wird E-Mail Marketing zu einem wichtigen Instrument, so die Studie. Gerade in der Startphase bringen sie die meisten Zugriffe. An zweiter Stelle steht die Eintragung in Suchmaschinen und an dritter Printanzeigen mit den entsprechenden Internetadressen. Auch einprägsame Domainnamen wie beispielsweise »Tierfutter.de« für einen entsprechenden Anbieter führen Interessenten auf die Web-Seite. An letzter Stelle steht die Funkwerbung, da es schwer ist, gesprochene Web-Adressen in Erinnerung zu halten.

■ Empfehlungsmarketing

Positive oder negative Empfehlungen, die sich sternförmig verbreiten, wobei jeder Empfehlungsempfänger neuer Multiplikator wird.

Hintergrund:
In verschiedenen Dienstleistungsbranchen werden bis zu vier Fünftel der Neukunden durch Mundwerbung gewonnen. Nach Untersuchungen in der Kfz-Branche kann ein Kunde des oberen Preissegments durch Mundwerbung jährlich rund 7500 Mark Mehrzusatz einbringen.

Problemfeld:
Mundwerbung bietet Chancen, wenn sie gezielt beeinflusst wird und Risiken, wenn sie sich ungehindert verbreitet.

Problemlösung:
Der wirtschaftliche Wert eines Kunden besteht nicht nur in seinen Umsätzen. Auch seine Empfehlungsleistung bestimmt den Ertrag mit. Für Kunden sind Empfehlungen ein Erfahrungsaustausch. Der Empfehlungsnehmer sucht beim Empfehlungsgeber seines Vertrauens Rat, weil er selbst nicht in der Lage ist, einzuschätzen, ob ein Produkt oder eine Dienstleistung den von ihm erwarteten Nutzen bringt.
Doch der Rat des Empfehlungsgebers ist subjektiv, weil er nur aus seinem Erfahrungsschatz stammt oder weil er Erfahrungen anderer weitergibt.
Mundwerbung kann deshalb, wenn sie strategisch eingesetzt wird, zu einem effizienten Marketinginstrument werden.
Beim strategischen Einsatz der Mundwerbung ist ausschlaggebend, dass zunächst die Meinungsführer identifziert werden. Das sind

- Menschen, die viele soziale Kontakte haben, bspw. Funktionsträger in Vereinen und Verbänden, Clubs und Parteien.
- Menschen, die eine angesehene soziale Stellung haben, bspw. Mandatsträger, Unternehmer, Führungskräfte, Akademiker.

Die Multiplikatoren werden nach ihrem so genannten »Referenzwert« aufgelistet. Ganz oben stehen die »Referenz-Stars«. Das sind die Multiplikatoren und Meinungsführer. Ganz unten stehen die so genannten Inaktive, das sind diejenigen, deren Meinungsäußerungen keine Kreise ziehen.

Dann werden die Multiplikatoren erschlossen, deren Referenzwert noch nicht ausgeschöpft wurde. Dabei handelt es sich um Personen, die sich mangels eigener Erfahrungen entweder überhaupt nicht äußern oder die mit Vorurteilen behaftet sind.

Bei der Referenzwertoptimierung werden die Multiplikato-

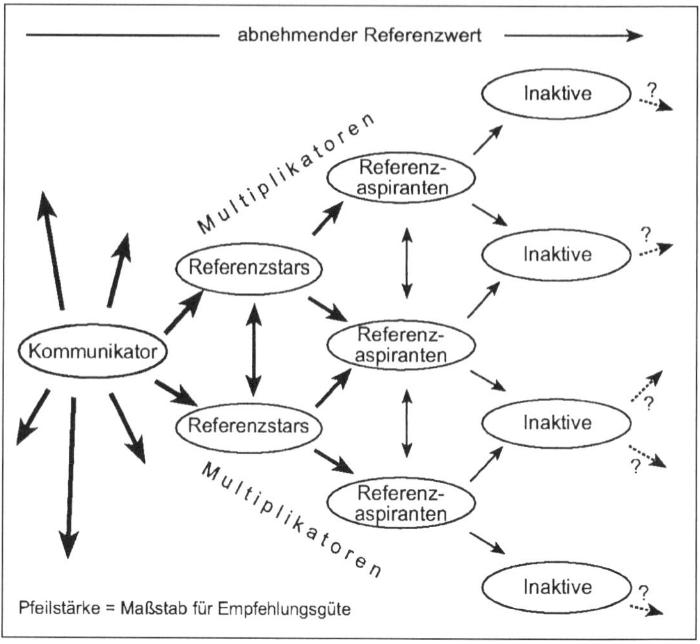

Empfehlungsmarketing: Referenzwert

ren durch Methoden des Beziehungsmanagements emotional gebunden, bspw. durch private Kontakte. Wenn Vorbehalte bestehen, sollte eine Ursachenforschung klären, welcher konkrete Anlass zu diesem negativen Meinungsbild geführt hat.

Schließlich werden die Referenzstars auf ihre Aufgaben vorbereitet. Ihnen wird durch Beispiele oder durch eigene Anschauung das Bild vermittelt, das sie in der Zielgruppe multiplizieren sollen. Damit sie im Dialog ihre Empfehlungen auch begründen können, sollten sie mit den entsprechenden Argumenten ausgerüstet werden.

Der Empfehlungswert dieser Multiplikatoren kann noch gesteigert werden, wenn sie für ihr Engagement bestimmte VIP-Vorteile genießen dürfen.

■ Erlebnisorientierung

Strategische Maßnahmen zur Steigerung der Attraktivität von Einkaufsstätten.

Problemfeld:
Kunden wollen ihren Einkauf auch mit Spaß und Kurzweil verknüpfen.

Problemlösung:
Je unterschiedlicher und vielfältiger die Maßnahmen sind, mit denen Verkaufsräume zum Ort des Shopping-Vergnügens werden, umso attraktiver sind sie für die Wunschzielgruppen. Ein außergewöhnliches Beispiel hierfür liefert die Sparkasse Neumarkt-Parsberg.

Sie war gefordert, für die derzeit aktuellen Marktveränderungen der Branche Anpassungskonzepte zu entwickeln:

- Der Konkurrenzkampf um die »Erbengeneration« ist voll im Gange.
- Neue Anbieter mit neuen Dienstleistungen, neuen Konditionen und vor allem neuen Vertriebsformen schaffen ein Überangebot. Dies führt in der Branche zu einem erbitterten Verdrängungswettbewerb.
- Die Branche erlebt im Privatkundengeschäft einen tiefgreifenden Strukturwandel.
- Discountbanking und -broking, deren Anbieter für ihre Kunden lediglich per Fax, Telefon oder PC erreichbar sind, wird aktuell.
- Die kostenintensiven Filialen stehen zur Disposition.

Die Sparkasse Neumarkt-Parsberg schlägt einen völlig neuen Weg ein, um beim Kunden präsent zu sein und ihre Niederlassungen wirtschaftlich führen zu können. Statt ihre Filialen im Shopping-Center einzumieten, macht sie aus ihrer Geschäftsstelle ein Erlebniszentrum.

Vorbild waren unter anderem die Cross Selling-Strategien der Mineralölkonzerne in ihren Tankstellenketten. Ideenlieferanten waren aber auch die Filialen der Handelsketten wie Tchibo und Eduscho. Die Sparkassenchefs waren davon beeindruckt, dass die Schaufenster der Kaffeeröster immer großes Interesse finden. Bemerkenswert war für die Führungskräfte auch, dass dort mit unterschiedlichen Produktbereichen ganz verschiedene Zielgruppen angesprochen werden. Die Führungskräfte entwickelten hieraus ihre Vision eines so genannten »Tchibo-Banking.«

Inhalt: Mit einem ausgeklügelten Merchandisingsystem sollen, im Sinne eines Verkaufs von bankfremden, aus dem Bereich des Einzelhandels stammenden Artikeln, die Kunden zum Besuch in den Filialen bewegt werden. Dort werden sie von den Sparkassenmitarbeitern gemäß dem Prinzip der bedienten Selbstbedienung betreut. Im Hintergrund steht, ihnen im Cross Selling auch Bankdienstleistungen und Finanzprodukte mit zu verkaufen. Für die entsprechende Neugestaltung wurde die Hilfe einer Beratungsfirma in Anspruch genommen, die sich auf Shop-in-Shop-Systeme für den Einzelhandel spezialisiert hat.

Die Bestandteile:

- Der »S-Shop« mit dem Verkauf von Merchandisingprodukten
- Eine Präsentation der Wirtschaftsbestseller mit monatlich wechselndem Ranking
- Ein Meetingpoint mit Ticketverkauf
- Ein Immobilien- und Versicherungsshop
- Ein Fan-Shop mit Fan-Artikelverkauf
- Eine Kinder-Arena
- Eine Aktionsfläche
- Ein Internet-Shop

Wie bei Banken üblich, bestand die Hauptstelle aus einer großen Schalterhalle, deren Mittelzone als Ruhebereich genutzt wurde und relativ leer war. Diese ursprüngliche Gestaltung wirkte auf die Kunden kalt und unpersönlich. Die SB-Zone war im Eingangsbereich angesiedelt, abgetrennt von der Schalterhalle durch eine enge und schmale Glastür.
Im SB-Bereich befindet sich der neue S-Fonds-Shop. Dort wird der Kunde über Anlagemöglichkeiten beraten. Außerdem werden ihm die jeweiligen Fondsprodukte angeboten. Zusätzlich umfasst das Angebot des S-Fonds-Shop eine Auswahl von Merchandisingprodukten rund um die Themenbereiche Börse, Aktien und Wertpapiere. Direkt neben dem Fonds-Shop, ebenfalls noch im SB-Bereich, befindet sich eine Internetsäule. Sie ermöglicht Shopping nach Feierabend, denn die Merchandisingartikel der Sparkasse wer-

den von ihr auch auf ihren Web-Seiten angeboten. Der Interessent kann sie per Internet bestellen und zustellen lassen.
Direkt hinter den Serviceeinheiten befindet sich die Aktionsfläche. Es handelt sich hierbei um eine acht Zentimeter erhöhte Kreisfläche im Durchmesser von fünf Metern. Sie ist die Bühne, auf der die Aktionsprogramme der Sparkasse stattfinden, bspw.

- Bildergalerien
- School-Out-Veranstaltungen
- Aerobicvorführungen
- Konzerte
- Themenpräsentationen
- Modeschauen und
- Ausstellungen

Herzstück der Galeria-S ist der sich an den S-Shop anschließende Meeting-Point. Es handelt sich hier um eine Multimediawand und eine runde Theke in Form eines Bartresens. Hier werden vor allem Tickets für regionale und überregionale Veranstaltungen verkauft. Dazu wurde ein Ticket-Computer zur Online-Kartenreservierung installiert.

▪ Event-Marketing

Diese Werbung in Veranstaltungsform bietet sich für die Produktpräsentation und die Unternehmensdarstellung an.

Problemfeld:
Konventionelle Werbeformen allein reichen nicht aus, um herausragende Werbebotschaften zu transportieren. Dies gilt gerade für jüngere Zielgruppen. Sie ist nur dann zu erreichen, wenn Werbung über einen hohen Unterhaltungswert verfügt.

Problemlösung:
Events zielen direkt auf die Gefühlsebene ihrer Zielgruppe. Sie haben die Aufgabe, Werbebotschaften in Szene zu setzen und ihr hohen Unterhaltungswert mit auf den Weg zu geben.

Lösungsweg:
Phase 1: Die Grundentscheidung treffen: Ob ein Event veranstaltet werden soll, diese Frage beantwortet sich mit Sicht auf die anvisierte Zielgruppe. Ist sie klar definierbar, dann eignet sich ein Event besonders gut. Abzuwägen ist aber auch, wie das Event in den gesamten Marketingmix integriert werden kann.
Phase 2: Ziel setzen: Das Event ist ein Marketinginstrument für genau eingegrenzte Zwecke. Deshalb muss klar festgelegt werden, welche Ergebnisse bei welcher Kundengruppe erreicht werden sollen. Solche Ziele sind bspw. Imageverbesserung, Neuproduktvorstellung oder die Beeinflussung von Meinungsbildnern.
Phase 3: Botschaft bestimmen: Diese Botschaft orientiert sich am Ziel, das erreicht werden soll.

Phase 4: Organisationsteam aufbauen: Zunächst muss die Entscheidung getroffen werden, ob das Event in Eigenregie organisiert wird oder ob eine Eventagentur zur Beratung oder zur Umsetzung beauftragt werden soll. Ausschlaggebend ist, ob im Unternehmen die nötigen Kompetenzen und Zeitressourcen vorhanden sind. Bei einem eigenen Organsiations- und Ablaufteam muss eine klare Hierarchie herrschen, die Verantwortlichkeiten und Zuständigkeiten müssen klar verteilt sein.
Phase 5: Briefing: Das Organisationsteam muss alle wesentlichen Vorgaben erhalten. Diese Grunddaten werden in der Planungsphase laufend aktualisiert.
Phase 6: Ideenfindung: Das Organisationsteam legt den Programminhalt fest. Dazu werden zunächst Ideen gesammelt und dann anhand der Briefing-Kriterien selektiert.
Phase 7: Recherche: Jetzt werden Lösungen entwickelt, wie die favorisierte Idee zu realisieren ist. Es wird die Grundfassung eines Pflichtenheftes erstellt, das alle dazugehörenden Maßnahmen detailliert beschreibt. An Hand von Angeboten können die Kosten grob überschlagen werden.
Phase 8: Grobkonzept: Es orientiert sich an den bisherigen Festlegungen und Ergebnissen. Dieser Entwurf berücksichtigt jede Phase, von den einleitenden Werbemaßnahmen bis zur abschließenden Erfolgskontrolle und den nachfolgenden Marketingmaßnahmen.
Phase 9: Interne Präsentation: Das Konzept wird den Entscheidern und beteiligten Mitarbeiter präsentiert. Diese sollen zu den einzelnen Punkten Anregungen und Bedenken zu äußern.
Phase 10: Feinplanung: Von den Vorbereitungen der Veranstaltung bis zu den Nacharbeiten im Anschluss daran wird jede Phase minutiös geplant. Der Ablaufplan der Veranstaltung muss gewissenhaft geplant und in einem Drehbuch niedergelegt sein. Außerdem wird das Krisenmanagement organisiert. Es soll verhindern, dass technische Pannen oder personelle Ausfälle den Ablauf gefährden. Im Übrigen erfolgt die Feinkalkulation der Kosten nach verbindlichen Angeboten.
Phase 11: Ablaufdrehbuch: Jetzt werden verbindliche Aufträge vergeben. Hierzu gehört auch die verbindliche Terminabsprache für Lieferungen, für den Aufbau des Equipments und der Anreisezeitpunkt der engagierten Künstler.
Phase 12: Controlling: Im Anschluss an das Event wird eine Erfolgs- und Wirkungskontrolle durchgeführt. Sie orientiert sich an den in der zweiten Phase

aufgelisteten Ziele. Außerdem werden die Erfahrungen sowie die kritischen Punkte dokumentiert, damit sie beim nächsten Event als Erfahrungsschatz zur Verfügung stehen.

Weiterführende Literatur:

Graf, Christof: Event-Marketing, Wiesbaden 1998

Fachhandel
Betriebe des stationären Einzelhandels, die sich in ihrem Warenangebot und ihrer Kompetenz auf eine Branche oder eine Kundengruppe konzentrieren.

Problemfeld:
Die künftigen Entwicklungen der Märkte und der Kundenbedürfnisse zwingen den Fachhandel zu tief greifenden Anpassungsprozessen.

Problemlösung:
Der Fachhandel entwickelt sich weg vom Monosortiment einer bestimmten Branche zum Anbieter eines branchenübergreifenden Sortiments, der sich in seiner Sortimentszusammenstellung und in der Auswahl seiner Vertriebswege am Profil seines Wunschkundensegments orientiert.
Ein typisches Beispiel für diesen Fachhandel der Zukunft ist der Hirschauer Fachhändler Conrad Electronics.

Erfolgsfaktoren:
- Einsatz von E-Commerce: Die jüngste E-Commerce-Initiative ist die Gründung der Conrad.com AG, mit der das Unternehmen ihr E-Commerce-Geschäft auf eine neue Ebene bringen will. Rund 50.000 Artikel stehen im Internet auf www.conrad.com bereit.

Hierzu haben auch ausländische Internet-Nutzer Zugriff, denn ihnen stehen auch länderspezifische Produkt- und Dienstleistungsangebote zur Verfügung. Unter dem Dach der Conrad.com AG werden ab sofort die Auslandsgesellschaften in der Schweiz, in Österreich, den Niederlanden und Frankreich ihren jeweiligen Marktauftritt vorantreiben.
Bei seinem Online-Start zählte Conrad bereits zu den Internet-Pionieren der Branche, denn 1997 war dazu die Conrad-Tochter CoMedia GmbH gegründet worden. Bereits fünf Monate nach dem Start des ers-

ten Conrad Online-Shops, www.conrad.de, bestellten täglich bis zu 250 Kunden über das Internet. Im Januar 1999 registrierte www.conrad.com etwa eine Million Visits und nahezu 13 Millionen PageImpressions. Die conrad.com-Shops im Web verzeichnen eine Zuwachsrate von etwa 30.000 Neukunden pro Quartal – mit steigender Tendenz. Heute laufen täglich rund 3.000 Bestellungen via Internet ein. Das Ergebnis des Geschäftsjahres 1999: Über 55 Millionen Mark Umsatz aus dem Online-Geschäft.

- Neuartige Dienstleistungen: Zu den Erfolgsfaktoren zählen die zusätzlichen Serviceleistungen: Sie reichen von der Produktsuche bis zur After-Sales-Betreuung. Ein Beispiel hierzu ist ein Fotoservice für Besitzer von Digitalkameras, die unter der Adresse www.photo-service.conrad.de genutzt werden kann. Via E-Mail oder per Post und Diskette können die Kunden ihre Daten einschicken und sie erhalten ihre Fotos als Ausdrucke in Profiqualität.
- Mass-Customerizing: Mit seinen Internet-Shops setzt Conrad schließlich auch One-to-One-Marketing um: das nach individuellen Kundenwünschen hergestellte Serienprodukt. Die Online-Kunden beschreiben hierbei die Anforderungen, die sie an das jeweilige Produkt – hier Desktop, Notebook oder Komplettsystem – haben. Der so genannte »Konfigurator« empfiehlt daraufhin bestimmte Komponenten, aus denen der Kunde auswählt. Unmittelbar erhält der Kunde Hinweise über die Verfügbarkeit der Module und den Preis. Eine Plausibilitätsprüfung sorgt dafür, dass nur sinnvolle Zusammenstellungen in Order gehen.
- Zielgruppenmarketing: Conrad hat schon früh damit begonnen, seine Sortimentspolitik nach den Regeln des Zielgruppenmarketings auszurichten. Während in konventioneller Form für ein bestehendes Sortiment die dazu passenden Kundengruppen erschlossen werden, wird beim Zielgruppenmarketing für eine besonders attraktive Zielgruppe oft branchenübergreifend ein Produktangebot zusammengestellt, das ihren Wünschen und Bedürfnissen entspricht. So umfasst das Produktspektrum der conrad.com-Shops nicht nur elektronische Bauteile, sondern unter anderem auch Werkzeuge, Geschenkartikel sowie Braune und Weiße Ware. Das Sortiment soll im Laufe der kommenden Jahre auf über 100.000 Artikel ausgeweitet werden.

- Multi-Nischen-Strategie: Trotz der großen Sortimentsbreite will Conrad die Rolle des Nischenspezialisten nicht aufgeben. Einzelne Kundengruppen sollen durch die Einrichtung weiterer Spezialshops noch gezielter in ihren Bedürfnissen bedient werden. Das heißt, Conrad macht bestimmte Produktbereiche zu seinen Kernkompetenzen, indem er ihnen bspw. eine bestimmte Sortimentstiefe gibt.

Den Geschäftskundenmarkt will sich das Unternehmen durch spezielle B-to-B-Plattformen offenhalten.

- Kooperationen mit starken Partnern: Um allen hieraus resultierenden Kundenansprüchen gleichermaßen gerecht zu werden, geht Conrad Partnerschaften mit starken Partnern ein, bspw. in den Bereichen Internet-Technologie mit Mediaways, Software mit SAP und Online-Distribution mit Lycos, FOCUS Online, evita und T-Online sowie im Bereich Logistik mit der Deutschen Post AG.
- Internet-Vertrieb über Partner: Die aktuellste Conrad-Initiative ist die Rekrutierung von Webseiten-Inhabern zu Vertriebspartnern: »Sie haben mindestens 1.000 Besucher pro Monat? Dann sollten Sie noch heute Ihre Chance wahrnehmen und in unser Partner-Programm einsteigen!«, so werden sie zur Mitwirkung animiert: »Sie platzieren conrad.com-Banner oder -Buttons auf Ihrer Website und erhalten für die über Ihre Site verkauften Produkte eine Provision.«

Zu diesem Zweck stellt Conrad die dazu notwendigen Tools zur Verfügung. Mit Hilfe von Link-Codes werden die Kunden identifiziert, die über die Partner-Website zu Bestellern wurden. Über spezielle Seiten erhalten die Partner Zugriff auf eine Online-Berichterstattung über die entsprechenden Ergebnisse. Die Partner erhalten eine Erfolgsprämie aus der Netto-Rechnungssumme, die monatlich abgerechnet und überwiesen wird.

- Zielgruppenspezifische Events: Ihre Popularität steigert die Unternehmensgruppe durch Events speziell für ihre Zielgruppen. Ein Beispiel sind Shuttle-Sternfahrten aus sechs Großstädten zur Love-Parade nach Berlin.

▪ Factory-Outlet-Center (FOC)

Diese zwischen 30.000 und 100.000 m^2 Verkaufsfläche großen Herstellerläden sind eine neue Form des Direktvertriebs. Sie sind die Antwort auf den

Smart Shopper, den Schnäppchenjäger, der im Handel als neue Nische gesehen wird.
Mittelständische Markenartikler verkaufen im FOC auch ihre Überproduktionen, Auslaufware und Versuchsserien.

Hintergrund:
Bislang betreiben rund 1500 deutsche Produzenten Fabrikverkauf im eigenen Namen. Es wächst jedoch die Zahl der Industrieunternehmen, die dazu speziellen Dienstleistern die Ware in Kommission überlassen. Diese vermitteln sie in Factory Outlet Centern an die Endkunden und übernehmen auch das Inkasso. Es ist somit ein Verkauf in eigenem Namen auf fremde Rechnung.
Die ersten Factory-Outlet-Center, also gemeinsame Fabrikläden mehrerer Hersteller, entstanden Ende der 70er Jahre in den USA, 1994 in Deutschland. Populär geworden sind die Factory Outlets durch den neuen Käufertyp, den so genannten Smart Shopper, der es sich zur Passion gemacht hat, nach Schnäppchen in den Hochpreis-Segmenten zu jagen. Unterstützt werden seine Bemühungen durch eine wachsende Zahl von Schnäppchen-Einkaufsführern.

Beispiel:
Das FOC im schwäbischen Bodelshausen hat ein Einzugsgebiet mit einem Radius von über hundert Kilometern. Etwa 50 Prozent der Kunden kommen aus entfernten Ballungsräumen und sind den höheren Einkommennschichten zuzuordnen. Die Kunden der unteren Einkommensschichten stammen aus den umliegenden Kommunen.

Problemfeld:
Markenartikelhersteller benötigen zusätzliche Vertriebskanäle für ihren Warenabsatz, bspw. um ihre Kapazitäten auszulasten, den Lagerüberhang abbauen und generell, um ihre Renditen verbessern.

Problemlösung:
Ein Hersteller kann sich einen eigenen Fabrikladen einrichten oder mit dem Betreibers eines FOC kooperieren. In diesem Fall tritt der Betreiber als Kommisionär der Ware auf. Er vertreibt sie also auf Rechnung des Herstellers. Je nach Absprache werden neben der Verkaufsprovision noch Flächenmiete, Werbungs- und Verwaltungskostenzuschüsse verrechnet.
Für den Direktvertrieb über ein FOC gelten folgende Erfolgsregeln:

- Die Ladenmiete sollte nur etwa halb so hoch sein wie in den durchschnittlichen City-lagen.
- Es sollte ein konzentriertes innerstädtisches Gesamtangebot aufweisen.

- Die Ware sollte aktuell wirken. Sie darf der Qualität regulärer Ware nicht nachstehen.
- Das Sortiment sollte sowohl breit wie auch tief sein.
- Das FOC sollte zumindest so lange geöffnet sein wie konventionelle Einzelhandelsunternehmen.

Lösungsweg:
Hersteller, die einen Fabrikverkauf einrichten wollen oder über ein fremdes FOC vertreiben wollen, sollten sich wie folgt vorbereiten:

1. Klar die Unternehmensziele zu definieren, die mit dem zweiten Vertriebsweg erreicht werden sollen:
   - Sollen die Überhänge der aktuellen Kollektion vermarktet werden?
   - Soll abgeschriebene Ware verwertet werden?
   - Soll zur Kapazitätsauslastung speziell für den Direktvertrieb produziert werden?
2. Kriterien analysieren: Die Entscheidung, ob ein zweiter, direkter Vertriebsweg aufgebaut werden soll, muss nach intensiver Abwägung aller Für- und Wieder-Faktoren erfolgen. Ausschlaggebend ist, hier auch auf Erfahrungen von anderen Herstellern zurückzugreifen.
3. Alle Auswirkungen beurteilen: Vor allem sollte eruiert werden, welche Reaktionen von den Handelspartnern zu erwarten sind.
4. Die Einzelhandelskunden überzeugen: Sie müssen stichhaltige Argumente dafür bekommen, dass ihre Interessen nicht beeinträchtigt werden. Bspw. dass über den FOC-Vertrieb neue Zielgruppen an die Marke herangeführt werden.

Wer über fremde FOC vertreibt, sollte bei der Partnerwahl auf folgende Punkte achten:

- Größe und Marktstruktur des Einzugsgebiets
- Art und Mix der Konditionen (Provision, Miete, verlorene Zuschüsse, Umlagen)
- Umfang und Qualität der Dienstleistungen: eine qualifizierte Kundenberatung, sorgfältige Bestandspflege, fixe Abwicklung.
- Umfang und Qualität der Vermarktungsmaßnahmen: Ausschlaggebend ist die professionelle Erschließung der Kundenpotenziale. Die Werbequote sollte etwa doppelt so hoch liegen wie beim Einzelhandel.
- Das richtige Sortiment zusammenstellen: Auswahl, Qualität und Preise des Sortiments müssen sich an der Markt- und Kundenstruktur des Outlets orientieren. Für Ballungsräume sind eher Sor-

timente des mittleren bis gehobenen Genres gefragt, für den ländlichen die unteren Segmente.

- Die Preise sensibel gestalten: Richtschnur ist der reguläre Endverbraucherpreis minus 35 Prozent. Die Preisgestaltung sollte sich aber auch am Standort orientieren, wobei der Outlet-Betreiber entsprechende Erfahrungswerte beitragen kann.
- Den Bestand pflegen: Ausschlaggebend für den Erfolg ist auch die permanente Verkaufsanalyse. Sie gibt Auskunft über die Zusammensetzung des Sortiments und die Rotation der Ware. Outlet-Betreiber geben in der Regel wöchentlich die Verkaufsmeldungen an die Hersteller weiter.

■ Fassadenwerbung

Die Werbung mit Riesenpostern, Transparenten und Werbefahnen an den Fassaden des Geschäftshauses.

Problemfeld:
Die Nutzung der Geschäftsfassade als kostengünstiger Werbeträger wird oft nur für das Weihnachtsgeschäft und nicht über das gesamte Geschäftsjahr hinweg genutzt. Auch müssen bei dieser Werbeform gewisse rechtliche Einschränkungen beachtet werden.

Problemlösung:
I.d.R. bleibt es den Kommunen überlassen, welche Freiheiten sie den Gewerbetreibenden bei der Fassadenwerbung zugestehen. Im Einzelnen ist dies in den Ortssatzungen oder Bauordnungen geregelt. Ausnahmen oder Sondergenehmigungen können an die zuständigen parlamentarischen Gremien der Gemeinde gerichtet werden.
Generell lohnt es sich, die Geschäftsfassade als Werbefläche zu nutzen. Sie ist auch aus großer Entfernung sichtbar. Durch ihre markante Wirkung kann sich kein Konsument ihren Werbesignalen entziehen.
Kaufhäuser sind deshalb dazu übergegangen, mit großflächigen Postern auf Aktionen hinzuweisen. Bisher waren dies der Sommer- und Winterschlussverkauf, jetzt sind es auch Kollektionswechsel, Verkaufsförderungsmaßnahmen, Events oder Sponsoringaktionen.
Die wichtigste Werbebotschaft ist allerdings der Zustand der Geschäftsfassade. Als Bestandteil des Corporate Design soll sie vor allem der Kunden- und Erfolgsorientierung des Unternehmens entsprechen.

■ Faszinationsmarketing

Konsumenten lassen sich gerne von ideellen Zielen, von sportlichen und technischen Hochleistungen faszinieren. Auslösende Momente sind aber auch die

Felder Partnerschaft, Kind und Familie. Das Ziel der entsprechenden Marketingstrategie ist es, diese Begeisterungsfähigkeit auch auf Produkte und Dienstleistungen zu übertragen.

Hintergrund:
Verschiedene Marktforschungsergebnisse zeigen, dass der Begeisterungsfähigkeit weder Alters- noch Gesellschaftsgrenzen gesetzt sind. So bezeichneten sich fast 80 Prozent der Befragten als oft, beziehungsweise sehr oft begeistert, wobei bei den Hochschulabsolventen und bei den bis 24-jährigen der Anteil bis auf 86 Prozent ansteigt.
Bei der Faszinationshierarchie der Marken scheiden sich die Geschlechter: Bei den Männern sind es eher die imageträchtigen Automarken, bei den Frauen große Modenamen.

Problemlösung:
Die Marketingmaßnahmen werden mit faszinationsstiftenden Elementen verknüpft, um den Konsumenten in Begeisterung zu versetzen.
Den höchsten Faszinierungsrang in allen Konsumentengruppen haben hier Kommunikationsszenarien, die

- Geborgenheit
- Partnerschaft
- Treue
- Liebe und
- Freundschaft ausdrücken.

Gleichrangig folgen karitative Ziele, so Sponsoring für den guten Zweck, Spendeninitiativen und Hilfsaktionen aus aktuellen Anlässen.
Ebenso begeisterungsfähig sind Kunden auch, wenn bspw. in die Gestaltung von Werbemitteln Natur- und Naturereignisse mit einbezogen werden. Aber auch Naturbewältiger, also die Leistungen von Extrembergsteigern und Weltumseglern, sorgen für Faszination.
Faszinationsstiftende Elemente sind auch Besitz und Luxus, Traumberufe und Traumreiseziele.

■ Faxmarketing

Die Verteilung von Werbebriefen per Faxgerät.

Problemfeld:
Per Post versandte Werbebriefe werden von den Empfängern oft nicht im gewünschten Maße wahrgenommen.

Problemlösung:

- Der Fax-Massenversand ist in der Regel preisgünstiger als das Mailing. Seine Kosten bewegen sich je nach Vorleistung bereits bei etwa ab 19 Pfennigen je Seite bzw. Empfänger.
- Per Fax versandte Produktwerbung und Angebote gelangen eher auf den Tisch des Entscheiders.

Die Voraussetzung ist jedoch, dass sie auf den ersten Blick einen hohen Informationsgehalt bieten. Wenn der Inhalt auf die Interessen des Empfängers zielt, ihm konkrete Vorteile bietet, entfaltet das Fax seine volle Werbewirkung.

- Der Text sollte möglichst kurz und bündig, die Schrift leicht lesbar sein. Am besten eignen Schriften wie »Arial« und »Helvetica« in Schriftgrößen zwischen 12 und 14 Punkt.
- Der Rücksendeabschnitt sollte den Empfänger zur spontanen Reaktion animieren. Er sollte nur noch die Aufgabe haben, den Firmenstempel auf den Kupon zu setzen und diesen zurückzufaxen.

Erfolgsentscheidend ist auch, ob sich der Textinhalt auf ein aktuelles Ereignis bezieht. So kann das Fax die Einladung zum Besuch des Messestandes oder auf eine zeitlich begrenzte Preisaktion hinweisen.

Das Faxgerät ist als reaktives Instrument ideal, wenn es etwa darum geht, auf detaillierte Kundenfragen schnell, umfassend und kompetent Antwort zu geben. So werden in Unternehmen Antwortfaxe auf die häufigsten, per Fax gestellten Fragen vorbereitet und archiviert. Auf diese Weise kann das Sekretariat unverzüglich auf eine Anfrage reagieren. Vorteil: Es muss nicht erst der zuständige Sachbearbeiter mit der Bearbeitung betraut werden.

Bei Faxantworten aus dem Personalcomputer lassen sich die Informationen durch die Verknüpfung mit der Database auf den einzelnen Kunden maßschneidern. Bspw. kann durch Einbeziehung einer Tabellenkalkulation postwendend ein kundenspezifisches Angebot zurückgefaxt werden.

In Unternehmen wird das Faxgerät auch zur Unterstützung des Telefonverkaufs genützt, wobei der Wechsel von mündlichen und schriftlichen Informationen in einer Art Drehbuch geregelt wird. Hierbei werden Verkaufsargumente durch Visualisierung gestützt, indem während des Verkaufsgesprächs bspw. Funktionszeichnungen oder Ablaufpläne durchgefaxt werden. Während der Einwandbehandlung lassen sich Richtigstellungen durch den Versand entsprechender Dokumente bewerkstelligen.

Die Faxunterlagen werden nach folgenden Kriterien zusammengestellt:

- Welche Informationen benötigt der Kunde?
- Welche Fragen könnten während des Verkaufsgesprächs auftreten?
- Welche Einwände könnte er vorbringen? Um wirklich möglichst alle Fragen einzubeziehen, sollten die Faxun-

terlagen in Themengruppen geordnet werden. Bspw. bei Einwänden:
- zur Qualität
- zu den Eigenschaften
- zum Nutzen
- zu den Anwendungsbereichen
- zur Bedienungsfreundlichkeit
- zur After Sales Betreuung
- zur Preis-/Leistung
- zu den Folgekosten
- zum Vergleich mit Wettbewerbern
- und zu den Abläufen.

Die Voraussetzungen solcher Faxdokumente sind:
- Kurz und bündig gehaltene Inhalte. Komplizierte Inhalte lassen sich oft besser bildhaft darstellen. Der Empfänger versteht die Zusammenhänge besser, wenn sich die Informationen auf das Wesentliche konzentrieren.
- Aktuelles Material. Die Faxunterlagen sollten regelmäßig auf ihre Aktualität, bspw. Preise und Lieferzeiten, kontrolliert und die Inhalte laufend fortgeschrieben werden.
- Übersichtliche Sortierung. Sinnvoll sind Hängeordner oder Unterschriftenmappen. Beim Faxen aus dem PC können Unterverzeichnisse die Sortierung erleichtern. Die Ordner- und Dateinamen sollten jedoch klare Hinweise auf den Inhalt zulassen, die Dokumente sollten nicht versehentlich verändert oder gelöscht werden können.

Der Kunde sollte aber auch durch Faxabruf aktiv auf Produkt- und Serviceinformationen zugreifen können. Ablauf: Der Kunde wählt an seinem Faxgerät die entsprechende Faxabrufnummer und drückt dann die Empfangstaste. Schon erhält er das gewünschte Dokument. Hierzu gibt es verschiedene Abrufsysteme:
Faxpolling: Der Kunde stellt an seinem Faxgerät die Funktion »Polling« ein und wählt die entsprechende Faxnummer an. Nach dem Druck auf die Starttaste wird das Dokument übertragen.
Fax-on-Demand: Der Kunde wählt und wird dann durch eine Stimme durch das Informationsangebot geführt. Dann wählt er per Tastatur das entsprechende Dokument aus.
Faxback: Der Kunde wählt die Faxnummer und hinterlässt dann seine eigene Nummer. Daraufhin erhält er automatisch die von ihm angeforderten Dokumente zugefaxt.

■ **Floprate**
Sie zeigt den Anteil der Neuprodukte an, die frühzeitig aus dem Handel genommen wurden, weil sie auf zu geringes Käuferinteresse stießen.

Problemfeld:
Die sog. Versagerquote ist je nach Sparte relativ hoch. In der Konsumgüterindustrie bspw. geht man von einer Floprate von rund 80 Prozent aus. Dic Unternehmensberatung Artur D. Little kommt sogar zu dem Ergebnis, dass von 100 Neuproduktideen nur eine wirklich erfolgreich ist.

Problemlösung:
Sowohl in der Konsum- wie in der Investitionsgüterindustrie wandeln sich die Unternehmen von der reinen Technikorientierung zur Kundenbedürfnisorientierung. Sie agieren hier nach der Einsicht, dass jedes Kundenproblem eine potenzielle Marktchance bedeutet. Während Technologie-Wettrennen mit den Konkurrenten zur Angleichung von Preis und Leistung der Produkte führte, sind Unternehmen nunmehr bestrebt, ihre Produkte unvergleichbar zu machen, in dem sie sich bei der Produktentwicklung auf die Lösung spezifischer Kundenprobleme konzentrieren.
Deshalb beginnt die Neuproduktentwicklung nicht in der F&E-Abteilung, sondern beim Kunden selbst. So fungiert er nicht nur als Ertragsbringer, sondern auch als Informationsquelle. Der Verkäufer erhält hier eine weitere Schnittstellenfunktion. Er transportiert nicht mehr nur Informationen vom Unternehmen zum Kunden, sondern auch vom Kunden zurück zum Unternehmen.

Lösungsschritte:
Bei der Erforschung von Kundenbedürfnissen orientieren sich die Unternehmen an ihren Wunschzielgruppen. Bspw. werden sie während Kundenterminen befragt, wobei der Außendienst die Antworten in protokollierter Form zurückbringt. Bedürfnisforschung erfolgt auch mittels

- Mailings mit Fragebogen
- Umfragen in der Kundenzeitschrift
- Telefonaktionen
- Workshops
- Kundenkonferenzen
- Fachtagungen und zunehmend
- Internet-Diskussionsforen.

Damit sich die Kundenbedürfnisforschung an der Zukunft orientiert, entwickeln Unternehmen in Kundenworkshops auch Zukunftsszenarien. Geschäftskunden bspw. werden hierbei über ihre unternehmerischen Ziele interviewt. In der Diskussion mit dem Kunden werden anschließend die dazu notwendigen Produkt- beziehungsweise Dienstleistungslösungen ins Auge gefasst.
Ob die Marktnische wirklich abgedeckt wird, hängt davon ab, in welchem Maße die Inno-

vation auch im alltäglichen Praxisgebrauch den Kundenanforderungen entspricht. Hier lautet die Lösung, Kundenfokusgruppen in alle Phasen der Forschung und Entwicklung einzubeziehen. Diese Beteiligung reicht bis zum Einsatz eines Prototypen im Kundenunternehmen.

Franchising

In dieser Kooperationsform zwischen zwei Unternehmen gibt der Franchisegeber dem Franchisenehmer die Genehmigung, bestimmte Waren und Dienstleistungen unter Verwendung seines Markennamens zu vertreiben. Außerdem stellt er ihm bestimmte Marketing- und Logistik-Dienstleistungen zur Verfügung. Je nach Franchisesystem sind die Nutzung dieser Leistungen beziehungsweise die Umsetzung der Marketingkonzeption vorgeschrieben.

Problemfelder:
Eine durchgängig gesteuerte Einzelhandelspräsenz über den lokalen Raum hinaus lässt sich nur mit einem Filialnetz bewerkstelligen. Sie erfordert jedoch hohen Kapitaleinsatz und eine komplexe Unternehmensorganisation.

Problemlösung:
Mit einem Franchisesystem wird eine Quasi-Filialisierung erreicht, weil sich die Franchisenehmer vertraglich verpflichten, den Vorgaben des Franchisegebers nachzukommen. Doch im Gegensatz zu den in Filialsystemen angestellten Mitarbeitern profitiert der Franchisenehmer direkt vom Erfolg seiner Tätigkeit. Dies motiviert ihn dazu, seinen Betrieb unternehmerisch zu führen.

Der Franchisegeber kann somit sein Marktpotenzial optimal ausschöpfen, weil er seine Partner steuern und kontrollieren kann.

1. Die Vertriebspartner übernehmen die Marktverantwortung für ihr Lizenzgebiet.
2. Sie fördern die Produktvermarktung aus eigenem Interesse.
3. Sie beschränken sich auf das Sortiment ihres Franchisegebers.
4. Sie unterwerfen sich seinen Coporate Identity-Vorgaben.
5. Sie qualifizieren sich nach seinen Maßgaben.
6. Sie setzen seine Marketingkonzepte und Verkaufsförderungsmaßnahmen um.
7. Sie geben an ihn Marktinformationen zurück.
8. Sie akzeptieren Qualitäts- und
9. wirtschaftliche Erfolgskontrollen.
10. Sie entwickeln unternehmerisches Engagement für ihr Franchisesystem.

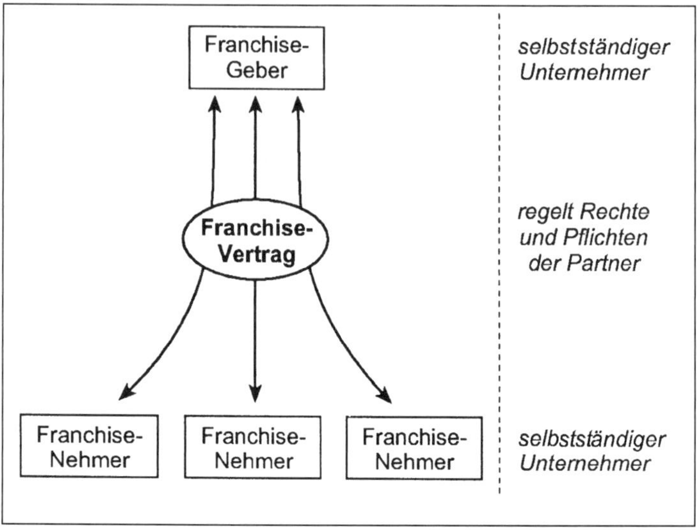

Franchising: Franchise-System (Büchner/Kästner: Franchising, Landsberg 1999)

Lösungsweg:
Franchisegeber müssen auf zwei unterschiedlichen Märkten kompetent sein:

1. Auf dem Markt ihrer Branche, in dem sie über ihre Systempartner ihre Produkte und Dienstleistungen vermarkten. Hier steht er im Wettbewerb mit anderen Unternehmen der Branche.
2. Auf dem Markt der Existenzgründer, in dem er an potenzielle Franchisenehmer schlüsselfertige Existenzkonzepte vermarktet. Hier steht er im Wettbewerb mit anderen Franchisesystemen.

Der wichtigste Schritt ist deshalb eine kritische Selbstanalyse. Sie soll zeigen, ob die zu einem erfolgreichen System notwendigen Voraussetzungen geschaffen werden können, nämlich:

- die Installation eines für den Franchisemarkt erfolgreichen Geschäftstyps,
- der Transfer des notwendigen Anwendungs-Know-hows an die Franchisenehmer und
- der Aufbau eines leistungsfähigen Informations- und Logistikzentrums zu ihrer Anbindung.

Mit einer Positionsanalyse wird zunächst die aktuelle Stellung im Markt dargestellt. Sie soll deutlich machen, welche Voraussetzungen für die Entwicklung eines Franchisesystems bereits vorhanden sind und welche noch geschaffen werden müssen. Folgende Punkte sollte der Unternehmer genau kennen:

1. Die Marktposition des eigenen Unternehmens
2. Die Stärken und deren Ursachen
3. Die Schwächen und deren Ursachen
4. Die Unterscheidungsmerkmale zu Wettbewerbsbetrieben
5. Die Marktanteile seines Unternehmens
6. Das Profil der Zielgruppen
7. Die Verkaufsbotschaften der Wettbewerber
8. Die Erfolgsfaktoren Ihres Geschäftsfeldes

In der zweiten Phase geht es darum, für das Franchisesystem eine »USP«, also einen herausragenden Wettbewerbsvorteil zu schaffen. Im Idealfall geschieht diese Alleinstellung über das besondere Produkt oder die besondere Dienstleistung. Doch auch über das Produktumfeld lässt sich eine Heraushebung erreichen. Dies beginnt bei der Produktverpackung und reicht bis zum Unternehmens-Image.

Damit zusammenhängend geht es dann um die Einschätzung des Marktpotenzials. Die Frage lautet folglich: Reicht das Volumen für die künftigen Franchisenehmer aus?

Dann wird festgelegt, welche Zielgruppe als Franchisenehmer angesprochen werden soll. Einerseits sollte das Partnerprofil möglichst klar definiert sein, es sollen sich aber auch eine möglichst große Zahl potenzieller Franchisenehmer angesprochen fühlen.

Bevor es an die Planung geht, sollten die Planungskriterien in zweierlei Hinsicht abgesichert werden:

- Ist auf dem Absatzmarkt ausreichend Bedarf für das Produktangebot vorhanden?
- Ist auf dem Existenzgründermarkt ausreichend Bedarf nach dem Franchisesystem vorhanden?

Hier bieten sich Marktumfragen an, und zwar sowohl bei den anvisierten Abnehmern wie bei den potenziellen Systempartnern.

Die eigentliche Konzeption beginnt mit der Organisationsphase:

- Die Aktionsplanung legt fest, aus welchen Bausteinen das System bestehen soll, welche dazu bereits vorhanden sind und welche noch entwickelt werden müssen.

- Die Organisationsplanung koordiniert Aufgaben und Kompetenzen.
- Die Kommunikationsplanung verknüpft diese Funktionen.
- Die Terminplanung vernetzt die zeitlichen Abfolgen.
- Die Kostenplanung legt das Budget fest und klärt die Mittelbeschaffung.

Die letzte Aufbauphase betrifft das Franchisepaket. Es listet als Orientierungshilfe alle Soll-Kriterien über den Franchisenehmer, seinen Betrieb und seine Kundenzielgruppe auf. Es beschreibt bspw. auch die Rekrutierungsstrategie und das notwendige Schulungsprogramm. Die Soll-Beschreibung des Geschäftsbetriebs eines Franchisenehmers enthält Vorgaben hinsichtlich Standort, Ausstattung, Personal und Führung.
Der wichtigste Inhalt ist das Franchisehandbuch. Aus dieser Dokumentation erfährt der Franchisenehmer, wie er seine Erfolgsziele erreicht. Dieses Systemhandbuch beschreibt bis ins letzte Detail auch alle Verpflichtungen der beiden Partner.

▪ Funkwerbung

Innerhalb des Mediamix kommt der Funkwerbung die Aufgabe zu, Werbebotschaften rasch zu verteilen.

Problemfeld:
Für den lokalen Einzelhandel erzielt Werbung in Printmedien, allem voran die Lokalzeitung, bei jüngeren Zielgruppen nicht mehr die geforderte Reichweite bzw. Akzeptanz.

Hintergrund:
Print- und Funkwerbung sind grundlegend unterschiedliche Marketinginstrumente. Die Tageszeitung und das Anzeigenblatt werden aktiv konsumiert, ihr Inhalt wird bewusst aufgenommen. Bei der Funkwerbung nimmt der Empfänger passiv auf, was sein Ohr erreicht. Ihr Inhalt wird über die emotionale Ebene aufgenommen.

Problemlösung:
Funkwerbung und Printwerbung werden in der Regel als sich ergänzende Medien genützt. Bspw. soll die Funkwerbung beim Empfänger erst einmal Aufmerksamkeit wecken. Die Zeitungsanzeige, der Prospekt und die Schauwerbung geben ihm die Gelegenheit, sich auf die Produktversprechungen zu konzentrieren und Kaufbedürfnis zu entwickeln.
Bei der Gestaltung der Funkwerbung gelten jedoch besondere Regeln, denn innerhalb der wenigen Sekunden des Funkspots muss das Interesse des Zuhörers geweckt und die Botschaft transportiert werden. Deshalb erfordert die Konzep-

tion Antworten auf folgende Fragen:

- Mit welchen Schlagwörtern wird die Zielgruppe erreicht?
- Mit welcher originellen Idee kann sich ein Unternehmen von den anderen Spots abheben?
- Mit welchen Aussagen lassen sich das Interesse und die Wünsche der Zielgruppe wecken?
- Wie muss die Aussage gestaltet sein, damit sie glaubhaft wirkt?
- Wie lässt sich der Adressat zur gewünschten Reaktion bspw. Response oder zum Kauf veranlassen?
- Wie erreicht man, dass der Adressat die Werbebotschaft an andere weitergibt?
- Wie bleiben ihm Sachinformationen wie bspw. Firmen- und Produktname, Bezugsquelle, Adresse, Rufnummer in Erinnerung?

Bei der Senderauswahl gilt: Das vom Sender abgedeckte Gebiet sollte möglichst mit dem Einzugsgebiet des Unternehmens übereinstimmen. Die einzelnen Anbieter decken mit ihrem Programmangebot gezielt bestimmte Hörergruppen ab.

Entscheidend ist vor allem auch das Preis-/Leistungsverhältnis. Ein grober Anhaltspunkt ist der Tausend-Kontakte-Preis, der aussagt, was es kostet, 1.000 Hörer zu erreichen.

Wenn das Einzugsgebiet über das Sendegebiet hinausreicht, bieten sich Kombinationsangebote an, die Sendegebiete koppeln. Dieses Paket kann sogar flächendeckend ganz Deutschland umfassen.

Die üblichen Spots dauern 20 oder 30 Sekunden. Zunehmend gewinnen aber auch kürzere an Bedeutung. Ausschlaggebend ist die Penetration. In der Regel rentiert sich eine Kampagne erst bei etwa 50 Schaltungen.

Erfolgsentscheidend ist auch die Originalität des Konzepts, doch der Gag sollte die Botschaft herausheben und nicht ersticken.

Aber auch Sonderwerbeformen bieten sich an, um Botschaften zu transportieren, bspw. Live-Durchsagen, PR-Sendungen, Gewinnspiele und Live-Aktionen. Schließlich ist auch Sponsoring, die finanzielle Unterstützung eines redaktionellen Beitrags für häufige Namensnennung, eine erfolgversprechende Alternative.

Schließlich kommt es auch auf die richtige Tageszeit an. Die Regel: Morgens erreicht Funkwerbung den Familienvater während des Frühstücks und auf der Fahrt zum Arbeitsplatz, vormittags und nachmittags die Hausfrau bei der Küchenarbeit, und abends die Singles. Da jedoch je nach Tageszeit die Reichweiten unterschiedlich sind, sind auch die Preise nach

Tageszeit und Wochentag gestaffelt.
Ein weiterer Kostenfaktor ist die Produktion. Bei einem einfachen Spot müssen rund 700 Mark für Konzeption, Sprecherhonorar, Studio mit Tontechniker und Produktionsmaterial angesetzt werden. Mit Musik-Mix sind es rund 1000 Mark und für einen aufwändigen Spot mit Dialogen und Sound-Effekten werden etwa 1600 Mark in Rechnung gestellt.
Die Werbeagentur, das Studio und der Sender, die die Produktion übernehmen, müssen eingehend gebrieft werden. Wenn es um die Gestaltung des Werbespots geht, muss sich der Werbetreibende von seinen eigenen Vorstellungen lösen und sich am Geschmack seiner Wunschzielgruppe orientieren.

■ **Gatekeeper**
Sie versorgen ein Buying-Team mit Informationen der Anbieter und kontrollieren den Informationsfluss zwischen den Entscheidern, den Mitentscheidern und den Beeinflussern. Sie sind somit vor allem für die Entscheidungsvorbereitung maßgebend.
Im Marketing-Sprachgebrauch wird auch der Handel als Gatekeeper, also als Pförtner, bezeichnet, weil er das Angebot des Herstellers an den Verbraucher vorselektiert.

Problemfeld:
Für die Industrie ist der Handel zu einem Engpassfaktor beim Warenabsatz geworden, weil dem riesigen Produktangebot eine nur begrenzte Regalfläche zur Verfügung steht. So listet der Handel nur die Hersteller, beziehungsweise Herstellerprodukte, die seinen spezifischen Interessen am ehesten entsprechen. Im Konditionsbereich reichen sie von Skonti und Rechnungsrabatten bis zur Leistungsvergütung, Listungsvergütung, zum Bonis, Neueröffnungsrabatt und Werbekostenzuschuss.

Problemlösung:
Bei der Strategieplanung zur Vorbereitung der Jahresgespräche sollte der Hersteller mit seinen Key Account-Managern Lösungen entwickeln, die die Interessen des Handels mit berücksichtigen, ohne dass hierbei Kompromisse bei den Konditionen geschlossen werden müssen. Dies betrifft bspw. die Gewährleistung der Abverkaufserfolge oder die Senkung der Handling-Kosten.
Solch ein Konzept kann das koordinierte Zusammenwirken zur Optimierung des Warenflusses (Supply Chain Management) zum Inhalt haben. Es kann auch eine umfassende Kooperation beinhalten: Eine Vernetzung, beginnend bei der Marktforschung bis zur Just-in-Time-Anlieferung an die einzelnen Outlets reicht die Effizient Consumer Response.

Bei dieser Strategie stellt der Hersteller nicht mehr die eigene Umsatzentwicklung in den Mittelpunkt seiner Aktionen, sondern die gemeinsame Ausschöpfung der Marktpotenziale.

▪ Generation @

Diese Bezeichnung umfasst die Konsumentengruppe im Alter zwischen 15 und 21 Jahren. Dies Altersgruppe verfügt über ein relativ hohes Konsumbudget.

Problemfelder:
Die Konsumentengruppe Generation @ im Alter zwischen 14 und 29, ist in vielfältige Alters- und Szenegruppen zersplittert. Es gibt nur wenig Gemeinsamkeiten zwischen diesen Segmenten. Ihren Namen erhielt sie, weil ihr Leben von den elektronischen Medien mitbestimmt wird.
Die Dauerberieselung durch diese Medien beeinflusst ihr Kommunikationsverhalten.
Dies macht es schwierig, Werbeplattformen und Werbebotschaften zu finden, die ihre Aufmerksamkeit erregen.

Hintergrund:
Die Generation @, auch die Generation der ausgeglichenen Pragmatiker genannt, folgt der Generation X nach, die von den Marketingstrategen die Bezeichnung »enttäuschte Optimisten« erhalten hat.
Nach einer Umfrage des B.A.T.-Freizeitforschungsinstituts in der Konsumentengruppe empfinden 57 Prozent der Befragten, dass Werbung, Medien und Computerkultur zunehmend ihr Leben und ihren Lebensstil beeinflussen. Zappen und Surfen übertragen sich auch auf die Lebenseinstellung. So erklärten 40 Prozent der Befragten, dass bei ihnen Kontakte relativ oberflächlich bleiben.
Vereinfachte Typologie:

- Das Gamekid ist bis zu 15 Jahre alt und flüchtet sich auf Grund seiner Machtlosigkeit in Fantasiewelten.
- Der Sorglose ist bis zu 18 Jahre alt und noch eng an seine Familie gebunden.
- Der Fun-Freak sucht seine Unabhängigkeit außerhalb der Familie.
- Der Outlaw verweigert sich den Regeln der Erwachsenenwelt.

Lösung:
Erreichbar sind alle Segmente über ihre gemeinsame Lebensphilosophie, Spaß am Leben zu haben. Unterhaltung, Mode, Musik und Sport stehen im Lebensmittelpunkt.
Für sie symbolisiert der Wert einer Marke die Zugehörigkeit zu einer bestimmten sozialen Kaste, beziehungsweise zur jeweiligen Szene. Ein Markenprodukt muss

- Tradition haben, also das Original sein,
- Spitzenqualität haben, also das Beste sein und
- zur Szene passen, also das Coolste sein.

Diese Voraussetzung erwartet die Generation @ auch von der Werbung. Sie muss:
- innovativ sein und deshalb außergewöhnliche, originelle Inhalte aufweisen,
- souverän den Markenwert darstellen,
- authentisch sein, also Teil der Szene sein.

Die Generation @ verlangt von der an sie gerichteten Werbung, dass sie sich mit ihren Lebensgefühlen identifiziert. Die ideale Werbeplattform ist das Internet, nachdem diese Altersgruppen von Kindesbeinen an gelernt haben, mit dem Personalcomputer umzugehen.

Weiterführende Literatur:
Dammler, Axel; Barlovic, Ingo; Melzer-Lena, Brigitte: Marketing für Kids und Teens, Wie Sie Kinder und Jugendliche als Zielgruppe richtig ansprechen, Landsberg 2000

■ **Gestaltungsmarketing**
Der Einsatz von Farbe, Licht und Formen zur Steigerung der Kaufambiente am POS.

Problemfeld:
Der Einsatz von Farbe und Licht im Verkaufsraum zur Steigerung der Kaufstimmung unterliegt strengen Regeln.

Problemlösung:
Marketingstrategen haben festgestellt, dass sich mit der farblichen Gestaltung des Umfelds eine ganz bestimmte Stimmung, ein Ambiente erzeugen lässt, auf das der Kunde anspricht, und das er unmittelbar auf das Wunschprodukt überträgt. Für die Gestaltung des Verkaufsraums können Licht und Farbe ganz gezielt eingesetzt werden. Diese Gestaltungselemente ermöglichen es sogar, optisch ungünstige Raumverhältnisse auszugleichen. Sie können bspw.
- Räume vergrößern oder verkleinern,
- Gegenstände in den Vordergrund oder Hintergrund rücken.

Sie können aber auch gefühlsmäßig:
- Wärme oder Kälte erzeugen,
- einladen oder abweisen,
- anregen oder beruhigen.

All diese Eindrücke nimmt der Betrachter wahr, ohne dass er die Ursache erkennt. Und das Besondere daran: Bereits mit geringem Aufwand lässt sich eine große Wirkung erzielen –

nämlich die Emotionen des Betrachters in die gewünschte Richtung steuern.
Versuche haben ergeben, dass Farben tatsächlich körperliche Reaktionen hervorrufen können. So fingen bspw. Testpersonen schon nach kurzer Zeit in einem Raum mit hellblauen Wänden zu frösteln an. Eine andere Gruppe, die sich in einem Raum mit orangefarbenen Wänden aufhielt, zeigte diese Reaktion nicht. Tatsächlich aber herrschte in beiden Räumen exakt die gleiche Temperatur.
Farben erzeugen auch Gefühle. Dabei ruft jede Farbe für sich ganz bestimmte Emotionen hervor.

- Rot: Diese Farbe übt den stärksten Reiz auf den Betrachter aus. Im Zusammenspiel mit anderen Farben wirkt Rot vorherrschend. Der Betrachter glaubt, dass rote Gegenstände näher sind als andersfarbige.
  Je nach Helligkeit und Zusammensetzung kann Rot unterschiedliche Emotionen hervorrufen: Dunkelrot wirkt würdig und ernst, Hochrot laut und aufdringlich, in hellen Tönen heiter, freudig und jung.
- Blau: Blau ist eine kalte Farbe. Sie scheint stets fern zu sein. Während Rot nach vorne drängt, weicht Blau zurück.
  Aber in den unterschiedlichen Zusammensetzungen hat es auch unterschiedliche Wirkungen: Marineblau wirkt beruhigend und besänftigend. Blaugrün beinhaltet das Sehnsuchtsvolle, Blauschwarz das Traurige und Hellblau Leichtigkeit und Frische.
- Grün: Sie ist die ruhigste aller Farben und kann deshalb Gegensätze ausgleichen. Grün zieht das Auge an und sättigt es zugleich. Ein ins Gelbliche gehendes Grün wirkt jugendlich, lebendig und aktiv, ein ins Bräunliche gehendes Grün wirkt ernst und schwer.
- Gelb: Gelb ist eine ähnliche Signalfarbe wie Rot, wirkt jedoch weniger aufregend. Es hat eine dominierende Wirkung. Je heller es ist, umso stärker tritt es in den Vordergrund. Das reine Gelb ist die hellste Farbe, die der Farbkreis aufweist. Wird es jedoch dunkler, verliert es an Heiterkeit.
- Braun: Diese Farbe wirkt bodenständig. Denn sie ist erdhaft und verdichtet. Braun ist deshalb auch der Ausdruck für gesund und behäbig. Wird Braun mit Violett gemischt, hat es eine anziehende, ins Magische gehende Wirkung.
- Violett: Diese Farbe wirkt auf viele Menschen bedrückend und ergreifend. Rot-

violett, in dem das Rot nur sanft anklingt, steht für zart und weiblich. Weiblich ist auch Hellviolett in Verbindung mit Weiß und Zitronengelb. Dunkles Violettrot ist würdevoll und schwer. Ein Violett, in dem das Blau vorherrscht (Ultramarin), wirkt geradezu mystisch.

- Weiß: Weiß ist der typische Rahmen für andere Farben. Es gilt zwar nicht als Farbe, hat aber trotzdem seine psychologische Wirkung. Es verkörpert Unschuld und Reinheit, steht aber auch für Sauberkeit und Hygiene.
- Schwarz: Diese Farbe ist das Absolute. Schwarz wirkt ernst, finster, negativ und verschlossen. Weiß und Schwarz sind der absolute Kontrast. Deshalb ist Schwarz auf Weiß besonders augenfällig.
- Grau: Weil diese Farbe ausgleicht und neutralisiert, mildert sie große Farbkontraste und führt diese auch zusammen. Generell wirkt Grau trübe, indifferent und klanglos.

Für die Ausgestaltung eines Verkaufsraumes oder eines Messestandes kann man aus diesem Farbkasten eine Vielfalt von Wirkungen herbeizaubern. So lassen sich je nach Räumlichkeiten viele kleine Bereiche schaffen, die in sich eigene Gefühlswelten bilden.

Beispiel Aktionsware: Sie befindet sich etwa als Sonderplatzierung in einem eigenen Display, in einer Gondel oder auf einer eigenen Theke. Je nach Produkt kann sich das farbliche Umfeld optisch abheben.

Soll bspw. lediglich der günstige Preis hervorgehoben werden und eine starke Aufmerksamkeitswirkung erzielt werden, dann eignen sich aggressive, leuchtende Farben wie Rot und Orange.

Allerdings ist hier zu berücksichtigen, dass diese Farben nur dann den gewünschten Effekt erzielen, wenn sie relativ sparsam, dafür aber gezielt eingesetzt werden. Andernfalls wird der Betrachter irritiert. Hinzu kommt, dass Produktdisplays an sich schon auffällig gestaltet sind, und Farben wie Rot, Orange, Gelb gerne eingesetzt werden.

Farben sind somit bereits ein deutliches Signal für den Betrachter. Intuitiv versteht er ihre Symbolik. So kann schon die farbliche Gestaltung einer Produktpräsentation deutlich machen, ob es sich um ein Produkt der oberen oder unteren Preisklasse handelt. Soll bspw. ein Produkt des oberen Segments ausgestellt werden, dann werden sein Wert und seine Exklusivität am ehesten durch Farben wie Dunkelblau, kombiniert mit Gold, Purpurrot und Schwarz ausgedrückt. Um in der Schau-

werbung solche farbliche Hintergründe zu erzeugen, genügen bspw. einfache farbige Kartons, Tücher und Stoffe, die sich auch im Schaufenster gut anbringen lassen.
Mittels Farbsymbolik lassen sich auch unterschiedliche Kundengruppen ansprechen: Die Farben Blau, Grau, Silber sind bspw. typische »Technikfarben«. Sie unterstreichen den hohen technischen Standard, die Funktionalität. Deshalb eignet sich ein in diesen Farben gehaltenes Umfeld vor allem dazu, männliche Kunden anzusprechen, die sich für das Technische interessieren. Gleichzeitig suggerieren diese Farben eine hohe Kompetenz.
Um die räumliche Wirkung exakt zu steuern, lässt sich gezielt mit Kontrasten arbeiten:

- Verschiedene Helligkeitsgrade einer Farbe, wie bspw. Hellblau – Mittelblau – Dunkelblau ergeben eine besonders starke Tiefenwirkung. Mit ihnen kann man Räume optisch ausweiten. Daher eignen sie sich besonders für Verkaufsräume, die in ihren Ausmaßen beschränkt sind.
- Verschiedene Töne einer Farbe, bspw. Gelbgrün und Gelborange wirken eher dezent. In diesem Fall haben die Wände nur Rahmenwirkung und führen die Augen des Betrachters an das Angebot heran.
- Unterschiedlichen Farben verschiedener Temperatur, bspw. Blau – Orange sorgen für eine junge, bunte, lebhafte Welt. Sie dienen dazu, die Stimmung des Kunden zu heben und damit die Kauflaune anzuregen.

Bei der Wahl der Farben und ihren Kombinationen genügt es nicht nur, die Produkte wirkungsvoll zu präsentieren. Maßgebend bei der Farbzusammenstellung ist auch die Orientierung an den zielgruppenspezifischen Farb- und Geschmackswelten. Bspw.:

- Rustikalität. Etwa 40 Prozent der Deutschen fühlen sich davon angesprochen, denn diese Farbwelt bewirkt das Empfinden von Wärme und Gemütlichkeit. Die Hauptfarben sind gedämpfte Brauntöne, außerdem warme Graunuancen, cremige Weißtöne, Lindgrün und Orangerot.
- Romantik: Sie ist ebenfalls ein nostalgischer Stil, im Gegensatz zur Rustikalität jedoch zart und gefühlsbetont. Ihre Hauptfarben sind helles Blau und Rosa. Als Akzentfarben gelten Delfter Blau, Dunkelgrün und dunkles Rosé. Von diesem Stil werden vor allem weibliche Kunden angesprochen.
- Moderne Klassik: Sie wird von Ästheten bevorzugt, die

sich aber deutlich gegen herrschende Moderichtungen sträuben. Hauptfarben sind Weiß mit einem bestimmten Farbschimmer sowie Grautöne. Als Akzentfarben gelten Gold und Silber, Schwarz und Weiß.

Durch farbliche Veränderungen der Verkaufsräume lassen sich immer wieder neue Welten herbeizaubern und immer wieder neue Emotionen wecken. Dies ist bspw. im Wechsel der Jahreszeiten eine gute Möglichkeit, dem Kunden ein die Kauflust steigerndes Ambiente zu schaffen.

- In der kalten Jahreszeit entsteht der Wunsch nach Wärme und Behaglichkeit. Dies erreicht man mit warmen Farben und Lichtquellen, die der Sonne nachempfunden sind.
- Bereits im ausklingenden Winter lassen sich bei den Kunden die ersten Frühlingsgefühle mit hellgrünen, hellgelben und himmelblauen Farben erzeugen.
- Sommer: Sommerliche Vorfreude entsteht mit sonnigen Farbtönen wie Gelb und Orange. Im Hochsommer lässt sich die Hitze mit kühlenden Farben mildern wie helles Blau, sattes Grün und Weiß mit Farbschimmer.
- Im Herbst wollen Kunden noch lange den Spätsommer genießen. Dazu eignet sich kräftiges Orange, Sonnenblumengelb und Ocker.

Licht als Gestaltungsmittel
Wenn Farbe umfassend als Gestaltungsmittel eingesetzt wird, dann ist es besonders wichtig, die Beleuchtung exakt darauf abzustimmen: Je nach Lichtquelle lassen sich die Farben erheblich verändern.
Am besten eignen sich tageslichtähnliche Leuchtstofflampen, um den gesamten Verkaufsraum in ein gleichmäßig helles, schattenfreies Licht zu tauchen.
Farb- und Lichtgestaltung lassen sich allerdings nicht trennen, denn mit Licht können die Farbwirkungen noch weiter variiert werden. Außerdem verändern Farben im Wechsel des Lichts ihre Eigenschaften.Wenn somit Licht gezielt als Gestaltungsmittel eingesetzt wird, muss diese Wirkungen berücksichtigt werden.
Besonders wirkungsvoll lassen sich Produkt-Highlights mit Licht in Szene setzen. Angestrahlt oder in einer Lichtinsel platziert, erregen sie schon von weitem Aufmerksamkeit und machen auch diejenigen neugierig, die bisher kein Bedürfnis nach dem ausgestellten Produkt entwickelt haben.
Sollen in Glasvitrinen ausgestellte Produkte angestrahlt werden, muss das Glas reflekti-

onsfrei sein. Sonst ergeben sich Spiegelungen, die die Präsentationswirkung reduzieren. Sparsam, aber gezielt eingesetzt, wirken Lichteffekte am besten. Dies gilt auch für das Schaufenster: Hell ausgeleuchtet wirkt es besonders gut. Und gerade wenn die Tage kürzer werden, ist es notwendig, durch Licht die fehlende Helligkeit wieder auszugleichen.

▪ Global Marketing

Mit einer weltweiten Marketingstrategie wollen so genannte Global Player eine Koordination ihrer Marktauftritte erreichen.

Hintergrund:
Auf Grund des weltweiten Vordringes der Märkte entwickeln sich in den einzelnen Ländern so genannte cross cultural target groups (CCTGs), also Konsumentgruppen aus unterschiedlichen Kulturkreisen, aber mit identischen Bedürfnisprofilen. Allerdings gibt es noch immer nationale Unterschiede im Verbraucherverhalten.

Problemfeld:
Die unterschiedlichen Sprach- und Kulturkreise machen es schwer, eine Vermarktungsstrategie zu entwickeln, die für alle Märkte gleichermaßen erfolgversprechend ist.

Problemlösung:
Global Player agieren zwar grenzüberschreitend, geben sich aber in den Einzelmärkten landeskonform. Da die Einzelmärkte unterschiedliche Voraussetzungen aufweisen und jeder seinen eigenen Spielregeln folgt, muss für jeden Einzelmarkt eine spezifische Marketingstrategie entwickelt werden. Internationales Marketing ist deshalb die Summe von in sich abgeschlossenen regionalen Marketingstrategien. Folgende Kriterien bestimmen das jeweilige Vorgehen mit:

- Kulturkreis
- Gesellschaftsprofil
- Gesetzeslage
- Interessenverflechtungen
- Konsumverhalten
- Wettbewerbssituation

Mit jedem neuen Exportmarkt muss auch der Unternehmensauftritt geprüft werden. Die Frage lautet hier: Wie wirkt die Corporate Identity des Unternehmens auf die Zielgruppen des neuen Marktes?
Die Antwort kann unter Umständen eine tiefgreifende Änderung im Unternehmensauftritt mit sich bringen. Global Player ziehen hier sogar Änderungen der Markennamen mit in Betracht.
Ausschlaggebend ist auch, nach welchen Prioritäten die einzelnen Auslandsmärkte ausgewählt werden sollen. Meist wer-

den die ertragsstärksten Märkte bevorzugt, unabhängig davon, inwieweit sie Ähnlichkeiten mit dem Home-Market aufweisen. Mehr Chancen bietet jedoch die Netzstrategie, ausgehend von den Märkten, die mit den bisher erschlossenen verwandt sind.

Die Methode dieses transregionalen Marketings:

1. Von Grenzregion zu Grenzregion ins benachbarte Ausland.
2. Jeweils das Land erschließen, das feste historische, kulturelle oder wirtschaftliche Verflechtungen mit einem bereits erschlossenen Markt aufweist, bspw.:
   - über Großbritannien nach Australien bzw. nach Hong Kong und von dort aus nach China.
   - Von Frankreich aus über das französischssprechende Quebec in die weiteren kanadischen Provinzen oder
   - von Spanien oder Portugal in die Staaten Südamerikas, in denen spanisch bzw. portugisisch die Landessprache ist.

Ausschlaggebend ist auch, über welche Plattform der neue Markt erschlossen werden soll.

1. Der direkte Export ist empfehlenswert, wenn der Markt vertraut ist und im Land im notwendigen Umfang Generalimporteure zur weiteren Distribution vorhanden sind.
2. Die Vertriebsniederlassung ist sinnvoll, wenn das Netz regionaler Vertriebspartner ausgebaut werden soll. Die Mitarbeiter der Auslandsniederlassungen sollten jedoch aus den jeweiligen Märkten stammen bzw. über intime Marktkenntnisse verfügen.
3. Die Auslandstochter ist je nach steuerlicher und gesetzgeberischer Voraussetzung des Ziellandes die bessere Alternative.
4. Joint Venture, die Allianz mit einem marktkompetenten Partner des Ziellandes ist dann empfehlenswert, wenn dieser ebenfalls hohen Nutzen aus der Kooperation ziehen kann.
5. Franchising verspricht die effizienteste Markterschließung. Doch es setzt Markterfahrungen in zwei verschiedenen Bereichen voraus: zum einen im Franchisingmarkt des Ziellandes, zum anderen im Branchenmarkt.
6. Licenzing: Es ermöglich das Eindringen in unbekannte Märkte mit geringem Mitteleinsatz. Doch bei solchen Partnerschaften wird Know-how aus der Hand gegeben, zumal es je nach Zielland schwierig ist, die Vertragsregelungen durchzusetzen.

Bei der Markterschließung gilt, dass sich die landestypischen Besonderheiten in der Regel

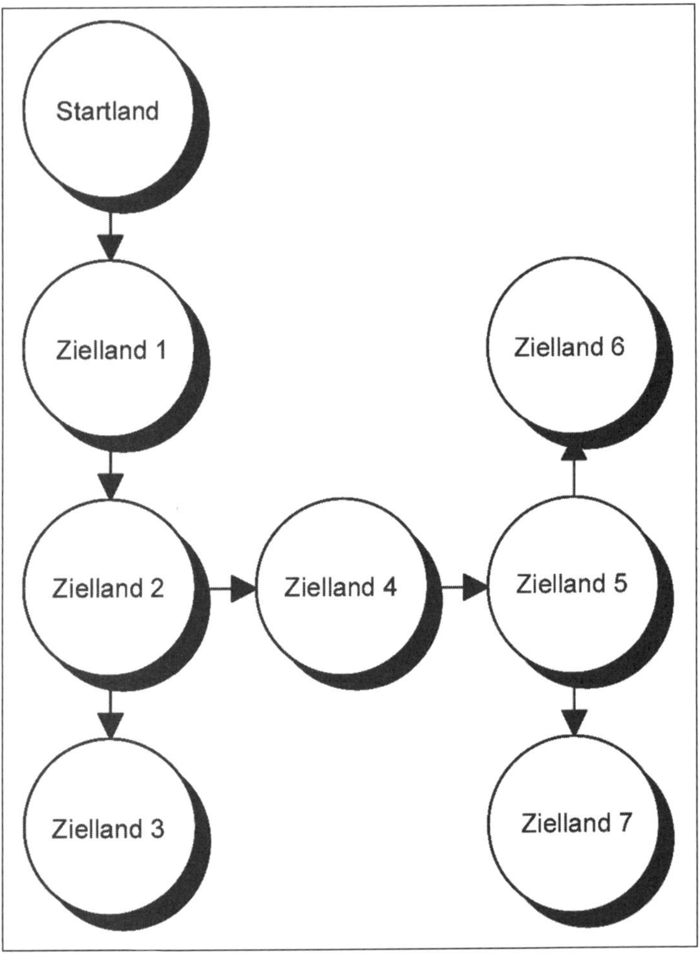

Global Marketing: Erschließung von Auslandsmärkten mit transregionalem Marketing

erst bei intensiven Marktuntersuchungen zeigen. Global Player ziehen deshalb Marktforscher und Unternehmensberater aus den Zielländern hinzu, wenn sie die Konsumkultur und das Verbraucherverhalten untersuchen wollen.

Ein zentrales Problem beim Wettbewerb in verflochtenen Auslandsmärkten ist der Einsatz des Strategieinstruments »Preis«. Typisch sind hier die Kfz- und die Pharmabranche. Ihre Preispolitik auf den Auslandsmärkten wirkt sich in Form von »grauen Märkten« direkt auch auf den Preiswettbewerb im heimischen Markt aus. Eine mögliche Lösung ist, mit dem Preis auch das Produkt zu modifizieren, so dass der Preisunterschied durch entsprechende Qualität, Leistung oder Nutzenunterschiede erklärbar wird. Schließlich müssen Auslandsmärkte zumindest ebenso intensiv entwickelt werden wie der heimische
Markt, denn es ist damit zu rechnen, dass die Wettbewerber bei der Abwehr ihren Heimvorteil nutzen. Deshalb werden »Global Player« auf den Zielmärkten umgehend wieder zu »Local Playern.«

Weiterführende Literatur:
Kath, Joachim: Global Marketing, Marketing ohne Grenzen, München 1995

■ **Global Sourcing**
Das Beschaffungsmanagement eines Unternehmens über Ländergrenzen hinweg.

Hintergrund:
Weltumspannende Beschaffungsstrategien werden durch drei Entwicklungsfaktoren erleichtert:
- Moderne Kommunikationsmittel wie bspw. das Internet,
- die in Relation zu den Gesamtkosten niedrigen Transportkosten,
- das wachsende Herstellungs-Know-how in den Niedriglohnländern,
- die grenzüberschreitend gültigen Standards und
- die fallenden Handelsbarrieren.

Grenzüberschreitende Beschaffung gewinnt damit auch für den mittelständischen Einzelhandel zunehmend an Bedeutung. Nach einer entsprechenden Umfrage erklärten 53 Prozent, dass für sie ausländische Lieferanten an Bedeutung gewinnen werden und dass sich ihre Lieferantenstruktur entsprechend verändern werde.

Problemfeld:
Bisher war für einen Lieferanten das Wettbewerbsumfeld überschaubar. Er konnte die Stärken und Schwächen seiner Wettbewerber einschätzen und entsprechend agieren. Durch die globale Beschaffungsstrategie seines Kunden wird für den Lieferanten auch der Konkurrenzkampf global.

Problemlösung:
Der Zulieferer kann sich in seiner Leistungsfähigkeit am inter-

nationalen Wettbewerb orientieren und sich aus der geografischen Nähe zum Kunden einen Wettbewerbsvorsprung schaffen. Die Möglichkeit hierzu bieten ihm verschiedene Formen der Zusammenarbeit:

1. Die Wertschöpfungspartnerschaft: Die gemeinsame Optimierung der Wertschöpfungskette und ein gemeinsames Kostenengineering.
2. Das Design to Cost, die Zielkostenbetrachtung, bei der bereits im Vorfeld der Produktentwicklung der Marktpreis festgelegt wird. Hier kann der Zulieferer seine Zusammenarbeit anbieten, indem er für seinen Kunden Teile entwickelt, die die Produktion beschleunigen oder Ausfälle reduzieren. Somit wird nicht der Preis zum wettbewerbsentscheidenden Faktor, sondern das Kostensenkungspotenzial, das er für den Kunden beinhaltet.
3. Projektmanagement in Projektteams: Die Beschaffung geht von der Einkaufsabteilung auf einen projektbezogenen Arbeitskreis, das Centre of Competence, über. Der Zulieferer kann hierzu als Gegenstück einen vertrieblichen Centre of Competence seinem Kunden zur Verfügung stellen.
4. Make-or-buy-Strategie: Kunden legen im Nutzenvergleich regelmäßig aufs Neue fest, was sie in Eigenregie fertigen und welche Produktionsabschnitte sie externen Anbietern überlassen. Der Zulieferer prüft im Kundenunternehmen, zu welchen Make-Bereichen er für den Kunden wirtschaftlichere Buy-Angebote machen kann.
5. Datenaustausch: Kunden benötigen kurze Kommunikationswege zu ihren Lieferanten. Zulieferer können hier durch den Elektronischen Datenaustausch (EDI) die Chance bieten, die Prozesse zu koordinieren und die Reaktionszeiten zu verkürzen.
6. Einkaufsinformationssystem: Kunden mit mehreren Geschäftsbereichen und verschiedenen Fertigungsstandorten entwickeln EIS-Systeme, um ihre Einkaufsaktivitäten zu koordinieren. Diese ermöglichen es Einkäufern, Vergleichsdaten für ihre Einkaufsentscheidungen heranzuziehen. Hier bieten sich Zulieferern die Möglichkeit, die Daten zur Eigenanalyse und zur gezielten Leistungsverbesserung (Benchmarking) heranzuziehen.

Weiterführende Literatur:

Piontek, Jochem: Global Sourcing, München 1997

■ **GRID**
Ein von den beiden US-Psychologen Dr. Robert Blake und Dr. Jane S. Mouton entwickeltes Modell zur Erkennung der Verkäuferqualitäten.

Problemfeld:
Wie kann ein Verkäufer Verkaufs- und Kundenorientierung in Einklang bringen?

Problemlösung:
Im sog. Verkaufsgitter GRID wird auf der vertikalen Achse die zwischenmenschliche Orientierung, also die Zuwendung des Verkäufers zum Kunden zugeordnet. Auf der horizontalen Achse wird die leistungsbezogene Orientierung, also die Durchsetzung des Verkaufsabschlusses dargestellt. In diesem Gitter sind neun mal neun Felder angeordnet, wobei das erste

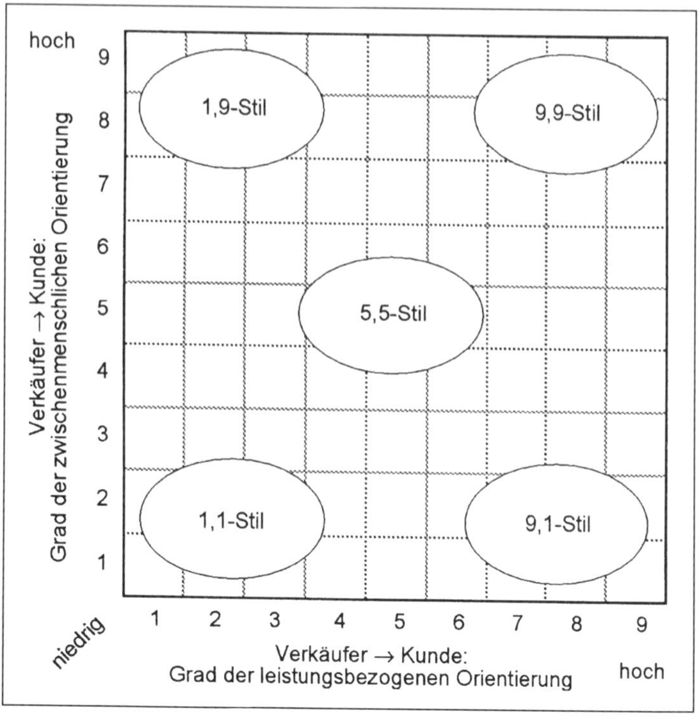

GRID: Das GRID-Verkaufsgitter (nach Blake/Mouton: The managerial grid. Houston: Gulf, 1964)

Feld jeweils die niedrigste und neun die höchste Ausprägung verdeutlicht.

Beispiel:

- Der 1,1-Stil: Der Verkäufer hat weder am Abschluss noch an der Kundenbeziehung Interesse. Weder übt er Einfluss auf den Kunden aus, noch spricht er die Problemlösungseigenschaften des Produktes an.
- Der 1,9-Stil: Dieser Stil trifft auf Verkäufer zu, die sich stark um Beziehungsmanagement bemühen, darüber aber den Abschluss vernachlässigen.
- Der 5,5-Stil: Auf den ersten Blick ein positiver Verkaufsstil: Ausreichende Leistungen werden angestrebt durch routiniertes Ausbalancieren zwischen Abschluss- und Kunden-Orientierung. Allerdings deutet dies eher darauf hin, dass sich der Verkäufer auf erprobte Verkaufstechniken beschränkt.
- Der 9,1-Stil: Typisch für Verkäufer, die extrem leistungsorientiert und äußerst gering kundenorientiert sind. Verkaufsgespräche werden so gestaltet, dass das Kundeninteresse unberücksichtigt bleibt. Er greift auf Hardselling-Methoden zurück, bei denen der Kunde überfahren wird, wobei alle eigennützlichen Druckmittel zum Einsatz kommen.
- Der 9,9-Stil: Diese Strategie verbindet ein hohes Interesse am Verkaufsabschluss mit gleich hohem Interesse am Kunden. Vor den Abschluss wird ein intensiver Austausch mit dem Kunden gepflegt: seine Bedürfnisse werden genau ermittelt und mit dem eigenen Angebot abgestimmt. Angemessene Verkaufsentscheidungen werden gemeinsam erarbeitet. Tauchen Konflikte auf, werden sie offen und einfühlsam aufgenommen und ausgetragen.

Ermittelt werden die Ergebnisse an Hand eines Fragenbogens, wobei der Verkäufer die Antworten heraushebt, die seiner Meinung nach auf ihn am besten zutreffen.

Großhandel

Unternehmen, die in eigenem Namen und auf eigene Rechnung Waren von Herstellern kaufen oder importieren und an den Einzelhandel oder Großverbraucher weiterveräußern.

Problemfeld:

Einerseits konzentriert sich der Einzelhandel und knüpft direkte Kontakte zur Industrie, andererseits entwickeln Hersteller direkte Vertriebswege zum Einzelhandel und zum Endkunden. Somit stehen folgende traditionelle Großhandelsaufgaben in Frage:

- Die Sortimentszusammenstellung aus dem Warenangebot verschiedener Hersteller
- Die Belieferung kleiner Einzelhändler
- Die Beratung der Einzelhandelskunden
- Die Markteinführung neuer Produkte
- Lagerhaltung
- Kreditgewährung an den Einzelhandel
- Warentransport

Problemlösung:
Der Großhandel entwickelt sich zum Systemdienstleister:
- Er optimiert gemeinsam mit Industrie und Handel die Sortiments- und Warensteuerung (Category Management).
- Er fungiert als Informationsvermittler.
- Er übernimmt die Warenlogistik.
- Vor allem übernimmt er für den Einzelhandel zusätzliche Servicedienstleistungen.

Beispiel Einkaufsverbände. Sie üben speziell für Fachhandelsbranchen, so in der Foto- und Spielwarenbranche, wichtige Großhandelsfunktionen aus.
- Sie übernehmen den zentralen Einkauf und erreichen Konditionen, die mit denen der Handelsketten vergleichbar sind.
- Sie vernetzen ihre Einzelhandelsmitglieder zur Optimierung der Warenlogistik.
- Sie übernehmen für sie strategische und operative Marketingdienstleistungen.
- Sie geben ihren Mitgliedsunternehmen durch einen einheitlichen Auftritt eine Markenstruktur.
- Sie veranstalten Seminare für Führungskräfte und Trainingsmaßnahmen für das Verkaufspersonal am POS.

Beispiel Franchisesysteme: Hier ist der Franchisegeber nicht nur Großhändler, sondern umfassender Dienstleister seiner Franchisenehmer. Ziel ist, den Einzelhändler von allen Aufgaben zu entlasten, die nicht direkt mit seiner Verkaufstätigkeit zusammenhängen.
In manchen Branchen übernimmt der Großhandel im Namen und auf Rechnung seines Einzelhandelskunden auch die Betreuung gewerblicher Endkunden und zwar bis zur Auslieferung der Ware.
Im Bereich Werbung unterstützt der Großhandel die lokalen und regionalen Aktivitäten seiner Kunden durch überregionale Werbekampagnen. Er stellt ihnen Material für Mailings und Zeitungsbeilagen zur Verfügung und bietet Vorlagen zur Gestaltung von Anzeigen in Printmedien.

Guerilla-Marketing
hat zwei Bedeutungen:

1. Es bezieht sich auf die Methode kleiner Unternehmen, Marktnischen zu finden, in denen sie nicht den Wettbewerb großer Gegner fürchten müssen. Hierbei setzen sie auf ihre effiziente, flexible Organisationsstruktur. In der Regel wird die Nische als Basis für den Einstieg in einen größeren, beziehungsweise attraktiveren Markt genützt.
2. Die Strategie, Wettbewerber mit Schlägen unter die Gürtellinie zu zermürben. Hierbei landet der Guerilla jeweils eine schnelle Attacke und zieht sich zurück, sobald der angegriffene Konkurrent reagiert.

Problemfeld:
Unternehmen sehen vielfach dann die Voraussetzung für Guerilla-Marketing gegeben, wenn sich ein Konkurrenzkampf mit einem ungleich größeren Wettbewerber entwickelt hat.

Hintergrund:
Das Motto „Faust statt Fairness" ist gesellschaftsfähig geworden, nachdem das französische Managementinstitut ESLSCA jetzt sogar eine Ecole de Guerre Economique, eine Schule der wirtschaftlichen Kriegsführung, gegründet hat.

Problemlösung:
Guerilla-Taktiken führen unter folgenden Voraussetzungen zum Erfolg:

- Der Angreifer muss seine eigenen verwundbaren Stellen kennen und sichern, bevor er offensiv wird.
- Der Angreifer muss alle Voraussetzungen schaffen, dass er seine Offensive kraftvoll, schnell und sicher bis zum Abschluss führen kann. Sonst findet der Gegner Zeit, Gegenmaßnahmen einzuleiten.
- Der Angreifer muss die gegnerische Schwachstelle, die er angreifen will, genau kennen.
- Wenn der Attackierende Mitbewerber findet, die den Angriff mittragen, eröffnen sich für den Angegriffenen mehrere Fronten.
- Der Angriff muss für den Gegner überraschend sein. Er darf keine Zeit mehr finden, Gegenmaßnahmen zu planen.
- Die Attacke muss ihn an einer besonders verwundbaren Stelle treffen, damit er durch Maßnahmen der Schadensbegrenzung in seinen Aktivitäten blockiert wird.

Beispiele:
Werbeattacken: Ein typisches Beispiel für Guerilla-Marketing ist ein TV-Spot der Deutschen Telekom, mit dem sie ihren Konkurrenten D2 mit gegenüberstellender Werbung direkt angreift.

Blockadetechniken: Der Wettbewerber wird durch Rechtseinsprüche in Genehmigungsverfahren sowie über Umweltschutzvorschriften, Gewerbeordnungen und Bausatzungen gebremst.

Isolation: Lieferanten werden gedrängt, den Konkurrenten nicht mehr zu bedienen.

Handelsmarketing
Der Begriff steht sowohl für die speziellen absatzpolitischen Instrumente des Handelsbetriebes wie auch für die Maßnahmen der Verkaufsförderung, die der Hersteller für und mit dem Handel umsetzt.

Hintergrund:
Handelsmarketing ist der Versuch, die teilweise gegenläufigen Interessen von Hersteller und Handel zusammenzuführen. Bspw.

- Der Hersteller will den Marktanteil seines Produktes forcieren, der Handel will mit einem möglichst ausgewogenen Sortiment Kunden binden.
- Der Hersteller, aber auch der Handel wollen sich beim Verbraucher profilieren.
- Der Hersteller will langfristig den Umsatz sichern. Der Händler favorisiert ein Produkt nach dem schnellen Umsatz.
- Der Hersteller erhofft sich durch Innovationen neue Wettbewerbschancen, der Handel konzentriert sich lieber auf erfolgreich eingeführte Produkte.

Problemfeld:
Hersteller können nur bis zur Schnittstelle Handel direkten Einfluss auf den Absatz ihrer Produkte nehmen. Bei der Schnittstelle zum Konsumenten ist es dem Können und Wollen des Einzelhändlers überlassen, den Absatz durch begleitende Marketingmaßnahmen zu unterstützen.

Problemlösung:
Hersteller entwickeln Marketingstrategien mit zwei unterschiedlichen Zielrichtungen.

- Zunächst überzeugen sie den Händler, dass sich ihre Produkte für ihn ertragssteigernd auswirken.
- Dann veranlassen sie mittels Handelsmarketing den Verbraucher, sich ihren Produkten zuzuwenden. Hier reichen die Instrumente des Handelsmarketings von Wer-

bung und PR in den Medien bis zu Maßnahmen am Point of Purchase (POP), also vor den Regalen, an denen der Konsument seine Auswahl trifft.

Die Art und Qualität dieses Handelsmarketings ist auch für den Handel mit ein Entscheidungsfaktor. Wenn es seine Interessen ausreichend berücksichtigt und ihn beim Abverkauf unterstützt, dann ist er auch bereit, Hersteller zu listen und ihnen entsprechende Regalfläche zur Verfügung zu stellen. In der Regel gewinnt der Hersteller sogar Verhandlungsspielraum im Bereich der Konditionen, wenn er den Handel von der verkaufsfördernden Wirkung seines Handelsmarketings überzeugen kann.
Im Bezug auf den Fachhandel kommt dem Handelsmarketing des Herstellers eine weitere wichtige Bedeutung zu: Als Dienstleistung stellt es dem Fachhändler vor Ort die Kompetenzen zu Verfügung, die dieser selbst nicht vorhalten kann. So bietet der Hersteller konzeptionelle und operative Unterstützung bei allen vertrieblichen Maßnahmen. Das Ziel des Herstellers ist, für den Fachhandelspartner die Erfolgswahrscheinlichkeit seiner Akquisitionen zu steigern und ihn fester an sich zu binden.
Somit ist für den Hersteller auch die Qualität seines Handelsmarketings ein maßgebendes Wettbewerbsinstrument.

■ **Handelsvertreter**
Selbständige, die gegen Provision Aufträge vermitteln.

Problemfeld:
Outsourcing im Vertrieb soll Fixkosten sparen. Dies bedeutet, die Vermittlung von Geschäften Handelsvertretern zu überlassen. Andererseits sind sie nicht weisungsgebunden wie der Reisende, also der angestellte Verkäufer.

Problemlösung:
Die Entscheidung ob Handelsvertreter oder Reisender erfolgt meist unternehmensindividuell. Bei der Entscheidung für den Handelsvertreter liegen die Hauptargumente in

- seinem unternehmerischen Denken,
- den Synergieeffekten aufgrund seiner Tätigkeit für mehrere Lieferanten,
- seiner ausschließlich erfolgsabhängigen Honorierung.

Allerdings ist der Einsatz des Handelsvertreters nicht in erster Linie von der Provisionshöhe, sondern vom Aufwand abhängig, mit dem er das Produkt verkaufen muss. So zieht er leichtverkäufliche Produkte vor. Das heißt, er favorisiert die Produkte,

- die auf einen hohen Bedarf treffen,
- für die der Markt optimal aufbereitet wurde,
- für die bereits begleitende Verkaufsförderungsmaßnahmen wie Messeauftritte, Mailing und Telefonmarketing in Gang gesetzt wurden,
- für die er umfassend gebrieft wurde und
- für die er mit umfangreichem Präsentationsmaterial und Einwandbehandlungsargumenten ausgestattet ist.

■ Händlerbindung

Maßnahmen zur Förderung langfristiger Geschäftsbeziehungen mit Handelspartnern.

Problemfeld:
Hersteller, die ihr Vertriebsnetz über Fachhändler betreiben, sind auf deren Loyalität und Treue angewiesen.

Problemlösung:
Nach einer Studie der Gesellschaft für Konsumforschung (GfK) speziell für die Telekommunikationsbranchen erwarten Fachhändler von ihren Herstellern:

- Dass die gängigen Produkte immer lieferbar sind. Gerade in Märkten, in denen ein ständiger Produktwechsel die Regel ist, wertet der Handel die Verfügbarkeit der Ware als zentrales Leistungsmerkmal.
- Dann erst ist die Preispolitik des Distributors ausschlaggebend.
- Darüber hinaus werden Probleme bei Reklamationen sowie inakzeptable Lieferzeiten bei den weniger gängigen Produkten als Kriterien für den Wechsel des Distributors genannt. Zwischen der Lieferzeit, die der Einzelhandel maximal akzeptiert, und jener, die der Distributor tatsächlich ermöglicht, besteht zum Teil eine deutliche Differenz, so die Kernaussage der GfK-Studie. Hersteller, Service-Provider und Netzbetreiber, denen es gelingt, Distributoren mit entsprechenden Services zu unterstützen, haben die Chance, sich hierdurch einen deutlichen Wettbewerbsvorteil zu verschaffen, so das Fazit.

Neben den o.g. harten spielen aber auch weiche Kriterien für den Wechsel der Bezugsquelle eine Rolle. So wurden Aspekte des Services wie bspw.:

- unzureichende Betreuung,
- unfreundliche Behandlung und
- schlechte Erreichbarkeit genannt.

Wie aus der Studie auch hervorgeht, ist der Veränderungswille aber nicht stark ausgeprägt. So zeigte die Auswertung, dass im Erhebungsjahr vier von fünf

Fachhändlern ihren Lieferanten treu blieben.

Hard Selling

Verkaufsaktionen mit Kunden, bei denen kein konkreter Bedarf vorhanden ist.

Problemfeld:

In vielen Produktbereichen, bspw. bei Gebrauchsgütern in Privathaushalten, ist bereits ein hoher Sättigungsgrad erreicht. Große Bedarfszuwächse sind nicht mehr zu erwarten. Andererseits bietet die Ersatzbeschaffung den Herstellern und dem Händler nicht genügend Volumen, nachdem die durchschnittliche Lebensdauer, bspw. eines Fernsehgeräts oder einer Waschmaschine über ein Jahrzehnt beträgt.

Problemlösung:

Marketingstrategien und Verkaufsmethoden, die Kunden emotional beeinflussen. Dadurch sollen sie Besitzbedürfnisse entwickeln, auch wenn kein konkreter Bedarf vorhanden ist.

So werden sie dazu veranlasst, gesteigerte Ansprüche in Bezug auf Produkteigenschaften und -leistungen geltend zu machen: wie z.B. zusätzliche Waschprogramme bei der Waschmaschine, ein schnellerer Prozessor beim Personalcomputer oder eine höhere Motorenleistung beim Personenwagen.

Ein weiteres Mittel ist, den gesellschaftlichen Status bzw. das Prestigedenken des Kunden ins Spiel zu bringen. Oft wird in diesem Zusammenhang auch der Vergleich mit Nachbarn herangezogen.

Abschließend werden dem Kunden Sachargumente zur Hand gegeben, mit denen er den Kauf vor sich und anderen begründen kann.

Weitere Hard-Selling-Methoden sind:

- Den Kunden unter Zeitdruck setzen. Beispiel: Künstliche Begrenzung des Angebots.
- Ihn mit Vorleistungen in eine Schuldnerrolle zwingen. Beispiel: Kaffeefahrten.
- Ihn dem Gruppendruck anderer Kunden aussetzen. Beispiel: Verkaufspartys.
- Ihm bei Nichtkauf mit negativen Konsequenzen drohen. Beispiel: Überhöhter Preis für die Reparatur eines defektes Altgeräts.
- Die Abgabe eines Produktes vom Kauf eines anderen abhängig machen. Beispiel: Die Gewährung eines Kredits mit dem Abschluss einer Lebensversicherung.

Hausmesse

Die Ausstellung in den eigenen Wänden dient vor allem der Präsentation neuer Produkte. Angesprochen werden sowohl Vertriebspartner, wie auch Geschäfts- und Privatkunden.

Problemfeld:
Messebeteiligungen sind relativ teuer. Zudem verliert die Wirkung des eigenen Messeauftritts durch die Zahl der Aussteller.

Problemlösung:
Durch eine eigene Messeveranstaltung gewinnt das Unternehmen wieder die ungeteilte Aufmerksamkeit der anvisierten Zielgruppen. Die effizienteste Lösung ist, die Messe in den eigenen Räumen zu veranstalten. Wird eine große Ausstellungsfläche benötigt oder soll die Messe einen repräsentativen Rahmen haben, dann kann sie auch in Konferenzräumen eines Hotels oder eines Kongresszentrums stattfinden. Diese Lösung bietet sich an, wenn die Hausmesse als Roadshow an mehreren Standorten veranstaltet werden soll.
Die Voraussetzung für den Erfolg von Hausmessen ist, dass das Programm den anreisenden Gästen hohen Nutzen bringt:

- Die Hausmesse für den Privatkunden wird eher als Event mit unterhaltsamem Rahmenprogramm veranstaltet.
- Die Produktpräsentation für den Fachhandelspartner oder den Geschäftskunden erhält als Plattform eine Fachtagung, ein Forum oder einen Workshop.

Die eingeladenen Gäste legen jedoch auch Wert auf den Erfahrungsaustausch untereinander, so dass bei der Gestaltung des Ablaufprogramms genügend Freiraum für persönliche Begegnungen zur Verfügung steht. Bei diesem gemütlichen Zusammensein bietet sich auch den eigenen Vertriebsmitarbeitern die Gelegenheit, mit Kunden in lockeren Kontakt zu treten.

■ Haustürgeschäft

Akquisition eines Kunden in dessen Wohnung ohne vorausgegangene Ankündigung.

Problemfeld:
Dem Verkauf an der Haustür sind enge gesetzliche Grenzen gesetzt.

Problemlösung:
Der Verkäufer sollte dem Kunden von vornherein den Grund seines Besuchs darlegen, denn die Tatsache, dass in der Regel Hausbesuche unerbeten und auch unerwünscht sind, macht diese noch nicht rechtswidrig. Hier wird argumentiert, dass der Kunde die Möglichkeit hat, den Verkäufer zurückzuweisen, wenn er sich belästigt fühlt.
Wettbewerbswidrig ist, wenn sich der Verkäufer den Zutritt zu einer Wohnung durch Täuschung erschwindelt oder sonst in irgendeiner Art und Weise erzwingt. Dies ist der Fall, wenn

er ohne Aufforderung die Wohnung betritt oder gar das Schließen der Tür verhindert.

Einen Verstoß gegen Wettbewerbsrecht stellt es auch dar, den Kunden, der vorab durch Anforderung einer Probe oder von schriftlichem Informationsmaterial sein Interesse an einer Ware oder Dienstleistung zeigt, zugleich mit dem unerbetenen Hausbesuch eines Verkäufers zu konfrontieren.

Der Interessent sieht sich in dieser Situation nämlich in der Regel einer besonderen Zwangslage ausgesetzt, die seine persönliche Entschlussfreiheit beschränkt. Da er selbst durch sein anfängliches Interesse den Besuch auslöste, wird es ihm aus Höflichkeit besonders unangenehm sein, den Verkäufer wieder fortzuschicken. Diese Praxis sieht die Rechtsprechung unter dem Gesichtspunkt der Täuschung und Überrumpelung daher als rechtswidrig an.

Auch wenn der Kunde unter Verwendung eines vorab verbreiteten Vordrucks um ein »kostenloses, unverbindliches und persönliches Angebot« gebeten hat, erwartet er eine schriftliche Reaktion und nicht einen persönlichen Besuch. Dieser wäre daher gleichfalls unzulässig.

Wettbewerbswidrig handelt auch derjenige Anbieter, der Interessenten, die auf Grund einer Werbung um die Übersendung von Informationsmaterial gebeten hatten, gleichzeitig mit einem Besuch konfrontiert, nachdem dieser Besuch vorab bei Übersendung des Informationsmaterials einseitig angekündigt worden war. Gewinner eines Werbepreisausschreibens dürfen zur Übergabe des Gewinns ebenfalls nicht von einem Verkäufer aufgesucht werden, wenn der Besuch in Wirklichkeit nur der Durchführung eines Verkaufsgesprächs dient.

In all diesen Fällen gestattet die Rechtsprechung einen Besuch nur dann, wenn der Kunde diesen neben der vorhergehenden schriftlichen Kontaktaufnahme ausdrücklich und unmissverständlich gewünscht hat.

Auch wenn ein Hausbesuch nicht gegen geltendes Wettbewerbsrecht verstößt, darf der Vertreter den Kunden nicht beliebig bearbeiten. Bestimmte Verhaltensformen können hier als Nötigung gewertet werden. Dies ist auch der Fall, wenn der Kunde das Verkaufsgespräch beenden will, aber der Verkäufer reagiert nicht auf diese Aufforderung.

Bei einem solchen Verhalten handelt zunächst nur der Verkäufer wettbewerbswidrig. In trifft die gesetzliche Verpflichtung zur Unterlassung und zum Schadensersatz. Gehört er einer Vertriebsorganisation an, betrifft dies auch das Unternehmen.

Wird ein Kunde in seiner Wohnung zum Abschluss eines entgeltlichen Geschäfts veranlasst, so wird der Vertrag erst wirksam, wenn der Kunde diesen nicht binnen einer Woche widerruft. Dies gilt auch für Abschlüsse, die am Arbeitsplatz, auf einer Freizeitveranstaltung und in der Öffentlichkeit, also auf der Straße oder in einem Verkehrsmittel getätigt wurden. Der Lauf der Wochenfrist beginnt, sobald der Kunde von der anderen Vertragspartei über sein Recht zum Widerruf schriftlich belehrt worden ist. Ohne eine Belehrung erlischt das Widerrufsrecht erst einen Monat nachdem beide Vertragspartner die jeweils obliegende Leistung erbracht haben. Soweit sich die Widerrufsbelehrung auf einem Antragsformular befindet, muss diese sich aus dem Gesamttext unübersehbar herausheben. Kein Widerrufsrecht besteht, wenn die mündliche Vertragsverhandlung im Rahmen eines Haustürgeschäfts auf vorhergehende Bestellung des Kunden hin geführt oder die vertraglichen Leistungen (Lieferung und Bezahlung) sofort erbracht werden, sofern das Entgelt einen Betrag in Höhe von 80 Mark nicht übersteigt. Darüber hinaus entfällt das Widerrufsrecht bei notarieller Beurkundung des Geschäftsabschlusses.
Nicht als vorhergehende Bestellung eines Hausbesuchs gilt das anlässlich eines nicht vom Kunden veranlassten Telefonats vom Kunden erklärte Einverständnis. Dies gilt sogar, wenn vorab der Kunde auf einer Antwortpostkarte um die Übersendung von Werbematerial auf dem Postwege gebeten und seine Telefonnummer zwecks Rückruf angegeben hatte. Das Haustür-Widerrufsgesetz kommt also in diesem Fall zur Anwendung.
Ein Widerrufsrecht ist nicht gegeben bei Versicherungsverträgen und soweit der Kunde das Geschäft in Ausübung einer selbstständigen Tätigkeit abschließt.

■ Hochpreissegment

Neben der Beschaffenheit und Qualität eines Produktes gehört auch der Produktpreis zu den Marketinginstrumenten.

Problemfeld:
Gerade kleinere Hersteller und Handelsunternehmen tun sich schwer, sich gegenüber großen Konkurrenten im Preiswettbewerb zu profilieren.

Problemlösung:
Nicht nur der niedrige, auch der hohe Preis wird zum Wettbewerbsfaktor. Allerdings muss der Preis mit einem bestimmten Mythos verknüpft sein. Dann bietet er dem Kunden den gewünschten emotionalen Zusatznutzen.
Das bedeutet: das teure Produkt wird für den Kunden zum

besonderen Produkt. Es zu besitzen und zu benutzen macht es für ihn zum Erlebnis und bringt ihm einen besonderen Genuss.
Der Kunde freut sich, dass er sich das teure Produkt leisten kann. Er belohnt sich damit und hebt sich gegenüber anderen heraus. Sein Besitz dokumentiert ihm und anderen den gesellschaftlichen Aufstieg.
Für den Kunden ist der Preis aber auch ein Qualitätsindikator, wenn es ihm nicht möglich ist, die Qualität eines Produktes nach anderen Faktoren zu beurteilen. So entscheidet er nach der Formel »Was teuer ist, muss auch gut sein.«
Die Voraussetzung ist jedoch, dass der hohe Preis im begleitenden Marketing zur Botschaft des Raren, Außergewöhnlichen und Exklusiven wird. Deutlich wird dies durch beispielhafte Werbeslogans (»Es war schon immer etwas teurer, einen besonderen Geschmack zu haben«)

■ Home-Shopping

ist der Begriff für alle Einkaufsaktivitäten, die der Kunde von zu Hause aus tätigt.

Problemfeld:
Der stationäre Einzelhandel leidet unter dem neuen Konsumentenverhalten, dem Cocooning. Dieses Einkapseln hat unter anderem folgende Ursachen:

- Die Veränderungen in der Arbeitswelt führen dazu, dass der Kunde nicht mehr wie bisher Zeit findet, seine Einkäufe zu tätigen.
- Die Verkehrs- und Parksituation macht es nicht immer leicht, Geschäftsviertel zu erreichen.
- Immer mehr Kunden leben in den Grüngürteln am Rande der Großstädte mit entsprechend langen Anfahrtswegen.

Problemlösung:
Der Einzelhandel bietet seinen Kunden die Möglichkeit des Home-Shoppings. Dies erreicht er durch zusätzliche Vertriebswege wie bspw.

- Versandhandel über Internet, Katalog, Telefonverkauf, Mailing, Funk- und TV-Spots sowie Dauerwerbesendungen.
- Außendienst für Haustürverkauf, Verkaufspartys und Sammelbestellungen.

Homeshopping hatte sich bisher auf Gebrauchsgüter konzentriert. Beispiele hierfür sind die Wuppertaler Vorwerk-Gruppe, die ihr Angebot an Bodenbelägen, Kücheneinrichtungen und Haushaltsgeräten über einen eigenen Außendienst vertreibt.
Erfolgreich an der Haustür verkauft werden aber auch Verbrauchsartikel wie bspw. Kos-

metikas. Ein Beispiel hierfür ist die Avon GmbH mit ihren selbstständig tätigen Avon-Beraterinnen.
Bei Avon wie auch bei der Tupperware Deutschland GmbH, Frankfurt, besteht das hierarchisch aufgebaute Vertriebsnetz aus auf Provision tätigen Privatpersonen. Bei Tupperware sind diese als Beraterin, Gruppenberaterin oder Bezirkshändlerinnen tätig. Bei anderen Unternehmen im Bereich Home-Shopping verläuft die Vermarktung per Strukturvertrieb.
Relativ neu ist Home Shopping für den Frischwarenbereich. So soll es nach der Methode der Pizzadienste künftig möglich sein, sich mit Lebensmitteln des täglichen Bedarfs beliefern zu lassen.

■ Hopping

Das Verhalten des Konsumenten, sich in einem Produktbereich bei unterschiedlichen Anbietern zu bedienen.

Problemfeld:
Bei Geldinstituten, Bausparkassen und Versicherungen ist Hopping besonders ausgeprägt – die Anbindungsquote im Neugeschäft besonders gering, so zeigt eine Untersuchung der Gesellschaft für Konsumforschung, Nürnberg. Im Durchschnitt besitzen Kunden 15 Verträge bei sieben verschiedenen Finanzdienstleistern. Beispielsweise erreichen zwar Kfz-Haftpflichtversicherungen die höchsten Zufriedenheitswerte, die tatsächliche Wechselbereitschaft aber ist nach wie vor hoch. Auch im Bankensektor zeigen sich Tendenzen einer zunehmend anspruchsvolleren, kritischeren und mobileren Klientel.

Problemlösung:
Unternehmen unterbinden Hopping, indem sie intensiv das Bedürfnis-, Anspruchs- und Persönlichkeitsprofil ihrer Kunden ausforschen. Dadurch erfahren sie, wer ihre Kunden sind, was sie wollen und wie sie sich verhalten. Die zweite Stufe ist, sich in der Unternehmenskultur, im Produktangebot und in den Marketingstrategien an diesen Kriterien zu orientieren.

■ Horizontales Marketingsystem

Mehrere eigenständige Unternehmen kooperieren, um gemeinsam eine Marktchance zu nutzen.

Problemfeld:
Die Wahrnehmung einer Marktchance scheitert in der Regel am notwendigen Kapital, am ausreichenden Know-how oder an den fehlenden Mitteln und Strukturen. Marktchancen bleiben aber auch ungenutzt, weil ein einzelnes Unternehmen nicht das gesamte Risiko tragen will.

Horizontales Marketingsystem: Kooperations-Schema von Unternehmen zur Wahrnehmung von Marktchancen

Problemlösung:
Strategische Allianzen zwischen mehreren Unternehmen dienen der Verteilung der Kosten und des Risikos. Außerdem erwarten die Beteiligten, dass das Zusammenspiel der Ressourcen Synergien erzeugt.
Typische Beispiele für solche Kooperationen bieten Markenartikler, die gemeinsame Werbekampagnen starten. Typisch ist hier der gemeinsame Auftritt von Waschmittel- und Waschmaschinenhersteller.
Horizontale Marketingsysteme basieren auf dem Zweigewinner-Prinzip. So sollen den Kooperationspartnern alle Vorteile zugute kommen, die ihnen entsprechend ihres Einsatzes zustehen.
Die Schritte zum Aufbau einer Kooperation:
- Definition des Kooperationszwecks
- Entwicklung eines Zwei-Gewinner-Konzept.
- Aufschlüsselung der vorhanden und der von Partnern erwarteten Ressourcen
- Aufgabenverteilung
- Partnerwahl an Hand dieses Anforderungsprofils

- Interessenausgleich und Lösung etwaiger Interessenkonflikte
- Vertragliche Festlegung aller Details sowie der Konventionalstrafe bei Vertragsverstössen.

Die Erfolgsfaktoren einer Marketingkooperation:

- Kooperationsfähigkeit aller Beteiligten
- Klar festgelegte Strukturen und Schnittstellen
- Verbindliche Übertragung von Funktionen, Kompetenzen und Verantwortlichkeiten an Mitarbeiter der beteiligten Unternehmen.

I

■ **Identity-Styling**
Die Harmonisierung des Erscheinungsbildes mit dem Persönlichkeitsprofil.

Problemfeld:
Wenn das Erscheinungsbild eines Verkäufers nicht mit seinem Persönlichkeitsprofil übereinstimmt, wirkt er auf den Kunden nicht vertrauenserweckend.

Problemlösung:
Das äußere Erscheinungsbild wirkt umso positiver, je stärker die persönliche Ausstrahlung ist. Der erste Schritt zum sog. Identity-Styling ist nach Meinung der Psychologen also das Innerstyling, die Entwicklung zu einer bejahenden Lebenseinstellung, in der sich der Betreffende in seiner eigenen Persönlichkeit akzeptiert. Dadurch entstehen positive Gefühle, wie innere Zufriedenheit, Gelassenheit, Selbstvertrauen, Lebensfreude und Begeisterung. Das Ziel ist, durch diese Selbst-Akzeptanz zu einer sympathischen Ausstrahlung zu gelangen.

Die erste Stufe soll dem Verkäufer bewusst machen, wie negative Stimmungen blockierend und lähmend wirken. Dann folgt die Analyse der Ursachen, die häufig im frühen Lebensalter liegen. Wenn diese klar geworden sind und zu den entsprechenden Gefühlsreaktionen führen, beginnt das Innerpersonality-Styling, der innere Veränderungsprozess. Dieser geht mit positiv formulierten Willensbotschaften einher. Diese sog. Signalsätze verinnerlichen sich, wenn sie laufend wiederholt werden. Schließlich folgt der aktive Umgang mit Zweifeln. Auch hier sollen positive Formulierungen der Ziele dazu dienen, diese Zweifel zu beseitigen und in die Phase des positiven Denkens einzutreten.

■ **Image-Positionierung**
Die Profilierung eines Unternehmens zur Herausstellung gegenüber den Wettbewerbern.

Problemfeld:
Das Beispiel des Lebensmitteleinzelhandels zeigt, dass Kunden, die früher einer Einkaufsstätte treu waren, heute preisbedingt zwischen verschiedenen Einkaufsstätten vagabundieren, so eine Studie der Gesellschaft für Konsumforschung GfK, Nürnberg. Die dauerhafte Niedrigpreispolitik des deutschen Lebensmitteleinzelhandels, die mit dem Ziel geführt wird, neue Kunden zu gewinnen bzw. die aktuelle Kundschaft langfristig zu binden und dadurch Umsatzgewinne zu erzielen, führt dagegen eher zu entgegengesetzten Wirkungen.
Dieses liegt an den unmittelbaren Preisreaktionen der Konkurrenz sowie der kontinuierlichen Beschränkung von Serviceleistungen. Das hat zur Folge, dass sich die verschiedenen Einkaufsstätten aus der Sicht der Verbraucher immer mehr ähneln.
Die Studie zur Positionierung des Lebensmitteleinzelhandels in Deutschland zeigt, dass dadurch die verschiedenen Discounter, Supermärkte und SB-Warenhäuser von den Konsumenten als profillos und austauschbar wahrgenommen werden. Die Folge ist, dass die Bindung der Konsumenten an einzelne Einkaufsstätten immer weiter zurückgeht.

Problemlösung:
Die Marktforschungsuntersuchung zeigt, dass der Handel durch gezielte Maßnahmen der Image-Profilierung einer Austauschbarkeit der verschiedenen Einkaufsstätten im bundesdeutschen Lebensmitteleinzelhandel entgegensteuern und Marktanteilsgewinne realisieren kann. Der wichtigste Punkt hier ist die Image-Positionierung, die von vielen Fachleuten als Ausweg aus der derzeitigen Wettbewerbssituation empfohlen wird.
Ziel einer Image-Positionierungsstrategie ist es, eine Einkaufsstätte in der Wahrnehmung der Konsumenten so zu positionieren, dass sie als besonders attraktiv und einzigartig wahrgenommen wird. Dadurch lassen sich alte und neue Kunden dauerhaft an eine Einkaufsstätte binden. Aus der Sicht der Befragten führen auch eine verbesserte Kundenorientierung und gute Einkaufsatmosphäre zu einer verbesserten Wahrnehmung und Profilierung der Einkaufsstätten.
Eine Image-Profilierung erfolgt somit primär auf der Basis von Erlebnissen und Gefühlen, die durch geeignete Marketingstrategien mit einer Einkaufsstätte oder Marke verknüpft werden, und weniger mit Hilfe funktionaler Eigenschaften wie beispielsweise dem Preis. Diese Strategie wurde in den vergan-

genen Jahren von Markenherstellern wie Kraft Jakobs Suchard, Henkel oder Jil Sander mit dem Erfolg praktiziert, dass ihre Marken trotz oftmals höherer Preise bevorzugt gekauft werden.

■ Immaterielle Anreizsyteme

In der Verkaufsorganisation ist neben Provisionen, Prämien und Geschenken vor allem auch der Spaß an der Arbeit ein wichtiger Leistungsansporn.

Problemfeld:
Die im Verkauf üblichen Incentives wie Reisen, Geld- und Sachgeschenke verlieren ihre Wirkung als Motivationsinstrumente. Zudem sind Experten der Ansicht, dass Belohnungen kontraproduktiv wirken, weil sie Verkäufer bestechen, die bereits durch Gehalt und Provision bezahlte Arbeitsleistung erbringen. Zusätzlich können materielle Anreizsysteme den Unternehmenszielen entgegenstehen, wenn sie den schnellen Umsatzerfolg belohnen, nicht aber den langfristigen Aufbau und die Sicherung eines ertragstarken Kundenstamms.

Problemlösung:
Eine Studie der Fraunhofer Gesellschaft zeigt auf, dass bei Vertriebsmitarbeitern das Arbeitsklima einen höheren Stellenwert hat als materielle Zusatzleistungen.

Nach dieser Analyse ist ausschlaggebend, dass Verkaufsmitarbeiter in ihrem Beruf genügend sportliche und kreative Anreize finden, sie mit interessanten Aufgaben betraut werden und außerdem von den Führungskräften akzeptiert und unterstützt werden.

Bei den der Studie zu Grunde liegenden Umfragen kristallisierten sich folgende Punkte heraus:

- Verkaufsmitarbeiter engagieren sich für ihr Unternehmen, wenn die Wichtigkeit ihrer Funktion inner- und außerhalb des Unternehmens anerkannt wird.
- Ist das Unternehmen kundenorientiert ausgerichtet, dann ist auch der Mitarbeiter darauf fixiert, in seinen Kundenkontakten optimale Ergebnisse zu erzielen.
- Ist das Unternehmen mitarbeiterorientiert, dann ist er bereit, den Unternehmenserfolg zu steigern.
- Herrscht im Unternehmen Teamorientierung vor, dann wird sich auch der Mitarbeiter mit seinen Kenntnissen und Fähigkeiten in sein Team einbringen.

Gerade die Teamorientierung zeigt sich als stärkster Motivationsfaktor. Ausschlaggebend ist, dass solch ein Vertriebsteam relativ souverän tätig sein kann:

- Es führt relativ selbstständig seine Aufgaben aus.
- Es plant, organisiert und kontrolliert in eigener Regie.
- Führungskräfte üben weitgehend nur beratende und begleitende Funktionen aus.
- In den Vertriebsteams entwickeln sich Natural Leaderships, also Mitglieder, die Regieaufgaben übernehmen.
- Die Teammitglieder verfügen über hohe Entscheidungs- und Kompetenzgewalt.
- Sie erhalten umfassendes Feedback von der Unternehmensleitung, den Kollegen und von den eigenen Kunden.

In etwa 80 Prozent der befragten Unternehmen wurde die Erfahrung gemacht, dass sich die Leistungsbereitschaft eines Mitarbeiters nur dann entfalten kann, wenn er die Unternehmensziele kennt und sich mit diesen identifizieren kann.

■ Indirekter Vertrieb

Der Einsatz von Einzel- oder Großhandel in den Absatzweg.

Problemfeld:
Wie erreicht ein Konsumartikel eine möglichst effiziente Massendistribution?

Problemlösung:
Im Geschäfts- wie im Privatkundenbereich ist es auch im Zeitalter des E-Commerce effizienter, ein weitverzweigtes Händlernetz zu nutzen. Der wichtigste Grund: Fachhändler zeichnen sich über ihre intensiven Kunden- und Marktkenntnisse aus.

Innerhalb des Handels stehen viele Vertriebswege zur Verfügung, um die jeweiligen Produkte der richtigen Zielgruppe zugänglich zu machen. Im Großhandelsbereich haben sich neben der klassischen Form, dem Zustellgroßhandel, die Cash-and-Carry-Betriebe etabliert. Diese Form des Großhandels, in denen die Kunden ihre Waren wie im Supermarkt mitnehmen, erschließt die Zielgruppe kleinere Einzelhändler, Bäckereien und Gaststätten. Hier werden hauptsächlich Nahrungs- und Genussmittel angeboten. Der Käufer hat eine Übersicht über das gesamte Warensortiment und kann auch kleinere Mengen einkaufen.

Durch den Vertriebsweg Einzelhandel hat der Hersteller mehr Möglichkeiten, seinen Verkauf zielgruppenorientiert zu steuern. Mögliche Formen sind Spezialgeschäfte, Fachgeschäfte, Kaufhäuser, Warenhäuser, Versandhandelsbetriebe, Supermärkte, Discountgeschäfte, Verbrauchermärkte, Fachmärkte oder Shopping-Center. Eine junge Betriebsform im deutschen Einzelhandel sind die Off-Price-Stores, die sich dem preisaggressiven Verkauf

von Non-Food-Artikeln widmen.
Für hochwertige Gebrauchsartikel bleibt der Facheinzelhandel der wichtigste Vertriebskanal. Die Fachhandelspartner erhalten intensive Produkt- und Verkaufsschulungen, sie werden in ihren Verkaufsförderungsmaßnahmen mit Rat und Tat unterstützt und außerdem sorgen Verkaufswettbwerbe dafür, dass der Händler und seine Mitarbeiter das nötige Engagement einbringen.
Ein Hauptproblem des indirekten Vertriebs ist allerdings die reduzierte Steuerungsmöglichkeit des Abverkaufs durch den Hersteller. Hier versuchen Hersteller, Fachhändler und Vertriebspartnerforen einzubeziehen, in denen die Marketingstrategien dargestellt und besprochen werden.

■ Individual-Marketing

Der Markt wird bei der Bearbeitung bis auf die kleinste Einheit segmentiert – auf den einzelnen Kunden.

Problemfeld:
Je größer die Segemente sind, in die ein Markt aufgeteilt wird, umso breiter müssen die Marketingstrategien angelegt werden. Doch die Praxis zeigt auch: Wenn Werbebotschaften viele ansprechen sollen, fühlt sich keiner wirklich angesprochen. Ähnlich ist es mit dem Produktangebot. Bei Standardprodukten müssen sich die Kunden nach dem Angebot richten. Die Konsequenz ist, dass ihre Bedürfnisse nicht wirklich erfüllt werden. Nach individuellen Kundenwünschen orientierten Einzelfertigungen sind jedoch erheblich teurer als Serienfertigungen.

Problemlösung:
Die moderne Computertechnologie macht es möglich, dass die beiden Gegensätze Serienfertigung und kundenindividuelle Fertigung verschmelzen. Dieses Mass customization ist möglich, weil beim Computer Aided Manufacturing, (CAM), der computergesteuerten Produktion, jeder einzelne Fertigungsschritt individuell gesteuert werden kann.
Beispiel Automobilindustrie: Bisher wurde versucht, in Klein- und Sonderserien den individuellen Kundenwünschen entgegenzukommen. Heute ist es möglich, dass jedes Fahrzeug exakt nach den vom einzelnen Autokäufer vorgegebenen Wünschen gefertigt wird.
Beispiel Finanzdienstleister: Versicherungsprodukte werden künftig nicht mehr standardisiert angeboten. Vielmehr kann sich der Kunde Angebote nach seinen individuellen Wünschen zusammenstellen lassen. Ähnliche Beispiele gibt es aus der Computer- und der Bekleidungsindustrie.

Individualisiert werden jedoch auch die einzelnen Marketingmaßnahmen. So wird in Mailings jeder Empfänger individuell angesprochen. Und auch Form und Inhalt des Briefes richten sich individuell nach dem jeweiligen Empfänger. Gesteuert wird diese Individualisierung über die Database, die Adressdatenbank mit den entsprechenden Kundeninformationen.
Beim E-Commerce, dem internetgestützten Versandhandel, wird registriert, welche Angebotsseiten der einzelne Kunde bevorzugt aufruft und in welchem Zeitraum er sich mit welchen Produkten in welchen Preisklassen und welcher Ausführung besonders befasst. Diese Fakten werden mit seinen persönlichen Daten verknüpft. Das Ergebnis ist ein individuelles Kundenprofil bzw. ein personenbezogenes Kunden-/Präferenzen-/Bedürfnisprofil, das als Basis der individualisierten Marketingmaßnahmen genutzt wird.

▪ Internes Marketing

Unternehmen sind bestrebt, in den Beziehungen zwischen den Abteilungen und den Mitarbeitern die gleichen Marketingprinzipien durchzusetzen. Sie werden intern angewandt sowie extern gegenüber den Kunden.

Problemfeld:
Die Umsetzung von Marketingstrategien leidet oft an innerbetrieblichen Konfliktsituationen. Diese wirken sich in der Regel bis zum Kunden aus und zwar in Form von Produktmängeln, Verzögerungen oder Falsch- und Fehllieferungen. Das Bestreben des Unternehmens, sich als kompetent und kundenorientiert darzustellen, wird durch die von den Kunden erlebten Auswirkungen von Strukturmängeln, Kompetenzwirrwarr, Mobbing und Machtkämpfen zunichte gemacht.

Problemlösung:
Internes Marketing wendet das Prinzip der Kundenorientierung auch auf interne Ablaufprozesse an. So stehen sich die Mitarbeiter und Abteilungen in ihren Dienstleistungen gegenseitig im Lieferanten-/Kundenverhältnis gegenüber. Nach diesen Regeln hat ein interner Kunde ein Anrecht darauf, dass er von seinem Lieferanten im geforderten Umfang in der geforderten Qualität und im geforderten Zeitrahmen bedient wird.
Im Extremfall erwächst internen Lieferanten sogar ein Preis- und Leistungswettbewerb mit externen Konkurrenten. In solchen Fällen fungieren Abteilungen und sogar einzelne Mitarbeiter als Profit-Center, wobei die Leistungen gegenseitig verrechnet werden. So kann bspw.

die Grafikabteilung eines Verlags den Gestaltungsauftrag eines Produktmanagers an ein externes Grafikstudio verlieren.

Weiterführende Literatur:
Bruhn, Manfred: Internes Marketing, Integration der Kundenorientierung und Mitarbeiterorientierung. Grundlagen, Implementierung, Praxisbeispiele, Wiesbaden, 1999

■ **Internet-Auftritt**
Die Nutzung des Internets als Kommunikationsmittel.

Problemfeld:
Gerade kleine und mittelständische Unternehmen nutzen nicht ausreichend die Möglichkeiten, die das Internet bietet.

Problemlösung:
Der deutsche Internet-Experte Andreas T. Frenko nennt als Problemlösung zunächst zwei Punkte:

- In seinem Markt oder in seinem Einzugsgebiet zum Internet-Innovationsführer zu werden. Das heißt, Unternehmen sollten vor ihren Wettbewerbern ihren Internet-Auftritt realisieren und deutlich bewerben, um bei den Kunden als Trendsetter und nicht als Nachahmer zu gelten.
- Der Internet-Auftritt soll nutzerbestimmt konzipiert sein. Das heißt, er soll dem Adressaten erkennbare Vorteile bieten.

Über den Internet-Auftritt lassen sich bspw. regelrecht Werbegeschenke verteilen. So bspw. Bildschirmschoner mit attraktiven Inhalten und entprechendem Werbehinweis auf den Anbieter. Diese Bildschirmschoner können vom Nutzer heruntergeladen werden.
Solche Screensaver beinhalten nicht nur Werbebotschaften sondern neuerdings sogar Hyperlinks, die auf die entsprechenden Webseiten des Werbetreibenden zurückführen. Aus dem Internet geladene Bildschirmschoner sind bei Werbetreibenden besonders beliebt, um neue Produkte einzuführen oder bestimmte Promotionaktionen zu begleiten.
Ein wichtiges Instrument des Internet-Auftritts ist die E-Mail. Sie bietet Werbetreibenden die Möglichkeit, Kundenresponse auf Internet-Seiten automatisch zu beantworten. Die Adressaten können bspw. Texte mit detaillierteren Informationen erhalten. Auch angehängte Dateien mit Präsentationsdateien sind möglich.
Die Aufgabe dieses automatischen Mail-Beantworters übernimmt ein so genannter Autoresponder. Jedesmal, wenn an die Adresse des Werbetreibenden eine Mail gesandt wird, antwortet der Autoresponder automa-

tisch und sendet seinen Text und seine angehängten Dateien zurück. Anwendungsbeispiele sind Produktlisten mit Bestellformularen, die der Empfänger ausdrucken und in Ruhe studieren kann. Per Autoresponder lässt sich auch eine Direktmarketing-Database aufbauen. Wenn eine Anfrage an den Autoresponder geht, kann die E-Mail-Adresse des Absenders festgehalten und zu Follow-Up-Aktionen genutzt werden.

Die Deutsche Post AG bspw. kommt über einen Gratisservice an E-Mail-Adressen für ihr Internet-Direktmarketing: Sie richtet kostenlose elektronische Briefkästen ein. Die neue Zweitanschrift, besteht aus Vorname.Nachname@epost.de, ist unabhängig vom Wohnort und einfach zu merken.

Von jedem Ort der Welt ist der elektronische Briefkasten rund um die Uhr via Internet erreichbar – und zwar unabhängig vom Provider. Jeder Interessent kann sich seine elektronische Adresse online unter www.epost.de sichern. Namen, die mehrfach vorkommen, werden nach dem Prinzip »wer zuerst kommt ...« durchnummeriert.

Das E-Mail-Angebot der Deutschen Post bietet Services wie bspw. den kostenfreien Versand von SMS-Kurznachrichten auf das Handy und die Mail-Abfrage bzw. Versand via WAP. Außerdem stellt sie ein Ordnersystem zur Ablage der E-Mails, Abwesenheitsbenachrichtigung, automatische Weiterleitung von E-Mails und vieles mehr zur Verfügung.

Zusätzlich will die Deutsche Post ihren neuen E-Mail-Service nach und nach mit postalischen Produkten anreichern. So soll bspw. die sichere Übertragung von elektronischen Nachrichten durch Verschlüsselungstechnik mittels digitaler Signatur schon bald mit dem E-Mail-Service verknüpft werden.

Die Regeln für die E-Mail-Gestaltung:

- Aussagekräftiger Betreff: Ein attraktiver Betreff soll neugierig auf den Inhalt machen. Bei nichtssagenden Inhaltsangaben werden Mails erst gar nicht geöffnet.
- Klare Sprache: E-Mail-Kommunikation ist nur effizient, wenn der Inhalt schnell zum Punkt kommt. Umschreibungen und Wortgirlanden stören.
- Stil und Rechtschreibung: Der Empfänger einer E-Mail ordnet den Absender allein aufgrund des Sprachstils ein. Insbesondere bei werblichen Inhalten oder bei Beiträgen für Mailinglisten sollte eine geschliffene, treffende Sprache verwendet werden.
- Klares Layout: Trotz automatischem Zeilenumbruchs des E-Mail-Programms sollte

nach etwa 65 Zeichen ein Zeilenumbruch erzwungen werden. Damit wird vermieden, dass der Empfänger zum horizontalen Scrollen genötigt ist.
- Inhalte strukturieren: Der Text sollte vorformuliert, geprüft und dann erst in eine endgültige Fassung gebracht werden (siehe auch E-Mail-Marketing).

Der Aufbau von Web-Seiten für den Internet-Auftritt muss nach ergonomischen und psychologischen Regeln erfolgen. Der Bensheimer Kommunikation-experte Dr. rer. nat. Thomas Wirth spricht hier bspw. von der Erzeugung einer Flow-Wirkung: Flow ist ein Bewusstseinszustand, der entsteht, wenn jemand so in eine Tätigkeit vertieft ist, dass er alles um sich herum vergisst. Sie entsteht beim Surfen im Web, wenn Design und Inhalte diese Kurzweiligkeit vermitteln. Beim Internet-Auftritt wird diese Flow-Wirkung erreicht, wenn er nur für den Nutzer und vollkommen aus der Sicht des Nutzers entwickelt wird.

Diese Flow-Wirkung muss bereits bei der Startseite einer Webpräsenz beginnen. Sie soll Besucher in eine gewisse Grundspannung und in eine Erwartungshaltung bringen. So genannte Splash-Seiten oder Intro-Seiten, auf denen nur eine Animation oder das Firmenlogo zu sehen ist, animieren somit nicht zum Stöbern: Vielmehr sollte eine Startsite Versprechungen beinhalten und damit deutlich machen, dass sich der Verbleib lohnt. Im Gegensatz zu den Printmedien ist es auch wichtig, Texte in Dialogform zu verfassen. Sie müssen schnell zur Sache kommen.

Die Regeln der Ergonomie bei der Gestaltung von Websites sind:
- prägnante Rubrikennamen verwenden,
- Wartezeiten reduzieren,
- Links verständlich gestalten,
- ausreichend große Schriften wählen,
- die Position im Hypertext konstant anzeigen,
- auf Animationen und möglichst auch auf Frames, Browser-Fenster und Popup-Windows verzichten.

Schlüssiges Konzept

Generell steht und fällt ein Internet-Auftritt mit der schlüssigen Konzeption. Die 14 Regeln:
1. Wie konventionelle Marketingstrategien erfordert auch Internet-Marketing eine klare strategische Grundausrichtung. Da das Internet ein hochdynamisches Umfeld mit ständigen Veränderungen unterschiedlichster Art ist, muss das Marketingkonzept ständig überprüft und an die aktuel-

len Umfeldentwicklungen angepasst werden. Ein Beispiel für solch eine Strategieformulierung ist:

- »Wir wollen mit unserer Website die besten und umfangreichsten Inhalte zum Thema X bieten. Dadurch werden wir zur besten Internet-Infoquelle im Markt Y«
- »Wir stellen die am leichtesten zu bedienende, aber gleichzeitig umfassendste Datenbank zum Thema X ins Netz. Dadurch werden wir sehr hohe Zugriffszahlen generieren und werden zum erfolgreichsten Anbieter einer Datenbank im Markt Y.«
- »Wir beabsichtigen, das meistbesuchte Diskussionsforum zum Thema X zu etablieren. Dadurch können wir für unser Tochterunternehmen die aktuelle Diskussion verfolgen und erhalten mit der Auswahl der kenntnisreichsten und aktivsten Forumsteilnehmer zugleich eine Quelle für potenzielle Personalrekrutierungen im (Arbeits-) Markt für Y.«

Eine auf solche Weise bewusst gemachte Grundstrategie hilft den Verantwortlichen des Internet-Vorhabens bei der täglichen Arbeit, da die einzelnen Schritte zur Erreichung des angestrebten Zieles nun klar vor Augen stehen.

Auch für die Site-Promotion, die Marketing-Kommunikation wird eine Grundlage geschaffen. Die konkreten Vorteile und der Nutzwert, den die Site den potenziellen Kunden bieten soll, können so konkret benannt und kommuniziert werden, ohne dass Anspruch und Wirklichkeit auseinander klaffen.

2. Der Erfolg eines Internet-Auftritts hängt nicht davon ab, das technisch Mögliche umzusetzen, sondern von einem schlüssigen Gesamtkonzept, hochwertigen Inhalten und dem aus Sicht der Zielgruppe gebotenen Nutzen.
3. Das Verwirklichen einer erfolgreichen Internet-Präsenz erfordert umfassendes Fachwissen. Es sollte auch nicht eine Einzelperson damit vertraut werden sondern ein Projektteam, dessen Mitglieder unterschiedliche Kenntnisse und Hintergründe aufweisen. Ein Projektteam sollte daher aus Experten folgender Fachbereiche bestehen: Marketing, Webdesigner, Textgestaltung und Techniker.

Diese pluralistische Zusammensetzung bringt aber auch Konfliktpotenziale mit sich. Typisch sind hier Konflikte zwischen technik- und marketingorientierten Teammitgliedern, denn sie sehen die Problemstellungen aus verschiedenen Blickwinkeln. Internet-Experten tendierten eher zu technischen, Kreative eher zu grafischen Experimenten. Beide Extreme gehen jedoch an den Bedürfnissen des Kunden vorbei. Die Lösung ist der Einsatz eines Projektleiters, der die sich in unterschiedlichen Bereichen befindenden Kompetenzen so zusammenführen kann, dass sich Synergiewirkungen ergeben.

4. Internet-Auftritte verändern zwar die Marketing-Methodik. Doch haben auch im Internet die Grundprinzipien des Marketings ihre Berechtigung. So sollte auch die Formulierung der Informationsinhalte kompetenten Dienstleistern übergeben werden und nicht den Multimediaagenturen überlassen bleiben.
5. Kennzeichnend für den Internet-Auftritt ist, mit den Nutzern in den Dialog treten zu können. Hierzu eignen sich Experten-Chats und Diskussionsforen.
6. Auch auf die emotionale Wirkung von Internet-Seiten kommt es an. Mit dem passenden Design, der Farbzusammenstellung und dem Layout lässt sich beim Nutzer das Gefühl vermitteln, die Website spreche nur ihn an.
7. Die meisten Techniken wie Java, Flash und Plug-Ins auf einer Website lenken den Betrachter ab und erschweren ihm die Möglichkeit, sich zu informieren. Die Faustregel ist, dass eine WWW-Präsenz für Nutzer mit Minimalausstattungen und mit Minimalkenntnissen problemlos empfangen werden kann. Techniken sollten nur dann eingesetzt werden, wenn sie für den Nutzer mit einem konkreten Vorteil verbunden sind.
8. Die Informationsvermittlung ist eine Hauptanwendung des Internets. Deshalb wird eine Internet-Adresse dann intensiv weiterempfohlen, wenn sie
   - aktuelle Informationen
   - mit für die Wunschzielgruppe hohen Nutzeninhalten
   - zeitnah und
   - kostenlos bereitstellt.
9. Auch im Bereich E-Mail zeigt der Internet-Auftritt seine Eigenheit. Der Online-Nutzer will seine Informationen schnell haben und

auf seine E-Mail-Frage erwartet er ebenfalls eine schnelle Antwort. Deshalb wird das Antwortverhalten auf E-Mails als eines der wichtigsten Gütekriterien eines Online-Anbieters bewertet. Internet-Kunden geben sich untereinander die Empfehlung, erst dann bei einem Anbieter zu bestellen, wenn dieser seine Professionalität unter Beweis gestellt hat, indem er eine E-Mail-Anfrage postwendend beantwortet.

10. Dem Nutzer gegenüber müssen alle Hürden abgebaut werden. Dies betrifft neben technischen Hürden das Abfragen von Personendaten, ohne dass der Kunde hieraus einen Nutzen erkennt. Nutzungshürden sind aber auch handwerkliche Fehler bei der Seitengestaltung sowie schlechte Sit-Navigationen.
11. Bei Internet-Auftritten soll die Sprache der Zielgruppe gesprochen werden und Begriffe verwendet werden, die von ihr verstanden werden. Sinnvoll ist es, für jeden Sprach- und Kulturraum einen eigenständigen Web-Auftritt zu gestalten und bspw. sogar die französisch sprechenden Länder Frankreich, Belgien und die Schweiz voneinander zu trennen.
12. Eine Frage des Unternehmensimages, der Corporate Identity ist der Internet-Auftritt unter eigenem Domain-Namen. Mittlerweile sind einige Suchmaschinen dazu übergegangen, Seiten, die von kostenlosen Diensten gehostet werden, nicht oder nicht mit der gleichen Relevanz zu indexieren. Das heißt, sie nehmen nur Seiten auf, sofern diese unter einer eigenen Domain liegen.
13. Ein weiteres Zeichen für die Professionalität einer Website sei die dezente Anwendung von Bannerwerbung. Untersuchungen haben gezeigt, dass sie dann am ehesten angeklickt werden wenn
    - ihre Werbetexte in Frageform stehen,
    - wenn Gratisleistungen versprochen werden,
    - wenn die Farbzusammenstellungen stimmt. Die beste Wirkung erzielen Blau, Grün und Gelb, die schlechtesten Wirkungen Rot, Weiß und Schwarz.
14. Portal-Sites sind der neueste Internet-Schrei. Diese, auch doorway pages oder entry pages genannte Einrichtung bietet dem Websurfer die Möglichkeit, einmal seine Präferenzen einzustellen. Daraufhin bekommt er eine nach seinen

Wünschen dynamisch generierte Webseite zur Ansicht. Der Sinn sei, ein möglichst detailliertes Nutzerprofil des Besuchers zu erstellen, um so über zielgruppengerechte Werbekontakte zu verfügen.

■ **Internet-Nutzer**
Zielgruppen bei der Anwendung von E-Commerce.

Problemfeld:
Erfolgsstrategien für das E-Business lassen sich nur dann entwickeln, wenn das spezifische Online-Verhalten der Zielgruppen berücksichtigt wird.

Problemlösung:
Die Zielgruppen von E-Commerce lassen sich in sechs unterschiedliche Segmente einteilen – so das Marktforschungsunternehmen McKinsey & Company, das dazu eine Untersuchung angestellt hat.
Die Onliner-Nutzer lassen sich nach der gesamten im Netz verbrachten Zeit, den besuchten Angeboten und Seiten in sechs Typen einteilen:

- Vereinfacher
- Kontakter
- Routiniers
- Surfer
- Jäger
- Sportler

Die Vereinfacher stellen das attraktivste, allerdings auch anspruchsvolles Segment dar. Sie nutzen das Internet pragmatisch als Dienstleistungsmedium und loggen sich mit einer konkreten Absicht ein, bspw. um Bücher zu kaufen oder ihre Finanzen zu verwalten und wollen dies schnell und einfach tun können.
Obwohl sie nur sehr wenig Zeit im Internet verbringen, im Schnitt sieben Stunden pro Monat, verfügen sie schon am längsten über einen Internetzugang – 49 Prozent von ihnen schon mehr als fünf Jahre. Auf sie entfällt die Hälfte der gesamten Online-Transaktionen. Um aus dieser Gruppe auf Dauer Umsätze zu gewinnen, müssen Unternehmen nach Ansicht von McKinsey bequeme Lösungen bieten. Dazu gehören einfacher Zugriff und leichte Navigation, die schnelle Verfügbarkeit von Informationen über die einzelnen Angebote, ein zuverlässiger Kundenservice und problemlose Rücksendungen. Die Unternehmen müssen durch Anzeigen oder Mitteilungen auf ihrer Site eine Zeitersparnis glaubhaft machen können und sie müssen bei der Gestaltung ihrer Seite doppelt vorsichtig sein: Pop-up-Fenster, unerbetene E-Mails oder zu viele Chatrooms schrecken Vereinfacher ab.
Nur acht Prozent aller aktiven Online-Nutzer sind Surfer. Auf sie entfallen 32 Prozent der insgesamt online verbrachten Zeit

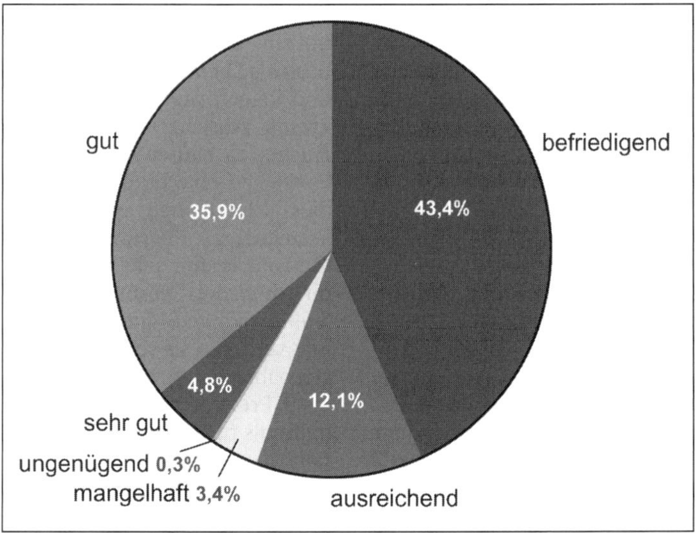

Internet-Nutzer: Bewertung des derzeitigen Dienstleistungsangebots im Internet (BBE Unternehmensberatung GmbH, Köln, Das Internet als Dienstleistungsmedium, 1999)

– weit mehr als jedes andere Segment der Studie. Das Internet nutzen sie aus vielfältigen Gründen, zum Beispiel auch um sich zu unterhalten. Dabei greifen sie auf mehr als vier Mal so viele Seiten zu wie der Durchschnittsnutzer.

■ **Intrabrand-Wettbewerb**
Konkurrenzkampf zwischen Anbietern derselben Marke.

Problemfeld:
Vertragshändler eines Markenartiklers stehen nicht nur mit Händlern anderer Marken im Wettbewerb (Interbrand-Wettbewerb), sondern sie treten auch gegenseitig in Konkurrenz. Für den Hersteller bleibt der damit zusammenhängende Mitteleinsatz ohne produktiven Nutzen. Wird der Intrabrand-Wettbewerb zum Preiskampf, führt dies zum generellen Preisverfall der Marke.

Problemlösung:
Markenartikler legen die Einzugsgebiete ihrer Vertragshändler verbindlich fest. Doch die Verflechtung der Wirtschaftsräume hat dazu geführt, dass sich die Einzugsgebiete überschneiden. Die Autoindustrie

versucht das Problem zu lösen, indem sie den Vertragshändlern eines Wirtschafts- oder Ballungsraumes zu Fusionen Anreiz gibt. Alternativ dazu werden Händlerverträge nur noch mit leistungsfähigen, zukunftsorientierten Fachhändlern weitergeführt.
Durch die Öffnung Europas erfolgt der Intrabrand-Wettbewerb jetzt grenzüberschreitend, zumal zwischen den Ländern der Gemeinschaft noch ein erhebliches Preisgefälle herrscht. Hier sind den vertraglichen Regelungen des Herstellers mit seinen Vertragshändlern durch das europäische Wettbewerbsrecht bestimmte Grenzen gesetzt.

■ **Investitionsgüter-Marketing**
Bisher wurde mit diesem Begriff die Vermarktung von Maschinen und Anlagen bezeichnet. Jetzt steht er für den Verkauf von Produktnutzen und künftig meint er die individuelle Kunden-Problemlösung.

Problemfeld:
Die Krise der Investitionsgüterindustrie war vor allem auch auf Schnittstellenprobleme zwischen Hersteller und Abnehmer zurückzuführen. Weil sich Produzenten weitgehend auf den Konkurrenzkampf um die höchste Qualität und die fortschrittlichste Technik konzentrierten, orientierten sie sich nicht mehr an den konkreten Bedürfnissen ihrer Kunden.

Problemlösung:
Investitionsgüter-Marketing wird heute als Problemlösungs-Marketing verstanden. Sie stellt nicht mehr die technische Kompetenz in den Mittelpunkt, sondern die Fähigkeit, Kunden in den wirtschaftlichen Erfolg zu führen.
Die Voraussetzung ist, dass sich die Investitionsgüterindustrie zum Herstellungs-Dienstleister entwickelt. So umfasst das Problemlösungspaket nicht nur die Produktionsanlage selbst, sondern auch deren Finanzierung, die Integration in den Herstellungsprozess, Schulung und Training der Mitarbeiter, Wartung, Reparatur und Notdienst.
Das moderne Investitionsgüter-Marketing beginnt schon bei der kundenorientierten Produktentwicklung bzw. bei der Bedarfsforschung beim Kunden. Gemeinsam mit ihm wird ermittelt, welche Faktoren ihn im Wettbewerb seiner Märkte behindern bzw. welche seine Ertragssituation beeinträchtigen.
Bei dieser Schwächenanalyse kann es sich bspw. herausstellen, dass die Produktionskosten zu hoch, der Ausschuss zu groß oder die Lieferfrist zu lang ist. Dann erfolgt die Ursachenforschung. Das Ergebnis wird zum Auftrag an die Forschungs- und

Entwicklungsabteilung, technische Lösungen für die Beseitigung dieser Schwachpunkte des Herstellungsprozesses zu finden.

Durch diesen engen Kundendialog eröffnen sich für die Investitionsgüterindustrie immer wieder neue Bedürfnisnischen; darüber hinaus erhält sie immer wieder neue marktorientierte Innovations-Impulse.

Jahresgespräch
Alljährlich treffen sich die Key-Account-Manager (KAM) der Konsumgüterindustrie mit den Einkäufern der Handelsketten, um mit ihnen die weitere Zusammenarbeit abzusprechen. Bei diesen Gesprächen geht es für die Hersteller um rund 140 Milliarden Mark Umsatz, das sind etwa 70 Prozent des gesamten Jahresumsatzes im Food- und Nonfood-Bereich.

Problemfeld:
Die Aufgabe der KAM bei den Jahresgesprächen ist, zu erreichen

- dass neue Artikel gelistet und
- keiner der bisherigen ausgelistet wird,
- genügend Regalplatz zur Verfügung steht,
- die Präsenz am POS, in den Verkaufsräumen verbessert wird und
- der Handel die Artikel in seine Werbemaßnahmen mit einbezieht.

Bei den Verhandlungen geht es aber auch um die Rahmenvereinbarungen. Hier werden die Key-Account-Manager mit den vielfältigen Konditionsforderungen des Handels konfrontiert. So gibt es mittlerweile rund 60 verschiedene Bonus-, Zuschuss-, Rabatt- und Vergütungsarten. Für den Key-Account-Manager stellt sich die Frage, wie er bei diesem Konditionenpoker das bestmögliche Ergebnis erzielen kann.

Problemlösung:
Key-Account-Manager bereiten sich auf die Jahresgespräche gründlich vor. In der Regel beginnt die Vorbereitungszeit bereits mit dem abgeschlossenen Gespräch, das er im Hinblick auf die Vorbereitungen des nächsten analysiert:

- Welche Stärken und Schwächen hat der Lieferant aus Kundensicht?
- Welche Stärken und Schwächen haben die Wettbewerber?

- Welche Schwächen müssen beseitigt werden, um vom Kunden favorisiert zu werden?

Die Schwachstellen können sich auf das Produkt, seine Qualität, seine Aufmachung, seinen Preis und die Marketingstrategien, mit denen es vermarktet wird, beziehen. Es kann sich aber auch um logistische Schnittstellenprobleme zwischen den Unternehmen handeln.
Nach dieser Analyse entwickelt der KAM gemeinsam mit dem Produktmanager bzw. mit den verantwortlichen Abteilungen Lösungskonzepte. Diese können von Korrekturen am Verkaufsförderungskonzept bis zum kompletten Produktrelaunch oder die ECR-Einführung reichen.
Zu den Vorbereitungen auf das Jahresgespräch zählen auch die Aktionspläne, in denen die Festlegung der Werbe- und Verkaufsförderungsmaßnahmen konzipiert werden.
Diese Punkte sind die wichtigsten Botschaften des KAM beim Jahresgespräch. Es plant es mit der Präzision eines Drehbuchs, wobei er auch die dazu passenden Präsentationsmittel einsetzt. Schließlich präpariert sich der KAM umfassend mit Daten und Fakten, um auf Zwischenfragen kompetent antworten zu können.
Dazu sollen auch die zu erwartenden Einwände aufgelistet und darauf aufbauend Nutzenargumente formuliert werden.
Bei der Planung des Jahresgesprächs wird auch berücksichtigt, wie viel Zeit zur Verfügung steht, welche Personen teilnehmen und wie die Entscheider- und Beeinflusser-Rollen verteilt sind.
Die Analyse des vorausgegangenen Jahresgesprächs zeigt aber auch auf, welche Verhandlungstaktik der Einkäufer anwendet. So bleibt genügend Zeit, die passende Gegenstrategie zu entwickeln.
Im Mittelpunkt der Vorbereitungen steht die Zusammenstellung der Zielliste. Sie führt auf, welche optimalen bzw. minimalen Ziele erreicht werden sollen. Dazu gehören auch Prognosen über die zu erwartenden Konditionsforderungen und die Entwicklung der dazu passenden Abwehrkonzepte. Der letzte Schritt der Vorbereitung ist, gemeinsam die Präsentation zu trainieren und zu optimieren, bevor man damit zum Kunden geht.

■ Joint Venture

Eine Direktinvestition im Ausland mit einem lokalen Unternehmen.

Problemfeld:
Die Erschließung ausländischer Märkte scheitert oft an den mangelhaften Kenntnissen der spezifischen Marktgegebenhei-

ten und der unzureichenden Vertriebsstruktur. Komplikationen entstehen auch durch staatliche Beschränkungen und durch Gesetze, Bestimmungen und Vorschriften, die ausländische Wettbewerber benachteiligen.

Problemlösung:
Die Verbindung mit einem Unternehmen vor Ort dient dazu, dessen Marktmacht und Marktstellung, marktspezifisches Know-how, Infrastruktur und Kontakte zu nutzen, um diesen Exportmarkt zu erschließen. Das Joint Venture kann entweder als Beteiligung am Unternehmen des ausländischen Partners oder in der Gründung einer gemeinsamen Unternehmenstochter erfolgen.
Entscheidend für den langfristigen Erfolg sind identische Unternehmensziele, die mit dem Joint Venture erreicht werden sollen. Diese Ziele sowie die Strategien müssen klar und verbindlich festgelegt werden. So sollen die anteiligen Entscheidungsbefugnisse einvernehmlich geregelt werden und es muss im Vornherein Einigigkeit darüber erzielt werden, inwieweit die Erträge reinvestiert oder abgeschöpft werden.
Die Europäische Union fördert grenzüberschreitende Joint Ventures kleiner und mittlerer Unternehmen mit drei Programmen:

- JEV (Joint European Venture) für die Errichtung von Joint Ventures innerhalb der EU,
- JOP (Joint Venture Program Phare/Tacis) für Mittel- und Osteuropa sowie die NUS-Staaten,
- ECIP (European Community Investment Partners) für die Gründung von Joint Ventures in Entwicklungsländern.

Die entsprechende Beratung findet in den 34 in Deutschland befindlichen Euro Info Centres (EIC) statt.

■ Jugendmarketing

Industrie und Handel haben Kinder und Heranwachsende als attraktive Zielgruppe entdeckt.

Hintergrund:
Die bis 17-jährigen haben jährlich rund 19 Milliarden Mark zur freien Verfügung. Kindern verfügen über etwa 18 Mark Taschengeld monatlich, Heranwachsende über 70 Mark. Sie sind Eigentümer von Fernsehgeräten und Videorekordern, Hifi-Anlagen und Personalcomputern.
Zudem zählen sie innerhalb der Familie zu den wichtigsten Kaufbeeinflussern, sowohl im Konsum- wie auch im Gebrauchsgüterbereich. Hier liegt das Potenzial bei etwa 40 Milliarden Mark.

Innerhalb der Familie sind Jugendliche Meinungsführer vor allem bei technischen Produkte wie der Unterhaltungselektronik, den IT-Produkten sowie den PKWs. Selbst beim Einkauf von Lebensmitteln orientieren sich Mütter an den Präferenzen ihrer Kinder. Die Folge ist, dass mittlerweile etwa 15.000 TV-Spots jährlich an Kinder und Jugendliche adressiert sind.

Problemfeld:
Nach der Kids-Verbraucher-Analyse (KVA) zeigen sich allerdings erhebliche alters- und geschlechtsspezifische Unterschiede. Speziell bei den Heranwachsenden gibt es eine Vielfalt in einzelne Szenen abgegrenzter Gruppen. Jedes Segment hat seine eigenen Präferenzen und muss mit seinen Botschaften in seiner Sprache angesprochen werden. Sie können deshalb nicht nach den üblichen soziodemografischen Merkmalen und gesellschaftlichen Wertemustern gegliedert werden.

Problemlösung:
Jugendmarketing wird zum Szenemarketing. Marktforscher segmentieren Heranwachsende und Jugendliche zu Stilgruppen, indem sie sie nach ihrem Lebensstil unterscheiden. Dieser findet wiederum in der jeweils favorisierten Musik, in Mode, Sport und Medien sowie ihren spezifischen Meinungsbildern ihren Ausdruck. An Hand des hieraus entstehenden Profils

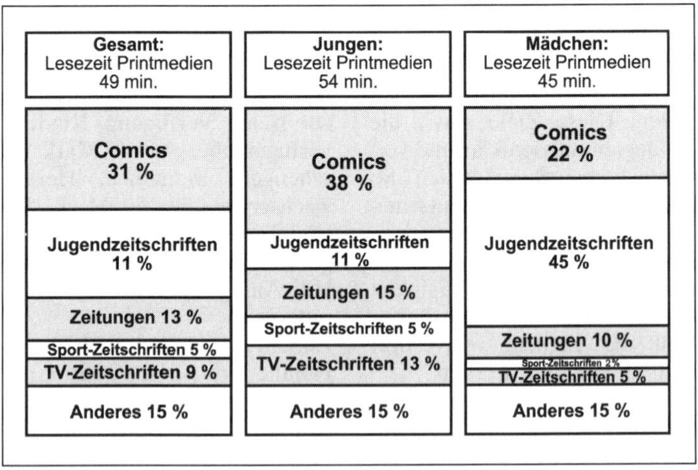

Jugendmarketing (Dammler/Barlovic/Merlzer-Lena, Marketing für Kids und Teens, Landsberg 2000)

lassen sich auch Affinitäten zu bestimmten Marken und Produkten erkennen.
Eine weitere Voraussetzung ist das sogenannte Szenen-Knowhow, also die Fähigkeit, Teil der Szene zu werden. Erst durch diese Integration werden sich die Szeneangehörigen mit den Werbeinhalten identifizieren können. In diesen Szenen muss eine Marke schnell Position beziehen, um eine klare Identität zu erhalten. Der Weg führt hier über die Trendsetter der anvisierten Szene zu den Early Adopters, den Über nehmern, und von dort zu allen Konsumenten des Segments.

Weiterführende Literatur:
Dammler, Axel; Barlovic, Ingo; Melzer-Lena, Brigitte: Marketing für Kids und Teens, Wie Sie Kinder und Jugendliche als Zielgruppe richtig ansprechen, Landsberg 2000

▪ Junk Shop

Ramschladen mit Billigprodukten aus Überproduktionen und Konkursmassen sowie Zweite-Wahl-Produkte.

Problemfeld:
Konsumenten auch hoher Einkommensklassen ziehen in manchen Sortimentsbereichen Produkte der untersten Preisklasse vor. Dies betrifft nicht nur Wegwerfartikel, sondern auch Parfüm- und Kosmetikartikel, die in Form und Inhalt hochpreisigen Markenprodukten nachempfunden sind.

Problemlösung:
In Deutschland wächst die Zahl der Einzelhandelsunternehmen, die sich auf Billigwaren spezialiseren. Solche Junk Shops entstehen sogar in den besten Geschäftslagen, in unmittelbarer Nachbarschaft gut eingeführter Fachhandelsgeschäfte.
Auch Kaufhausketten haben die Magnetwirkung von Junk Shops entdeckt und richten Abteilungen ein, in denen sie Pfennigartikel verkaufen. Versender verramschen ihre Kollektionsreste in eigenen Filialketten weit unter den ehemaligen Katalogpreisen.

▪ Just in Time

Leistung auf Abruf, also zum Bedarfszeitpunkt hergestellt, ausgeliefert oder zum Gebrauch bereitgestellt.

Problemfeld:
Weder im Preiswettbewerb, noch im Qualitätswettbewerb oder im Innovationswettbewerb lassen sich heute befriedigende Marktvorteile erzielen.

Problemlösung:
Lieferanten bieten ihren Kunden nicht nur Nutzenvorteile an, die im Produkt liegen, sondern auch solche, die sich auf den produktbegleitenden Ser-

vice beziehen. Solch ein Vorteil ist beispielsweise die, Ware exakt zu dem Zeitpunkt zur Verfügung zu stellen, zu dem sie vom Kunden benötigt wird.

Diese Just-in-Time-Anlieferung wirkt sich beim Kunden ertragsteigernd aus, weil er sich Lagerkosten spart und nicht durch Bevorratung Kapital binden muss.

Just-in-Time macht es sogar möglich, den Herstellungsprozess des Zulieferers nahtlos mit dem Produktionsprozess des Kunden zu verknüpfen. Ein Beispiel hierfür ist die Fertigung der Automarke Smart. Dort befinden sich die Fabrikationsstätten der Komponenten-Zulieferer direkt auf dem Firmengelände des Herstellungswerks.

Just-in-Time macht allerdings eine ausgefeilte Logistik und eine leistungsfähige DV-Vernetzung notwendig. Für Zulieferer bedeuten Just-in-Time-Partnerschaften jedoch eine langfristige Bindung ihrer Abnehmer.

Weiterführende Literatur:

Wildemann, Horst: Das Just-In-Time Konzept, Produktion und Zulieferung auf Abruf, München 1995

Kaufentscheider
Die Person, die nach der Meinungsbildung das endgültige Urteil für einen bestimmten Lieferanten oder für ein bestimmtes Produkt fällt.

Problemfeld:
Akquisitionsaktionen und Werbebotschaften richten sich oft an die falschen Adressaten: Die Käufer sind nicht immer die Entscheider. Und das Meinungsbild des Entscheiders wird oft vom Beeinflusser maßgebend mitgeprägt.

Problemlösung:
Die Voraussetzung bei der Gestaltung von Verkaufsstrategien ist die Identifizierung der Beteiligten und deren Rollen im Entscheidungsprozess. Im Investitionsgütervertrieb bspw. werden in der obersten Führungsebene per Vertragsunterschrift die Entscheidungen vollzogen, die im mittleren Management gefällt und im unteren Management vorbereitet wurden.

Eine große Rolle spielen aber auch die informellen Entscheider und Beeinflusser. So trifft eine Sekretärin einen Großteil der Entscheidungen ihres Chefs, bspw. bei der Hotel- und Mietwagenbuchung oder bei der Auswahl der Werbeartikel. Auch bei großen Investitionen agiert sie als maßgebende Beeinflusserin, so bei der Büroeinrichtung und bei der IT-Ausstattung.
Letztendlich bestimmt sie auch darüber, welche Mailings auf den Schreibtisch ihres Chefs gelangen.
Im Privatkundenbereich zeigen Marktforschungsergebnisse, dass in der Familie der größte Teil der Kaufentscheidungen von den Ehefrauen getroffen und von den Ehemänner nur vollzogen wird.
Die Anschaffung von Produkten des täglichen Bedarfs steht unter der Regie der haushaltführenden Mütter. Aber auch auf den Kauf von langlebigen Konsumgütern und Textilien sowie anderer Produkte, die von

ihren Lebenspartnern, Kindern oder der ganzen Familie genutzt werden, nehmen sie maßgebenden Einfluss. Rund 350 Milliarden Mark stehen dabei insgesamt zur Disposition. Allerdings werden die Hausfrauen in ihren Kaufentscheidungen stark von ihren Kindern beeinflusst.

■ Key-Account-Manager (KAM)

Der KAM ist vorwiegend in der Konsumgüterindustrie tätig. Er betreut die Einkaufsabteilungen der Handelsketten und baut ein systematisches Beziehungsmanagement auf. Mittlerweile werden auch in anderen Industriesparten speziell Schlüsselkundenbetreuer eingesetzt.

Problemfeld:
Außendienstverkäufer sind auf Grund ihrer vielzähligen Kundenkontakte oft nicht in der Lage, Kunden mit hohem Ertragspotenzial mit der notwendigen Intensität zu betreuen.

Problemlösung:
Die Betreuung der so A-Kunden erfolgt separat über so genannte Schlüsselkundenmanager. Der KAM fungiert als zentraler Verhandlungs- und Koordinationspartner, kontrolliert die Verkaufsziele, plant und kontrolliert die Marketingkonzepte. Seine Hauptaufgabe ist die Vorbereitung und Durchführung der Jahresgespräche, in denen es um die Listung der Produkte geht, die Konditionen verhandelt und die begleitenden Verkaufsförderungsmaßnahmen besprochen werden.

Weiterführende Literatur:
Sidow, Hans D.: Key Account Management, Wettbewerbsvorteile durch kundenbezogene Strategien, 5. Aufl., Landsberg 1999

■ Kinowerbung

Nachdem Filmtheater wieder im Trend sind, hat auch die Werbung das Kino wiederentdeckt. Rund 300 Millionen Mark Werbegelder fließen jährlich in die Kinowerbung.

Problemfeld:
Werbetreibende erreichen in lokalen Räumen über die Printmedien allein ihre Zielgruppen nicht mehr im ausreichendem Umfang.

Problemlösung:
Neben der Funkwerbung hat sich die Kinowerbung als Kommunikationsplattform zur Erreichung jüngerer Zielgruppen entwickelt. Nach Reichweitenuntersuchungen sind etwa 70 Prozent der Kinobesucher unter 30 Jahre alt, 88 Prozent sind unter 40. 73 Prozent haben ein monatliches Haushaltseinkommen von über 3.000 Mark netto und 78 Prozent haben weiterführende Schulen besucht.

Ein Vorteil der Kinowerbung: Der Werbeblock im Kino lässt sich nicht wegzappen. Entsprechend hoch ist der Erinnerungswert:

- 91 Prozent der Kinobesucher erinnern sich an die vor dem Spielfilm gezeigte Werbung.
- 64 Prozent der Kinobesucher erinnern sich an die im Werbeteil gezeigten Marken oder Kunden.

Die preisgünstigste Form der Kinowerbung ist das »stumme Dia« mit zehn Sekunden Standzeit und kostet je nach Besucherfrequenz und Ortsgröße pro Monat durchschnittlich 125 Mark. Der Kinospot mit 20 Sekunden Laufzeit kostet durchschnittlich 260 DM monatlich. Die Kosten schwanken allerdings je nach Kino erheblich.

Ausschlaggebend für die Festlegung ist die Besucherklasse. Die Filmtheater melden jährlich ihre Besucherzahlen an die Informationsgemeinschaft zur Feststellung der Verbreitung von Werbeträgern e.V. (IVW). Entsprechend der Ergebnisse erfolgt die Einstufung in die jeweilige IVW-Klasse.

Berücksichtigt wird die Besucherzahl je Woche im Jahresdurchschnitt. Die einzelnen Stufen umfassen jeweils 500 Besucher. So erfolgt der Wechsel von der Einstufung »IVW 3« auf »IVW 4«, wenn die wöchentliche Durchschnittszahl von 1500 Besuchern überschritten wird.

Kinozeit ist Herbst und Winter. Im Dezember liegt die Zahl der Kinobesucher um etwa 20 Prozent über dem Jahresdurchschnitt. Ab März fällt jedoch die Kurve ab, sodass im Mai und Juni die Zahlen etwa 30 Prozent unter dem Jahresdurchschnitt liegen.

Der Werbefilmeinsatz liegt im März um rund 40 Prozent über dem Jahresdurchschnitt. In den Ferienmonaten Juli und August fällt er dafür auf etwa 60 Prozent unter dem Jahresdurchschnitt.

Werbetreibende orientieren sich bei der Wahl nach den Kinopräferenzen ihrer Wunschzielgruppen: Ob Kunst- oder Programm-, Szene- oder Trendkino. Welches Kino die passende Zielgruppe vorweist, dazu informiert die jeweilige Werbeverwaltung. Der Werbetreibende kann auch von Kino zu Kino wechseln.

Die Werbeverwaltung übernimmt auch die komplette Abwicklung. Dies beginnt bei der Konzeption und Produktion der Werbeauftritte und endet bei der Durchführung der Einschaltaufträge.

Die Außendienstmitarbeiter der Werbeverwaltungen beraten über die optimale Form des Werbeauftritts. Außerdem wissen sie aus Erfahrung, welche Agenturen und Studios für die

professionelle Herstellung der Werbemittel am besten geeignet sind. Die Produktionskosten: Das »Dia auf Film« kostet mindestens 1000 DM, beim Spot beträgt die unterste Grenze etwa 5000 DM.
Viele Markenartikler bieten ihren Distributoren jedoch das entsprechende Material für die Kinowerbung an. Über eine sogenanntc »Allonge«, eingefügte Logos oder Bilder, wird der lokale Bezug hergestellt.
Den Erfolgsregeln der Kinowerbung zufolge muss der Spot dem Publikum Kurzweil bieten und innerhalb der zehn Sekunden, in denen er zu sehen ist, seine Werbebotschaft transportieren.

■ Konkurrenzanalyse

Relevante Informationen über Leistungsfähigkeit, Erfolg und Zukunftsplanung der Wettbewerber erlangen.

Problemfeld:
Die Analyse der relativen Leistungsfähigkeit und der Zukunftschancen des eigenen Unternehmens ist nur durch eine Positionsbestimmung möglich.

Problemlösung:
Nur Unternehmen, die über ein Informationsnetzwerk permanent und sorgfältig ihre Mitbewerber beobachten, sind in der Lage, strategische Wettbewerbsvorteile zu erringen. Die systematische Ausforschung der Wettbewerber umfasst nicht nur die Stärken und Schwächen, deren Produkte und Dienstleistungen. Für die Positionsbestimmung, dem vergleichenden Stärken-/Schwächenprofil und die Planung der eigenen Strategien ebenso entscheidend sind Informationen unter anderem im

- betriebswirtschaftlichen Bereich wie bspw. über Eigenkapitalquote und die Kapazitätsauslastung.
- Bereich Forschung und Entwicklung über Arbeitsmethoden, Ausstattung und Kompetenz der F&E-Abteilung, Know-how der Forschung und Entwicklung.
- Bereich der Unternehmenskultur, des Betriebsklimas, Mitarbeiterzufriedenheit, Führungsmethoden, Fluktuation.
- Verkauf über Größe, Struktur und personelle sowie technische Ausstattung der Vertriebsorganisation.

Die Möglichkeiten, durch Konkurrenzbeobachtung relevante Informationen über den Wettbewerb zu sammeln, sind sehr groß: Informationsplattformen sind bspw. Messen und Kongresse. Informationsquellen sind Kunden und Mitarbeiter der Wettbewerber und vor allem die Fachpresse und das Internet.

Die Wettbewerbsbeobachtung und Analyse sollte möglichst systematisch erfolgen. Am besten eignet sich hierzu eine Database, wie sie auch für die Pflege der Kundenbeziehungen besteht.
Sinnvoll ist es, das gespeicherte Informationsmaterial in regelmäßigen Abständen zu sichten und daraus sogenannte Wettbewerberprofile zu fertigen. Der Ablauf lautet somit:

- Informationserhebung mit der systematischen Erschließung aller relevanten Quellen.
- Informationsverarbeitung bis zur Entwicklung von Konkurrenz-Szenarien.
- Informationsverteilung, also Weitergabe der Fakten und deren Bewertungen an die relevanten Stellen im Unternehmen.

Diese Ergebnisse eignen sich nicht nur als Orientierung für die eigenen Unternehmensstrategien sondern vor allem auch für ein regelmäßiges Benchmarking.

Weiterführende Literatur:
Graumann, Jens; Weissmann, Arnold: Konkurrenzanalyse und Marktforschung preiswert selbst gemacht, Grundlagen, Methoden und Konzepte, Landsberg 1998

■ Konsumtrend

Entwicklungen und Veränderungen des allgemeinen Einkaufs- und Verbrauchsverhaltens.

Problemfeld:
Die Lebensgewohnheiten der Konsumenten sind einem ständigen Wandel unterworfen. Industrie und Handel sind gezwungen, ihr Warenangebot und ihre Marketingstrategien vorausschauend diesen Veränderungen anzupassen.

Problemlösung:
Organisationen wie die Gesellschaft für Konsumforschung (GfK) erforschen für die Wirtschaft die Veränderungen im Verbraucherverhalten. Die wichtigsten Aussagen bieten vergleichende Untersuchungen mit dem Ziel, den Wandel im Lebensstil der einzelnen Zielgruppen aufzuzeigen.
Basis ist die Einteilung nach sog. »Euro-Socio-Styles«. Dabei handelt es sich um eine multidimensionale, europaweite Lebensstil-Typologie, die den Verbraucher ganzheitlich in seinem Alltagsleben darstellt. Euro-Socio-Styles geben somit nicht nur über objektive demografische und ökonomische Lebensbedingungen Auskunft, sondern vielmehr auch über Wertorientierungen, Verhalten und Gewohnheiten, Meinungen und Einstellungen, Motivationen und Emotionen.

Dies ermöglicht eine präzise Definition von Zielgruppen, die sich im gesamten Marketing-Mix kontinuierlich integrieren lässt. Der strategische Einsatz von Euro-Socio-Styles hilft somit von der Produktplanung über Marketing und Kommunikation bis hin zur Mediaplanung, Streu- und Effizienzverluste zu vermeiden.

So stellte die GfK zwei Untersuchungen über die Genussmoral, also den Einkaufsspaß an. Ergebnis: 1995 hatten 35 Prozent der Befragten erklärt, Erlebniseinkäufe zu tätigen, 1999 waren es 62 Prozent. Eine starke Bedeutung besitzt Genussmoral bei der Zielgruppe »Optimisten«. Hierzu gehören zukunftsoptimistische Hedonisten jungen und mittleren Alters.

Die Aussage „Einkaufen macht Spaß“ stößt vor allem bei den „Cocooners“ auf starke Zustimmung. Hierbei handelt es sich um junge Haushalte aus einfachen Kreisen, die das Leben genießen wollen und von einem harmonischen und friedlichen Familienleben träumen. Sie gehören zugleich zu einer Mentalitätsgruppe, die vor allem der Marke eines Produkts einen großen Stellenwert zuweist, sich mit ihr identifiziert und das auch nach außen demonstriert, so die GfK.

Zu den konsumrelevanten Trends zählt auch die seit 1995 angestiegene Preissensitivität der Verbraucher. Da das reale Einkommen in den vergangenen Jahren nicht gestiegen ist, niemand aber seinen Konsumstandard aufgeben möchte, versucht er dies über den Preis zu kompensieren. Dies geht zu Lasten der Qualität.

Das zeigt sich vor allem bei den Zielgruppen »Upright« »Isolated « und »Safety-Oriented«, also den Sicherheits-, Solidaritäts- und Harmoniebedürftigen, die zu einer konservativen Mentalitätsgruppe zählen, deren Mitglieder sich einen eigenen Kosmos an Lebensqualität schaffen.

Ein dritter konsumrelevanter Trend ist der Bedeutungsverlust materialistischer Bestrebungen zugunsten von Selbstentfaltungswerten. Während 1995 materialistische Werte von 48 Prozent der Befragten für wichtig erachtet worden waren, gilt dies 1999 nur noch für 37 Prozent. Die Entfaltung der Persönlichkeit in Verbindung mit mehr Freizeit statt Erfolg, Wohlstand und Geld charakterisiert die Einstellungen der »Formalists«, »Architects« und »Referees«, also Menschen mit ausgeprägtem ethischen Bewusstsein, Engagement, und mit dem Willen zu gesellschaftlichen Veränderungen. Allerdings haben zugleich Premiumprodukte in diesen Gruppen die größten Erfolgschancen, da diese Mentalität wenig preissensibel und sehr qualitätsbewusst ist.

■ **Körpersprache**
Die Reaktionen eines Menschen, die sich u.a. in Gestik und Mimik sowie in der Körperhaltung beim Gehen und Stehen auswirken.

Problemfeld:
Im Kundendialog sind die Botschaften der Körpersprache die wichtigsten, aber auch die am wenigsten beachteten Anhaltspunkte über die Einstellungen des Dialogpartners.

Problemlösung:
Durch Beobachtung und Interpretation der körpersprachlichen Signale lässt sich eine optimale Beziehungsebene aufbauen. Erfolgreiche Verkäufer beobachten deshalb ihre Kunden sorgfältig, denn diese geben unbewusst vielfältige Botschaften von sich.
Durch ihre Körperhaltung, Gestik und Mimik offenbaren sie ihr Persönlichkeitsbild und ihr Charakterprofil. Verkäufer orientieren sich an diesen nonverbalen Botschaften und bauen darauf die Strategie ihres Verkaufsgesprächs auf.
Sie beobachten aber auch die körpersprachlichen Reaktionen ihrer Kunden während des Verkaufsdialogs. So zeigen Kunden durch zustimmendes oder ablehnendes Verhalten in bestimmten Gesprächsphasen an, inwieweit bei ihnen das Kaufbedürfnis bereits geweckt werden konnte, bzw. welche kaufhemmenden Vorbehalte noch beseitigt werden müssen.
Typische körpersprachliche Botschaften sind:

- Verlegenheitsgesten: Der Kunde ist bspw. nicht vom Kauf abgeneigt, benötigt aber zur Entscheidung noch die Unterstützung des Verkäufers.
- Fehlender Blickkontakt: Dies kann darauf hinweisen, dass der Kunde seine negative Entscheidung schon getroffen hat, den Verkäufer aber nicht damit konfrontieren will.

Durch gutes Beobachten und mit dem Wissen um die Bedeutung bestimmter Gesten erhält der Verkäufer ständig Informationen über die

- individuellen Wesensmerkmale
- augenblickliche Befindlichkeit und
- Emotionen des Gesprächspartners.

Viele Gesten sind jedoch mehrdeutig. Wenn sie aus dem Zusammenhang gerissen sind, zeigen sie die Bedeutung falsch an. Aus diesem Grund muss das Zusammenspiel der Einzelreaktionen gesehen werden, um die richtige Botschaft herauszulesen.
Viele Menschen versuchen aber auch, Körpersprache einzusetzen, um ihre Gesprächspartner

zu täuschen. Deshalb ist es wichtig, sich auf die spontanen Reaktionen des Kunden zu konzentrieren, denn diese kann er nicht beeinflussen.
Andererseits können Verkäufer in bestimmten Grenzen auch ihre eigene Körpersprache einsetzen, um dem Kunden nonverbale Botschaften zu senden:

- Zuwendung signalisieren sie im wahrsten Wortsinn durch zugewandten Kopf und Oberkörper sowie durch ausgebreitete Arme.
- Vertrauen schaffen sie durch offenen Blickkontakt und offenes Lächeln.
- Überzeugende Kompetenz und Selbstsicherheit kommt durch den vollen und kräftigen Klang der Stimme zur Geltung. Dies ist gerade beim Telefonmarketing, in dem der Gesprächspartner keine weiteren körpersprachlichen Informationen erhält, erfolgsentscheidend.

Auch in der Werbung wird die Körpersprache eingesetzt. Hier sollen bspw. lachende und fröhliche Gesichter assoziieren, welches positive Erlebnis der Genuss des beworbenen Produktes verspricht.

Weiterführende Literatur:
Molcho, Samy: Alles über Körpersprache, München 1995; Rückle, Horst: Körpersprache für Manager, Landsberg 2000

■ Kundenbindung

Die Entwicklung einer langfristigen Abhängigkeit des Kunden von seinem Lieferanten.

Problemfeld:
Der Akquisition eines neuen Kunden wird in Unternehmen in der Regel mehr Bedeutung beigemessen als der Betreuung bestehender Kundenbeziehungen.

Problemlösung:
Die Praxis zeigt dass selbst im Konkurrenzkampf mit preisaggressiven Wettbewerbern die intenstive Kundenbetreuung der entscheidende Faktor ist. Gerade ertragsstarke Kunden, die auf den produktbegleitenden Service mehr Wert legen als auf den Preis, werden durch diese konsequente Kundenorientierung gebunden.
In dieser individuellen Betreuung liegt der große Vorteil des Fachhandels. Er kann durch hohe Beratungsleistung in der Pre-Sales-Phase und durch kundenorientierten After Sales Service die betreuungsbedürftigen Kunden langfristig gegenüber dem Preiswettbewerb resistent machen.
Dazu sollte bereits in den Werbebotschaften die konsequente Kundenorientierung deutlich im Vordergrund stehen. Wenn dem Kunden deutlich gemacht wird, welchen Zusatznutzen er aus der Geschäftsverbindung

hat, dann werden die Serviceleistungen als besonderer Dienst empfunden.
Den Kunden zu begeistern ist das eigentliche Ziel der Kundenbindungsstrategie. Dies wird erreicht, wenn der Kunde durch eine besondere Leistung überrascht wird, bspw. durch eine Hilfsaktion im Notfall oder auch durch die unbürokratische Erledigung einer Reklamationssache.
Gefährdete Kundenbeziehungen geben sich jedoch durch typische Alarmsignale zu erkennen:

- Das Bestellverhalten verändert sich.
- Das Auftragsvolumen ist geringer geworden.
- Der Kunde ist telefonisch nicht mehr erreichbar,
- Er sagt Termine ab oder nimmt sie nicht wahr.
- Anfragen und Angebote bleiben unbeantwortet.
- Subalterne Mitarbeiter werden vorgeschoben.

Weiterführende Literatur:
Bruhn, Manfred; Homburg, Christian: Handbuch Kundenbindungsmanagement, Grundlagen, Konzepte, Erfahrungen, 2. Aufl., Wiesbaden 1999

■ **Kundenclub**
Privilegisierung von Kunden zur Erhöhung ihrer Bindung, ihres Empfehlungswertes und ihrer Cross Selling Rate.

Hintergrund:
Kundenclubs bieten Unternehmen lukrative Zusatzerlöse, bspw. durch Co-Branding. So vermitteln sie etwa ihre Clubmitglieder an Kreditkartenanbieter. Das Ergebnis sind Kundenkarten mit Kreditkartenfunktion. Ähnliche Funktionskombinationen ergeben sich durch Kooperationen mit Call-Back-Unternehmen, Autoclubs und vor allem mit Versicherern. Dementsprechend wird die Clubkarte auch zur Versichertenkarte, bspw. für Mobilitäts-, Unfall- oder Rechtschutzversicherung.

Problemfeld:
Mittelständische Unternehmen scheuen vor Kundenclubs zurück. Ihnen scheinen die Vorlaufkosten und der Verwaltungsaufand zu hoch.

Problemlösung:
Unternehmen lassen ihre Kundenclubs von externen Dienstleistern managen. Je nach Anbieter entstehen für diese Betreuungsleistungen keine Kosten. Die Agenturen partizipieren von den Gebühren, die Kunden für die Clubmitgliedschaft zahlen bzw. anteilig von den Provisionen der Kooperationspartner.
Für die Karteninhaber ist auf den ersten Blick nicht erkennbar, dass ihr Kundenclub von einem externen Dienstleister ver-

waltet wird, denn er wirkt, als ob er vom Kundenunternehmen selbst geführt wird: Die Kundenkarten tragen dessen Logo. Die Clubpublikationen bieten auf Wechselseiten die Plattform für firmenspezifische PR-und Werbebotschaften.
Unternehmen nutzen die Vernetzung ihrer Kunden vor allem für ihre Verkaufsförderungsmaßnahmen. Kunden erhalten bestimmte Serviceofferten und Sonderangebote, Einladungen zu Informationsveranstaltungen und Warenproben. Außerdem werden durch die Registrierung der Kunden umfassende persönliche Informationen für die Database und zu Marktforschungszwecken gewonnen.
Kundenclubs können auch für ganz bestimmte Marketingziele genutzt werden, als da sind:

- Kundeninformationen sammeln
- Ertragspotenziale erschließen
- Neukunden integrieren
- Stammkunden binden und
- generell den Marktanteil ausweiten.

Bevor jedoch ein Unternehmer mit einem Kartendienstleister kooperiert, sollte er eine sorgfältige Analyse erstellen. Die Kundenkarte muss erkennbare Nutzenvorteile bieten, damit sie ihren Kundenbindungszweck erfüllt, bspw.

- Ausweisfunktion, die VIP-Kunden privilegiert,
- Treuefunktion zur Ehrung von Stammkunden,
- Zahlungsfunktion zur bargeldlosen Rechnungsbegleichung.

Erfolgsentscheidend ist letztendlich der passende Clubanbieter. Sein Clubkonzept soll möglichst exakt die anvisierte Zielgruppe ansprechen. Hier zählt, ob der Anbieter die entsprechenden Referenzen vorweisen kann.

Weiterführende Literatur:
Wittbrodt, Eckhard J.: Kunden binden mit Kundenkarten, Kundenbindungssysteme entwickeln, einführen, steuern, Neuwied 1995

■ Kundenerwartung

Ansprüche des Kunden an die Produktqualität und die Betreuungsleistung eines Unternehmens.

Problemfeld:
Kundenzufriedenheit basiert zum großen Teil auf subjektiven Eindrücken. Wie lässt sich jedoch herausfinden, welche Verbesserungen wirklich notwendig sind, um die Kundenerwartungen zu erfüllen?

Problemlösung:
Bei der Erfüllung von Kundenerwartungen muss berücksich-

tigt werden, dass diese verschiedenen Einflussgrößen unterliegen, die für sich genommen negativ oder positiv geprägt sind und in die Erwartungshaltung einfließen. Kundenzufriedenheit ist das Ergebnis eines Vergleiches zwischen den Erwartungen des Kunden und der Erfüllung seiner Erwartungen. Sie muss deshalb als Ergebnis individueller Eindrücke bewertet werden.

Somit spielen die subjektiven Gesichtspunkte die maßgebende Rolle für den Grad der Zufriedenheit des Kunden. Nach diesem Grundsatz sollen deshalb alle Aktivitäten im Unternehmen ausgerichtet werden.

Wie schnell ein Kunde auf positive Veränderungen reagiert bzw. sie überhaupt bemerkt, hängt mit seiner Wahrnehmung zusammen. So müssen Veränderungen deutlich demonstriert werden, bspw. durch begleitende Informationsmaßnahmen und durch Werbung.

Beispiel 1: Das Wissen des Kunden über mögliche oder fehlende Alternativen zur Erledigung seines Wunsches beeinflusst seine Bewertung negativ. So hat die Deutsche Post AG nach wie vor eine Monopolstellung. Das bedeutet, dass Kunden der Filialen im Gegensatz zur Nutzung von Supermärkten keine Alternative zur Erledigung von bestimmten Dienstleistungen haben. Unabhängig von der Grundeinstellung des Kunden, unabhängig davon, ob seine Erwartungshaltung positiv oder negativ belegt ist, wirkt dieses Monopol zumindest im Unterbewusstsein abträglich.

Beispiel 2: Unzufriedenheit kann auch entstehen, wenn der Kunde einen besonderen Wunsch hat, den der Mitarbeiter in der Filiale nicht zu erfüllen bereit ist. Der Kunde hatte aber schon in der Vergangenheit erlebt, dass dieser Sonderwunsch durch andere Mitarbeiter erfüllt wurde.

In diesem Fall wird seine Erwartung enttäuscht, obwohl er sich bewusst ist, dass sein Anliegen nicht unbedingt erfüllt werden muss. Aus seinen Erlebnissen weiß er aber, dass es möglich ist. Deshalb ist es wichtig, einen einheitlichen Service durchzusetzen. Dies kann nur zum Teil mit festen Richtlinien erfolgen. Entscheidend ist das flexible Agieren bzw. Reagieren der gesamten Vertriebsorganisation, insbesondere der Mitarbeiter im direkten Kundenkontakt.

Beispiel 3: Auch das Image prägt die Erwartungshaltung und ist damit eine Einflussgröße beim Vergleichsprozess zwischen Erwartungen und Wahrnehmung der Leistung in der Filiale. Ist das Image beim Kunden positiv, so besteht auch eine gewisse Toleranz beim Filialbesuch, wenn der Kunde mal länger als gewöhnlich warten muss. Bei regelmäßiger Enttäuschung des Kunden entwickelt sich das Image auch langfristig gesehen negativ und beeinträchtigt die Wahrnehmung der eigentlichen Leistung. Der Kunde ist negativ vorprogrammiert und sucht im Unterbewusstsein nach der Bestätigung seiner negativen Erfahrungen.

Beispiel 4: Die subjektive Wahrnehmung von Wartezeit ist auch von der Frustrationstoleranz des Kunden abhängig. Diese wird vom Arbeitsumfeld, von der Freundlichkeit sowie von der Fähigkeit des Schaltermitarbeiters, auf die aktuelle Kundensituation einzugehen, geprägt. Eiligen Kunden ist während der Kundenbedienung anders zu begegnen als ratsuchenden und unsicheren Kunden. Die konkrete persönliche Situation prägt das aktuelle Anspruchsniveau.
Die richtige Fragestellung bei Kundeninterviews liefern hier wichtige Informationen zur Ausrichtung der Unternehmensaktivitäten. Das Problem bei Kundenbefragungen besteht jedoch darin, dass die Zeiträume zwischen den jeweiligen Erhebungen aus praktischen und Kostengründen relativ groß sind. Zwischen diesen Zeiträumen kann der Erfolg von Maßnahmen bzw. die richtige Interpretation der Ergebnisse von Kundenbefragungen nicht nachgehalten werden.
Die Deutsche Post AG verwendet zur Messung ihrer Servicequalität subjektive Messsysteme wie

- Kundenbefragungen in den Filialen und zu Hause
- Reklamationsanalysen.

Mit ihnen werden die Kenngrößen für die Kundenzufriedenheit ermittelt. Verwendet werden aber auch sog. objektive Messsysteme wie

- Testkundenmethode
- manuelle Wartezeitmessung
- Erreichbarkeit/Hotline
- Lichtschranke zur Kundenfrequenzmessung.

Sie ermöglichen die Ermittlung der Kenngrößen für die Prozessgüte.
Das Datenmaterial wird periodisch aufbereitet und zur Schwachstellenanalyse genutzt. Monatlich verfügbar sind Testkundenergebnisse und die Ergebnisse von Reklamationsanalysen. Halbjährliche Auswertungen erfahren Kundenbefragungen.
Es zeigt sich jedoch, dass die wachsende Prozessgüte nicht unbedingt mit einem positiven Kundenurteil bewertet wird. Der Vergleich von objektiven und subjektiven Messergebnissen ergibt allerdings zusätzliche

Impulse für die Qualitätssicherung und die Qualitätsverbesserung.

Wenn Kundenerwartungen als Maßstab definiert werden sollen, muss die vom Unternehmen definierte objektive Prozessgüte die Kundenerwartung widerspiegeln. Beispiel: Bis zum Beginn der Implementierung des Qualitätsmanagements war die Wartezeitsituation in den Postfilialen unzureichend. Daher wurde die Vorgabe gesetzt, dass möglichst viele Kunden nicht länger als fünf Minuten bis zum Beginn ihrer Bedienung warten sollten. So begann man mit regelmäßigen Wartezeitmessungen und permanenten Schwachstellenanalysen.

Bis zur Festlegung und Umsetzung wirksamer Maßnahmen verstrich aber weiterhin Zeit. Der Kunde hatte dabei offensichtlich das Gefühl, dass sich nichts in den Filialen ändert. Das steigerte die Unzufriedenheit mit der Wartezeit und damit unbewusst auch das Anspruchsniveau. Der Anteil guter Beurteilungen verringerte sich, obwohl aus Kundensicht die durchschnittliche Wartezeit annähernd konstant blieb.

Weitere Analysen der Deutschen Post AG führten unter anderem zu folgender Erkenntnis:

Die Bewertungsmaßstäbe der einzelnen Kunden sind unterschiedlich, insbesondere auch in solchen Fällen, in denen das Schulnotensystem für die Bewertung der Zufriedenheit zu Grunde gelegt wird. So ergab die letzte Befragung, dass nur 86 Prozent der Kunden die Noten 1 und 2 für die Zufriedenheit mit der Wartezeit abgaben, obwohl sie nach ihren Angaben nicht warten müssen. Hier spielen offenbar in der Vergangenheit geprägte individuelle Wertmaßstäbe, zum Beispiel auf Grund schulischer Erlebnisse, eine Rolle: Nicht bei jedem Kunden ist die Note 3 negativ belegt.

Um die objektiven und subjektiven Messergebnisse vergleichbar zu machen, wurden dann die Schulnoten verbalisiert:

Note 1 wurde zu „sehr zufrieden“

Note 2 zu „zufrieden“

Note 3 zu „gerade noch zufrieden“

Note 4 zu „eher unzufrieden“

Note 5 zu „unzufrieden“

Note 6 zu „sehr unzufrieden“

Nach diesem verbalisierten System veränderten sich auch die Ergebnisse. Drei Prozent wanderten von Note 1 zu 2, jedoch zehn Prozent von Note 3 auf 2, sieben von vier auf drei, vier Prozent von 5 auf vier und zwei Prozent von 6 auf 5.

Auch Vergleiche von gemessenen Wartezeiten bei Supermärkten mit denen des Filialnetzes der Deutschen Post verdeutlichen das Problem subjektiver Wahrnehmung. Obwohl an den Kassen der Supermärkte häufig länger als bei der Post gewartet wird und die Wartezeit noch durch die im Griffbereich von quengelnden Kleinkindern platzierten Waren durch den wartenden Kunden bezahlt wird, ist die Zufriedenheit mit der Wartezeit bei der Deutschen Post deutlich geringer. Das Gleiche trifft auch im Vergleich mit Banken zu, wo annähernd gleiche Wartezeiten wie bei der Post gemessen werden.

Eine Erklärung ist, dass der Supermarktbesuch als Einkaufserlebnis positiv belegt ist, der Besuch der Postfiliale jedoch als belastende Pflicht empfunden wird. Das kann einen Einfluss auf die Erwartungshaltung haben und insbesondere dann, wenn negative Erfahrungen aus der Behördenvergangenheit zusätzlich die Erwartungen des Kunden prägen.

Eine weitere Erfahrung der Deutschen Post ist, dass Postbankkunden die Filialen besser bewerten als Kunden, die keine Postbankleistungen nutzen. Dazu wurde festgestellt:

Die Postbankkunden haben sich am Markt orientiert und sich bewusst für die Postbank entschieden. Entsprechend positiv stehen sie den Filialen gegenüber. Bei gleicher Prozessgüte haben sie mehr oder weniger bewusst Vorzüge festgestellt, die sie dazu veranlassten, Finanzdienstleistungen über das Filialnetz der Deutschen Post und nicht bei anderen Wettbewerbern zu realisieren. Die höhere Zufriedenheit ist offenbar ein Ausdruck dafür, dass das eigentliche Leistungsniveau der Filialen besser wahrgenommen wird als bei Kunden, die die Filialen der Deutschen Post wegen der Inanspruchnahme bestimmter postalischer Monopolleistungen aufsuchen müssen.

Die Erkenntnis für die Deutsche Post: Es muss nicht nur an der tatsächlichen Leistungsverbesserung gearbeitet werden, sondern auch an der Kommunikation mit den Kunden. Bspw. soll mit Kampagnen zur Imageverbesserung Einfluss auf die Kundenzufriedenheit genommen werden.

Befragungen haben auch gezeigt, dass die Nutzung von Wettbewerbsleistungen und die Transparenz des Leistungsangebotes mit einer hohen Globalzufriedenheit einhergehen. Wird das Leistungsangebot als transparent erlebt, ist auch die Globalzufriedenheit deutlich höher. Außerdem: Kunden, die sich gut informiert fühlen und die Informationspolitik mit der Note 1 oder 2 bewerten, sind deutlich zufriedener.

Auch soziodemografische Einflüsse wirken auf die Kundenwahrnehmung: Im Vergleich objektiver und subjektiver Mess-

daten kann festgestellt werden, dass einzelne Niederlassungsbereiche der Post AG mit annähernd gleichen objektiven Messergebnissen deutliche Unterschiede bei der Kundenzufriedenheit aufweisen.
Zur Erklärung dieser Erscheinung wurden beim Einsatz der „normierten“ Testkunden nicht nur Qualitätsmessungen realisiert, sondern auch soziodemografische Daten bei Verkaufspersonal und Testkunden erhoben.
Obwohl bundesweit Testkunden die Filialen nach gleichen normierten Kriterien bewerten, konnten dennoch Abweichungen, zum Beispiel in Abhängigkeit von Geschlecht, Größe, Alter und Sympathie festgestellt werden.
Bei der Bewertung des Erscheinungsbildes bewerten männliche Testkunden weibliche Schalterkräfte besser. Bei weiblichen Testkunden werden keine Unterschiede festgestellt. In diesem Zusammenhang wurde auch registriert, dass Niederlassungsbereiche mit einem hohen Frauenanteil in den Filialen bei gleicher Prozessgüte eine höhere Kundenzufriedenheit aufweisen.
Point of Sales-Befragungen bieten deshalb nur in Grenzen verlässliche Ergebnisse. Der Vergleich von objektiven und subjektiven Messdaten zur zielgerichteten und effizienten Handlungsorientierung kann nicht klar vollzogen werden.
Bei dem Einsatz einer Point of Sales-Befragung wird auch nur das unmittelbare Erleben des Kunden erhoben. Erst im Vergleich mit einer späteren Inhome-Befragung können Aussagen über die Nachhaltigkeit des Verkaufserlebnisses, als Grundlage für die Wiederwahl eines Vertriebskanals, getroffen werden.
Bei den Filialen kann festgestellt werden, dass die Befragung unmittelbar nach dem Filialbesuch deutlich bessere Kundenzufriedenheitswerte liefert als die spätere Inhome-Befragung. Die Erlebnisse sind eventuell durch die geringe Besuchsfrequenz bei vielen Kunden nicht nachhaltig und oft auch durch Negativereignisse in den Medien und bei Bekannten im Nachhinein beinträchtigt.
Für die Post AG bietet das vom TÜV-Rheinland zertifizierte Testkundenmessverfahren die Grundlage zur objektiven Bewertung des Verkaufsprozesses. Die Kernkriterien, die gemessen werden, sind:

1. Wartezeit
   - Tatsächlich bedienbereite Schalter beim Testkundenbesuch
   - Länge der Warteschlange vor dem Testkunden
   - Durchschnittlich wartender Kunde je bedienbereiter Platz
   - Bedienzeit des Testkunden

2. Kompetenz
   - Fachberatung
   - Verkaufs-Know-how
   - Unaufgeforderte Produktansprache
   - Cross Selling
3. Freundlichkeit
   - Begrüßungsform
   - Blickkontakt
   - Angenehmer Dialog
   - Kundenfreundliche Arbeitsweise
4. Erscheinungsbild
   - Zustand der Gebäude
   - Innenräume
   - Einrichtung
   - Arbeitsplatz
   - Bekleidung

Das in den Filialen eingesetzte Testkundenmesssystem liefert Messergebnisse für jede untersuchte Filiale und einen objektiven repräsentativen Qualitätsstatus für die Bezirksleitungen, Niederlassungen und regionalen Geschäftsbereiche.
Dieser interne Leistungsvergleich soll vor allem Handlungsmotivation erzeugen und zwar in der Differenz von den Ergebnissen der jeweils besten und schlechtesten Niederlassung. Ziel ist der Know-how-Transfer unter folgenden Gesichtspunkten:

- Wie gehen die jeweils besten Niederlassungen mit ihren alltäglichen Probleme?
- Warum erzielen sie innerhalb identischer Rahmenbedingungen bessere Ergebnisse als die anderen Filialen?
- Was kommen noch für Ursachen in Frage für die unterschiedlichen Ergebnisse in den einzelnen Abteilungen?

Die Mitarbeiter werden als wichtigste Größe im System des Qualitätsmanagements in den Prozess der konsequenten Kundenorientierung einbezogen, denn

- Servicequalität im Verkauf ist unmittelbar mit der Befähigung der Mitarbeiter zur Kundenorientierung verbunden.
- Informierte und im Verkaufsverhalten sichere Mitarbeiter sind die Voraussetzung zur Motivation für die Realisierung einer hohen Kundenorientierung.

Deshalb wurden bundesweit 750 Qualitätsteams eingesetzt. Ihre Merkmale:

- Einbindung der Führungskräfte vor Ort.
- Hierarchiefreie Zusammenarbeit im Team.
- Leitung der Teams durch geschulte Moderatoren.
- Unterstützung durch Analysemethoden und Kreativitätstechniken.

Für die Moderatoren wie auch für die Mitglieder der Qualitätsteams steht ein Qualitätshandbuch zur Verfügung. Darin sind Grundsätze zur Kundenorien-

tierung dargelegt und Methoden und Verfahrensabläufe werden behandelt.
Die umgesetzten Maßnahmen werden in einer Ideensammlung erfasst, damit sie bei der Generierung von örtlichen Maßnahmen zur Qualitätsverbesserung zur Verfügung stehen. Hinter jeder aufgeführten Maßnahme stehen Umsetzungspläne mit einem Ansprechpartner, um die bisherigen Erfahrungen anderer Filialen mitnutzen zu können.
Zur Förderung von Verkaufskompetenz und Servicequalität dient ein als Medienpaket modular aufgebautes Schulungskonzept.

■ Kundenforum

Es dient sowohl der Kundenbindung wie auch der Erschließung von Informationen aus dem Käufer- und Nutzerkreis.

Problemfeld:
Die Kundenloyalität ist u. a. abhängig vom Zeitpunkt des letzten Kaufkontaktes. Beispiel Autoindustrie: Je älter das Fahrzeug, desto größer der Servicebedarf. Je größer der Servicebedarf, desto geringer der Bedarf des Kunden, Kundendienstleistungen beim Hersteller einzukaufen.

Problemlösung:
Ein systematisches Kundenbeziehungsmanagement, das

- den Kunden ans Unternehmen bindet,
- dem Unternehmen Impulse gibt, kundenorientiert Maßnahmen zu entwickeln.

Der Regelkreis dieses Kundenbeziehungsmanagements:

1. Beim Kunden Feedback einholen.
2. Kundenanregungen und Kritikpunkte analysieren und in einen Report fassen.
3. Zur Umsetzung der gewonnenen Erkenntnisse einen Aktionsplan entwickeln.
4. Die Mitarbeiter für die Entwicklung eines Umsetzungskonzeptes gewinnen.
5. Gemeinsam aus den Erkenntnissen ein Konzept entwickeln.
6. Die Umsetzung in Gang bringen und die jeweilige Zielerreichung kontrollieren.
7. Die erfolgreiche Umsetzung der Kundenanregungen an die Kunden zurückmelden.

Bei der Volkswagen AG bspw. dienen als Quellen für diese Erkenntnisse:

- Analysen über das Image einzelner Händler,
- Länderübergreifende Kundenzufriedenheitsstudien,
- Befragungen von Neuwagenkäufern,
- Unternehmensinterne Kundenforen,
- Informationen und Erkenntnisse aus dem Beschwerdemanagement,

- Gespräche, die über das VW-Servicetelefon geführt werden,
- Der VW-Kundenclub.

Das Kundenforum ist für VW die wichtigste Einrichtung, um Kundenmeinungen ins Unternehmen zu holen. So absolvierten die VW-Handelsorganisationen 1999 über 500 Forumsveranstaltungen. Damit diese von den eingeladenen Kunden angenommen werden, sind sie in der Regel mit attraktiven Events verknüpft oder bspw. mit einem »Tag der offenen Tür« verbunden.
In der Gruppe soll der Kunde dazu ermutigt werden, seine Meinung ehrlich auszusprechen. Ein erfahrener Moderator leitet das Gespräch, an dem zwölf bis zwanzig Kunden teilnehmen.
Je nach Ziel werden die Foren in der dreistufigen VW-Vertriebsstruktur auf Händler-, auf Großhändler- oder auf Herstellerebene initiiert. Aus zwei Gründen werden sie jedoch über Vertragshändler veranstaltet:

- Der Kunde fühlt sich in einer vertrauten Umgebung.
- Der Händler kann das Forum als Kundenbindungsmaßnahme nutzen.

Das Ziel der Foren ist, Vorschläge und Beurteilungen einzuholen. Thematisiert werden sowohl aktuelle Problemstellungen wie auch geplante Unternehmenskonzepte. So sollen die Gesprächsbeiträge der Forumsteilnehmer sowohl Lösungen als auch Beurteilungen enthalten.
Beispiel: Vielfach erfüllen Kundenevents und Werbeaktionen nicht die Erwartungen, die in sie gesetzt werden. Über das Kundenforum kann der Vertragshändler sein Konzept einer kritischen Beurteilung unterziehen. An Hand der Anregungen aus diesem Gremium kann er es dann entsprechend modifizieren.
Bei einer Forumsinitiative über ein neues Fahrzeugmodell bspw. berichten die hierzu von Händlern eingeladenen Neuwagenkäufer in den von externen Moderatoren gesteuerten Gesprächen über ihre Eindrücke und Erfahrungen. Im Laufe der Diskussion ergibt sich so ein umfassendes Bild über die noch unerfüllten Wünsche und Bedürfnisse der Käufer. Die Ergebnisse der Gesprächsrunden gehen in Reportform an das Unternehmen zurück, wo sie von den jeweils beteiligten Fachbereichen ausgewertet werden.
Die Zusammensetzung der Kundenforen orientiert sich an der jeweiligen Themenstellung. So werden zu einem Forum jeweils nur bestimmte Kunden eingeladen: Die Selektion erfolgt bspw. nach

- Fahrzeugtyp
- Fahrzeugklasse bzw. Preisgruppe des erworbenen Fahrzeugs
- Nutzungsform
- Finanzierungsform.

So finden bspw. sogar Foren speziell für Beschwerdekunden oder für Frauen statt, die in Verbindung mit den Kundenforen Pannenkurse absolviert haben.
Nicht nur für die Forumsstrategie, sondern für alle Bereiche des VW-Zielgruppenmanagements müssen die einzelnen Kundengruppen möglichst fein selektiert werden können. Die Voraussetzung dazu ist eine Kundendatenbank, die detaillierte Kundeninformationen enthält. Das sind:

1. Grunddaten
   - Adressdaten
   - Psychografische Daten (Hobby, Lifestyle)
   - Soziodemografische Daten (Geburtsdaten, Einkommensklassen)
   - Kundenhistorie.
2. Informationen über das Kundenverhalten bspw. über
   - den Akquisitionsvorgang
   - das Beschwerdeverhalten
   - die Kundentreue
3. Kaufbezogene Daten, bspw.
   - Vertragsdaten
   - Fahrzeugdaten
   - Zusatzkäufe.

Ziel der Datensammlung ist eine ausreichende Adressqualifikation, bspw. in Bezug auf

- Bindungsinformationen
- Rentabilitätsinformationen
- Betreuungsinformationen

Diese kundenbezogenen Informationen werden mit marktbezogenen Daten, Informationen aus Marktforschungsstudien und Kundengruppenanalysen verknüpft.
Die Ziele sind:

1. Die Abschöpfung von Informationen für Marktforschung und Potenzialanalyse.
2. Die Bestimmung von Zielgruppenprofilen als Voraussetzung von zielgruppenspezifischen Marketingstrategien bspw. in den Bereichen
   - Kundenclub
   - Kundenkontaktprogramm
   - Serviceangebot
   - Produkt- und Finanzmailings
   - Beschwerdemanagement.

Gegenwärtig werden bei der VW AG die Ergebnisse jedoch noch dezentral verwaltet, ausgewertet und analysiert. In absehbarer Zeit sollen die Informationen jedoch in einer zentralen Wissensdatenbank des Konzerns gesammelt und vernetzt werden.

Kundeninformation
Fakten und Zahlen, die sich auf die eigenen Märkte, den Kunden und Kundenmärkte beziehen.

Problemfelder:
Wenn sich Unternehmen auf ungenaue Marktinformationen über die einzelnen Kundengruppen stützen, fehlt ihnen die richtige Einschätzung der Umsatz- und Ertragspotenziale einzelner Kundengruppen. Die Folge ist, dass Prioritäten falsch gesetzt werden.
Mangelnder Einblick in das Kundenunternehmen beeinträchtigt die Planung des Akquisitionsprozesses und die Vorbereitung auf das einzelne Verkaufsgespräch. Verkaufsstrategien werden auf Vermutungen und Annahmen über das Problemfeld des Kunden aufgebaut. Es kann aber auch passieren, dass es Verkaufsmitarbeiter vermeiden, auf den problemorientierten Kundennutzen ihrer Produkte einzugehen. Stattdessen stellen sie ihr Angebot lediglich vor.

Problemlösung:
Unternehmen installieren Rechercheteams, die Vertriebsmitarbeiter mit allen notwendigen Markt- und Kundeninformationen versorgen. Auf Anfrage fertigen sie Dossiers über

- Wettbewerbssituation und Kundenstruktur der jeweiligen Vertriebsgebiete an, geordnet nach Betriebsgröße, Branche, Umsatzgröße und Bedürfnisstruktur. Diese branchen- und spartenbezogene Informationssammlung ermöglicht es, Kundenunternehmen mit identischen Profilen zusammenzufassen.
- potenzielle Kunden mit allen Fakten an, die über die Unternehmens-, Bedürfnis- und Entscheiderstruktur sowie potenzielle Mitbewerber Auskunft geben.

Die dazu beauftragte Stabstelle erschließt hierzu alle infrage kommenden Informationsquellen wie

- Datenbanken
- Medien
- Informationsbroker
- Verbände und Organisationen
- Institute und Universitäten
- Statistische Ämter.

Die Kommunikation zwischen Nachrichtenstelle und Verkäufer erfolgt zur Effizienzsteigerung in Formularform per Mail, wobei der auftraggebende Vertriebsmitarbeiter mit möglichst breitem Material versorgt wird. Die Selektion und Bewertung erfolgt nach seinen spezifischen Gesichtspunkten durch ihn selbst.
Eine Informationssammlung beinhaltet deshalb zu Fragen des Kundenprofils:

- Kontaktpersonen und Kontaktdaten (wer wirkt im Kundenunternehmen in welcher Funktion und in welcher Entscheidungsebene?).
- Unternehmensstruktur, Besitzverhältnisse.

- Die Ansprechpartner für den Fachbereich.
- Die Ansprechpartner für den Finanzbereich.
- Die Ausstattung der Tochterunternehmen und ihre Verknüpfung zur Unternehmensmutter.
- Bewertungen aus Presseberichten über das Unternehmen.
- Marktanteile und Wettbewerbssituation in den einzelnen Produktbereichen
- Interne und externe Meinungsäußerungen über das Unternehmen und seinen Markt.
- Viten der Gesprächspartner und der Entscheider.
- Informationen über Wettbewerbsprodukte, die vom Kunden in die Entscheidung mit einbezogen werden.

Zu Fragen der Kundenbranche:
- Aktuelle Konjunktursituation auf dem deutschen und dem internationalen Markt
- Konjunkturprognosen
- Branchenstruktur
- Absehbare Strukturveränderungen
- Erfahrungsberichte über den Einsatz der Bull-Produkte und der Konkurrenzprodukte in der Branche
- Künftige Anforderungen der Branche an das angebotene Produkt.

■ **Kundennutzen**
Über den Verkaufserfolg eines Produktes entscheidet der Wert, den es dem Kunden bietet.

Problemfeld:
Beim Marktwettbewerb der Hersteller steht der Kundennutzen nicht wirklich im Mittelpunkt. Bspw.
- der Preiswettbewerb: Für die Kunden ist nicht der Preis ausschlaggebend, sondern der Nutzen, den sie für einen bestimmten Mitteleinsatz erhalten.
- der Qualitätswettbewerb: Es zeigt sich, dass Produkte durch die schnelle Veränderung in Technik und Trends schneller altern als durch die Produktbeschaffenheit.
- der Innovationswettbewerb: Kunden machen die Erfahrung, dass sie viele der technischen Features gar nicht benötigen, die Bedienung der Produkte lediglich komplizierter geworden ist.

Problemlösung:
Die Orientierung am Nutzen, das ein Produkt dem Kunden bringt und der Wert, den es deshalb für ihn hat. Im Gebrauchsgüterbereich ist dies bspw. die vereinfachte Handhabung, die schnellere Arbeitsweise oder der zusätzliche Komfort, den das Produkt bringt. Im Konsumgüterbereich kann der Wert

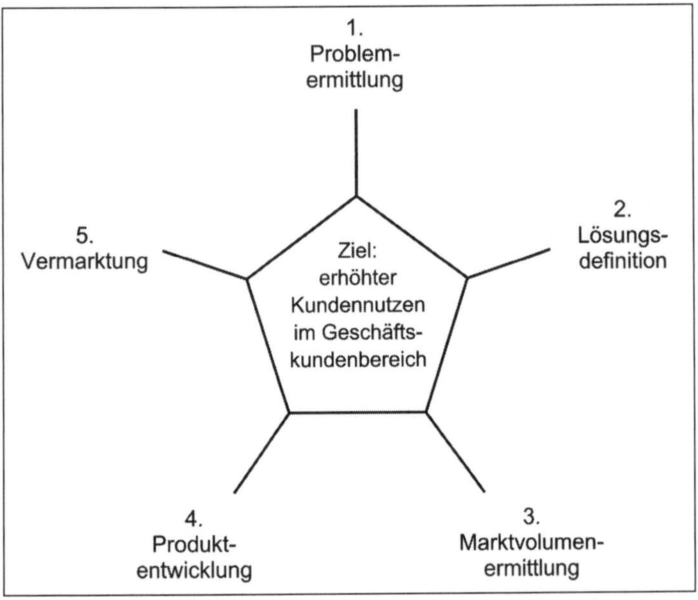

Kundennutzen: Orientierung am Produktnutzen verbessert den Kundennutzen

des Produktes im besonderen Genuss liegen, den der Gebrauch beschert.

Im Geschäftskundenbereich lässt sich dieser Wert sogar in konkreten Zahlen ausdrücken. Ein geldwerter Vorteil zeigt sich, wenn das Produkt den Umsatz steigert, die Kosten senkt oder wenn es generell die Ertragssituation verbessert.

Die fünf Phasen bei der Umsetzung:

1. Problemermittlung: Wo sind beim Kunden noch Optimierungspotentiale vorhanden, bspw. wo kann er noch Kosten senken, Erträge steigern oder Marktchancen verbessern?
2. Lösungsdefinition: Welche Werte kann der Lieferant seinem Kunden für diesen Zweck zur Verfügung stellen?
3. Ermittlung des Marktvolumens: Wie groß ist der Kundenkreis mit identischen Problem- und Lösungsfeldern?
4. Produktentwicklung: Welches Leistungsangebot muss geschaffen werden, damit es diese Werte beinhaltet?
5. Vermarktung: Wie lässt es sich kommunizieren?

Ein Beispiel hierfür ist die Geschäftspartnerschaft eines Leuchtenherstellers und dessen Zulieferers. Der hatte den Preisverfall auf dem Leuchtenmarkt zum Anlass genommen, ein Klemmsystem zu entwickeln, das die Fertigung erheblich vereinfacht. Der Wert des neuen Zulieferteils für den Leuchtenhersteller: um 500.000 Mark reduzierte Produktionskosten pro Fertigungssstrecke und Jahr.

■ Kundenservice

Die Betreuung des Kunden vor, während und nach dem Kauf.

Problemfeld:
Der Kunde erwartet vom Verkäufer zumindest eine zufriedenstellende Betreuung. Doch damit ist noch nicht sichergestellt, dass er nicht doch einmal zu einem Wettbewerber wechselt.

Problemlösung:
Kunden erwarten von ihren Lieferanten zumindest folgende Betreuungsleistungen:

1. Rechtzeitige Information, falls Zusagen nicht eingehalten werden können.
2. Richtige und vollständige Kundendienst- und Reparaturleistungen.
3. Nachvollziehbare Berechnung der Leistungen.
4. Saubere und ordentliche Geschäftsräume.
5. Freundliche Bedienung, auch bei Stoßzeiten.
6. Individuelle Betreuung und Beratung bei der Kaufentscheidung.
7. Reaktion auf Beschwerdefälle innerhalb einer Woche.
8. Kulante Rückgaberegelung, falls das erworbene Stück nicht den Anforderungen genügt.

Gerade für den Handel ist die Betreuungsleistung wettbewerbsentscheidend, denn der Anspruch der Kunden ist auf Grund positiver Service-Erfahrungen in anderen Wirtschaftszweigen erheblich gewachsen. Zum anderen wird mangelnde Serviceorientierung einzelner Unternehmen umso stärker empfunden, je mehr sie sich in ihrer Preis/Leistung angleichen. Dies geht so weit, dass Einzelhändler, deren Betreuungsleistung unzureichend ist, mit Ertragseinbußen rechnen müssen. Andererseits belegen verschiedene Untersuchungen, dass Unternehmen, die ihre Betreuungsleistung optimiert haben, bis zu sieben Prozent Umsatzsteigerung erreichen, ohne dass die Empfehlungsleistung der Kunden berücksichtigt ist.
Welcher Umfang diese Betreuungsleistung haben soll, ergibt sich aus den Kundenbedürfnissen. So kann ein Kunde bereits damit zufriedengestellt sein, dass er auch noch kurz vor La-

denschluss an der Frischetheke freundlich und zuvorkommend bedient wird. Auch die Entscheidung, ob ein Verpackungsservice wichtiger ist als ein Änderungsservice, sollte aus Kundensicht erfolgen.
Doch auch Kunden definieren Betreuungsleistung unterschiedlich. Für Käufer, die sich bei der Entscheidung schwer tun, ist die Beratung ein maßgebender Qualitätsfaktor. Kunden die schnell und problemlos ihre Einkäufe abwickeln wollen, sind mit einer schnellen Abwicklung an der Kasse zufrieden gestellt.
Unternehmen können aber auch mit neuen, werbewirksamen Dienstleistungen die Kunden begeistern. Dies setzt jedoch voraus,

- dass sie die Betreuungs-Standards beherrschen, und
- dass die neue Serviceidee mit gleichbleibend hoher Leistungsfähigkeit umgesetzt werden kann, damit Anspruch und Wirklichkeit nicht auseinander klaffen.

Die Frage ist auch, welche Investitionen für bestimmte Betreuungsleistungen zur Verfügung gestellt werden müssen. Hier lässt sich unterscheiden, ob die Dienstleistung als Paket mit dem Produkt verkauft werden soll, bspw. die kostenpflichtige Auslieferung oder Installation eines Produkts, oder ob der Aufwand durch den dadurch erhofften Mehrumsatz finanziert wird.
Bei einer genauen Analyse des eigenen Unternehmens zeigt sich jedoch, dass die Betreuungsleistung erheblich gesteigert werden kann und dabei sogar die Kosten sinken. Dies ist der Fall, wenn die Leistungsfähigkeit und Motivation der Mitarbeiter gesteigert und die Abläufe im Unternehmen verbessert werden.

■ Kundentyp

Die Persönlichkeitsausprägung eines Kunden, die sich auf sein Entscheidungs- und Kaufverhalten auswirkt.

Problemfeld:
Die Kundenansprache orientiert sich zwar an den soziodemographischen Merkmalen und den zielgruppentypischen Verhaltensformen. Unberücksichtigt bleibt jedoch das spezifische Persönlichkeitsprofil des Einzelnen.

Problemlösung:
Unternehmen in der Investitionsgüterindustrie nehmen bspw. nicht nur unternehmensspezifische Informationen in ihre Database auf, sondern beschreiben darin auch das Persönlichkeitsprofil der Entscheider und Beeinflusser. Das Ziel ist, diese Geschäftspartner in ihrem typischen Verhalten bei der Mei-

nungsbildung und Entscheidungsfindung zu beeinflussen. Berücksichtigt wird hierbei bspw., ob der Geschäftspartner introvertiert, also nach innen gerichtet, oder extrovertiert, also kommunikativ ist. Verhaltensauswirkungen haben auch die vier bekannten Charaktertypen mit ihren unterschiedlichen Temperamenten:

- Der Choleriker, der als zielsicher, energisch und eigenwillig, aber auch als kämpferisch, starrköpfig und aggressiv gilt.
- Der Sanguiniker, der sich liebenswürdig, heiter und unbeschwert gibt. Allerdings muss er schnell zur Entscheidung geführt werden, weil er schnell für eine Sache gewinnbar ist, aber auch schnell wieder davon abkommt.
- Der Melancholiker ist ernst und tiefgründig, aufopfernd und pflichtbewusst. Da er problemorientiert denkt, muss er mit viel Geduld von den problemlösenden Eigenschaften eines Produktes überzeugt werden.
- Der Phlegmatiker, der Aufwand scheut. Erst ein gewisser Leidensdruck aktiviert ihn dazu, eine Problemlösung konkret anzugehen. Er muss initiativ zur Entscheidung geführt werden. Außerdem zählen für ihn als Argumente die produktbegleitenden Dienstleistungen mehr als der Produktpreis.

Der Typ eines Kunden wird aber auch durch den sog. sozialen Stil geprägt:

- Der analytische Kunde: Er sammelt zu seinen Entscheidungen sorgfältig alle Fakten und bewertet sie systematisch. Er reagiert positiv, wenn ihm für diese Entscheidungsvorbereitungen Zeit gelassen wird, wenn ihm alle Fakten und Zahlen vollständig und in überschaubaren Unterlagen aufgelistet werden. Er erwartet verbindliche Festlegungen bei Terminierungen und Absprachen.
- Der antreibende Kunde: Er ist selbstsicher, kommt schnell zur Sache und ist entschlussfreudig. Er will nicht lange zwischen mehreren Alternativen entscheiden, sondern er benötigt nur die Argumente, die ihn kurz, knapp und zielgerichtet zur Entscheidung für eine bestimmte Lösung führen.
- Der mitreißende Kunde: Er ist visionär, geht Probleme auf unkonventionelle Weise an und scheut nicht das Risiko, wenn er Entscheidungen trifft. Er lässt sich durch optimistische, strahlende Zukunftsbilder zum Ziel führen. Er will aber aktiv an der Ausgestaltung beteiligt sein, wenn es um den Nutzen geht, den er durch das zur Entscheidung stehende Produkt erhalten wird.

- Der freundschaftliche Kunde: Er sucht Sympathie und vertraut dem Verkäufer, dass er ihn zur richtigen Entscheidung führt. Wer ihn gewinnen will, muss ihn zunächst auf der Gefühlsebene ansprechen. Beim Abschluss benötigt er jedoch sensible Führung. Argumente benötigt er vor allem, um seine Kaufentscheidung vor sich und vor anderen rechtfertigen zu können.

■ **Kundenwertanalyse**
Sie macht deutlich, welche Kunden und Kundengruppen für die Zukunft den höchsten Nutzen bringen.

Problemfeld:
Unternehmen konzentrieren sich in der Regel an ihren umsatzstarken Kunden. Dabei können die Großkunden auch die größten Verlustbringer sein.

Hintergrund:
Schon die Akquisition von umsatzstarken Kunden erfordert durch den Wettbewerb mit den Konkurrenten einen hohen Einsatz von Zeit und Mittel. Diese wissen um ihre Marktmacht und entsprechend bestimmen sie die Preise und Konditionen und setzen außerdem noch Sonderwünsche durch.
Wenn dann Aufwand und Umsatz in Relation gesetzt werden, kann es sich zeigen, dass umsatzstarke Kunden weniger Ertrag bringen als umsatzschwache Kunden. Im Extremfall verbessert sich sogar der Unternehmensertrag, wenn der Großkunde überhaupt nicht mehr bedient wird.

Problemlösung:
Bei der Kundenwertanalyse wird ermittelt, welche direkte und indirekte wirtschaftliche Bedeutung der Kunde für das Unternehmen hat. Basis für derartige Kundenwertanalysen ist zunächst der monetäre Nutzen. Hier geht es um den Gewinn, den das Unternehmen aus der Kundenbeziehung zieht.
Hierzu werden alle direkten und indirekten Aufwendungen mit berücksichtigt, die das Unternehmen erbringen muss, um den Kunden zum Umsatz zu bewegen.
Doch auch die nichtmonetären Bestimmungsfaktoren entscheiden darüber, wie hoch der Wert des Kunden für das Unternehmen ist. Dazu zählt bspw. der Empfehlungswert. Dieser bemisst sich danach, inwieweit ein Kunde seinem Lieferanten durch aktive Werbung weitere Umsätze beschert.
Ebenso wichtig ist der Referenzwert eines Kunden. Dieser sagt aus, inwieweit allein schon das Image des Kunden geschäftsfördernd wirkt.
Nach den Kriterien der Kundenwertanalyse weist der ideale Kunde folgende Merkmale auf:

- Er ist mit verhältnismäßig geringen Kosten zu akquirieren,
- er akzeptiert den regulären Preis,
- er ist mit verhältnismäßig geringem Aufwand zu betreuen,
- er nimmt große Einzelmengen ab,
- er fordert keine zusätzlichen Serviceleistungen,
- er toleriert Terminschwankungen,
- er bleibt Konkurrenzeinflüssen gegenüber resistent,
- sein Name dient als Referenz bei Neukunden,
- er ist ein aktiver Empfehlungsgeber.

Doch nicht nur der momentane Ertrag macht den Wert eines Kunden aus. Ausschlaggebend sind die Erträge, die er über seinen gesamten Lebenszyklus hinweg dem Unternehmen bringt. So kann es sich lohnen, einen noch unbedeutenden Kunden im Hinblick darauf zu binden, dass er einer zukunftsträchtigen Branche angehört oder sich zum Shooting Star entwickelt, ob sich sein Unternehmen auf Wachstumskurs befindet oder er sich erst auf lange Sicht im Markt etabliert.
Deshalb sollte die Kundenbewertung nach folgenden Kriterien verlaufen:

- Welche Erträge bringt ein Kunde gegenwärtig?
- Welches Ertragspotenzial steckt in ihm?
- Welche neue Kunden- und Marktbereiche kann der Lieferant heute und in Zukunft über ihn erschließen?

Bei der Kundenwertanalyse geht es aber auch darum festzustellen, ob ein Kunde, der jetzt viel Umsatz bringt, auch morgen noch ins Unternehmenskonzept passt. Deshalb sollte man bei der Kundenwertanalyse auch berücksichtigen, welche unternehmerischen Schwerpunkte man künftig setzen will. So hat ein Kunde, der dem augenblicklichen Konzept entspricht und viel Ertrag bringt, unter Umständen einen geringeren Gesamtwert als derjenige, der in das ansgestrebte Geschäftsfeld passt.
Bei der Kundenwertanalyse lohnt es sich, die Märkte der Kunden zu kennen. So lässt sich frühzeitig feststellen, inwieweit sich die Bedarfslage der Kunden verändert und wie lange die Lebensdauer der Kundenbeziehung sein wird.
Solche Prognosen gehen von Fakten aus, die sich ständig verändern können. Deshalb sollte die Kundenwertanalyse ein fortlaufender Prozess sein, indem unvorhergesehene Veränderungen umgehend miteinbezogen werden.

Kundenwertmodell

Nach diesem Konzept ist für ein Produkt erfolgsentscheidend, welche konkret bezifferbaren Vorteile sich für den Kunden durch die Produktnutzung ergeben.

Problemfeld:

Als wichtigste Verkaufsargumente zählen noch immer der Produktpreis bzw. die Produktqualität.

Problemlösung:

Beim Kundenwertmodell wird mit dem geldwerten Zugewinn argumentiert, den der Kunde durch das angebotene Produkt erhält. Bei einer Maschine können diese bspw. aus Umsatzsteigerungen oder Kostensenkungen resultieren. Es kann sich aber auch um eine Verbesserung der Marktchancen handeln. Dem potenziellen Kunden wird deutlich gemacht, wo und wie genau sich durch eine bestimmte Lieferantenleistung eine höhere Wertschöpfung erreichen lässt.

Die Phasen des Kundenwertmodells:

- Problemermittlung: Wo sind beim Kunden noch Optimierungspotenziale vorhanden, wo lassen sich bspw. noch Kosten senken, Erträge steigern oder Marktchancen verbessern?
- Lösungsdefinition: Welche Werte kann der Lieferant seinem Kunden für diesen Zweck zur Verfügung stellen?
- Ermittlung des Marktvolumens: Wie groß ist der Kundenkreis mit identischen Problem- und Lösungsfeldern?
- Produktentwicklung: Welches Leistungsangebot muss geschaffen werden, damit es diese Werte beinhaltet?
- Vermarktung: Wie lässt es sich kommunizieren?

Die Liste der wertbestimmenden Faktoren enthält aber auch weiche Faktoren. Sie kann auch Faktoren beinhalten, die sich nicht quantifizieren lassen, wie bspw. Verbesserung des Arbeitsklimas oder Arbeitserleichterung für die Mitarbeiter.

In jedem Fall sollte sich das Kundenwertmodell auf einen bestimmten Hauptnutzen konzentrieren.

Allerdings ist die Entwicklung eines solchen Kundenwertmodells nicht unbedingt einfach. Sinnvoll ist es, auch Vertriebsmitarbeiter, Produktentwickler und Marketing-Experten in die Gestaltung mit einzubeziehen.

Bei der Analyse der Problemfelder zur Ermittlung der Kundenwertfaktoren ist es notwendig , sich intensiv mit dem Kundenunternehmen zusammenzuschließen.

Doch nicht alle Kundenunternehmen sind willens, Probleme darzulegen. Oft fehlt auch das

Problembewusstsein, so dass den Kunden auch nicht klar ist, welchen Wert für sie ein bestimmtes Lösungsangebot hat. Aus dieser Sicht ist es generell sinnvoll, für das Kundenwertmodell auch externe Informationsquellen zu nutzen, bspw. Wirtschaftlichkeitsberechnungen von Verbänden und Kammern.
Aber auch eine Analyse des Kundenmarktes kann sich dazu eignen, den kundenspezifischen Wert eines Lösungsangebots deutlich zu machen. Dem Kunden wird klar, welchen Ansprüchen er künftig genügen muss. Und dies verhilft ihm zur richtigen Einschätzung der Lieferantenleistung, die ihm zur Erfüllung dieser Ansprüche verhilft. Wenn Zulieferer dank ihres intensiven Kundenkontaktes exakt wissen, welche Werte ihre Lösungen beinhalten, dann können sie auf dem gesamten Markt überzeugende Wertangebote abgeben. Dabei entwickelt sich die Zulieferer/Kundenbeziehung zu einem komplexen Regelkreis. Aus jedem abgewickelten Projekt ergeben sich Impulse für neue Verbesserungsmöglichkeiten und damit für ein neues Werteangebot.

■ **Kundenzufriedenheit**
Maßstab zur Orientierung aller Unternehmensprozesse.

Problemfeld:
In Unternehmen wird die Frage nach der Kundenzufriedenheit häufig nur nach Gefühl beantwortet. Eine konkretes Ergebnis ergibt sich somit erst spät – bei der Analyse der Umsatz- und Ertragszahlen.

Problemlösung:
Kundenerwartungen können aber nur dann erfüllt werden, wenn diese präzise ermittelt werden. Deshalb werden sie kontinuierlich abgefragt und zwar nach

- Merkmal-orientierten Messverfahren, die sich auf den alltäglichen Eindruck des Kunden beziehen und nach
- Ereignis-orientierten Messverfahren, die sich auf besondere Kundenerlebnisse beziehen, bspw. auf Reklamationsfälle.

Typisch für ein Merkmal-orientiertes Messverfahren sind „Wie-beurteilen-Sie-Umfragen", in denen es um alle Punkte geht, die den Kunden in seiner Meinungsbildung über das Unternehmen berücksichtigt.
Die Voraussetzungen für Kundenzufriedenheit:

- Ein Marketingverständnis, das die Pflege bestehender Kundenbeziehungen in den Mittelpunkt stellt.
- Ein Qualitätsverständnis, das sich in erster Linie auf die Kundenbedürfnisse bezieht.

- Regelmäßige und systematische Untersuchungen zur Kundenzufriedenheit.
- Feedback an die Kunden.
- Integration der Kundenzufriedenheitsanalyse in einen kontinuierlichen Verbesserungsprozess.

Weiterführende Literatur:
Schneider, Willy: Kundenzufriedenheit, Strategie, Messung, Management, Landsberg 2000

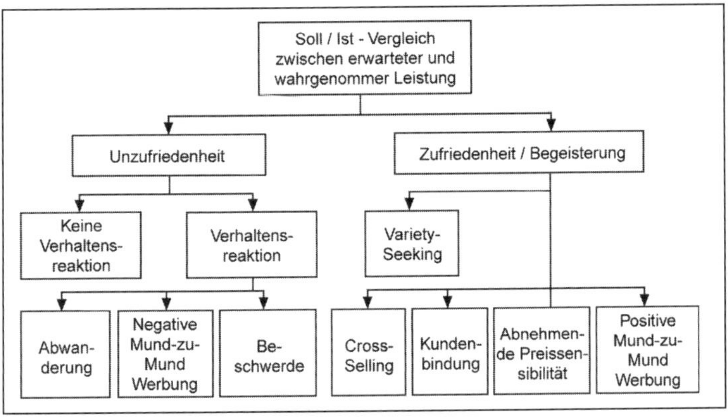

Kundenzufriedenheit: Kundenreaktionen
(Schneider, W.: Kundenzufriedenheit, Landsberg 2000)

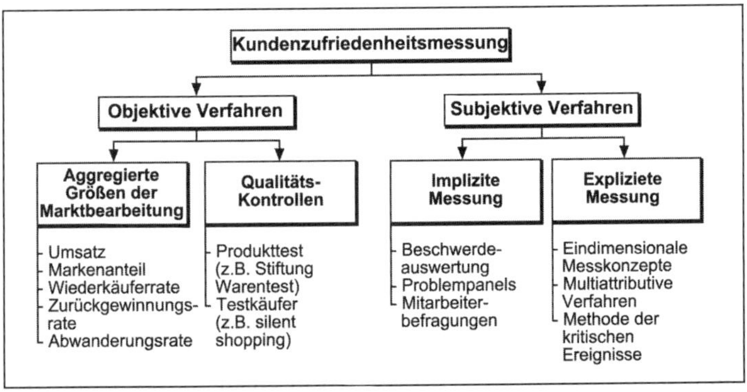

Kundenzufriedenheit: Verfahren zur Messung der Kundenzufriedenheit
(vgl. Schütze, Kundenzufriedenheit, Wiesbaden 1992)

■ **Ladengestaltung**
Die Einrichtung des Verkaufsraumes nach marketingstrategischen Gesichtspunkten.

Problemfeld:
Ein Verkaufsraum soll den Kunden durch das Sortiment führen, sein Kaufbedürfnis wecken und bis zur Kaufentscheidung bringen.

Problemlösung:
Die Entscheidung über die Art der Ladengestaltung ergibt sich grundsätzlich aus der Marketingstrategie. So wird zunächst geprüft, welche Aufgaben die Einrichtung erfüllen muss.
Der Hauptzweck ist, den Kunden in den Verkaufsraum zu locken. So beginnt die Ladengestaltung bereits vor dem Ladenlokal, bspw. Verkaufsgondeln mit Lockangeboten für die anvisierte Wunschzielgruppe. Durch den Spontankauf werden sie veranlasst, den Verkaufsraum zu betreten.
Der weitere Zweck ist, die Eintrittsbarriere zu senken. Dies wird bspw. durch einen breiten, einladenden Eingang erreicht, zu dem die Verkaufsgondeln hinleiten..
Die Einrichtung soll auch so gestaltet sein, dass der Kunde durch das gesamte Sortiment geführt wird, bis er die Kasse erreicht. Bei einem Computerfachhändler wird bspw. der Käufer von Druckerpapier auch mit dem Sortiment an Druckern konfrontiert.
Während bisher unter dem Stichwort Warendruck über die Ladengestaltung die ganze Sortimentsbreite und -tiefe dargestellt wurde, führen Einzelhändler ihre Kunden, in dem sie die Qualitäts-, Innovations- oder Preishighlights in den Vordergrund rücken. Hierzu werden in einer Cross Selling-Strategie die Produkte im Nutzenpaket dargestellt, bspw. das Angebotspaket PC, Drucker, Scanner und Multimedia-Lautsprecher.
Zur Trennung der Zielgruppen eignen sich Shop-in-Shop-Systeme mit der Darstellung des

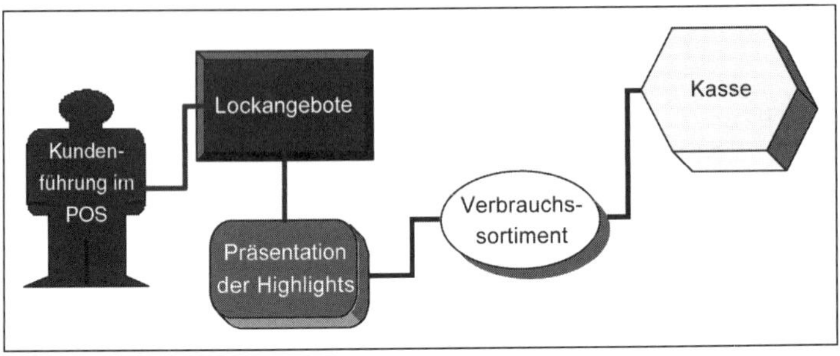

Ladengestaltung: Marketingstrategie in den Verkaufsräumen

segmentspezifischen Sortimentsbereichs. Im IT-Fachhandel bspw. in der Trennung von Geschäfts- und Privatkunden.

Schließlich soll die Ladengestaltung die Produktpräsentation unterstützen und einen Teil der Beratungsleistung vorwegnehmen. So werden, wie in einem Messestand, durch die Farb- und Lichtführung die Ausstellungstücke in Szene gesetzt und durch Präsentationsmittel in ihrem Nutzen erklärt.

■ Ladenöffnungszeiten

Die im Ladenschlussgesetz festgelegten Öffnungstage und -stunden ermöglichen es dem Einzelhändler, möglich, die für ihn passenden Zeiträume auszuwählen.

Problemfeld:
Die Ladenöffnungszeiten werden häufig nach betriebsinternen Gesichtspunkten festgelegt, wobei Marketing-Gesichtspunkte außer Acht bleiben.

Problemlösung:
Die Ladenöffnungszeiten wie auch der Personaleinsatz orientieren sich am Einkaufsverhalten der Wunschzielgruppe. Wann welche Gruppe ihre Einkäufe tätigt, offenbart sich aus der Auswertung der Daten der Scannerkassen. An Hand

- des Gesamtumsatzes,
- des Umsatzes je Einkaufsvorgang und
- des Umsatzes der Produkte bestimmter Preiskategorien

lässt sich feststellen, an welchem Wochentag und zu welcher Tageszeit Kunden welcher Qualität bevorzugt unterwegs sind.

Generell zeigt sich, dass Kunden gerne die ruhigeren Abendstunden nutzen, wenn sie den Kauf eines Gebrauchsguts, bspw. einer Waschmaschine oder einer Kücheneinrichtung planen. Auch kaufkräftige Kunden, bspw. Selbstständige oder gutverdienende Angestellte nutzen auf Grund ihres späten

Feierabends die längeren Öffnungszeiten zum Einkauf. Der Einzelhandel reagiert auf dieses Einkaufsverhalten, indem er das entsprechend kompetente Personal zu den Stunden einsetzt, in denen beratungsintensive Verkaufsgespräche zu erwarten sind.

■ **Launch**
Die Entwicklung eines neuen Markenprodukts.

Problemfeld:
Wie kann ein neues Produkt möglichst schnell den Markt durchdringen?

Problemlösung:
Die entsprechende Positionierung wird erreicht, wenn das Produkt ein entsprechendes Markenimage erreicht. Ein Beispiel hierfür ist die Einführung der Weinmarke »Viala«, durch die Racke GmbH.
Die Positionierung und nationale Neueinführung erfolgte über die Konzeption als sog. »Konzeptwein.« Hierbei spielen die weintypischen Produktmerkmale wie Herkunftsland, Anbaugebiet, Lage, Rebsorte und Jahrgang eine untergeordnete Rolle. Sie gehören nicht zum eigentlichen Produktkonzept. Dafür erhält der Konzeptwein eine markentypische Profilierung.
Das Produkt »Viala« wurde nach einem Marktnischenkonzept entwickelt. In diesem Fall sollte es Kundengruppen ansprechen, für die Wein eine Alternative zu anderen alkoholhaltigen Getränken ist, die jedoch, bspw. auf Grund ihres Alters, relativ geringe Produktkenntnisse aufweisen.
Die einzelnen Schritte:

1. Die Auswahl der Zielgruppe:
Auf Grund dieser Voraussetzung wurde die Zielgruppe bestimmt: Definiert wurde sie als »jugendliche Konsumenten«, die mit dem herkömmlichen Kult um Wein nichts zu tun haben. Sie sind

- zwischen 20 und 39 Jahre alt,
- wobei etwas mehr als die Hälfte weiblich ist.
- Es sind überwiegend Angestellte mit mittlerer Schulbildung.
- Sie füllen ihre Freizeit bevorzugt mit Sport, beruflicher Weiterbildung und der Wahrnehmung gastronomischer Angebote aus.
- Ihre generelle Konsumeinstellung ist markenorientiert.
- Es besteht der Wunsch nach Modernität und Eleganz.

2. Die Erforschung der Zielgruppe:
Bei der Analyse der anvisierten Zielgruppe stellte sich heraus, dass

- sie Wein als ein Getränk des täglichen Verbrauchs und weniger als Getränk für festliche Gelegenheiten sieht,

- von ihr höherwertige Weine als »Prestigekäufe« nur zu besonderen Gelegenheiten gekauft werden,
- ihr Einkaufsverhalten zunehmend vom Preisbewusstsein bestimmt wird,
- bei ihnen Rotwein eine hohe Popularität genießt,
- bei ihnen die Herkunftsregion Jugoslawien neutral besetzt ist,
- sie Weine aus Frankreich, Italien und Spanien bevorzugt,
- bei ihr die Weinmarkenkenntnis kaum ausgeprägt ist,
- sie überwiegend im Lebensmitteleinzelhandel kauft,

3. Die Zusammenstellung der Produkteigenschaften:
„Viala“ wurde als Weinprodukt für ein vorwiegend junges Publikum konzipiert. Als notwendige Produkteigenschaften wurden folgende zwei Merkmale genannt:
- trocken,
- aber leicht zu trinken.

4. Die Wahl des Produktes:
Die Entscheidung fiel zunächst auf einen Rotwein der Rebsorte »Pinot Noir«. Allerdings entsprach seine dunkelrote Naturfärbung nicht der Optik, die Verbraucher von einem leichten, trockenen Wein erwarten; sie klassifizieren einen dunklen Wein als »schwer«. Deshalb entschloss man sich, die Farbe durch spezielle Press- und Kelterungsverfahren sowie durch die Zugabe von Deckweinen aufzuhellen.

5. Die Attributierung des Produktes:
Damit Viala in die Welt der Zielgruppe passt, es somit von den anvisierten Konsumentengruppen angenommen wird, sollte es zu einem »Lifestyle-Markenartikel« aufgebaut werden. Somit wurde er mit den entsprechenden psychologischen Trendattributen ausgestattet.
Die Marktposition, also die Produktidentität lautete somit: »Trockener Wein aus Jugoslawien in der mittleren Konsumpreislage mit auffallender, außergewöhnlicher und junger Produktausstattung, im direkten Wettbewerb zu allen jungen Weinen.«

6. Die Entscheidung über den Brandname:
Bei der Wahl des Brandnamens, der Markenbezeichnung, orientierte man sich an den Hauptkriterien. Er sollte
- leicht
- beschwingt
- jugendlich
- wohlklingend und
- einprägsam sein.

Die Entscheidung fiel zunächst auf »Vala«. Es stellte sich jedoch bei Recherchen heraus, dass der Name bereits geschützt war. Deshalb entschied man sich für den Kunstnamen „Viala“. Umfragen in den Zielgruppen bestätigten, dass der Begriff alle vorgegebenen Kriterien erfüllte.

7. Die Preispositionierung:
Als Lifestyleprodukt musste sich Viala vom Segment der Billigweine abgrenzen. Deshalb wurde festgelegt, ihn der gehobenen Discount-Preisklasse zuzuordnen.

8. Verpackung und Etikettierung:
Gerade in seiner Optik muss sich Viala radikal vom Feld der Billigweine abgrenzen. Dazu musste das Produkt im Regal den Eindruck von Hochwertigkeit erwecken.
Um den Wert des Produktes entsprechend zu visualisieren, wurde für die Viala-»Verpackung« eine hohe Bordeauxflasche und ein echter Naturkorken gewählt.
Viala sollte den Jungkonsumenten aber auch »Trend« visualisieren. Diese Positionierung als »Lifestyleprodukt« wird vom Flaschenetikett kommuniziert. Man entschied sich für ein buntes Designlabel. Allerdings sollte es relativ zeitlos sein, damit das Produkt lange genug ohne Relaunch im Markt bestehen kann.

9. Der Markttest:
Die Ausstattungstests wurden vom Münchner Institut »Salcher Team« durchgeführt. Dabei ging es vor allem um das Viala-Label. Es sollte Sympathie, Eigenständigkeit, Originalität und Modernität vermitteln, eine hohe Aufmerksamkeitswirkung hervorrufen und eine hohe Kaufbereitschaft erzeugen.
Bei den Tests wurden mehrere Ausstattungsvarianten geprüft. Verworfen wurden Vorschläge, die Defizite im Geschmack (zu steril, eher mild, weniger trocken) aufzeigten.

10. Die Formulierung des Marketingziels:
Bei der Formulierung des Marketingziels wurde festgelegt:
- Kurzfristige Einführung der neuen Marke,
- mittelfristiger Absatz von mindestens zwei Millionen Flaschen jährlich, bzw. fünf Millionen Flaschen innerhalb von fünf Jahren.

11. Die Formulierung der Werbeziele:
Die Werbeziele wurden wie folgt fixiert:
- kurzfristiger Aufbau eines hohen Bekanntheitsgrades,
- mittelfristiger Aufbau eines festen Kundenstammes,
- Vergrößerung des Konsumentenkreises für Viala.

12. Die Festlegung des Budgets:
Für die Einführungskampagne wurden vier Millionen Mark kalkuliert. Das ist der Betrag, den RACKE traditionell in alle Marktstarts für Konzeptweine investiert.

13. Die werbliche Positionierung:
Viala sollte auch werblich als »Teil eines ganz individuellen Lebensstils« etabliert werden. Dies war für die Werbestrategen eine neue Sicht, denn Weine werden naturgemäß in ein Umfeld gebettet, das entweder

- den Genuss in gelöster Atmosphäre zeigt,
- ein landschaftstypisches Ambiente stilisiert,
- ein kulinarisches Umfeld etabliert oder
- Traditionsreichtum demonstriert.

Das Viala-Positionierungskonzept lautete deshalb wie folgt:

- Das Positionscredo: „Der andere Rote für junge, selbstbewusste Leute, der anders ist als seine Mitbewerber, weil er in der Kombination aller Markendimensionen (Geschmack, Ausstattung, Preis, Verkaufsort und Kommunikation) genau ihren Geschmack trifft.
- Die Markenpersönlichkeit: »Ich bin als Marke selbstsicher, jung, frech und außergewöhnlich. Ich bin der richtige Rotwein für junge, selbstbewusste Leute.«

14. Die Auswahl der Instrumente:
Der Werbeschwerpunkt lag auf dem traditionellen Printmittel. Die Anzeigenausstattung (1/1-Seite, farbig) wurde gewählt, um mehr Leserkontakte zu erzielen (redaktionelles Umfeld) und um dem geringen Streubudget Rechnung zu tragen. Später wurden auch 2/1-Formate geschaltet.
Entsprechend der Segmentkonstitution setzte man neben „Spiegel“ und „Stern“ auch auf Trendtitel. Eingedenk der Frauenmajorität in der Zielgruppe (53 Prozent) wurden Trendies wie „Cosmopolitan“ belegt.

15. Die Planung der Kampagne:
Der Zielgruppe gemäß wurden die Werbebotschaften gewählt: Flapsige Bekennerstatements und die Demonstration von Lebenslust. Pate standen hier die Erfolgskampagnen etablierter Lifestyle-Konsumgüter.
Die einzelnen Printsujets zeigen junge Leute, die sich mit dem Wein identifizieren und diesen nicht nur zum Teil des Lebensgenusses, sondern auch zum Teil ihrer Persönlichkeit gemacht haben.
Es sind durchweg erfolgreiche Lebenskünstler, die zu ihren

Präferenzen stehen und diese auch bekennen. Sie wurden mit Leitbildcharakter ausgestattet und stehen somit als Orientierungsfiguren.
Ein Schuss Selbstironie sorgt dafür, dass vor allem die werbemüden Jungverbraucher Kampagne und Produkt akzeptieren. Die visuellen Identifikationsrituale wurden unterstützt durch flippige Texte.

■ **Leistungsschau**
Gemeinsame Verbraucherausstellung lokaler Einzelhändler und Gewerbetreibender.

Problemfeld:
Jeder Einzelhändler und Gewerbetreibende veranstaltet seine eigene Marketingaktion, obwohl gemeinsame Werbeauftritte mehr Öffentlichkeitswirkung bringen.

Problemlösung:
Unter dem Dach eine gemeinsamen Leistungsschau gewinnt die Produktpräsentation eines Einzelnen weitaus höhere Effizienz:

- Die Öffentlichkeitswirkung der Aktionen steigt mit der Zahl der Beteiligten.
- Durch die gemeinsame Beteiligung werden Werbeaktionen zu einem Ereignis, das auch von der örtlichen Presse entsprechend gewürdigt wird.
- Durch die Kostenumlage für die gemeinsamen Organisations- und Werbemaßnahmen reduzieren sich die Aufwendungen für den Einzelnen.

Deshalb sind örtliche Werbegemeinschaften dazu übergegangen, regelmäßige Verkaufsausstellungen zu organisieren. Sie stellen sich als Leistungsschau des örtlichen Handels dar, welche dementsprechend auch von Fachbehörden und Kommunalgremien unterstützt wird. Die Vorteile:

- Die Produktpräsentation verlässt den privaten Rahmen und wird zu einer öffentlichen Angelegenheit. Entsprechend groß ist auch die öffentliche Aufmerksamkeit, die dadurch geweckt wird.
- Der Besuch der Leistungsschau wird für den Konsumenten zu einer Angelegenheit mit hohem Unterhaltungswert. Dies führt wiederum zu Aufgeschlossenheit bei Verkaufsgesprächen.
- Bei Kaufinteressenten wird durch die Leistungsschau die übliche Schwellenangst reduziert. Dieser neutrale Boden ermutigt sie, sich am Verkaufsstand beraten zu lassen.
- Sie bietet auch Branchen mit traditionell geringer Kundenfrequenz die Möglichkeit der Selbstdarstellung, bspw. Handwerker, Versicherungsagenturen, Investmentverkäufer, Immobilienhändler.

Gerade für Finanzdienstleister ergeben sich auf solchen Messen interessante Geschäftskontakte zu Besuchern und zu den Ausstellern. Vor allem bietet sich die Möglichkeit der Adressammlung für die weitere Akquisition.
Ausschlaggebend ist jedoch, dass die Präsentation auf dem Stand attraktiv genug ist, um potenzielle Kunden anzuziehen. Video- und Diaschau reichen in der Regel nicht aus, denn die Besucher erhalten im Laufe ihres Rundgangs so viele Eindrücke, dass sie nur durch besondere Attraktionen neugierig gemacht werden können.
Möglich ist dies bspw., wenn sich die Anwendung eines ausgestellten Produktes auf außergewöhnliche Weise demonstrieren lässt, etwa die Härte eines Bauteils oder die Präzision eines Werkzeugs. Lässt sich damit kurzweilige Unterhaltung verbinden oder eine verblüffende Wirkung erzielen, ist das Ziel bereits erreicht.
Nicht viel schwieriger ist es für Finanzdienstleister. Sie können ihre Produktpräsentation mit Spielen, Quizfragen und sportlichen Wettbewerben garnieren. Spielpartner lassen sich bereits am Halleneingang oder durch die Tagespresse rekrutieren, und zwar in Form von Teilnahmescheinen, die am Stand entgegengenommen werden.

▪ Lernende Organisation

Ein Unternehmen, das sich in seiner Fortentwicklung permanent an den Kundenbedürfnissen und Marktansprüchen orientiert.

Problemfeld:
Im schnellen Wandel verlieren Unternehmen, die sich nicht permanent auf die Veränderungen einstellen, schnell den Anschluss zu den Wettbewerbern.

Problemlösung:
Das »lernende Unternehmen« stellt sich permanent den Anforderungen des Marktes. Seine Merkmale sind deshalb:

- Es verfolgt die Veränderungen der Märkte.
- Es erkennt rechtzeitig Risiken und Chancen, die sich aus den Veränderungen ergeben.
- Es schafft die entsprechenden Strukturen, damit die Chancen genutzt und die Risiken vermieden werden.

Die tragenden Elemente einer lernenden Organisation:

- Entscheidungen werden auf der Stufe der höchsten Kompetenz getroffen. Während also in konventionellen Unternehmensorganisationen die Hierarchieebene darüber bestimmt, wer welche Entscheidung treffen darf, ist bei einer lernenden Organisation derjenige in einer Angele-

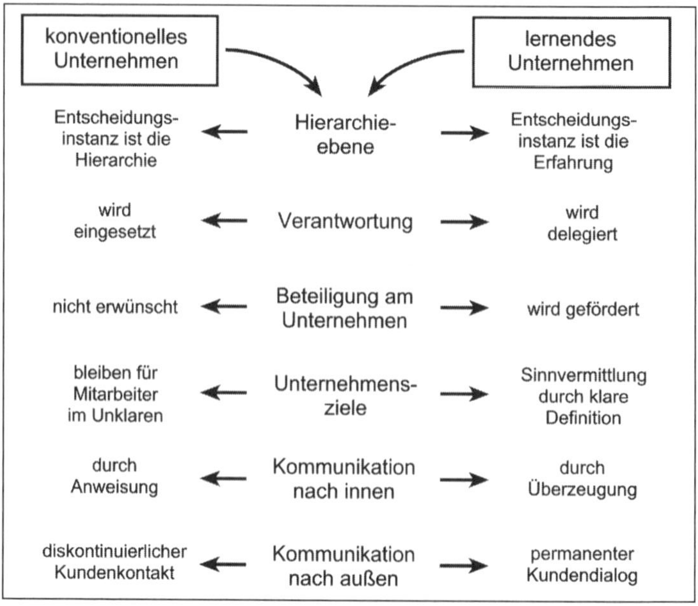

Lernende Organisation: Kontinuierliche Orientierung von Unternehmen an der Dynamik des Marktes

genheit entscheidungsbefugt, der dazu den größten Erfahrungsschatz aufweist.

- Verantwortung wird delegiert. Durch die Delegation von Verantwortung erhalten Mitarbeiter die Freiräume, die sie benötigen, um in ihrem Umfeld die optimale Lösung zu finden. Nach den Erfahrungen in konventionell geführten Unternehmen führen Eingriffe von oben dazu, dass Mitarbeiter und somit das gesamte Unternehmen nicht dazu in der Lage ist, Lernkultur zu entwickeln.
- Betroffene zu Beteiligten machen: Diese Leitbild basiert auf der Idee, dass Mitarbeiter, die in die Entscheidungsprozesse mit eingebunden sind, sich mit dem Unternehmen identifizieren und dann auch begeistert mitarbeiten.
- Ziele werden klar definiert: Dies vermittelt den Mitarbeitern, welchen Sinn die Umsetzung hat und welcher Weg zur Zielerreichung sich hieraus ableitet.
- Kommunikation nach innen: Statt Anweisung steht die

Überzeugung. Die Sinnvermittlung ist deshalb ein maßgebender Faktor beim lernenden Unternehmen.
- Kommunikation nach außen: Die Sinnvermittlung gilt auch bei der Kommunikation nach außen, dem engen und permanenten Dialog mit dem Kunden.

Lieferantenpartnerschaft
Die Zusammenarbeit eines Herstellers mit einem ausgesuchten Kreis von Zulieferern.

Problemstellung:
Hersteller reduzieren den Kreis ihrer Zulieferer radikal. Statt jeweils immer die preisgünstigsten Anbieter zu berücksichtigen, entwickeln sie langfristige Partnerschaften mit besonders leistungsfähigen Teile- und Systemlieferanten.

Problemlösung:
Der Erfolgsfaktor für einen Zulieferer besteht in der Fähigkeit, gemeinsam mit dem Hersteller dessen Marktchancen zu verbessern. Dies beginnt bei der kostensenkenden Vernetzung der Prozesse und endet bei der Zusammenarbeit zur Entwicklung von Produktinnovationen. Ausschlaggebend sind auch die innovativen Fähigkeiten eines Zulieferers. So orientiert sich ein Hersteller an den Zulieferern, die ihm durch die Weiterentwicklung ihrer Teile und Komponenten immer wieder neue Impulse für Produktverbesserungen geben. Dies bedeutet, dass der Zulieferer gemeinsam mit dem Hersteller die Bedürfnisse des Kundenmarktes erforscht und gemeinsam mit ihm die entsprechenden Problemlösungen entwickelt.
Die Voraussetzungen für eine solche Lieferantenpartnerschaft sind somit:
- Integration in die Wertschöpfungskette,
- Innovationskompetenz,
- Logistik-Vernetzung,
- Orientierung an den gemeinsamen Kunden.

Logistik
Die aus dem Griechischen stammende Wortschöpfung bezeichnet die Organisation von Prozessen. Ziel ist das reibungslose Zusammenspiel der Abläufe.

Problemfeld:
Das enge Zusammenspiel der Prozesse ist ein wesentlicher Faktor zur Einsparung von Kosten. Doch häufig sind die Abläufe nur innerhalb des Unternehmens vernetzt. So entstehen an den Schnittstellen zu den Zulieferern und zu den Kunden Komplikationen, deren Störwirkungen zu Lieferverzögerungen und bis zum Produktionsstillstand führen können.

Problemlösung:
Die Synchronisation der Abläufe erfolgt unternehmensübergreifend. Hierbei wird das Logistiknetz von einem Datennetz überlagert, an das alle Beteiligten einer Wertschöpfungskette geknüpft sind. Es sorgt dafür, dass die Materialien für die einzelnen Produktionsphasen nicht mehr mit den entsprechenden Lagerhaltungskosten bevorratet werden müssen, sondern in einem kontinuierlichen Prozess zu- und abfließen.
In der Kfz-Branche bspw. verknüpft solch ein Kommunikationsnetz die Teilehersteller mit den Komponentenherstellern, die diese Teile verarbeiten. Diese wiederum sind mit dem Herstellerwerk verknüpft, so dass die Komponenten exakt zu dem Zeitpunkt das Band erreichen, an dem sie dort gebraucht werden („Just-in-time").
Schließlich verknüpft das Kommunikationsnetz das Werk mit den Vertragshändlern, damit diese die Neufahrzeuge termingerecht an ihre Kunden ausliefern können.

Weiterführende Literatur:
Wiendahl, Hans-Peter: Erfolgsfaktor Logistikqualität, Vorgehen, Methoden und Werkzeuge zur Verbesserung der Logistikleistung Qualitätsmanagement, Heidelberg 1996

▪ Luxury Marketing
Spezielle Marketingstrategie für Produkte aus dem obersten Preissegment.

Problemfeld:
Produkte der obersten Preissegmente versprechen hohe Renditen in einem relativ ruhigen, wettbewerbsarmen Markt. Allerdings gelten für die Vermarktung von Luxusprodukten besondere Regeln.

Hintergrund:
Käufer von Luxusprodukten sind nicht unbedingt nur Topverdiener. Umgekehrt kaufen die Bezieher hoher Einkommen nicht in allen Produktsegmenten in den obersten Preisklassen ein. Sie haben Präferenzen entwickelt und kaufen bspw. Anzüge bei einem teuren Designer und Lebensmittel in einer Billigkette.
Nach einer Umfrage bezeichnen sich 57 Prozent der interviewten deutschen Topverdiener als Käufer von Luxusartikeln. Sie beurteilen Luxusartikel als extravagant, fremdartig, exklusiv und teuer. In anderen Ländern werden Luxusprodukte eher als langlebig, überlegen und hochqualitativ bezeichnet.
Bevorzugt werden Luxusprodukte vor allem in den Bereichen Parfüm und Kosmetik, Uhren und Schmuck, weniger im Modebereich.

Problemlösung:
Produkte im Luxussegment erhalten ihren subjektiven Wert vor allem durch ihren Mythos, der sie umgibt. Hierbei ist der hohe Preis selbst eine Marketingbotschaft. Er bietet dem Käufer einen emotionalen Zusatznutzen, denn er versinnbildlicht den Wert, den das Produkt für den Kunden hat.
Auch wenn keine Qualitätsunterschiede vorhanden sind, wird der Kunde das teure Produkt mehr genießen als das billige. Jedoch wirkt sich nachteilig aus, wenn der Preis des Produktes, bspw. im Schlussverkauf, reduziert wird. Denn dann reduziert sich auch der Wert, den es für den Käufer hat. Deshalb werden Restbestände häufig vom Markt genommen und vernichtet.
Premiumprodukte zeichnen sich durch drei Faktoren aus:

- geringe Verfügbarkeit
- hohe Exklusivität
- hoher emotionaler Wert

Luxury-Marketing erfordert eine hohe Disziplin. Das Produktionsvolumen muss entsprechend knapp gehalten und die Ware selektiv distribuiert werden.
Zielgruppen für Luxusprodukte sind unter anderem

- Sammler, die in dem Luxusprodukt eine Wertanlage sehen;
- Puristen, für den die Perfektion eines Produktes ein Lebensgefühl ist;
- Statuskäufer, die sich mit einer hochwertigen Marke schmücken und
- Enthusiasten, die sich als Besitzer die Familie der Nutzer dieser Luxusmarke einreihen.

Luxury Management: Immaterielle Wertsteigerung bei Luxuswaren

■ **Marke**

Im Ursprungssinn ein gesetzlich geschütztes Warenzeichen. Heute ist die Marke Träger eines bestimmten Bildes, das sie auf jedes Produkt überträgt, das mit ihr in Verbindung steht.

Hintergrund:

Die Fähigkeit, Image zu transportieren, gibt der Marke einen besonderen Stellenwert. Dieser Markenwert liegt bei den deutschen Spitzenmarken durchschnittlich bei etwa 50 Prozent des Unternehmenswertes, bei Internet-Unternehmen ist er allerdings weitaus höher.

Um bspw. in den Besitz der BMW-Markenrechte zu kommen, müssten über 22 Milliarden Mark investiert werden. Doch es gibt Markenrechte, die noch weitaus teurer sind. Das Wall Street Journal hat den Wert einiger Weltmarken analysiert und folgende Scoringliste zusammengestellt:

Marke	Markenwert in Millionen Dollar
1. Coca-Cola	83.845
2. Microsoft	56.654
3. IBM	43.781
4. General Electrics	33.502
5. Ford	33.197
6. Disney	32.275
7. Intel	30.021
8. McDonald's	26.231
9. AT&T	24.181
10. Marlboro	21.048

Allerdings sind diese Markenwerte fiktive Werte, denn es existieren noch keine einheitlichen Berechnungsgrundlagen. So gibt es

- Indikatormodelle, die sich an Gewinnen und Erträgen orientieren.
- Markenwertmodelle, die ein entsprechendes No-name-Produkt zum Vergleich stellen.
- Kostenorientierte Modelle, die sich daran orientieren, welche Investitionen für den Markenaufbau notwendig waren.
- Die Lizenzpreisanalogie, die mit den zu erzielenden Lizenzgebühren kalkuliert.

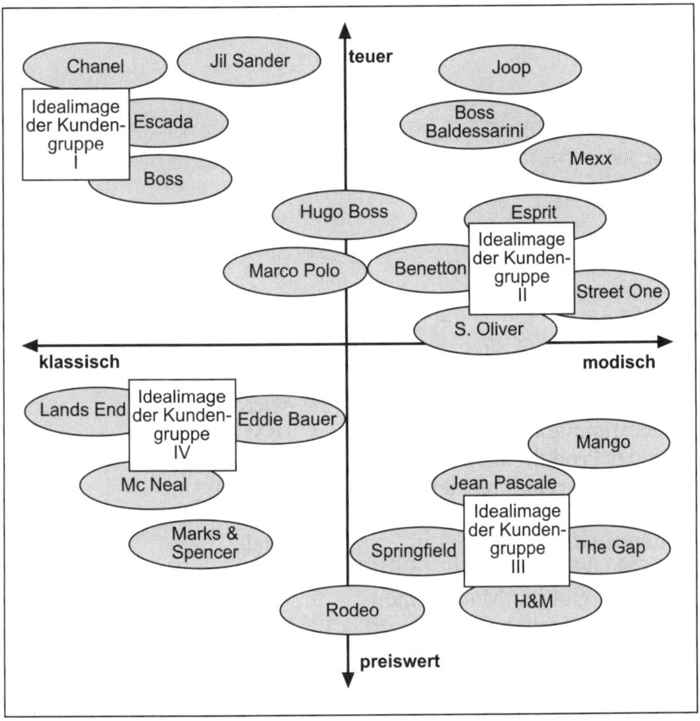

Marke: Positionierung ausgewählter Textilmarken (beispielhaft) (Bodenstein/Spiller, Marketing, Landsberg 1998)

Problemfeld:
Ein No-Name-Produkt zeigt kein klares Leistungsprofil und sticht deshalb auch nicht aus den anderen hervor. Die Konsequenz ist ein harter Preiswettbewerb mit anderen No-Name-Produkten. Typisch hierfür sind baugleiche Marken- und No-name-Produkte, die unterschiedlichen Preissegmenten angehören.

Problemlösung:
Das Produkt erhält ein Markenprofil. Möglichkeiten hierzu bieten bspw. sogenannte Brandbroker. Diese vermitteln zwischen Unternehmen, die Markenrechte verkaufen beziehungsweise kaufen wollen.
Der übliche Weg ist jedoch, eine Marke aufzubauen. Sie erfolgt unter anderem nach folgenden Aspekten:

- Eigenschaften, die das Markenprodukt in sich vereinigt.
- Nutzen, den es dem Konsumenten bringt.
- Werte, die es ihm vermittelt.
- Kultur, das es repräsentiert.
- Persönlichkeit, mit der sich der Nutzer identifizieren kann.

Die Methode folgt den Regeln des Corporate Identity. So soll bspw. das Markenbild

- exakt die Produktbotschaft und das Produktversprechen tragen, die an die Wunschzielgruppen vermittelt werden sollen;
- durchgängig verwendet werden.

Durch die begleitenden Marketingmaßnahmen entwickelt sich das gewünschte Markenimage, das wiederum das Vertrauen der Konsumenten in die gleichbleibende Güte wecken soll. Ob und wie sich das gewünschte Markenbild entwickelt hat, darüber geben Konsumentenbefragungen Auskunft.
Deren Ziel ist es, herauszufinden, ob Konsumenten die gewünschten Eigenschaften auch tatsächlich der Marke zuordnen und inwieweit sich bereits eine Markenpersönlichkeit entwickelt hat.
Das Ziel der Markenpolitik ist, der Marke eine solch starke Markenprägnanz zu verleihen, dass sie sich klar von Wettbewerbsprodukten unterscheidet. Ein Erfolgsergebnis, wie sich solch eine Markenkompetenz auswirkt, ist der Austausch von Produktbegriff und Markennamen durch den Konsumenten. Bspw. wenn er von Tempo spricht und generell Papiertaschentuch meint.
Eine Marke soll dem Nutzer aber auch emotionalen Zusatznutzen verschaffen, bspw. durch die Steigerung seines sozialen Ansehens. Der Marke eröffnet dies die Möglichkeit, sogar auf Produkte anderer Sortimentsbereiche imagefördernd zu wirken (Marken-Rollout).

Weiterführende Literatur:
Sattler, Henrik: Markenpolitik, Stuttgart 2000

▪ Markenerweiterung

Ermittlung neuer Zielgruppensegmente für eine Marke und Erschließung durch eine entsprechende Markenerweiterung.

Problemfeld:
Wie lässt sich ein für ein neues Produkt einer bestehenden Marke attraktives Kundensegment finden und erschließen?

Problemlösung:
Ein Beispiel für solch eine Markenerweiterung bietet Beiersdorf mit seiner Marke »NIVEA«. Das Unternehmen erkannte, dass Individualität und

Vielseitigkeit immer wichtigere Werte wurden und die Verbraucher eine noch größere Auswahl an Produkten erwarteten. Diesem Bedarf trug NIVEA durch die Einführung neuer Produkte und Produktreihen Rechnung.

Der erste Schritt war die Suche nach einer attraktiven Zielgruppe für eine neue Produktreihe. Hierbei erforschte Beiersdorf auch den Seniorenmarkt. Bei der Analyse dieser Zielgruppe kam das Unternehmen zu folgendem Ergebnis:

1. Bevölkerungsstruktur
- Die Altersstruktur in Deutschland ist im Umbruch.
- Rückläufige Geburtenraten und steigende Lebenserwartung führen zum Umbau der Alterspyramide.
- Der Anteil der über 50-Jährigen steigt ständig.
- Jede dritte deutsche Frau ist heute über 50.
- Eine Verstärkung dieses Trends ist zu erwarten.

2. Werte und Einstellungen
- Das Denk- und Konsumverhalten der älteren Generation hat sich gewandelt.
- Lebensqualität steht hoch im Kurs.
- Sie ist aktiv und genussorientiert.
- Sie ist aufgeschlossen für Neues.
- Sie ist einkommensstark und konsumfreudig.
- Keine andere Altersgruppe hat so viel Vermögen und kann über so viel Geld verfügen.
- Die Kaufkraft der Neuen Alten liegt deutlich über der der 18- bis 39-Jährigen.
- Konsumerfahren kaufen sie vermehrt Markenartikel.

Für Beiersdorf bedeutet dies: Der wachsende Markt der »Neuen Alten« gewinnt auch im Bereich der Gesichtspflege massiv an Bedeutung.

Dann wurde das Kauf- und Nutzerverhalten der Zielgruppe erforscht.

Ergebnis:
- Sie lehnt unrealistische Produktversprechen ab, erwartet also von einem Produkt keine Wunder.
- Sie besteht aus erfahrenen Konsumenten, die klare Produktinformationen fordern.
- Sie ist nicht daran interessiert, jünger auszusehen, sondern sich in ihrer Haut wohlzufühlen und gut auszusehen.
- Sie will sich selbst gefallen.
- Bei der Zielgruppe ist zunehmende Verwendungsintensität zu erwarten.
- Sie hat hohe Ansprüche an Qualität und Produktleistung.

Ihre Kundenerwartungen an ein Pflegeprodukt:
Die Zielgruppe hat folgende Erwartungen an Pflegeprodukte:

- Sie wünscht realistische Produktversprechen und klare Produktinformationen.
- Sie fordert als Produktleistung ein frsiches gesundes Aussehen. Sie will gepflegt wirken und sich gepflegt fühlen.
- Das Produkt soll der Haut Vitalität und Spannkraft verleihen, sie gut ernähren und die Elasitzität und Durchblutung fördern.

Bei der Erforschung des Gesichtspflegemarktes in Bezug auf die Zielgruppe ergab sich folgendes Ergebnis:

- Er ist der umsatzstärkste Markt innerhalb der Kosmetik und Körperpflege.
- Er ist ein sehr dynamischer Einzelmarkt.
- Trotz eines großen Potenzials existiert ein Segment »Reife Haut« bislang noch nicht.

Bei der Analyse der Wettbewerber ergab sich:

- Eine Marke, die mit einem eindeutigen Konzept und direkter Ansprache der Zielgruppe eine Gesichtspflegeserie für die reife Haut anbietet, gab es im Massenmarkt bislang noch nicht.
- Folgende Wettbewerber haben zwar auch ältere Zielgruppen, sprechen sie aber nicht direkt an:
  Repair Active von Quenty.
  Plantubex Age Active von Merz.
  Hormocenta von Böttger.
  Beiersdorf gründete mit Nivea Vital eine Marke, die diese Nische ausfüllen sollte.

Als nächster Schritt folgte die Positionierung:

- Das neue Produkt, Nivea Vital, sollte eine Gesichtspflegeserie mit speziell aufeinander abgestimmten Produkten für die Reinigung und Pflege der reifen Haut werden.
- Die optimal aufeinander abgestimmten Produkte sollen für die wirksame Zufuhr von Pflegestoffen sorgen und so die Lebensfunktionen der Haut aktivieren. Die aktiven und pflegenden Inhaltsstoffe in Kombination mit ausgewählten Vitaminen sollen die Regenerationskraft der reifen Haut stimulieren.

Schließlich wurde die Zielgruppen klar definiert:

- Frauen ab 55 Jahren
- Frauen, die nach einer spezifischen Pflege für die sich im Alter ändernden Hautbedürfnisse suchen.

Der folgende Schritt war die Produktentwicklung:
Es wurde eine Serie von fünf Produkten (Tagescreme, getön-

te Tagescreme, Nachtcreme, Aufbaukonzentrat und Waschemulsion) entwickelt.
Sie orientierten sich speziell an folgenden Problemfeldern:

- Reife Haut verliert an Vitalität durch Verringerung wichtiger Hautfunktionen.
- Durch den Rückgang der Fähigkeit, Feuchtigkeit zu binden, wird sie trockener.
- Die Barrierefunktion der Haut reduziert sich, sodass reife Haut empfindlich wird.
- Die Zellaktivitäten verringern sich.

Dann wurde die Verpackung gestaltet:
Die Packungen sollten folgende Anforderungen erfüllen:

- Sie sollen klar die Kategorie und Positionierung kommunizieren. Um die Hochwertigkeit der Produkte zu kommunizieren, wurden hohe Blau- und Goldanteile gewählt.
- Sie soll den Anforderungen der Zielgruppe nach lesbarer Schrift erfüllen.
- Sie soll gegenüber der Markengruppe Nivea Visage klar abgegrenzt sein.
- Sie soll auch gegenüber Wettbewerbern klar abgegrenzt sein.

Die Werbekonzeption war der nächste Schritt:
Bei der Gestaltung der Werbekonzeption wurden folgende Bedingungen berücksichtigt:

- Nicht die Altersprobleme werden herausgestellt, sondern der Produktvorteil.
- Die Zielgruppe wird durch die Inhalte nicht bevormundet, sondern mit einer »intelligenten Sprache« angesprochen.
- Die Darstellungen zeigen lebensbejahende Frauen aus der Altersgruppe.
- Das Produktversprechen »Neue Lebenskraft für die reife Haut« soll klar zum Vorschein kommen.

Desweiteren wurde die Mediastrategie entwickelt:

- Die Nutzung von TV soll schnell Bekanntheit aufbauen.
- Die Nutzung von Print soll produktspezifische, erklärungsbedürftige Elemente kommunizieren.
- Advertiorials sollen die Sortimentsbreite und die spezifischen Pflegeanforderungen der reifen Haut penetrieren.

Besonders wichtig war, der Zielgruppe ein Leitbild zur Verfügung zu stellen, das dem Verwenderideal des Produktes entspricht. Die Vorgabe beim Casting lautete: »Eine Frau, die sich das Altsein nicht von anderen diktieren lässt, sondern gemäß ihrer inneren Lebensuhr immer noch schön und begehrenswert ist.« Diese Bedingungen wurde mit dem internationalen Top-

model Susanne Schöneborn erfüllt.
Beworben wurde das neue Sortiment in ARD, RTL und SAT1. Anschließend folgte die Printwerbung in 22 Titeln wie Bild der Frau, Brigitte, Tina und Vital.
Mit unterstützt wurde die Kampagne durch redaktionelle Beiträge in den Medien, die am Beispiel Susanne Schöneborn das Thema »Attraktiv sein im Alter« behandelten. Insgesamt hat Beiersdorf im Startjahr einen zweistelligen Millionenbetrag für diese Kampagne eingesetzt.
Die ersten Erfahrungen der Werbung für NIVEA VITAL mit dem neuen Leitbild Susanne Schöneborn waren Erfolgversprechend: Nach einer Untersuchung der Burke Marktforschung, Frankfurt lag der Erinnerungswert des TV-Spots bei 51 %, (bei herkömmlicher Kosmetikwerbung liegt der Wert bei 31 %), von den sich »Erinnernden« bewerteten 79 % den Spot als positiv (sonst 54 %).
Zunächst wurde die Schweiz als Testmarkt gewählt. Nach der Prüfung der Ergebnisse wurde mit der Pflegeserie der deutsche Markt erschlossen.

■ Markentreue

Die fehlende Bereitschaft bei Konsumenten, beim Kauf und bei der Nutzung von Produkten zwischen verschiedenen Anbietern zu wechseln.

Problemfeld:
In Deutschland ist es besonders schwer, Kunden von einer Marke zu überzeugen. Nach einer Studie der Agenturvereinigung WPP Group wird vermutet, dass die Ursache in einer mangelnden Begeisterungsfähigkeit und einer ausgeprägte Kritikneigung stecken.

Hintergrund:
In anderen europäischen Ländern liegt die Markenbindung weitaus höher. Der Spitzenwert auf einer Skala bis 100 liegt bspw. bei Gilette in Großbritannien bei 57, in Frankreich bei 53 und in Deutschland bei 38.

Problemlösung:
Markentreue zeigt sich in unterschiedlichen Kaufmustern:

- Die ungeteilt Markentreuen, die immer die gleiche Marke konsumieren.
- Die geteilt Markentreuen, die entweder die eine oder die andere Marke konsumieren.
- Die wandernden Markentreuen, die sich noch nicht auf eine Marke festgelegt haben.
- Die vagabundierenden Konsumenten, die spontan zwischen den Marken wechseln.

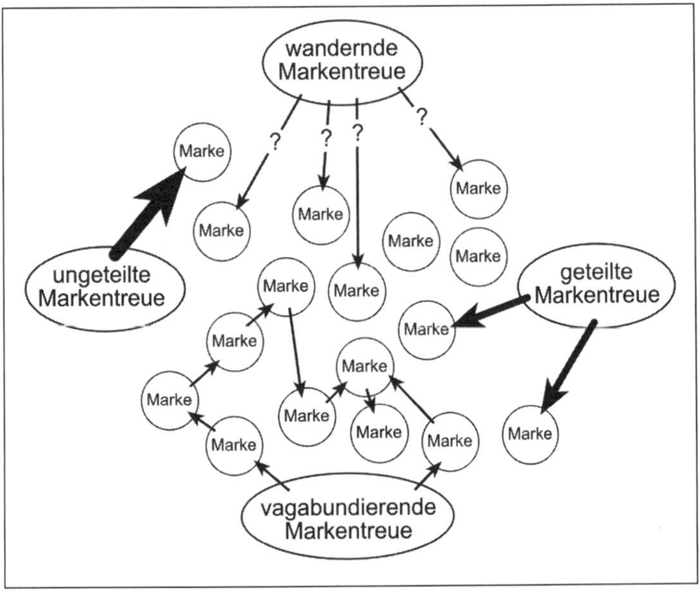

Markentreue: Das Kaufverhalten gegenüber Marken

Bei Analysen liefern alle vier Kundengruppen wichtige Hinweise für die künftige Markenpolitik.

- Das Profil der Kunden, die der Marke ungeteilte Treue beweisen, umreißt klar den Zielmarkt, auf den die Marke positioniert werden soll.
- Das Verhalten des geteilt Markentreuen sagt aus, dass die von ihnen wechselweise favorisierten Marken identische Merkmale aufweisen. Hier stellt sich die Frage, inwieweit die Marke gegenüber dem Wettbewerbsprodukt besser positioniert werden kann.
- Die wandernden Markentreuen könnten, bei intensiverer Analyse, mögliche Marketingschwächen aufdecken.
- Die Wechslerkäufer, die sich offensichtlich aus Sonderangeboten bedienen, können auf noch nicht erschlossene Präferenzen ausgeforscht werden.

■ **Marketing**
Alle zukunftsgerichteten Bemühungen eines Unternehmens, sich auf seinen Märkten zu behaupten und dort durch seine Geschäftstätigkeit die bestmöglichen Erträge zu erzielen.

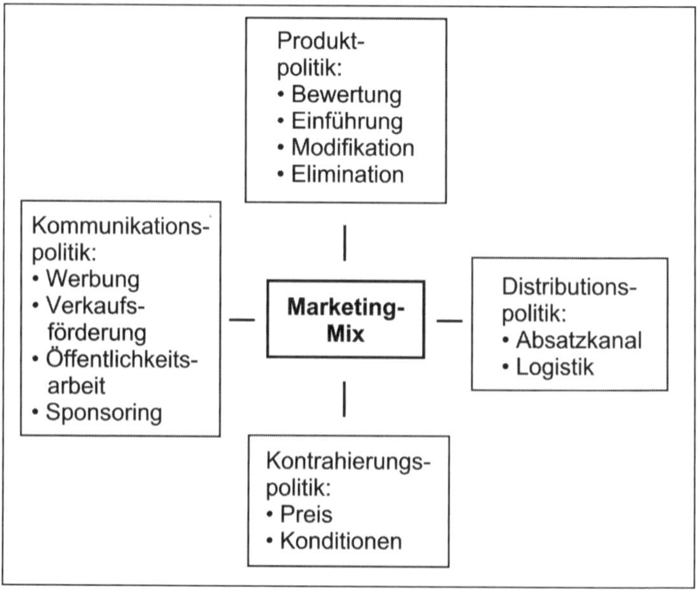

Marketing-Mix: Elemente

Problemfeld:
Traditionell werden nur einzelne Unternehmensprozesse oder sogar nur Einzelprojekte oder Marktreaktionen mit dem Begriff Marketing definiert. Unternehmen zeigen häufig auch zwei unterschiedliche Richtungen, eine marktzugewandte und eine marktabgewandte Seite mit den entsprechenden Schnittstellenkonflikten.

Problemlösung:
Da der gesamte Unternehmenszweck der Erzielung von Erträgen auf den Märkten dient, werden alle Unternehmensprozesse zu Teilen des Unternehmensmarketings. In erfolgreichen Unternehmen zeigt sich dies durch die kundenorientierte Gestaltung aller Unternehmensprozesse. Hierzu werden auch die Unternehmensbereiche mit einbezogen, die nicht im direkten Kunden- oder Marktkontakt stehen. Dieses Vorgehen erfolgt unter der Erwartung,

- dass erst durch effiziente interne Abläufe auch die externen Abläufe effizient werden können.
- Außerdem rechnen die Unternehmen damit, dass die

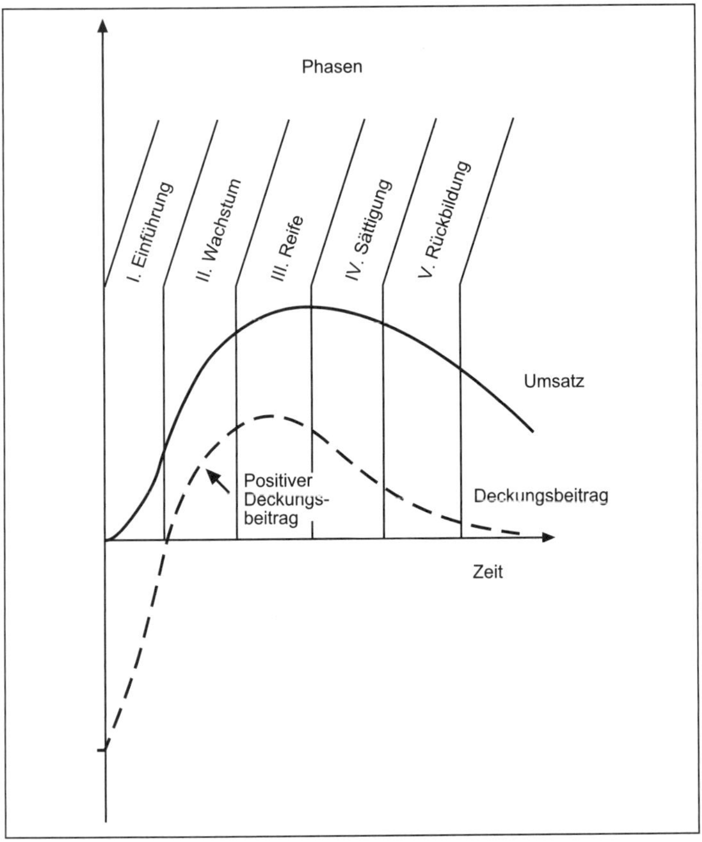

Marketing: Lebenszyklus eines Marktangebots in verschiedenen Marktphasen

Optimierung der Abläufe deshalb auch der Optimierung der Marktleistung dient.
- Schließlich werden Effizienzsteigerungen in marktfernen Bereichen unter Marketinggesichtspunkten gesehen, weil die dadurch frei werdenden Mittel in Marktbearbeitungsmaßnahmen reinvestiert werden können.

Eine Methode, Marketing in das gesamte Unternehmen zu integrieren, ist dic Zergliederung des Unternehmens in Pro-

fitcenter. So entsteht eine interne Kunden-/Lieferantenkette (internes Marketing), die die externe Kunden-/Lieferantenkette bis in die einelnen Funktionsbereiche fortsetzt.
Bei diesem Prinzip ist der Kunde auch nicht mehr Subjekt, sondern Objekt des Unternehmensmarketings. Die Marketing-Stoßrichtung erfolgt auch nicht mehr vom Unternehmen in den Markt, sondern vom Kunden ins Unternehmen. In der Investitionsgüterindustrie bspw. werden beim Kunden die Ansprüche abgeholt, die sein Markt ihm diktiert. Teilweise gemeinsam mit dem Kunden werden die dazu passenden Problemlösungen entwickelt.

Weiterführende Literatur:
Meffert, Heribert: Marketing Grundlagen marktorientierter Unternehmensführung, Konzepte, Instrumente, Praxisbeispiele, 8. Aufl., Wiesbaden 1998

▪ Marketing-Mix-Experte

Zu dieser neuen Berufsfamilie gehören Berufsfelder, deren Stelleninhaber Spezialisten für bestimmte Marketing-Handwerkzeuge sind.

Problemfeld:
Der traditionelle Produktmanager im Großunternehmen kann die Komplexität seiner Aufgabe nicht mehr allein bewältigen. Spezialisten werden benötigt.

Problemlösung:
Rund um den Produktmanager haben sich neue Berufsfelder gebildet:

- Der Channelmanager: Er hilft ihm beim Aufspüren und Erschließen neuer Vertriebswege, bspw. realisiert er die Distribution über Tankstellen-Shops.
- Der Preisexperte: Er ist für das wichtigste aber auch gefährlichste Marketinginstrument zuständig: die Preissteuerung. So kennt er die regionalen Markt- und Wettbewerbssituationen und entwickelt die entsprechenden Preisstrategien.
  Außerdem ist er für die Lösung eines Problems zuständig, das sich derzeit bei der Pharma- und Autobranche besonders deutlich zeigt: Das weltweite Zusammenwachsen von Märkten mit unterschiedlichen Preisstrukturen. So ist es auch die Aufgabe des Preisexperten, Lösungen zu finden, um graue Märkte als Resultat des Preisgefälles zu verhindern.
- Der Eventmanager: Er inszeniert erlebnisorientierte Verkaufsförderungsaktionen beim Endverbraucher, ist aber auch für die strategische Planung und operative Umsetzung von Händlerpräsentationen und Außendiensttagungen zuständig. Eventmanager müssen geistig flexible,

kommunikative Menschen sein, dazu noch über ein hohes Maß an Organisationstalent verfügen, aber auch improvisieren können. Wie notwendig solch eine Spezialisierung ist, zeigte sich beim Maggi-Firmenjubiläum: Den Eventmanagern dort ist es gelungen, das Maggi-Kochstudio als größtes Kochstudio der Welt in das Guiness-Buch der Rekorde aufgenommen wird.

▪ Messe

Diese Kommunikationsplattform dient der Präsentation neuer Produkte, der Akquisition neuer Kunden und der Pflege bisheriger Kundenbeziehungen.

Problemfeld:
Nach Untersuchungen schöpft nur etwa ein Drittel der Aussteller die Kontakt- und Informationspotenziale, die eine Messe bietet, aus.

Problemlösung:
Die Voraussetzung für den Messeerfolg ist das methodische Vorgehen bei der Planung wie auch bei der Umsetzung. Vor allem sollen für eine Messepräsenz konkrete Ziele gesetzt werden, bspw. eine Marktnische zu erschließen, ein neues Produkt einzuführen oder Marktanteile auszubauen.

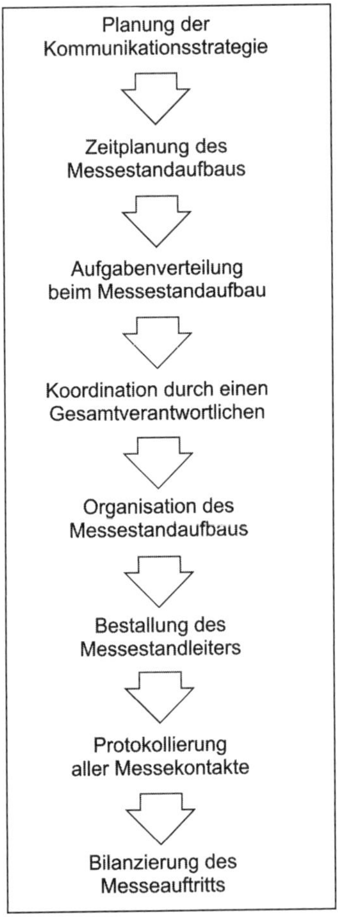

Messe: Planung und Umsetzung eines erfolgreichen Messeauftritts

Acht Kriterien sind für eine erfolgreiche Messebeteiligung ausschlaggebend:

1. Zunächst muss geklärt werden, ob und wie der Messe-

auftritt in die Kommunikationsstrategie des Unternehmens passt. Das ist der Fall, wenn das Unternehmen den persönlichen Kontakt zu potenziellen Kunden in einer klar definierten Zielgruppe sucht. Analysiert werden müssen auch die finanziellen, personellen und zeitlichen Ressourcen. Aber auch die Auswahl der passenden Messeveranstaltungen gehört dazu.

2. Ein Zeitplan listet alle Aktivitäten auf und legt fest, wer für welchen Punkt verantwortlich ist. An oberster Stelle steht die Buchung des Standplatzes und der Hotelzimmer. Bei den Verhandlungen mit den Messeveranstaltern geht es nicht nur um die Wahl des optimalen Standortes, sondern auch um die Erkundung der angebotenen Serviceleistungen. Bei der Auswahl der Exponate gilt die Regel: Neuheiten haben erste Priorität. Wer seinen Stand selbst erstellen will, sollte sich einen detaillierten Aufbau- und Organisationsplan beschaffen. Zur Gesamtstrategie gehört, dass die angepeilte Zielgruppe umfassend über die Messepräsenz informiert wird.
3. Aus dem Zeitplan ergibt sich, was beschafft werden muss und welche Aufgaben von Dienstleistern erledigt werden. Die Faustregel lautet hier: Nur das selbst machen, was man auch wirklich selbst kann und wofür noch ausreichend Kapazität vorhanden sind. Alles andere wird von den jeweiligen Dienstleistern effizienter erledigt. Der Aussteller sollte Preise und Leistungen vergleichen, bevor er die Aufträge vergibt.
4. Die Termintreue ist eine ganz wesentliche Voraussetzung für einen gelungenen Messeauftritt. Deshalb sollte die Koordination der einzelnen Aufgaben nach den Regeln der Projektarbeit erfolgen und von einem Gesamtverantwortlichen übernommen werden.
5. Aufbau organisieren. Je präziser die Planung, umso weniger Improvisationen sind notwendig. Allerdings sollte ein Verantwortlicher präsent sein, der alles überwacht und der notfalls schnelle Entscheidungen fällen kann.
6. Ein Standleiter ist für alle Abläufe verantwortlich, löst große und kleine Probleme. Dazu benötigt er jedoch die entsprechenden Entscheidungskompetenzen.
7. Damit kein Kontakt verlorengeht, werden alle qualifizierten Gespräche dokumentiert. Die Protokolle enthalten detaillierte Angaben zur Person des Besuchers, zum Gesprächsthema und vor al-

lem zum Gesprächsergebnis. Deshalb wird jeder Bericht mit einer klar adressierten und terminierten Handlungsanweisung abgeschlossen.
8. Zum Messeabschluss wird Bilanz gezogen. Bspw. wird ausgewertet, wie viele qualifizierte Kontakte sich im Vergleich zu anderen Messeauftritten ergeben haben. Aber auch ein Kostenvergleich, orientiert am Ergebnis, ist möglich.

Weiterführende Literatur:
Meißner, Bruno; Vollmer, Winfried: Das ABC des Messeauftritts, Messen optimal planen und erfolgreich durchführen, München 1999
Clausen, Elke: Mehr Erfolg auf Messen, 2. Aufl., Landsberg 2000

■ **Messenachbereitung**
Die Vertiefung der auf der Messe gewonnenen Kontakte sowie die Erfolgskontrolle für das Unternehmen selbst.

Problemfeld:
Messekontakte werden häufig zu spät und auch nicht ausreichend weitergeführt.

Problemlösung:
Die Messenachbereitung sollte bereits parallel zur laufenden Messe stattfinden. Bspw. mit der

- Besuchererfassung: Hierfür eignen sich spezielle Formulare, auf denen zumindest die Adresse des Interessenten, sein Aufgabenbereich, seine Branche und der Gesprächsinhalt vermerkt werden sollten. Die Auswertung der selbstermittelten Daten gibt einen ersten Aufschluss über die Anzahl und Qualifikation der Standbesucher. Der AUMA, Ausstellungs- und Messe-Ausschuss der Deutschen Wirtschaft e.V, empfiehlt eine Verarbeitung der Erfassungsbögen einmal hinsichtlich der Gesprächsinhalte wie Produkte, Anwendungsbereiche, Verfahren oder Kundenwünsche, zum anderen hinsichtlich der Gesprächsschwerpunkte (zum Beispiel technisch, kaufmännisch, Unternehmensinformationen etc.). Mit der Auswertung der Daten ist schon der Übergang zur Erfolgskontrolle gegeben.
- Nachfassaktionen: Auch hier ist die wichtigste Voraussetzung die vorausgegangene Erfassung aller ernstzunehmenden Besucher auf dem Messestand.
  Eine Firma, die zwei Tage nach einer Ausstellung bereits erneuten Kontakt zu möglichen Kunden aufnimmt, wird sich mit Sicherheit gegenüber anderen hervorheben. Und diese Zuverlässigkeit wird sich dem Interessenten als erster positi-

ver Eindruck einprägen. Auch die Notiz über den Gesprächsinhalt ist der Mühe wert, wenn man in dem darauf folgenden Brief oder Anruf direkt auf die notierten Gesprächsschwerpunkte eingehen kann. Bei den Nachfassaktionen kann unterschiedlich agiert werden, je nachdem, ob die Kunden oder Interessenten am Messestand erschienen sind oder nicht. Tatsächliche Besucher hinterlassen in der Regel konkrete Wünsche, die an Hand der Erfassungsbögen direkt angegangen werden können. Bei der Zusendung versprochener Unterlagen kann der/die zuständige Vertriebsmitarbeiter/-in unmittelbar auf die Wünsche eingehen bzw. weitere Terminabsprachen treffen. Auch bei den nicht erschienenen Interessenten empfiehlt sich eine telefonische oder schriftliche Kontaktaufnahme.
Zu einer gründlichen Nachbearbeitung gehört auch die Versorgung der Presse, die mit Messeabschlussbericht, Fotos und einer Pressemappe bedacht werden will.

- Erfolgskontrolle: Diese Auswertung dient als Entscheidungsgrundlage für die weiteren Messebeteiligungen. Die Messe bietet den Vorteil der direkten Resonanz angesprochener Zielgruppen und marktanalytische Erkenntnisse. Daher sollte die Frage gestellt werden: Inwieweit wurden die gesteckten Messeziele erreicht? Kriterien sind die Ermittlung aller Teilnahmekosten, Analyse von Zahl und Qualität der Kontakte und Abschlüsse, Auswertung der Besuchererfassung, Vergleich der Besucherstruktur am Stand mit den angestrebten Zielgruppen bzw. mit früheren Messebeteiligungen.

Organisatorische Mängel fallen oft schon während der Messe auf und wurden so gut wie möglich beseitigt. Trotzdem sollten aufgetretene Mängel protokolliert und Lösungsmöglichkeiten besprochen werden.
Erfolgskontrolle umfasst auch die Kosten-Nutzen-Analyse. Diese Aufgabe sollte frühestens sechs Monate nach dem Messeende begonnen werden, da dann das Messenachgeschäft berücksichtigt werden kann. Qualitätshinweise ergibt ein über mehrere Jahre hinweg laufender Vergleich zwischen der Zahl der Standbesucher, der ernsthaften Kontakte und der aus der Messe resultierenden Abschlüsse bzw. Neukundenakquisitionen. Ein weiteres Kriterium zur Bewertung der Messeaktivitäten ist der Vergleich der ernstzunehmenden Messegespräche mit den Gesamtkosten der Beteiligung.

Motivationsstrategie
Maßnahmen zur Erfolgsorientierung der Vertriebsmitarbeiter und -partner.

Problemfeld:
Konventionelle Marketingstrategien zielen darauf ab, Kunden zum Kauf zu animieren. Ebenso wichtig ist jedoch, Verkäufer und Vertriebspartner zum Verkauf zu motivieren.

Problemlösung:
Neben der verkaufs- und produktfachlichen Qualifizierung sind auch Maßnahmen zur Erfolgsorientierung des Verkaufsteams wettbewerbsentscheidend. Die Ziele dieser Motivationsstrategien sind, Mitarbeiter und Partner zu befähigen, bspw.

- klare Ziele zu setzen
- lösungsorientiert zu handeln
- unverzüglich Entscheidungen zu treffen
- Leistung zu optimieren
- Verantwortung zu tragen
- sich bedarfsgerecht weiterzuqualifizieren
- mittel- und langfristig zu planen
- Ehrgeiz zu entwickeln
- Erfahrungen umzusetzen
- Ausdauer zu entwickeln
- Benchmarking zu betreiben

Die Voraussetzungen dazu sind

- ein entsprechendes leistungs- bzw. erfolgsorientiertes Unternehmensklima,
- entsprechende Unternehmensregeln und Maßstäbe,
- Vorbildfunktionen der Führungskräfte,
- Unternehmensstrukturen, bspw. die Installation von KVP (kontinuierlicher Verbesserungsprozess),
- materielle Anreizsysteme,
- immaterielle Anreizsysteme.

Ausschlaggebend ist auch, Verkäufer und Vertriebspartner laufend von der besonderen Leistungsfähigkeit des Unternehmens und seiner Produkte zu überzeugen. Diese Motivierungskampagnen können aber auch über Verkäufertagungen sowie über Mitarbeiter- und Partnerzeitschriften erfolgen.

Mundwerbung
Positive oder negative Empfehlungen, die sich sternförmig verbreiten, wobei jeder Empfehlungsempfänger neuer Multiplikator wird.

Hintergrund:
In verschiedenen Dienstleistungsbranchen werden bis zu vier Fünftel der Neukunden durch Mundwerbung gewonnen. Nach Untersuchungen in der Kfz-Branche kann ein Kunde des oberen Preissegments durch Mundwerbung jährlich rund 7500 Mark Mehrzusatz einbringen.

Problemfeld:
Mundwerbung, bietet Chancen wenn sie gezielt beeinflußt wird und Risiken, wenn sie sich ungehindert verbreitet.

Problemlösung:
Der wirtschaftliche Wert eines Kunden besteht nicht nur in seinen Umsätzen. Auch seine Empfehlungsleistung bestimmt den Ertrag mit. Für Kunden sind Empfehlungen ein Erfahrungsaustausch. Der Empfehlungsnehmer sucht beim Empfehlunggeber seines Vertrauens Rat, weil sie selbst nicht in der Lage sind, einzuschätzen ob ein Produkt oder eine Dienstleistung den von ihnen erwartete Nutzen bringt.
Doch der Rat des Empfehlungsgebers ist subjektiv, weil er nur aus seinem Erfahrungsschatz stammt oder weil er Erfahrungen anderer weitergibt.
Mundwerbung kann deshalb, wenn sie strategische eingesetzt wird, zu einem effizienten Marketinginstrument werden.
Beim strategischen Einsatz der Mundwerbung ist ausschlaggebend, dass zunächst die Meinungsführer identifziert werden. Das sind

- Menschen, die viele soziale Kontakte haben, bspw. Funktionsträger in Vereinen und Verbänden, Clubs und Parteien.
- Menschen, die eine angesehene soziale Stellung haben, bspw. Mandatsträger, Unternehmer, Führungskräfte, Akademiker.

Die Multiplikatoren werden nach ihrem sogenannten »Referenzwert« aufgelistet. Ganz oben stehen die »Referenz-Stars« »Das sind die Multiplikatoren, die speziell im Potenzial der Wunschpatienten als Meinungsführer gelten. Ganz unten stehen die sogenannten »Inaktiven«, das sind diejenigen deren Meinungsäußerungen keine Kreise ziehen.
Dann werden die Multiplikatoren erschlossen, deren Referenzwert noch nicht ausgeschöpft haben. Dabei handelt es sich um Personen, die sich mangels eigener Erfahrungen entweder überhaupt nicht äußern oder die mit Vorurteilen behaftet sind.
Bei der Referenzwertoptimierung werden die Multiplikatoren durch Methoden des Beziehungsmanagements emotional gebunden, bspw. durch private Kontakte. Wenn Vorbehalte bestehen, sollte eine Ursachenforschung klären, welcher konkrete Anlass zu diesem negativen Meinungsbild geführt hat.
Schließlich werden die Referenzstars auf ihre Aufgaben vorbereitet. Ihnen wird durch Beispiele oder durch eigene Anschauung das Bild vermittelt, das sie in der Zielgruppe multiplizieren sollen. Damit sie

im Dialog ihre Empfehlungen auch begründen können, sollten sie mit den entsprechenden Argumenten ausgerüstet werden.

Der Empfehlungswert dieser Multiplikatoren kann noch gesteigert werden, wenn sie für ihr Engagement bestimmte VIP-Vorteile genießen dürfen.

■ **Nachfragesog**
Ergebnis von an Konsumenten gerichteten Marketingstrategien zur Weckung von Kaufbedürfnissen.

Problemstellung:
In den Konsumgüterbranchen sind Hersteller in der schwächeren Verhandlungsposition, da in der Regel der Handel diktiert, welche Produkte welcher Hersteller welchen Regalplatz bekommen.

Problemlösung:
Der Hersteller wendet sich in seiner Werbung direkt an den Konsumenten, um bei ihm Kaufbedürfnis zu wecken. Diese Pull-Strategie, (der Kunde zieht die Produkte aus dem Markt) führt im einzelnen Outlet der Handelsketten zu einem Nachfragesog. Die Kunden erwarten, dass sie die Produkte, die ihnen in der TV-Werbung, im Kinospot und in der Printwerbung schmackhaft gemacht werden, in den Regalen vorfinden.

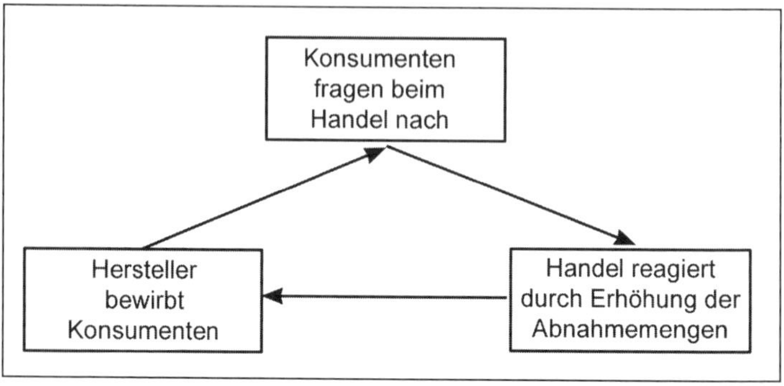

Nachfragesog: Wirkungsgefüge eines Nachfragesogs

Der Handel wird auf diese Weise gezwungen, der starken Nachfrage zu begegnen und den Produkten ausreichend Regalplatz zur Verfügung zu stellen.

Netzgeführte Marke
Ein virtuelles Unternehmen gibt Lizenznehmern die Rechte, unter dem entsprechenden Markenbild Waren herzustellen, zu bewerben und zu vertreiben und unter Umständen selbst Lizenzen zu vergeben.

Problemstellung:
Auf Grund des starken Wettbewerbsdrucks ist es schwierig geworden, ein Markenprodukt aufzubauen und damit ausreichende Marktanteile zu gewinnen.

Problemlösung:
Der Inhaber der Markenrechte produziert und vertreibt nicht mehr selbst, sondern konzentriert sich nur noch darauf, die Marke fortlaufend zu stärken. Die Produktion und die Verteilung wird gegen Lizenzgebühren weitergegeben. Dieses völlig neue Modell nennt sich netzgeführte Marke, weil sie nicht mehr einem bestimmten Hersteller oder Vertreiber zugeordnet werden kann. Der Vorteil liegt, ähnlich wie beim Franchising, am schnellen Markenaufbau bei relativ geringen Investitionen für den Inhaber der Markenrechte.

Networking
Neukundengewinnung über Empfehlungsgeber.

Problemfeld:
Ein Unternehmen, das sich für seinen Geschäftsbereich noch keine klar erkennbaren Kompetenzen aufgebaut hat, tut sich schwer, das Vertrauen seiner Kunden zu gewinnen.

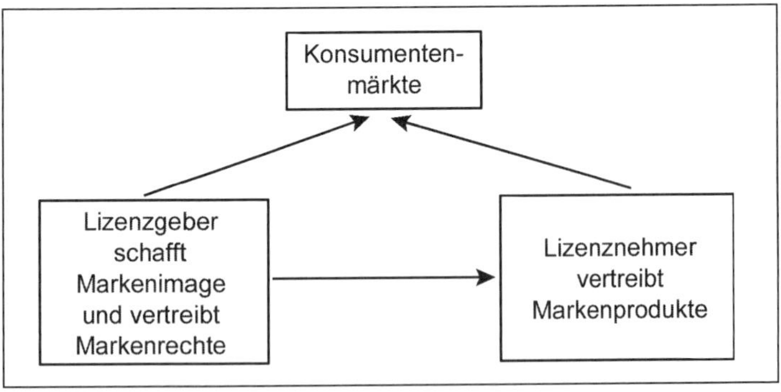

Netzgeführte Marke: Lizenzierung von Markenrechten

Problemlösung:
Unternehmen legen großen Wert auf Marktattraktivität. Deshalb bauen sie sich speziell für ihr jeweiliges Segment ein regelrechtes Expertenimage auf. Dieses wird systematisch verbreitet, so dass schließlich die Kompetenz von Kunden anerkannt und von ihnen der entsprechende Ruf multipliziert wird. Das Ziel ist, dass potenzielle Kunden auf das Unternehmen und sein Angebot aufmerksam werden und von sich aus die Erstkontakte knüpfen.
Die Voraussetzung für Network-Strategien: Das Unternehmen konzentriert sich auf die Wunschzielgruppe und verschafft sich außergewöhnliche Kompetenz in den entsprechenden Schlüsselfähigkeiten.

Weiterführende Literatur:
Averill, Mary; Corkin, Bud: Netzwerk-Marketing, Wien 1999

■ Network-Marketing

Eine Form von Direktvertrieb, bei dem die als Handelsvertreter tätigen Verkäufer bestrebt sind, eigene Verkaufsstrukturen zu schaffen um an der Provision der dazu akquirierten Verkäufer Anteil zu haben.

Problemfeld:
Das als Multi Level Marketing oder Strukturvertrieb bezeichnete System wird in der Öffentlichkeit kritisch beurteilt. Den meist in Nebenbeschäftigung tätigen Verkäufern wird häufig vorgeworfen, dass sie ihre Beratungsleistung nicht kunden-, sondern provisionsorientiert leisten.

Hintergrund:
In Deutschland sind etwa 300.000 Personen in Strukturvertrieben aktiv. Ihr Umsatz wird auf etwa 600 Millionen Mark geschätzt. Network-Marketing wird nicht nur in der Finanzdienstleisterbranche eingesetzt. An erster Stelle steht, nach Umsatz und Verkäuferzahl, der Vertrieb von Kosmetik- und Körperpflegeartikel, gefolgt von Vitamin-, Diät- und Nahrungsergänzungsmitteln sowie Modeschmuck und Accessoires.

Problemlösung:
Generell werden Strukturvertriebe auf Grund ihres straffen Aufbaus und der Durchsetzbarkeit von Vertriebszielen favorisiert. Die Initiatoren von Strukturvertrieben haben jedoch erkannt, dass Hard-Selling-Methoden nicht mehr dazu geeignet sind, Umsatzziele zu erreichen. Vor allem wurde die Wichtigkeit langfristiger Kundenbeziehungen erkannt, in denen die Ertragspotenziale eines Kunden optimal erschlossen werden.
In einigen Strukturvertrieben werden die Kundengewin-

nungs- und Kundenbestandspflegeaufgaben entsprechend der Kompetenzen von unterschiedlichen Personen wahrgenommen.

Weiterführende Literatur:
Detroy, Erich-Norbert: Das Powerbuch der Neukundengewinnung. Die besten Techniken, Konzepte und Strategien, Landsberg 2000

■ Neukundenakquisition
Die Werbung von Erstkäufern, bzw. das Abwerben von Kunden der Wettbewerber.

Problemstellung:
Die Neukundenakquisition zählt auf Grund der großen Überzeugungsarbeit, die sie erfordert, zu den schwierigsten und unbeliebtesten Verkäuferaufgaben.

Problemlösung:
Die Neukundenakquisition wird zur gemeinsamen Aufgabe eines Verkaufsteams. Da sich die Ergebnisse von Akquisitionsbemühungen stark auf die Motivation der Verkaufsmitarbeiter auswirken, sollten die Aktivitäten zur Stammkundenpflege und zur Neukundenakquise so koordiniert sein, dass sich die Verkaufserfolge bei bestehenden Kunden motivierend auf den Neukundenbesuch auswirken.
Generell ist die Neukundenakquisition eine Tätigkeit, die gerade in umsatzstarken Zeiten erfolgen soll:

- Es ist davon auszugehen, dass in diesen Phasen auch bei potenziellen Kunden Bedarf besteht.
- Kunden haben nur zu erfolgreichen Unternehmen Vertrauen. Ob ein Unternehmen erfolgreich ist, erkennen sie am Verhalten des Außendienstmitarbeiters während des Verkaufsgesprächs.

In einigen Unternehmen teilen sich Mitarbeiter je nach Neigung und Talent die Stammkundenpflege und die Neukundenakquisition.

■ Newsletter-Marketing
Die Nutzung des Internets zur Verteilung elektronischer Kundenzeitschriften.

Problemfeld:
Durch die hohe Zahl der Internet-Auftritte ist es schwierig, die Aufmerksamkeit seiner Zielgruppe auf sich zu lenken.

Problemlösung:
Die redaktionell gestalteten Texte des Internet-Newsletters sollen den Internet-Nutzer auf die Seiten des Anbieters aufmerksam machen und durch eine bestimmte Vorabinformation seine Neugierde wecken.
Das Publizieren eines Newsletters erfolgt in folgenden Schritten:

- Anlegen einer Verteilerliste (E-Mail-Adressen der Empfänger)
- Vorbereiten des Textes
- Aussenden des Textes an den Verteiler
- Administrative Angelegenheiten (An- und Abmelden der Empfänger)

Mit einem Newsletter oder einer Mailingliste können Anbieter ohne hohen Aufwand mit potenziellen Kunden regelmäßig in Kontakt treten.

Objektorganisation
Eine Vertriebsorganisation kann nach Verkaufsgebiet, Sortimentsbereich und Kundenart gegliedert sein. Auch Spartenorganisation genannt.

Problemstellung:
Die übliche geografische Gliederung der Verkaufsorganisation ist nicht in jedem Fall die beste Lösung. Die wachsenden Marktansprüche erfordern die Spezialisierung des Außendienstes auf bestimmte Kundengruppen, bestimmte Kundenbedürfnisse und bestimmte Produktbereiche.

Problemlösung:
Die Struktur der Vertriebsorganisation muss sich exakt nach den Bedürfnissen des Marktes richten, wobei es auch zahlreiche Mischformen geben kann. Die Vorteile der einzelnen Strukturformen sind z. B.:

- Verkaufsgebiet: Kostengünstig, effizient und leicht organisierbar. Der Verkäufer arbeitet in einem überschaubaren, transparenten Raum.
- Kundenqualität: Hohe Effizienz, wenn bspw. die B- und C-Kunden über Call Center und die A-Kunden über Key-Account-Manager betreut werden.
- Funktion: Typisch hier die Konsumgüterbranchen, in denen der Key-Account-Manager die Abschlüsse tätigt, der Regionalverkaufsleiter oder Merchandiser das einzelne Outlet betreut.
- Neukundenakquisition/ Stammkundenbetreuung: Hier können die spezifischen Fähigkeiten und Präferenzen der Verkaufsmitarbeiter berücksichtigt werden.
- Privatkunden-/Geschäftskundenbereich: Hier erfolgt der Außendiensteinsatz nach dem unterschiedlichen Beratungsbedarf.
- Produktbereich: Hier können die Mitarbeiter ihre produktspezifischen Beratungskompetenzen einsetzen.
- Kundenbranchen: Hier können sich die Verkäufer auf die Problemstellungen der

Kundenmärkte konzentrieren.
- Erstverkauf/Cross Selling: Dies bietet bspw. die Möglichkeit, den Innendienst verkaufsaktiv zu gestalten.
- Produkt/Serviceverkauf: Hier arbeitet das Geschäftsfeld Kundendienst mit.
- Problemstellungsorientiert: Hier arbeiten Mitarbeiter mit unterschicdlichen Kompetenzen gemeinsam an einem Verkaufsprojekt (Team Selling).

Immer stärker geht der Trend auch dazu, Kunden nach Alter und sozialer Stellung den entsprechenden Verkäufern zuzuteilen. Dies ist bspw. bei Finanzdienstleistern und im Einzelhandel der Fall.

▪ Obsoleszenz

Künstliche Verkürzung der Produktlebensdauer.

Problemfeld:
Hersteller von Gebrauchsprodukten leiden unter der relativ hohen Marktsättigung ihrer Produkte. Sie leiden aber auch an den Folgen der Produktqualität, die die Lebensdauer erhöht und damit das Geschäft mit der Ersatzbeschaffung beeinträchtigt.

Problemlösung:
Hersteller greifen zur unsichtbaren Obsoleszenz. Die Produkte erhalten künstliche Qualitätsschwächen. Diese ironisch genannten „Soll-Bruchstellen“ sind schwer zu erkennen und befinden sich in Bereichen, die selbst nicht zu reparieren sind oder bei denen eine Reparatur relativ teuer ist.
Die Mode ist das Beispiel für die sog. sichtbare Obsoleszenz, denn Produkte werden nach bestimmten Moderegeln gestaltet. Deshalb bleiben sie nur so lange trendig, bis eine neue Moderichtung erkennbar wird. Die Besitzer sind zum Ersatz gezwungen, obwohl das jeweilige Gebrauchsprodukt noch voll funktionsfähig ist.
Auch technische Entwicklungen führen zur künstlichen Veralterung. Typisch ist hier die Computerbranche. Bei nur wenige Jahre alten Personalcomputern ist es nicht mehr möglich, bestimmte Anwendungen bspw. im Bereich des Internets zu nutzen.
Obsoleszenz-Strategien sind riskant, denn:
- Hersteller können nach dem Produkthaftungsgesetz, aber auch strafrechtlich dafür verantwortlich gemacht werden, wenn dem Nutzer durch Qualitätsschwächen Schaden entstanden ist.
- Konsumenten orientieren sich zusehends an Empfehlungen aus Warentestpublikationen und Verbrauchersendungen.

- Schlechte Produktbewertungen führen zu einem generellen Imageverlust für das herstellende Unternehmen.

■ One-to-One-Marketing
Eine computergestützte Marketingstrategie, nach der jeder einzelne Kunde in seinen spezifischen Persönlichkeits-, Bedarfs- und Entscheidungseigenheiten angesprochen wird.

Problemfeld:
Konventionelles Massenmarketing erreicht nicht mehr in gewünschter Weise den einzelnen Kunden.

Problemlösung:
One-to-One-Marketing ist gerade dort realisierbar, wo eine besonders große Zahl potenzieller Kunden angesprochen werden kann: Im Internet. Das WWW ist das erste Massenmedium, das sich am Bedürfnisprofil des einzelnen Kunden orientieren kann, weil es jedes Kundenverhalten und jede Kundenreaktion registriert und bewertet. Auch wenn Millionen von Kundenadressen verwaltet werden, es kann jeden einzelnen Kunden exakt abbilden und dementsprechend kann jeder einzelne Kunden individuell nach dessen Bedürfnis- und Persönlichkeitsprofil angesprochen werden.
One-to-One-Marketing denkt nicht in Kundensegmenten in einer aggregierten anonymen Masse. Es sieht jede Einzelperson als eigenständiges Marktsegment. Ein weiterer entscheidender Vorteil: One-to-One-Marketing ist ein fortlaufender Prozess, weil jeder Kundenkontakt, bspw. beim Aufruf von Internet-Seiten, zur Aktualisierung des Kundenprofils genutzt wird.
Durch die beständigen Interaktionen verfeinert sich das Profil des betreffenden Kunden immer mehr. Darauf aufbauend wird dann die Kommunikation mit dem Kunden und das konkrete Angebot von Produkten und Leistungen ausgerichtet.
Die Aufgabe des Marketings ist es hier, dem Kunden zahlreiche Dialogmöglichkeiten bereitzustellen, damit die »feedback loops«, der Regelkreis von Registrieren, Verarbeiten und Agieren immer schneller verlaufen kann (Siehe auch Individual-Marketing).

■ Online-Auktion
Internet-Marktplatz auf dem Ware verkauft und eingekauft werden kann.

Problemfeld:
Um das Internet erfolgreich zur Warendistribution zu nutzen, müssen völlig neue Marketingkonzeptionen entwickelt werden.

Problemlösung:
Ein typisches Beispiel für Online-Auktionen ist ricardo.de, aktiv in Deutschland, England, Frankreich, Skandinavien und Italien. Das Kerngeschäft des Unternehmens beruht auf verschiedenen Auktions-Formaten: Bei den beiden Business-to-Consumer-Auktionen tritt ricardo.de selbst als Anbieter auf. Im Privat-Channel handeln Privatleute untereinander mit Waren. Seit Anfang des Jahres 2000 bietet das Unternehmen auch im Business-to-Business-Bereich eine Handelsplattform an.
ricardo.de entwickelte eine Strategie, mit der ein möglichst großes Publikum angesprochen und für den noch weitgehend unbekannten Einkaufs- und Vertriebsweg dauerhaft begeistert werden sollte. Die Ziele

- Neukundengewinnung und
- Kundenbindung

sollen über eine starke Markenbekanntheit erreicht werden. Das Konzept sah deshalb vor, dass

- das Markenprofil ein besonders hohes Image aufbaut. Damit sollte das Preisniveau der angebotenen Waren erhöht und Kunden mit hoher Kaufkraft angelockt werden.
- Online-Auktionen als neuer Absatz- und Einkaufsweg den Kunden als Erlebnisfaktor näher gebracht und dauerhaft Interesse geweckt werden sollte.
- Die Marke ricardo.de sollte künftig mit einem hohen Entertainment-Faktor assoziiert werden.

Das Geschäftsmodell von ricardo.de baut auf vier Säulen auf. Gezielt wurden dabei unterschiedliche Auktions-Formate entwickelt, die sich gegenseitig ergänzen. Dadurch sollten zusätzliche Crossmarketing-Effekte erzielt werden.
Bei den Business-to-Consumer-Auktionen tritt ricardo.de selbst als Anbieter auf. Live-Auktionen sollten – imagefördernd – die Erlebnisdimension von Versteigerungen noch verstärken. So entwickelte ricardo.de ein Modell, bei dem Auktionen im Internet live moderiert werden und dem Verbraucher das Gefühl geben, unmittelbar dabei zu sein. Angeboten werden sowohl Massenprodukte als auch exklusive Artikel.
Kundenbefragungen brachten nach der Einführungszeit folgende Ergebnisse:

- Live-Auktionen erhöhen die Verweildauer auf der Webseite.
- Der Unterhaltungswert stärkt die Kundenbindung.

Die Live-Auktionen funktionieren folgendermaßen: Nach einer Anmeldung kann jeder per Mausklick mitsteigern. Das Gebot mit dem eigenen Namen erscheint umgehend auf dem

Bildschirm aller Teilnehmer. Ein Moderator kommentiert die Gebote und sorgt durch persönliche Ansprache und Kommentare für die gewünschte Atmosphäre.

Beim Nonstop-Channel finden ebenfalls Versteigerungen von Markenartikeln statt, allerdings werden höhere Volumina abgewickelt, denn viele Auktionen laufen parallel. Niedrigpreisige Produkte gleichen sich in der Masse der abgesetzten Artikel aus. Der durchschnittliche Transaktionswert liegt bei 380 DM. Da nicht nur der Meistbietende, sondern auch Bietende mit dem nächsthöchsten Gebot den Zuschlag erhalten, stellt sich der Vertriebskanal besonders bei Massenprodukten mit hoher Gewinnspanne als profitabel dar.

Die Versteigerung beginnt auf einem Level zwischen 10 und 25 Prozent des empfohlenen Ladenverkaufspreises. Dadurch kommt die Auktion in Gang und die Preise gelangen letztlich meist auf das Niveau des günstigen Fachhandels. Niedrigpreise durch Nachfragedefizite erhöhen die Attraktivität des Nonstop-Channels.

Bei Private-to-Private-Auktionen ist das Einstellen der Ware kostenlos. ricardo.de nimmt eine Gebühr für erfolgreich durchgeführte Auktionen. Die Gebühr richtet sich nach dem Wert der Ware. Der durchschnittliche Wert einer Ware liegt hier bei 200 DM. Bei diesem Auktionstyp stellte sich nach kurzer Zeit heraus, dass privaten Verbrauchern die Sicherheit im elektronischen Handel besonders wichtig ist. Deshalb baute ricardo.de das Modell aus

- Benutzername und Passwort validieren das eigene Gebot.
- Ein Bewertungssystem sorgt dafür, dass die Kunden nach erfolgreichem Kauf ihre Handelspartner beurteilen können.

Bei Business-to-Business-Auktionen liegt die Orientierung am Bedarf der Unternehmen, im Zeitalter der Globalisierung der Märkte ihre Waren weltweit anbieten zu können. Ihnen wird auf neun Handelsplätzen die Möglichkeit geboten, untereinander Geschäfte zu betreiben. Die Business-Zielgruppe wird mit einem speziellen Konzept angesprochen: eine Verknüpfung von

- Warenangebot mit
- allgemeinen Wirtschafts- und
- speziellen Brancheninformationen sowie einer Möglichkeit zum
- Meinungsaustausch.

Neben den traditionellen Auktionen werden auch Bartergeschäfte, Geschäfte mit Fixpreisen und Mischformen angeboten.

Wichtigste Voraussetzung für den Aufbau und die Bekanntheit auch einer Internet-Marke ist ihre permanente Bewerbung. ricardo.de setzte dafür fast durchgehend auf eine intensive Präsenz in Offline-Medien.

Bei der Werbung im TV wurden verschiedene Konzepte getestet.

- Im Zuge des Börengangs schaltete ricardo.de konventionelle Werbespots auf n-tv, die besonders die Werthaltigkeit und das Potenzial des Unternehmens herausstellen sollten.
- Um Neukundengewinnung ging es in den ausgefallenen Werbespots auf Pro Sieben und Kabel 1. Ziel war es, nicht allein die typische Computerklientel anzusprechen, sondern das breite Massenpublikum.
- Im Rahmen einer Kooperation mit der Harald Schmidt Show werden regelmäßig Gegenstände aus der Show versteigert. Damit sollten Zielgruppen vom Medium Fernsehen ins Online-Medium transferiert und dadurch neue Absatzgruppen erschlossen werden.

Bei der Printwerbung war es wichtig, so wenig wie möglich finanzielle Mittel zu binden. Schwerpunkte wurden deshalb Kooperationen und Gegengeschäfte. Neben den klassischen Computer- und Online-Zeitschriften wirbt ricardo.de auch in Publikumszeitschriften. Bestandteil des Konzepts ist ein Abkommen, wonach ricardo.de bei Medien-Kooperationspartnern Werbefläche für Printanzeigen erhält. Die erhalten im Gegenzug Bannerplätze auf den Webseiten des Auktionshauses.

Markenartikler können sich zudem auf ganzseitigen Anzeigen von ricardo.de in Publikumszeitschriften beteiligen, um dort für ihre über das Auktionshaus angebotenen Waren zu werben.

Bei Online-Werbung setzt ricardo.de ebenfalls auf Tauschgeschäfte. Der Bannertausch mit anderen Werbekunden soll gegenseitig Internet-Surfer auf die Seiten des Partners führen.

Ein wichtiger Aspekt innerhalb der Absatzstrategie war die Zusammenarbeit mit Kooperationspartnern. Durch sie sollten Synergieeffekte in der Neukundengewinnung und Kundenbindung erzielt werden. Das Unternehmen ging gezielt auf die Suche nach »Idealpartnern«, die eine führende Position in ihrem Marktsegment einnehmen. Von der Publizität, die durch die Zusammenarbeit zweier Kooperationspartner erreicht würde, sollte ein Imagegewinn für alle Beteiligten abfallen.

Mediapartner sorgten dafür, dass ricardo.de ins Bewusstsein der Öffentlichkeit rückte. Für den gegenseitigen Austausch der Werbeplattformen konnte zunächst der Verlag Gruner + Jahr gewonnen werden. Über ihn sollen Konsumenten im technisch aufgeschlossenen Lifestyle-Bereich angesprochen werden. Geplant sind Kooperationen mit weiteren Verlagen.

Durch Kooperationen mit Hörfunksendern wurden gezielt Regionen erschlossen und potenzielle Kunden an ihrem Arbeitsplatz erreicht. Gemeinsame Auktionen erzielten einen guten und kostengünstigen Werbeeffekt.

Zur Neukundengewinnung wurden parallel Kooperationen mit Unternehmen aus anderen Marktsegmenten eingegangen. Ein erfolgreiches Beispiel ist hier die Zusammenarbeit mit der comdirekt bank, die die meistbesuchte Webseite in Deutschland betreibt. ricardo.de ist im Shop der comdirekt bank präsent und bietet im Gegenzug Produkte in einem gemeinsamen Auktions-Kanal an.

Durch Vertriebskooperationen sicherte sich das Unternehmen günstige Beschaffungs- und Kommissionskonditionen, die einen Vorteil gegenüber den marktüblichen Bezugsbedingungen darstellen sollten.

■ **Online-Marketing**

Diese ergänzende Form des Direktmarketings nutzt das Internet als Plattform des Kundendialogs.

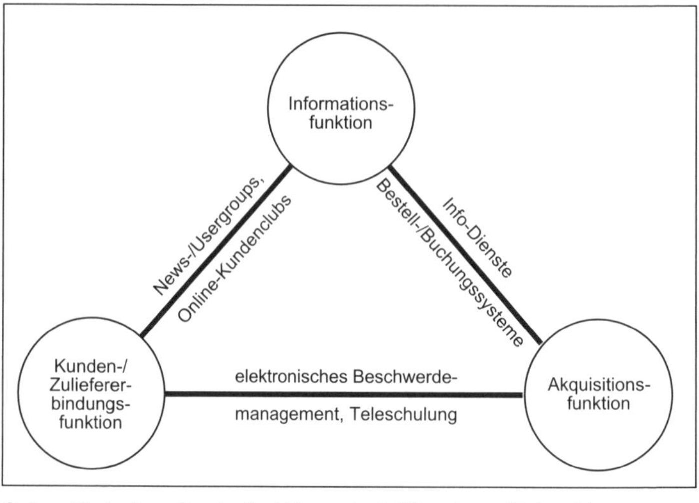

Online-Marketing: Servicefunktionen (vgl. Hünerberg, Heise, Mann: Handbuch Online-Marketing, Landsberg 1996)

Hintergrund:
Experten rechnen mit dreistelligen Wachstumsraten beim Online-Marketing. Derzeit ist für etwa 80 Prozent der Konzerne Online-Marketing ein fester Bestandteil des Marketing-Mixes. Besonders aktiv sind die Bank-, Medien-, Kfz- und die Telekommunikationsbranche.
Im Vordergrund stehen allerdings die typischen Kommunikationsformen WWW-Seiten und Bannerwerbung. Noch relativ wenig genutzt werden die Online-Instrumente Newsgroups (Diskussionsforen), Werbemailings (E-Mail-Versendung nach bestimmen Adressenpools) und Online-Spiele, außerdem Badges, Microsites, Interstitials (Buttons, kleine, beziehungsweise große Seiten, die sich ohne Zutun des Internetnutzers öffnen).

Problemfeld:
Die klassischen Direktmarketing-Instrumente sind ziemlich teuer und relativ unflexibel. Außerdem haben die Einsatzmöglichkeiten bestimmte Grenzen.

Problemlösung:
Innerhalb der vier „P“ im Marketing-Mix bietet Online-Marketing folgende Möglichkeiten:

- Product: Marktforschung, kundenorientierte Produktentwicklung, Produkttest, Produktpolitik, Produktpräsentation, Online-Katalog, Service.
- Price: Preispolitik.
- Place: Distribution, Vertriebsnetz, Direktvertrieb, Transaktionsabwicklung.
- Promotion: Kommunikationspolitik, direkte (One-to-One-) Kundenkommunikation, PR.

Experten gehen davon aus, dass es Online-Marketing in absehbarer Zeit möglich macht,

- dass Kunden über intelligente Software-Agenten nach den günstigsten Lieferanten

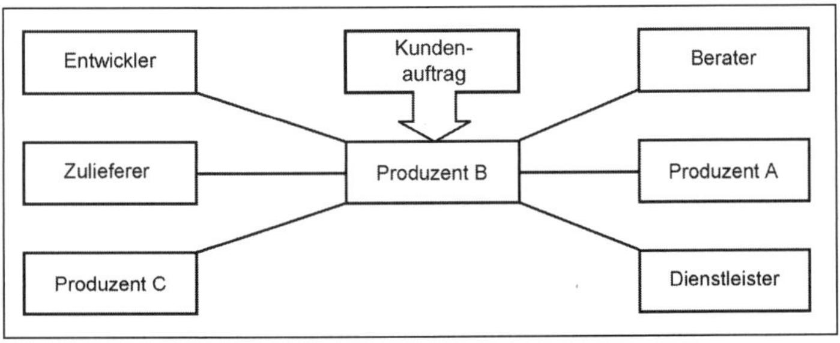

Online-Marketing: Marketing- und Produktionsbeziehungen

und Angeboten suchen, Verhandlungen führen und Verkäufe abschließen können;
- dass Lieferanten und Kunden im Dialog neue Produkte und Dienstleistungen entwickeln;
- dass virtuelle Unternehmen entstehen, die sich über Grenzen hinweg jeweils projekt- oder prozessbezogen zusammenschließen;
- dass Geschäfts- und Privatkunden ihren Bedarf per Internet weltweit ausschreiben.

Die vier Phasen bei der Entwicklung einer Online-Marketing-Strategie:
- Entwicklung eines Konzeptpapiers und Maßnahmeplans.
- Entwicklung der gewählten Online-Marketinginstrumente, Verknüpfung mit den unternehmensinternen Prozessen und Aufbau der notwendigen Infrastruktur.
- Start der Webpromotion, also der Publizierung des Internetauftritts bei den Wunschzielgruppen.
- Erfolgskontrolle, Pflege, Aktualisierung und Weiterentwicklung der Online-Marketinginstrumente.

Weiterführende Literatur:
Barowski, Mike; Müller, Achim: Online-Marketing, Das professionelle 1×1, Berlin 2000

■ **Online-Marktforschung**
Marktforschungsaktionen, die das Internet als Plattform nutzen.

Problemfeld:
Wie lassen sich relativ schnell und relativ preisgünstig Marktforschungsmaßnahmen durchführen?

Problemlösung:
Der Internet-Auftritt ist jedoch nicht nur als Kommunikations-, sondern auch als Marktforschungsinstrument ein schlagkräftiges Direktmarketing-Instrument. Unter anderem auch deshalb, weil die Erhebungsdaten bereits in digitaler Form vorliegen und somit der Automatisierungsgrad relativ hoch ist.
Online-Marktforschung bietet sich bislang nur für die qualitative Marktforschung an, denn Internet-Nutzer sind noch nicht repräsentativ für die Gesamtbevölkerung. Die Ergebnisse können somit nur in Grenzen übertragen werden. Deshalb werde versucht, Online-Umfragen unter den Internet-Nutzern mit besonderen statistischen Verfahren auf die Gesamtbevölkerung hochzurechnen. Besonders eignet sich das Internet aber für Panelforschung an speziellen Zielgruppen mit Anwendungsmöglichkeiten im Bereich von Produkt- und Konzepttests.

Im Allgemeinen beginnt der Panelkreislauf damit, dass Internet-Surfer zur Site gelangen und dort zur Teilnahme eingeladen werden. Um die Panelisten längerfristig im Panel zu halten, werden sie im Normalfall für ihre Teilnahme entlohnt, beziehungsweise für ihre Aufwendungen kompensiert. Sie melden sich über ein Registrierungsformular an, wobei bereits hier zahlreiche Angaben bspw. zur Soziodemografie oder zu individuellen Netznutzungsgewohnheiten erfragt werden können.

Dieses Profil des frisch gebackenen Panelisten wird in die nachgeschaltete Datenbank übernommen. Sind ausreichend Personen einer gewünschten Zielgruppe im OP vertreten, können diese nach vorheriger Stichprobenziehung zu Untersuchungen eingeladen werden.

Mit gezielten Maßnahmen lässt sich die Qualität der Erhebungsdaten verbessern. Solche Vorkehrungen sind unter anderem Zeitmessungen an Formularen, regelmäßige Aktualisierung der Profildaten, Nachfassaktionen auf nicht beachtete Untersuchungseinladungen und Identitätskontrollen durch Offline-Kontaktversuche.

Allerdings bieten auch Online-Panels keinen Schutz vor Verzerrungen: »Durch die Nutzung verschiedener Online-Rekrutierungsmethoden, so über Mailinglisten, Newsletter, Banner- und Intercepttechniken, virales Marketing, Mehrwertdienstleistungen und WWW-Querschnittuntersuchungen sowie unterschiedliche Anwerbungsorte können diese jedoch gemildert werden.

Eine generelle Lösung gegen das Selbst-Selektion-Problem ist auch das Verfahren des n-ten Besuchers. Bei dieser Methode kann sich bspw. nach einer bestimmten Zahl von Besuchern ein Pop-up-Fenster öffnen, das zur Umfrageteilnahme auffordert.

■ Outsourcing

Die Abgabe bestimmter Unternehmensfunktionen, bspw. in Vertrieb und Marketing, an Dienstleister.

Problemfeld:

Gerade für mittelständische Unternehmen ist es zu kostenaufwändig, eigene Verkaufsorganisationen aufzubauen bzw. strategische und operative Marketingaufgaben in Eigenregie zu lösen.

Problemlösung:

Unternehmen verfahren verstärkt nach dem Prinzip, all die Funktionen nach außen zu geben, die nicht mehr zu ihren Kernkompetenzen zählen. In technisch orientierten Unternehmen zählen hierzu vielfach auch Marketing und Vertrieb.

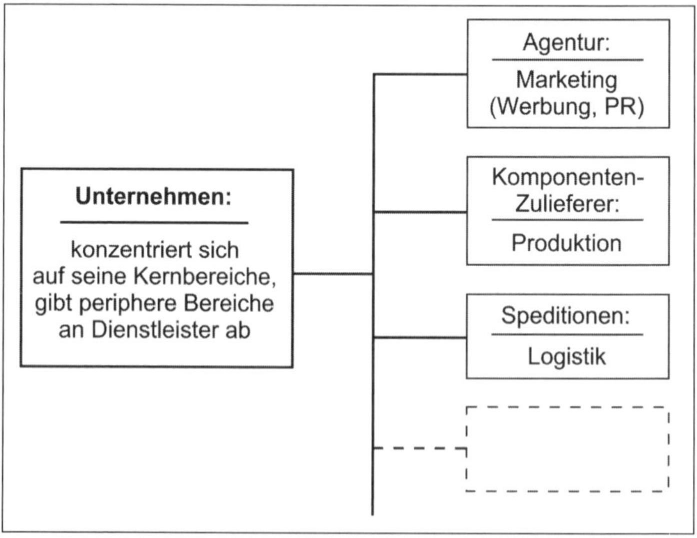

Outsourcing: Vergabe von Teilaufgaben an Externe

Die gebräuchlichste Form des Outsourcing vertrieblicher Aufgaben ist der Einsatz von selbstständigen Handelsvertretern, bzw. von Vertragshändlern.

Hersteller favorisieren Vertriebspartner, die mit anderen Sortimenten bei den Zielgruppen gut eingeführt sind. Diese Außendienstunternehmer werden erfolgsabhängig honoriert und verfügen über eigene Organisationsstrukturen, wie bspw. Fahrzeug und Büro.

Allerdings verfolgen Handelsvertreter ihre eigenen Ertragsinteressen und deshalb nicht notwendigerweise die strategische Ziele des Unternehmens. Deshalb gelten die Regeln der Kundenorientierung auch gegenüber dem Absatzmittler. Je mehr Unterstützung er für seine Vermittlungstätigkeit bekommt, umso stärker wird er sie favorisieren. Hier steht das Unternehmen in Konkurrenz zu den Firmen, für die der Handelsvertreter ebenfalls tätig ist.

Dieser Wettbewerb bezieht sich somit nicht unbedingt auf die Höhe der Provision, sondern auf die Wettbewerbsfähigkeit der Produkte und auf die Qualität der begleitenden Marketingmaßnahmen.

Eine weitere Lösung, Handelsvertreter für Unternehmensziele einzunehmen, ist eine Kombination der Provisionsbestand-

teile. So können neben dem Umsatz auch die Entwicklung des Ertrags, der Neukundenquote und sogar der Kundenzufriedenheit bei der Entlohnung mit berücksichtigt werden.
Eine andere Form des Vertriebs-Outsourcing ist der Aufbau eines Franchise-Systems.
Im Konsumgütervertrieb haben sich Dienstleistungsunternehmen auf Verkaufsförderungs- und Merchandisingaufgaben spezialisiert.
Strategische und operative Marketingaufgaben werden selbst von Großunternehmen zusehens an externe Dienstleister vergeben. Andererseits entwickeln sich unternehmenseigene Marketing-, Werbe- und PR-Abteilungen zu Profit Centern, die auch für fremde Unternehmen tätig werden.

Weiterführende Literatur:
Bruch, Heike: Outsourcing-Konzepte und Strategien, Chancen und Risiken, Wiesbaden 1998

■ Partnerprogramm
Unternehmen nutzen gegenseitig die Synergiewirkungen ihrer Internet-Auftritte.

Problemfeld:
Der einzelne Internet-Anbieter erreicht mit seinen Seiten einen nur beschränkten Anteil aus seiner Zielgruppe.

Problemlösung:
Eine Möglichkeit, die Effizienz des Internets zu steigern, sind so genannte Partnerprogramme. In einem Partnerprogramm offeriert ein Händler jedem Webseitenbetreiber die Möglichkeit, für ihn mitzuwerben. Dazu stellt der Händler Werbebanner oder Werbetexte zur Verfügung, die der Partner in seine Webseite einbaut: Der Händler erkennt, wenn ein Besucher über einen Link von der Seite des Partners kam und ob dieser Besucher etwas gekauft hat. Ist dies der Fall, erhält der Webseitenbetreiber eine entsprechende Provision.

Es gibt aber auch andere Konditionsabarten, bspw. Bezahlung pro Klick (pay per click), oder Bezahlung pro qualifizierte Aktion (pay per lead). Bei dieser Form muss der vermittelte Besucher in der Regel sein Interesse aktiv bekundet und seine Kontaktadresse für weitere Informationen hinterlassen haben.

■ Permission Marketing
Beim Konsumenten wird die Erlaubnis eingeholt, mehr über ein Produkt zu erfahren.

Problemfeld:
Die herkömmliche Massenwerbung, die auf dem so genannten Interruption-Marketing fußt, verliert an Wirksamkeit. Die Konsumenten stumpfen ab, werden gegenüber Werbebotschaften immun. Zudem wirken Mailings, Funk- und TV-Spots störend, wenn sie den Konsumenten in einer Tätigkeit unterbrechen.

Problemlösung:
Das Interruption-Marketing wird durch das so genannte Permission-Marketing, also Erlaubnis-Marketing abgelöst. Der Konsument gibt sozusagen die Einwilligung, mehr über ein Produkt zu erfahren. Es gilt also, vom potenziellen Kunden zunächst die Permission, die Erlaubnis zu einer fortlaufenden Kommunikation und Interaktion zu erhalten, die dann in einen Kaufabschluss münden kann.
Diese Kontaktphase kann durchaus noch auf der Plattform des konventionellen Direktmarketings verlaufen. Hier wird dem Kunden bspw. nahegebracht, dass eine bestimmte Internet-Adresse oder ein E-Mail-Newsletter ihm besonders hohen Nutzen bringt. Es steht nicht mehr das möglichst sofortige Erreichen eines Kaufabschlusses im Vordergrund, sondern die Etablierung eines langfristigen Kundendialogs, der durch die beständige Interaktion zwischen Anbieter und Kunden bei diesem Loyalität, Vertrauen und Kundenbindung an den Anbieter aufbaut.
Eine solche wachsende Kundenbeziehung wird vor allem durch so genannte Content Sites erreicht. Ihr Kennzeichen ist, zu einem bestimmten Themenfeld qualifiziertes Informationsmaterial bereitzustellen. Typisch sind hier Börsen- und Marktanalysen oder Datenbankinformationen börsennotierter Unternehmen, die von Banken potenziellen Geldanlegern zur Verfügung gestellt werden.
Solche Seiten werden von Unternehmen jedoch nicht nur zur Vermarktung der eigenen Produkte genützt. Sie werden außerdem an Fremdunternehmen als kostenpflichtige Werbeplattform zur Verfügung gestellt.

■ POS-Entscheidung

Sie liegt vor, wenn der Kunde erst am Point of Sale also im Verkaufsraum seine Wahl trifft.

Problemfeld:
Die Möglichkeiten, am POS Konsumentenentscheidungen zu beeinflussen, werden viel zu wenig genutzt – so hat das Marktforschungsunternehmen AC Nielsen GmbH herausgefunden.

Hintergrund:
Über die Hälfte aller Entscheidungen für den Kauf eines Produktes des täglichen Bedarfs fallen erst im Verkaufsraum, so ergab die Untersuchung. Nur 44,6 Prozent der Einkäufe sind geplant. Gerade niedrigpreisige Produkte werden spontan aus den Regalen genommen.
Selbst wenn feststeht, welches Produkt gekauft werden soll, fällt die Entscheidung für eine bestimmte Marke erst im letz-

ten Moment. Allerdings variiert die so genannte Instore Decision Rate, die Aufschluss über Markentreue gibt, in Abhängigkeit von der Warengruppe.

Problemlösung:
Verkaufsförderungsmaßnahmen am POS eignen sich besonders gut für Sortimentsbereiche wie Süß- und Knabberwaren sowie Pasta- oder Milchprodukte. Hier ist die Markentreue relativ gering. Weniger Erfolg bringt Regalwerbung bspw. für Babynahrung und Kosmetika. In diesen Bereichen hat der Kunde bereits relativ klare Präferenzen. Er entscheidet sich nicht einmal für eine Alternative, falls seine Marke fehlt. In solchen Fällen deckt er sich bei anderen Anbietern ein.

■ Präsentation

Dramaturgisch gestaltete Darstellung, wie ein Produkt oder eine Dienstleistung durch seine herausragenden Fähigkeiten ein spezifisches Kundenproblem löst.

Problemfeld:
Wenn eine Präsentation die Qualität, die Leistungsfähigkeit und den Preis eines Produktes oder einer Dienstleistung darlegt, dann ist der Kunde noch nicht davon überzeugt, dass sie ihm den geforderten Nutzen bringen.

Problemlösung:
Eine Präsentation überzeugt, wenn es nicht den Lieferanten und sein Produkt, sondern den Kunden und sein Problem in den Mittelpunkt stellt. Wenn es

- gemeinsam mit ihm dessen spezifisches Problem darstellt
- und dazu einen Lösungsweg entwickelt.

Die Voraussetzung einer erfolgreichen Präsentation sind deshalb ausreichende Erkenntnisse über die spezifischen Wünsche und Bedürfnisse der Entscheider und Beeinflusser, die an der Präsentation teilnehmen.
Die drei Phasen der Präsentationsaufnahme durch den Empfänger:

1. Identifikation: Durch die Beschreibung seines Problems identifiziert sich der Kunde mit dem Präsentationsinhalt. Er löst sich von seiner kritischen Distanz. Im weiteren Verlauf wird die Problembeschreibung zur Aufgabenbeschreibung. Diese listet auf, welche Voraussetzungen das Produkt erfüllen muss, um das Kundenproblem zu lösen.
2. Faszination: Hier wird der Nutzen des präsentierten Produktes der Aufgabenbeschreibung gegenübergestellt. Punkt für Punkt wird dargelegt, wie das Produkt die Aufgaben erfüllen wird. Der Kunde gewinnt Vertrauen.

3. Projektion: Der Kunde erhält ein nachvollziehbares Bild, wie komplikationslos das Produkt in sein Unternehmen integriert und er dazu befähigt wird, es erfolgreich zu nutzen. Referenzbeispiele und Garantien sind weitere Mittel, um ihn zu einer positiven Entscheidung zu führen.

Weiterführende Literatur:
Bernstein, David: Die Kunst der Präsentation. Wie Sie einen Vortrag ausarbeiten und überzeugend darbieten, 3. Aufl., Frankfurt 1993

■ **Preisfindung**
Der Einsatz des Preises als strategisches Marketinginstrument.

Problemfeld:
Unternehmen orientieren sich in ihrer Preisfestlegung vielfach nur am Wettbewerb und damit nicht in erster Linie daran, inwieweit sie Erträge erwirtschaften. Oder sie kalkulieren ihn unabhängig davon, ob er durchsetzbar ist.

Problemlösung:
Die Preisfindung ist ein fortlaufender Erfahrungsprozess. Hierbei wird permanent erforscht, welchen Höchstpreis der Kunde für den Produktnutzen zu zahlen bereit ist. Negativ beeinflusst wird der erreichbare Preis, wenn der Kunde auf vergleichbare Wettbewerbsprodukte oder auf alternative Problemlösungen zugreifen kann.
Positive Auswirkungen auf den erreichbaren Preis haben z.B.:
- Marketingmaßnahmen, die dem Produkt in den Augen der Käufer besonderen Wert verleihen.
- Quersubventionierung eines Produktpreises durch produktbegleitende Dienstleistungcn (Mobiltclcfon und Kartenvertrag) oder Verbrauchsmaterialien (Tintenstrahldrucker und Farbpatronen).
- Intransparenz der Preise durch Produkt-/Service-Kombinationen, beziehungsweise die Teilung von Produktkern und Zubehör.

Die Preisermittlung per Vollkostenkalkulation oder Deckungsbeitragsrechnung eignet sich lediglich zur Analyse der Leistungsfähigkeit im Marktvergleich. Liegen die Marktpreise niedriger, stellt sich die Frage, welche Ursachen das Angebot verteuern.
So kann der zu hohe Preis auf einer hohen Produktqualität oder Produktleistung basieren. Dann bieten sich zwei Lösungen an: Qualität bzw. Leistung an den Marktstandard anpassen oder sie als USP, als herausragende Unternehmensleistung herausstellen und mittels einer entsprechenden Marketingstrategie Nachfrage schaffen.

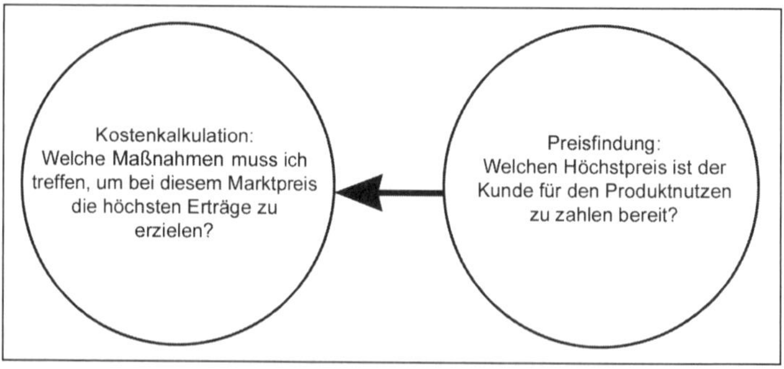

Preisfindung: Ein kontinuierlicher Erfahrungs- und Feedback-Prozess

Der zu hohe Preis kann aber auch die Folge zu hoher Fixkosten sein. In diesem Fall lässt sich über Deckungsbeitragsrechnung herausfinden, welche Kriterien sich wie auf den Preis auswirken. Bei diesen Vergleichen kann es sich herausstellen, dass sich Verluste eines bestimmten Geschäftsfeldes, Sortimentsbereichs, Vertriebskanals oder einer bestimmten Kundengruppe auf die Höhe des Preises auswirken.
Es kann beispielsweise aber auch sein, dass die Einkaufskonditionen schlecht, die Logistik mangelhaft oder die Unternehmensprozesse ineffizient gestaltet sind. Solche Kostentreiber lassen sich durch Benchmarking herausfinden. Die Gegenüberstellung mit vergleichbaren Betrieben zeigt auf, wo noch Einsparungspotenziale vorhanden sind.
Die Entscheidung, welche Kosten wie gesenkt werden sollen, muss jedoch nach marketingstrategischen beziehungsweise ertragsstrategischen Gesichtspunkten erfolgen. So können Kostensenkungsmaßnahmen im Personalbereich zu Wettbewerbsnachteilen führen, wenn hierdurch die Leistungsfähigkeit des Unternehmens beeinträchtigt wird.

Weiterführende Literatur:
Nagle, Thomas; Holden, Reed; Larsen, Georg: Pricing, Praxis der optimalen Preisfindung, Heidelberg 1998

■ Preisgespräch
Die Reduzierung des Kundendialogs auf den Kostenfaktor.

Problemfeld:
Gespräche über Konditionen haben in der Regel nur den Produktpreis zum Thema, nicht aber den Nutzwert, den das Produkt bietet.

Problemlösung:
Preisgespräche kommen auf, wenn der Kunde noch nicht davon überzeugt ist, dass das Angebot für ihn die willkommene Problemlösung bedeutet. Preisgespräche ergeben sich auch, wenn der Kunde aus mehreren gleichartigen Angeboten entscheidet.
Dabei ist der Preis für den Kunden nur in zweiter Linie ein Entscheidungskriterium. An erster Stelle steht der spezifische Nutzen, den er aus dem Angebot ziehen kann. Aufgabe des Marketings ist es, ihm ein Produkt oder eine Dienstleistung zu gestalten, die ihm hohen finanziellen oder ideellen Nutzen bietet. Dann muss dieser herausragende Nutzen deutliche an den Kunden kommuniziert werden.
Zu den geldwerten Nutzen, die ein Kunde aus einem Angebot ziehen kann, gehört

- der Produktnutzen/Produktwert,
- die Beratungsqualität der Verkäufer,
- die Liefertreue,
- die Qualität der produktbegleitenden Dienstleistungen,
- Nutzungssicherheit und Garantien.

Weiterführende Literatur:
Detroy, Erich-Norbert: Sich durchsetzen in Preisgesprächen und -verhandlungen, 11. Aufl., Landsberg 1999

■ Primärerhebung

bzw. Primärforschung bezeichnet die Gewinnung von Marktforschungsdaten direkt an der Quelle.

Problemstellung:
Marktdaten aus zweiter Hand wie sie bei der Sekundärforschung vorliegen, beziehen sich auf einen möglichst breiten Querschnitt. Für Unternehmen mit spezifischen Markt- und Kundenstrukturen sind diese Ergebnisse jedoch nur bedingt nutzbar.

Problemlösung:
Primärerhebungen beziehen ihre Erkenntnisse aus eigenem Befragen und Beobachten vor Ort. Gegenstand der Untersuchung sind bspw. die bestehenden oder die potenziellen Kunden im Einzugsgebiet.
Die bestehenden Kunden zu befragen oder zu beobachten, ist relativ einfach. Klare Informationen ergeben sich bspw. aus der Entwicklung ihrer Struktur und ihres Kaufverhaltens, falls diese Kriterien in der Data Base ausreichend registriert sind. Beobachtungsergebnisse liegen auch in den Besuchsberichten des Außendienstes vor. Verkaufsmitarbeiter im Außendienst oder im Call Center können Kundengespräche zu Befragungen nutzen. Weitere Anlässe zu Kundenbefragungen bieten Kundenkonferenzen oder Workshops.

Systematische Kundenbefragungen sind per Vollerhebung (jeder Kunde wird angesprochen) oder Stichprobe (es wird eine bestimmte Zahl repräsentativer Kunden angesprochen) durchzuführen.

Beobachtungen und Befragungen potenzieller Kunden setzt voraus, dass Anbieter ein klares Profil ihrer künftigen Wunschkunden vor Augen haben, um die Unternehmen, beziehungsweise die Personen herauszudestillieren, deren Wünsche und Bedürfnisse sie erfahren wollen.

Weiterführende Literatur:
Böhler, Heymo: Marktforschung, 3. Aufl., Stuttgart 1994

■ Printwerbung

Werbemaßnahmen in Zeitungen und Zeitschriften.

Problemfeld:
Durch die veränderte Leserstruktur und das geänderte Leseverhalten der Konsumenten gelten für die Anzeigenwerbung neue Regeln.

Problemlösung:
Ausschlaggebend für den Erfolg von Werbekampagnen ist die Wahl des richtigen Mediums. So zeigt sich, dass sich der Alterskegel der Lokal- und Heimatzeitungen nach oben verschoben hat und Anzeigen- sowie Gemeindeblätter vielfach die Aufgaben der Standortzeitungen übernommen haben. Bei der Entscheidung kommt es darauf an, dass die Leserstruktur mit dem Profil der anvisierten Zielgruppen weitgehendst übereinstimmt.

Veröffentlichungstag: In der Regel wird die Wochenendausgabe besonders intensiv gelesen. Einen relativ hohen Anteil jüngerer Leser hat auf Grund der Sportberichterstattung die Montagausgabe.

Schließlich spielt auch die Anzeigenplatzierung eine wesentliche Rolle. Hier kommt es auf das Anzeigenumfeld an, bspw. die Anzeigen von Lebensmittelketten, wenn mit der Werbung Hausfrauen erreicht werden sollen. Besonders hohe Beachtung finden Anzeigen, die auf rechten Seiten und dort möglichst rechts oben platziert sind.

Besonders wichtig ist die Anzeigengestaltung. Wollte ein Zeitungsleser alle Informationen einer einzigen Anzeige erfassen, bräuchte er rund 40 Sekunden. Tatsächlich wendet er sich einer Anzeige jedoch nur wenige Sekunden zu. Somit gelten folgende Regeln:

Die Anzeigenbotschaft sollen Problemlösungen beinhalten, also zum Beispiel Bequemlichkeit, Zeiteinsparung und Arbeitserleichterung. Hier gilt das so genannte Vierstufensystem, bspw. für eine Immobilienanzeige:

- Grundnutzen (z.B. viel Platz für die Familie),

- Zusatznutzen (ruhige Wohnlage),
- Prestigenutzen (in einem noblen Vorort),
- Preis.

Die optimale Gestaltung:

- Ein Bild oder eine Grafik wirkt als Blickfang. Es hebt die Anzeige aus der Masse der anderen heraus.
- Die Schlagzeile erweckt Neugierde, bspw. indem sie kurz und prägnant eine unerwartete Behauptung aufstellt oder als Frage formuliert ist. Sie soll auch noch aus einer gewissen Entfernung lesbar sein.
- Der Anzeigentext soll das Lösungsversprechen beurteilen und zum Handeln auffordern, bspw. indem er allgemein verständlich formuliert ist und darlegt, wann, wo und wie der Leser das Angebot in Anspruch nehmen kann.
- Die Preisdarstellung soll eng mit diesem Leistungsversprechen verknüpft sein, damit der Leser den Zusammenhang erkennt.
- Deshalb ist bei der Anbieterangabe nicht allein die Adresse wichtig, sondern auch eine kleine Wegbeschreibung (»hinter dem Rathaus«).

Weitere Erfolgsregeln:

- Bei der Auswahl der Argumente gilt: Weniger ist mehr. Deshalb sollte nur eine Kernaussage gewählt werden.
- Auch die grafische Gestaltung sollte in einer klaren logischen Ordnung verlaufen, und zwar in der Reihenfolge: Thema, Problemfeld, Problemlöser, Anbieter.
- Die Kontinuität wird dargestellt durch regelmäßig wiederkehrende Stilelemente wie Firmenlogo oder Firmenschrift.
- Die Aktualität wird dargestellt durch veränderte Angebote, Kernaussagen oder Bildelemente.

▪ Produkthaftung

Verantwortlichkeit des Herstellers und des Händlers für die Unbedenklichkeit der von ihm hergestellten oder vertriebenen Ware.

Problemfeld:
Unternehmen haften für Schäden, die durch Mängel ihrer Produkte und Dienstleistungen entstehen. Gravierender kann jedoch der Imageverlust durch die negative Öffentlichkeitswirkung sein.

> *»Wird durch den Fehler eines Produktes jemand getötet, sein Körper oder seine Gesundheit verletzt oder eine Sache beschädigt, so ist der Hersteller des Produktes verpflichtet, dem Geschädigten den daraus entstandenen Schaden zu ersetzen.«*
> § 1 Abs. 1 Produkthaftungsgesetz

Problemlösung:
Die Erstellung einer Checkliste, in der systematisch alle kritischen Punkte erfasst werden. Nach dieser Vorgabe werden der gesamte Arbeitsprozess und die Arbeitsabläufe ausgerichtet. Damit kann ein Unternehmen am besten den vom Produkthaftungsrecht verlangten Sorgfaltspflichten nachkommen. Die Einhaltung von Qualitätsstandards und Sicherheitsnormen allein macht ein Produkt im rechtlichen Sinn noch nicht fehlerfrei.

Ausschlaggebend ist, dass der Nachweis der Unbedenklichkeit gegeben werden kann: dass ein Schaden ausschließlich durch »unvernünftigen Missbrauch« entstanden ist. Dies ist bspw. durch die Dokumentation möglich, dass im Unternehmen alles getan wird, um den Sicherheitsanforderungen Rechnung zu tragen. Wenn:

- Entwicklung und Produktion streng gesteuert und kontrolliert werden,
- Verantwortlichkeiten klar festgelegt sind,
- die Kommunikation mit den Zulieferern funktioniert,
- die Mitarbeiter ausreichend qualifiziert sind und ihre Arbeit sorgfältig überwacht wird.

Bei der Entwicklung und Konstruktion müssen die Sicherheitswünsche der Kunden mitberücksichtigt werden. Hier wird die Unbedenklichkeit der Produkte daran gemessen,

- welchen Anforderungen sie in der Praxis genügen müssen. Dazu gehört auch, dass ein Produkt zweckentfremdet wird, bspw. die Fächer eines eingebauten Schrankes als provisorische Leiter.
- welches Schutzbedürfnis die Kunden haben, bspw., wenn Kinder freien Zugang zum Verteilerkasten haben.
- welche neue Verfahren und Technologien die Sicherheit optimieren können. Ein einfaches Beispiel sind splitterfreie Glasscheiben in Zwischentüren.

Hilfreich ist nachzuforschen, welche Formen von Fehlbedienung, Zweckentfremdung und Überbeanspruchung wie häufig vorkommen. Bei Inline Skates bspw. wird die Umfrage ergeben, dass sie von einem relativ hohen Anteil Jugendlicher für rasante Fahrten über Gefällstrecken benutzt werden. Dieses Ergebnis wird den Hersteller zu folgenden Schritten veranlassen:

- Er wird überlegen, welche technischen Veränderungen notwendig werden, damit sein Fabrikat auch bei diesen hohen Geschwindigkeiten sicher ist.
- Er wird hieraus technische Standards entwickeln, bspw.

in Bezug auf die Materialbeschaffenheit der Rollen und die Konstruktionsform der Achsen.
- Er wird in Belastungstests mit Prototypen prüfen, ob die neuen Standards tatsächlich ausreichend sind.
- Er wird den neuen Standard in das Pflichtenheft der Produktentwicklung integrieren.

Bei der Fabrikation sollte nachgewiesen werden, dass sie sich exakt an die Konstruktionsvorgaben hält, und
- sich Qualitätsabweichungen nur innerhalb eines klar festgelegten Spielraums bewegen;
- das Rohmaterial und die Zulieferteile den Vorgaben entsprechen. Sie müssen ordnungsgemäß gelagert und transportiert werden. Außerdem sollten sie verbraucht sein, bevor eine Überalterung eintritt;
- das Endprodukt ausreichend geprüft wird.

Außerdem soll der Nachweis möglich sein, dass die Nutzer unmissverständlich über den richtigen Gebrauch informiert werden. Das Haftungsrisiko kann durch eine für alle Nutzergruppen klar verständliche Gebrauchsanweisung minimiert werden. Dies ist bspw. mit unablösbaren Piktogrammen der Fall, die an den Gefahrenpunkten den sachgemäßen Gebrauch darstellen und möglichst drastisch vor Fehlern warnen. Als Orientierungshilfe dient das »Erfahrungswissen« eines durchschnittlich begabten Verwenders.

Das Haftungsrisiko kann durch Produktbeobachtung und der Sammlung von Sicherheitserkenntnissen reduziert werden. Bereits zum Zeitpunkt der Markteinführung sollten diese Praxiserfahrungen gesammelt und ausgewertet werden. Die besten Hinweise ergeben sich aus
- Häufungen von Reklamations-, Garantie- und Reparaturfällen,
- Auffälligkeiten im Ersatzteilverkauf,
- Kontakte mit Kunden, Zulieferern und Kollegen,
- Verbrauchertests.

Welche Konsequenzen gezogen werden müssen, ob Verbesserung der nächsten Produktgeneration oder Rückrufaktion, ergibt sich aus dem Ausmaß der möglichen Folgen.

Das Produkthaftungsrecht fordert auch, dass Werbeaussagen tatsächliche Fakten über die Produktleistung enthalten. Wenn bspw. ein Reifenhersteller den Werbespot eines durch Eis und Schnee rasenden Autos zeigt, dann gilt dies als verbindliches Sicherheitsversprechen an die Autofahrer. Ihnen wird

suggeriert, dass das Reifenfabrikat selbst bei extremen Straßenverhältnissen jeden zu dieser Fahrweise befähigt.
Haftungsrisiken entstehen hier, weil diese Werbebotschaft Konsumenten dazu veranlassen kann, die Sicherheitseigenschaften des Produktes falsch einzuschätzen.

■ Produktmanagement

Abteilungsübergreifende Verantwortung einer Person oder Personengruppe für eine Produkt oder eine Produktlinie.

Problemfeld:
Viele oder sehr unterschiedliche Produkte lassen sich durch das übliche Funktionsmanagementsystem, also die Einteilung nach Fachbereichen, nicht optimal betreuen.

Problemlösung:
Das Produkt- oder Markenmanagement bildet eine zusätzliche Managementebene. Der Vorteil dieser Spezialisierung: Produktmanager sorgen dafür, dass kein Segment des Gesamtbereichs vernachlässigt wird. Sie beobachten ihre Teilmärkte intensiv und reagieren flexibel auf Risiken und Chancen, die sich für das Produkt ergeben.
Allerdings wird die Funktion je nach Sparte, Branche und Unternehmen höchst unterschiedlich dargestellt. Generell ist der Produktmanager für den Absatzerfolg seines Produktes verantwortlich. Hierzu beobachtet er den Markt nach den infrage kommenden Zielgruppen und deren Bedürfnisprofilen. Dementsprechend modifiziert er das Produkt und die begleitenden Marketingstrategien. Außerdem ist er für die Umsetzung der Maßnahme und die Ergebniskontrolle verantwortlich. Vielfach initiiert der Produktmanager Innovationen und Produktneuentwicklungen bis zur Marktreife, um sie anschließend zur vollen Ertragskraft zu führen.
Allerdings benötigt der Produktmanager für seine Aufgaben ausreichende Kompetenzen, um die Stabstellen des Unternehmens entsprechend einzubinden.

Weiterführende Literatur:
Albers Sönke; Herrmann, Andreas: Handbuch Produktmanagement, Wiesbaden 2000

■ Produktmix

Die strategische Zusammenstellung der Produkte, beziehungsweise Geschäftsfelder eines Unternehmens.

Problemfeld:
Die Konzentration auf einen engen Produkt- beziehungsweise Sortimentsbereich ist riskant, weil sich hieraus eine hohe Abhängigkeit von der konjunkturellen und strukturellen Ent-

wicklung des jeweiligen Marktes entwickelt.

Problemlösung:
Das Unternehmens-Know-how wird genützt, um in möglichst vielen Märkten für möglichst viele Kundengruppen aktiv zu sein. Beispielhaft ist hier die Karlsruher PTV Planung Transport Verkehr AG. Sie ist mit einem Produktkonzept als Schlüssel in sechs unterschiedlichen Geschäftsfeldern aktiv und betreut darin etwa 25 verschiedene Kundengruppen. Zur Bewältigung dieser Aufgabe baute sie ein Netz von Tochterunternehmen auf, ging sie strategische Allianzen ein.
Der generelle Markteinstieg erfolgte mit einer Software für die Außendienst-Tourenplanung.
Dabei zeigte sich, dass die Schlüsseltechnologie für andere Geschäftsfelder hohe Marktchancen mit sich bringt. Die Folge war der Aufbau einer Tochtergesellschaft, die Projektgeschäfte abwickelte, bspw. die

- Liniennetzplanung für den Bus- und Straßenverkehr in Mannheim und
- die Einführung von Tourenplanung und Distributionsoptimierung für Langnese-Iglo.

Dann wurde das Geschäftsfeld Verkehrsplanung gebündelt. Zum Einstieg in den Markt der Transportlogistik wurde die strategische Partnerschaft mit einem Unternehmen gegründet, das auf Distributionsoptimierung spezialisiert war. Der nächste Schritt war die Erschließung des Marktes für Verkehrsplanung mit den entsprechenden Softwareprodukten und Beratungs-Dienstleistungen durch eine weitere eigenständige Tochtergesellschaft. Die Basistechnologie bot sich aber auch für den Aufbau von Verkehrsleitsystemen und Verkehrstelematik an, sodass auch hier ein Tochterunternehmen gegründet wurde, das diese Märkte bedient. Nach diesem Prinzip wurden schließlich auch die Geschäftsfelder »schienengebundene Verkehrssysteme« und »Geomarketing« erschlossen.
Für das Geschäftsfeld Routenplanung beteiligte sich PTV an der Varta-Führer GmbH und ging eine Kooperation mit Mairs Geographischer Verlag und der Varta AG ein.
Auch der Einstieg in europäische und überseeische Auslandsmärkte erfolgte über Beteiligungen.

■ **Prospektwerbung**
Kundenkommunikation mittels illustrierter Werbebotschaften.

Problemfeld:
Firmenprospekte leiden vielfach an der fehlenden Aktualität und am mangelnden Kundennutzen.

Problemlösung:
Firmenprospekte sind ein ideales Werbemittel, wenn sie aus der Sicht des Kunden auf überzeugende und anschauliche Weise die Kompetenz und das Leistungsspektrum des Unternehmens deutlich machen.
Ein kundengerechter Firmenprospekt muss

- Nutzen vermitteln: Der Betrachter muss auf den ersten Blick einen Vorteil erkennen, wenn er sich mit dem Prospekt näher befasst.
- Unterhaltungsbedürfnis erfüllen: Der Prospekt sollte auch Kurzweil bieten. Denn der Betrachter will auch Spaß daran haben, den Prospekt durchzublättern.
- Neugierde befriedigen: Das entstehende Informationsbedürfnis des Betrachters muss durch den weiteren Inhalt des Prospektes erfüllt werden,
- Handlungsmöglichkeiten bieten: Der Betrachter hat ein konkretes Bedürfnis entwickelt. Der Prospekt muss ihm jetzt das weitere Vorgehen aufzeigen.

Doch hier ergibt sich die erste Hürde, denn vielfach wird versucht, das gesamte Produkt- und Dienstleistungsspektrum in einem Prospekt unterzubringen. Sinnvoller ist es, für jedes Geschäftsfeld, beziehungsweise Produktbereich oder sogar jedes einzelne Produkt-Highlight einen eigenen Prospekt zu gestalten.
Es gibt sogar Unternehmen, die jede Kundengruppe mit einem speziellen Prospekt bewerben. Dies trifft bspw. auf Firmen der Bau- oder der Baunebenbranchen zu. Sie trennen die Auftraggeber in Privat- und Geschäftskunden. Manche Handwerksbetriebe dieses Branchenbereichs haben spezielle Prospekte für die Zielgruppe der Architekten entwickelt. Die Schwerpunkte hier sind Werbebotschaften, die sich um Termintreue, Preis-/Leistung und Professionalität drehen. Außerdem werden als Referenzen entsprechende Architektenprojekte genannt.
Generell ist Prospektwerbung erfolgreich, wenn sie dem Adressaten Nutzen bietet. Am Empfänger vorbei konzipiert ist er, wenn er seitenlang in Wort und Bild über die Firmengeschichte berichtet. Als kundenorientiert kann er gelten, wenn er dem Abnehmer zeigt, wie seine spezifischen Probleme optimal gelöst und seine Bedürfnisse erfüllt werden.
Trotzdem kann das lange Bestehen eines Unternehmens zum Prospektthema werden, bspw. als Schlagzeile in Verknüpfung mit der aktuellen Kompetenz (»Profitieren Sie von unseren langjährigen Erfahrungen und von unserer modernen Fertigungstechnik«).

Generell rentieren sich die hohen Herstellungskosten für einen Firmenprospekt nur, wenn auch Inhalt und Form einem professionellen Dienstleister überlassen wurde. Den ersten Eindruck, den der Kunde von einem Prospekt hat, überträgt er auch auf das Unternehmen.

Wird ein Prospekt entwickelt, muss erst einmal konkret formuliert werden, für welchen Zweck er gedacht ist. Deshalb ist das genaue Briefing unerlässlich. Vor allem muss ganz klar umrissen sein, an welche Zielgruppe sich der Prospekt wendet. Sind die Zielgruppe und ihr Bedürfnisprofil exakt bestimmt, geht es an die Gestaltung. Bilder und Text werden ebenfalls nach den Kriterien ausgewählt, die für die Zielgruppe entscheidend sind.

Dazu dienen sogar reine Imageprospekte, denn sie sind dazu da, beim Kunden Vertrauen zu schaffen. Hat der Kunde bspw. über eine Anzeige den ersten Kontakt aufgenommen, will er das Unternehmen näher kennen lernen. Diesem Wunsch nach Information sollte der Prospekt nachkommen.

Daraus ergeben sich auch die Inhalte. Ein Imageprospekt sollte das Unternehmen vorstellen, seine besonderen Stärken und Leistungen für den Kunden deutlich machen. Darüber hinaus können, wenn es für die Zielgruppe interessant ist, auch Hintergrundinformationen zur Firma und ihren Produkten und Dienstleistungen enthalten sein. Vertrauens- und sympathiebildend wirken auch professionell hergestellte Illustrationen, die die Firmenmitglieder zeigen.

Bilder sind die wichtigsten Gestaltungselemente eines Prospektes. Deshalb beginnt die grafische Gestaltung immer zuerst mit der Platzierung der Abbildungen, dann folgen die Überschriften, schließlich der Text.

Ausschlaggebend ist, dass die Übersichtlichkeit gewahrt bleibt. Die klare Gliederung führt den Betrachter zu den wichtigsten Botschaften und fördert bei ihm das Interesse nach weiteren Informationen. Diese holt er sich, wenn der Prospekt seinen Zweck erfüllt, aktiv beim Unternehmen ab.

Generell muss sich der Prospekt dem Corporate Design des Unternehmens unterordnen und exakt die Firmenfarben, das Firmenlogo und die Firmenschrift tragen. Doch er muss sich auch an der Zielgruppe und am Produktschwerpunkt ausrichten. Bspw. eignet sich exklusives Papier hoher Qualität und aufwändige Gestaltung eher für Luxusprodukte, jedoch nicht für technische Geräte.

Ein weiteres Problem: Prospekte müssen schnell an die Empfänger kommen, denn sie veralten in relativ kurzer Zeit. So soll jedem Angebot ein Imageprospekt beiliegen und bspw. auch der Außendienst mit Prospekten ausgestattet werden. Es gibt aber auch Prospekt-Kooperationen. Hierbei legen Einzelhandelsunternehmen aus unterschiedlichen Branchen, aber mit gleicher Zielgruppe sich gegenseitig Prospekte aus. So liegt auf der Theke des Friseurs der Prospekt des Fitnesstudios und im Fitnessstudio der Prospekt des Friseursalons aus.

■ **Public Relations**
Die Beeinflussung der Öffentlichkeit durch die zielgerichtete Darstellung einer Sachlage.

Problemfeld:
Die Medien und mit ihnen die Konsumenten werden von einem Überangebot an PR-Veröffentlichungen eingedeckt. Entsprechend stark ist die Selektion.

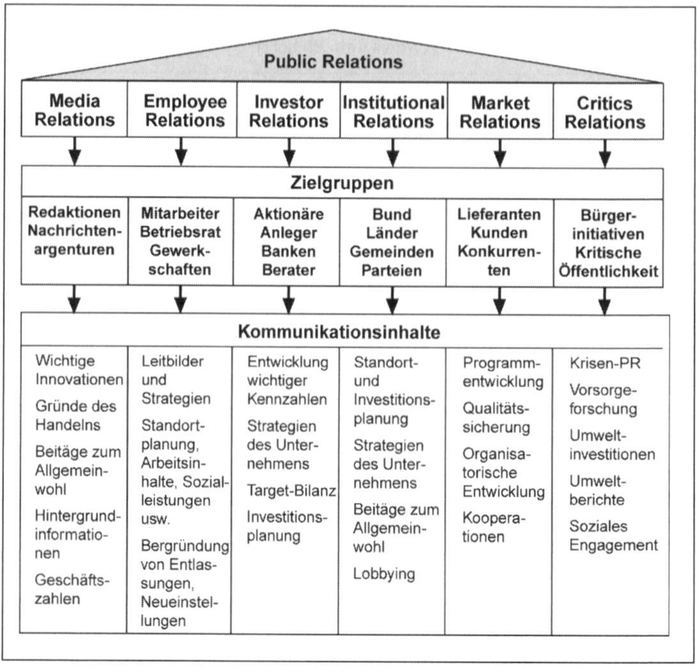

Public Relations: Formen der Öffentlichkeitsarbeit (Bodenstein/Spiller, Marketing, Landsberg 1998)

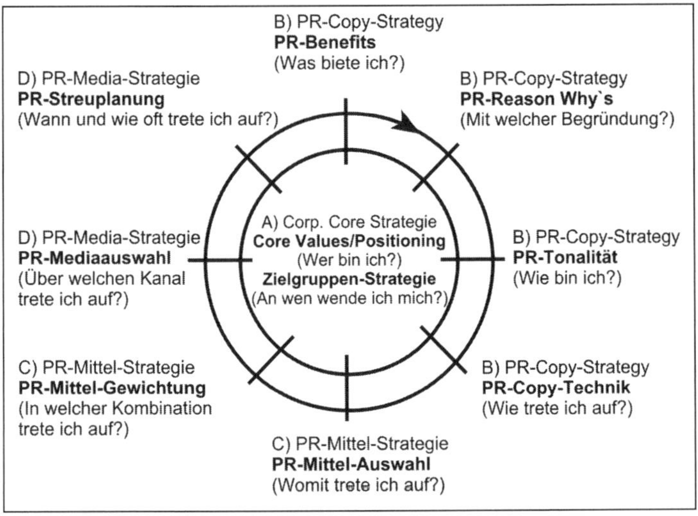

Public Relations: Das „Steuerrad" der PR-Strategie (Pflaum/Linxweiler: Public Relations der Unternehmung, Landsberg 1998)

Problemlösung:
Die Gestaltung eines PR-Konzeptes verläuft nach denselben Kriterien wie ein Neuprodukt. Es wird exakt nach den Wünschen und Bedürfnissen der Zielgruppe entwickelt. Bspw. kann ein PR-Text durch hohe Nutzwerte oder hohen Informations- oder Unterhaltungsinhalt den Zugang zu den Empfängern finden. In dieser Verpackung befindet sich jedoch der PR-Inhalt, nämlich die Imageförderung des Unternehmens, die Forcierung eines bestimmten Unternehmensziels oder die Werbung für ein bestimmtes Produkt. Zu dieser Verpackung gehören unter anderem:

- Attraktive Überschriften, die die Neugierde wecken oder Nutzen versprechen.
- Aktueller Themeneinstieg, der den Neuheitswert des Inhalts deutlich macht.
- Journalistischer Schreibstil, der sich am Stil der Zielmedien orientiert.
- Für die Allgemeinheit verständliche Inhalte.
- Logisch gestaffelte Fakten.
- Wert- und werbungsfreie Inhalte.

Je attraktiver die Verpackung ausgefallen ist, umso intensiver ist ihre Lockwirkung zunächst auf den Redakteur, der die Pressemitteilungen nach ihrer

Leserattraktivität selektiert, dann auf die anvisierte Zielgruppe, die den Text in den entsprechenden Medien wahrnehmen soll.

Wichtig ist hier die Blickfangfunktion bestimmter Wörter. Aktualität signalisieren beispielsweise Wörter wie „jetzt" und „neue" „nunmehr" und „künftig", „ab sofort" und „wichtig". Persönlich angesprochen fühlt sich der Leser durch Begriffe wie Autofahrer, Geldanleger oder Steuerzahler. Positiv besetzt sind für ihn auch Wörter wie Karriere und Chance, Erfolg und Glück, außerdem Urlaub, Freizeit, Gewinn und Geld.

Solche Begriffe wirken noch stärker, wenn sie in einen Fragesatz integriert sind: »Mehr Geld und trotzdem mehr Freizeit?«

Der Wunsch des Lesers, nunmehr Einzelheiten über die entsprechende Angelegenheit zu erfahren, sollte sich jedoch erst im Laufe der die Neugierde steigernden Absätze erfüllen, damit er alle Informationen aufnimmt, die ihm im Text bereitgestellt werden.

Qualität
Beschaffenheit eines Produktes oder einer Dienstleistung in Bezug auf die vom Nutzer gestellten Anforderungen und seine Wahrnehmungen.

Problemfeld:
Hersteller orientieren sich bei der Festlegung der Standards am Qualitätswettbewerb ihrer Branche. Verbraucher bewerten Qualitätskriterien jedoch nach ihren subjektiven Eindrücken und nach ihren spezifischen Wünschen und Bedürfnissen.

Problemlösung:
Hersteller sehen in Qualität einen relativen Wert. Bei der Festlegung der Standards orientieren sie sich zunächst an der subjektiven Wahrnehmung des Kunden. Sein Eindruck von Qualität ergibt sich bspw. aus der Farbe und Form eines Produktes. Er beurteilt die Qualität sogar anhand des Betriebsgeräusches. Autoentwickler geben deshalb mit Dämmmaterial dem Motor und den Türen das passende Geräuschdesign.
Kunden beurteilen die Produktqualität aber auch an erkennbaren Merkmalen. Deshalb achten Hersteller darauf, dass gerade Bedienungselemente wie Riegel, Knöpfe und Hebel besonders hohen Anforderungen gewachsen sind.
Bei den objektiven Qualitätskriterien suchen Hersteller von Gebrauchs-, Konsum-, und Investitionsgütern aus Kosteneffizienz den Schnittpunkt mit den spezifischen Bedürfnissen und Erwartungen ihrer Kunden. Anhaltspunkte sind Nutzungsdauer, dem Nutzungsumfang und Nutzungsintensität.
Mit einer begrenzten Nutzungdauer begnügt sich der Kunde bspw. bei

- Modeartikel: Verbraucher nutzen der Mode unterworfene Produkte, so lange der entsprechende Trend anhält. So genügt ihnen, wenn das Produkt eine entsprechende Lebensdauer aufweist.

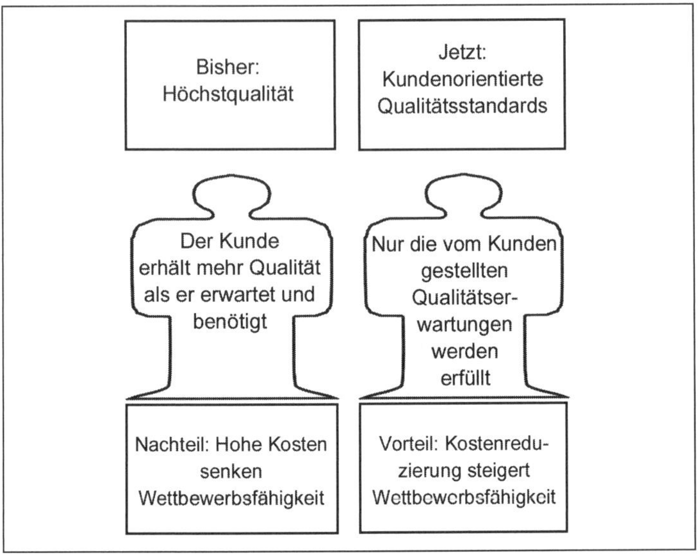

Qualität: Kundenorientierte Qualitätsstandards

- Weiße Ware (Waschmaschinen, Geschirrspüler, Kühlschränke): Hier ist das Tempo der Design- wie auch der Techniktrends der Orientierungspunkt für die Produktlebensdauer.

Anders jedoch bei Kraftfahrzeugen. Sie sind zwar ebenfalls technischen und modischen Trends unterworfen. Hier erwartet der Kunde jedoch einen hohen Wiederverkaufswert und damit eine entsprechende Langlebigkeit.
Beschränkter Nutzungsumfang bspw. bei

- Brauner Ware (Unterhaltungselektronik): Zusätzliche Features wie etwa bei Videorecordern komplizieren die Handhabung und führen zu Frusterlebnissen.
- Kameras: Höchstpräzision bei Optik und Mechanik vom Kunden beim Gebrauch nicht wahrgenommen.
- Computerprogrammen: In der Regel beherrscht der Kunde nur einen geringen Teil der Anwendungsmöglichkeiten.

Beispiele für geringe Nutzungsintensität sind:

- Sport- und Freizeitartikel,
- Personalcomputer und Peripheriegeräte sowie

- spezielle Haushaltsgeräte.

Bei ihnen sind die Anforderungen an die Verschleißfestigkeit relativ gering.

Weiterführende Literatur:
Kamiske, Gerd F.; Brauer, Jörg-Peter: ABC des Qualitätsmanagements, München 1996

Qualitative Marktprognose

Eine auf so genanne weiche Faktoren basierende Einschätzung künftiger Strukturen.

Problemfeld:
Die konventionelle quantitative Marktprognose, die von der Vergangenheit über die Gegenwart zur Zukunft führt, geht von einer linearen Marktentwicklung aus. Doch die wachsende Vielzahl an Einflussfaktoren sowie Trendbrüche machen Entwicklungen kaum mehr berechenbar.

Problemlösung:
Zusätzliche qualitative Projektionsmethoden nutzen den „Instinkt“ von Praktikern und Fachexperten. Aus ihren intensiven Markt- und Branchenkenntnissen heraus haben sie Sensoren für Auffälligkeiten und Besonderheiten entwickelt. Sie können aufgrund ihrer Erfahrungen diese Signale in Zusammenhang bringen und ihre Schlüsse ziehen. Methoden der qualitativen Marktprognosen sind unter anderem

- Umfragen bei Abnehmern, Verkaufsmitarbeitern, Experten in Unternehmensberatungen und Verbänden.
- Delphi-Technik mit schriftlichen Befragungen in vier Durchgängen.
- Historische Analogie, also die Bewertung vergleichbarer Entwicklungen.
- Experimentelle Verfahren, bspw. Testmärkte oder die Beobachtung von Textkunden.
- Szenariotechnik mit der fortlaufenden Bewertung verschiedener Alternativen zwischen zwei Extremen.

Qualitätsunternehmen

Ein Unternehmen, das unter Einsatz von Total Quality Management-Kriterien die Qualitätsbedürfnisse seiner Kunden zufriedenstellt.

Problemfeld:
Produkt- und Dienstleistungsqualität erfordern auch qualitätsorientierte Unternehmensprozesse.

Problemlösung:
Die TQM-Unternehmensstrategie basiert auf folgenden Voraussetzungen:

- Am Anfang der Qualitätsverbesserung steht das Bedürnis des Kunden, am Ende seine Wahrnehmung der Qualitätsverbesserung.
- Qualitätsorientierung bezieht sich sowohl auf das Produkt,

die produktbegleitenden Aktivitäten und letztendlich generell auf alle Unternehmensbereiche und Unternehmensprozesse.
- Qualität ist eine Verpflichtung für alle Unternehmensbeteiligte.
- Die Qualitätsorientierung eines Unternehmens beinhaltet auch die Qualitätsorientierung seiner Zulieferer und Dienstleister.
- Qualitätsorientierung ist ein fortwährender Optimierungsprozess.
- Qualitätsoptimierung erfordert Benchmarking, die Orientierung an Vorbildern.
- Qualitätsorientierung erfordert Visionen, die Festlegung hochgesteckter Ziele.
- Qualitätsoptimierung ist Kostenoptimierung, denn sie hat die Effizienzsteigerung, also die optimale Nutzung der personellen und finanziellen Ressourcen zum Inhalt.
- Qualität ist ein Marketinginstrument, denn es dient der Positionierung des Unternehmens am Markt.

■ Quersubventionierung

Die Bezuschussung von Geschäfts- oder Sortimentsbereichen durch andere.

Problemfeld:
Die Kaufbereitschaft wird maßgeblich auch davon bestimmt, dass bei der Preisfestsetzung von Produkten bestimmte Schwellenwerte nicht überschritten werden.

Problemlösung:
Hersteller setzen Kaufanreize, indem sie die Preise bis unter die Eigenkosten drücken. Bei diesem Vorgehen werden verschiedene Ziele verfolgt:
- Konkurrenten sollen durch zeitbegrenzte Dumpingaktionen aus dem Feld geschlagen werden. Hier erfolgt die Subvention aus der so genannten Kriegskasse
- Konsumenten werden über ein Billigangebot zu Vertragsabschlüssen animiert, wie etwa im Mobilfunkmarkt. In diesem Fall werden die Handypreise über die Nutzungsgebühren subventioniert.
- Kaufentscheidungen werden durch subventionierte Kredite beeinflusst. Hier werden die Kosten durch den Mehrertrag erwirtschaftet.
- Kunden werden über ein subventioniertes Produkt in einen wettbewerbsfreien Markt geführt. Hier erfolgt die Quersubventionierung über das spezielle Verbrauchsmaterial. Beispiele hierfür sind Sofortbildkameras oder Tintenstrahldrucker, bei denen der Preis des Verbrauchsproduktes bis zu einem Viertel des Gerätepreises betragen kann.

■ **Rabatt**
Nachlass vom festgelegten oder ursprünglich geforderten Preis.

Problemfeld:
Rabatte vermitteln dem Kunden den subjektiven Eindruck, dass der Lieferant den Produktwert niedriger einschätzt, als er es mit dem festgelegten Listenpreis darstellt. Der Kunde entwickelt Misstrauen, das sich in immer weiteren Rabattforderungen artikuliert. Dies führt einer Umfrage zufolge dazu, dass nur noch etwa 20 Prozent der deutschen Unternehmen zu ihren Listenpreisen verkaufen können.

Hintergrund:
Der Kunde bezieht den Produktpreis auf einen imaginären Produktwert. Zu dessen Einschätzung orientiert er sich zunächst an vergleichbaren Verkaufsprozessen, wobei sich für ihn der sogenannte Marktpreis ergibt. Außerdem orientiert er sich an der Wertdarstellung, die ihm vom Lieferanten über die entsprechenden Marketingmaßnahmen sowie in den Verkaufsgesprächen kommuniziert wird. Rabattzusagen hingegen machen diese Wertdarstellung unglaubwürdig.

Problemlösung:
Unternehmen nehmen den Mitarbeitern den Preiskomplex, indem sie ihnen den engen Zusammenhang von Produktleistung, Produktwert und Produktpreis deutlich machen. Damit erreichen sie, dass ihre Verkäufer sowohl überzeugend argumentieren, als auch die innere Überzeugung ausstrahlen, dass das Produkt in wirtschaftlicher Form die vom Kunden benötigten Leistungen erfüllt. Wichtig hierzu ist, den Vertriebsmitarbeitern auch die passende Sprachregelung mit Begriffen wie Produktwert und Preisleistung an die Hand zu geben.
Den Vertriebsmitarbeitern wird auch dargelegt, inwieweit der Preis den Aufwand rechtfertigt, der sich bei der Entwicklung,

Herstellung, Beschaffung und Distribution des Produktes ergibt. Unternehmen der Zulieferindustrie zeigen selbst ihren Kunden gegenüber diese Preistransparenz.
Die Praxis zeigt jedoch auch, dass sich leistungsfähige Unternehmen in relativ geringem Umfang mit Rabattforderungen auseinandersetzen müssen. Dies zeigt, dass es dem Kunden in erster Linie auf die Erfüllung seiner Bedürfnisse ankommt.
Ferner kommt es bei qualifizierten Verkäufern weniger häufig zu Rabattgesprächen. Dies ist darauf zurückzuführen, dass sie ihre Verkaufsstrategie kundenorientiert darauf auslegen, gemeinsam mit dem Kunden Problemlösungen zu entwickeln.
Taktisch lassen sich Rabattgespräche erfolgreich führen, wenn wie beim Mengenrabatt klar Leistung und Gegenleistung geregelt sind. Bspw. Rabattzusage gegen:

- Jahresabnahme
- Vororder
- Abnahme von Auslaufartikeln
- Selbstabholung
- gegen Empfehlungsleistungen.

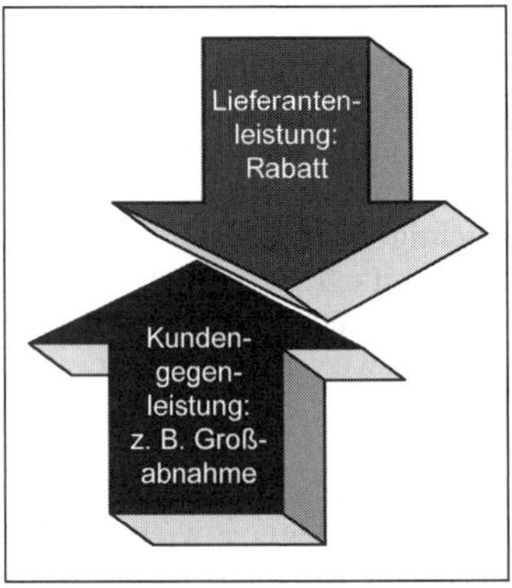

Rabatt

■ **Rabattgesetz**
Es regelt die Preisnachlässe zwischen dem Hersteller oder Händler zum Endverbraucher für Waren des täglichen Gebrauchs.

Problemfeld:
Einzelhändlern ist es oft nicht klar, dass sie durch nachträgliche Verminderung des ausgezeichneten Preises gegen das Rabattgesetz verstoßen.

Problemlösung:
Als Orientierungspunkt gilt, dass sich das Rabattgesetz ausschließlich auf Geschäftsbeziehungen zum Endverbraucher bezieht, und zwar nur auf Waren des täglichen Gebrauchs wie z.B. Nahrung, Schreibwaren, Kleidung, Reparaturarbeiten von Handwerkern, Dienstleistungen von Fahrschulen usw. Luxusgüter, wie etwa Yachten, kostbarer Schmuck oder wertvolle Gemälde fallen dagegen nicht unter das Gesetz.
Das Rabattgesetz, so die amtliche Begründung, lässt bei Gütern oder Leistungen des tägli-

chen Bedarfs einen Preisnachlass als Mittel des Wettbewerbs zu, »solange er sich innerhalb einer vernünftigen und gesunden kaufmännischen Preisberechnung bewegt.« Beispiel:

- Barzahlungsnachlass: Erlaubt wird nach dem Rabattgesetz ein Nachlass bis zu drei Prozent des Preises, wenn die Zahlung des Endverbrauchers unverzüglich bar, per Scheck oder Überweisung erfolgt. Auszugehen ist bei der Berechnung der Rabattobergrenze vom Normalpreis, den der Anbieter ankündigt bzw. allgemein in Listen, Katalogen oder durch Preisauszeichnung an der Ware fordert. Wird ein Barzahlungsnachlass gewährt, so muss er beim Einkauf sofort vom Preis abgezogen oder zumindest in Gutscheinen (Rabattmarken) vergütet werden.
- Preissenkung: Vom Barzahlungsrabatt unterscheidet sich die bloße Preissenkung. Während beim Rabatt der weiterhin gültige Preis im Einzelfall oder allgemein nachgelassen wird, stellt die Preissenkung eine generelle Herabsenkung des bisherigen Preises auf ein niedrigeres Niveau dar. Die Preissenkung ist zulässig, jedoch muss der Anbieter bei der Darstellung einer Senkung des Preises darauf achten, dass beim Endverbraucher nicht der Eindruck einer unzulässigen Rabattgewährung erweckt wird. Auch dann liegt ein Verstoß gegen das Rabattgesetz vor. Dies gilt insbesondere für Preissenkungen in prozentualer Form. Unzulässig ist es etwa, pauschal einen Nachlass von 10 Prozent auf alle Preise anzukündigen, auch wenn damit eine Preissenkung gemeint sein mag. Die Preissenkung muss als solche ausdrücklich bezeichnet werden (Preissenkung um 10 Prozent). Der Anbieter muss auch bei der Preisauszeichnung an der Ware für Klarheit sorgen. Der alte Preis ist klar ersichtlich durch den neuen gesenkten Preis zu ersetzen. Unzulässig wäre eine Preiskennzeichnung »100 Mark abzüglich 10 Prozent.«
- Mengenrabatt: Er darf den Kauf bzw. die Bestellung einer größeren Menge von Waren in Form eines Preisnachlasses oder durch Hingabe einer zusätzlichen Menge derselben Ware gewährt werden. Dies muss allerdings in dem betreffenden Geschäftszweig handelsüblich sein. Voraussetzung ist, dass eine außergewöhnlich große Menge von Waren in einer einzigen Lieferung veräußert wird, mag es sich auch um verschiedenartige Waren handeln. Der Rabatt kann in diesem Fall

über 3 Prozent des Preises liegen, darf aber nicht wesentlich höher als handelsüblich ausfallen. Entsprechendes gilt bei gewerblichen Leistungen in größerem Umfang.

- Sondernachlass: Sonderpreise oder Sonderrabatte können bestimmten Personenkreisen gewährt werden, nämlich Personen, die die Ware oder Leistungen als Letztverbraucher in ihrer beruflichen oder gewerblichen Tätigkeit in einer typischen Weise verwerten. Dies ist dann der Fall, wenn Ware oder Leistung eine Tätigkeit erst ermöglicht (z. B. Arbeitsgerät des Handwerkers, Instrumente des Arztes, Bücher für Universitäten, Ware an Großverbraucher, wenn dies handelsüblich ist). Ein Großabnehmer ist derjenige Kunde, der auf Grund eines besonderen Vertrages Waren oder Leistungen in besonderem, über dem Durchschnitt liegendem Umfang abnimmt. Hierbei werden Vergleichswerte der betreffenden Branche zu Grunde gelegt. Auch an Werksangehörige für Waren und Leistungen, die im eigenen Unternehmen hergestellt, vertrieben oder bewirkt werden und für den Bedarf des Ehegatten, der Abkömmlinge oder einer in häuslicher Gemeinschaft lebenden Person bestimmt sind.
- Treuerabatt: Der Hersteller von Markenerzeugnissen vertreibt seine Produkte regelmäßig über den Handel an den Letztverbraucher. Über den Treuerabatt darf er direkt dem Kunden eine Vergütung dadurch gewähren, dass er der Ware einen Gutschein beilegt, der bei Vorlage bar vergütet wird. Sonderpreise und Treuerabatte werden vom Rabattgesetz der Höhe nach nicht begrenzt. Trotzdem dürfen sie nicht höher als handelsüblich sein und müssen auf einer vernünftigen kaufmännischen Planung basieren.

Über den strengen gesetzlichen Rahmen hinaus sind Rabatte unzulässig. Wenn sich dem Anbieter mehrere Möglichkeiten des Nachlasses im Rahmen des Rabattgesetzes eröffnen, so kann er höchstens von zwei Möglichkeiten nebeneinander Gebrauch machen (z. B. Barzahlungs- und Mengenrabatt gleichzeitig nebeneinander).
Jeder Verstoß gegen das Rabattgesetz kann als Ordnungswidrigkeit mit einer Geldbuße bis zu 10.000 Mark geahndet werden. Darüber hinaus steht Konkurrenten das Recht zu, zivilrechtlich die Unterlassung eines Verstoßes zu fordern, notfalls auch auf dem Klageweg.

Das Rabattgesetz regelt, da es sich speziell auf Preisnachlässe des Anbieters gegenüber dem Endverbraucher bezieht, nicht die Möglichkeit des Kaufmanns, den Absatz der Hauptware oder Leistung durch das unentgeltliche Angebot einer weiteren Ware (oder Leistung), der sog. Zugabe, zu fördern. Diese Art der Kundenvergünstigung wird in der Zugabeverordnung ebenfalls stark reglementiert.

■ Rationale Ansprache

Darstellung der objektiv nachprüfbaren Kriterien des Produktnutzens.

Problemfeld:
Die emotionale Ansprache ist maßgebend, um den Kunden in seiner Entscheidungsfindung zu beeinflussen. Allerdings benötigt er noch Daten und Fakten, mit denen er für andere und auch für sich seine Entscheidung erklärbar machen kann.

Problemlösung:
Verkaufsexperten gehen davon aus, dass Kaufentscheidungen häufig nach subjektiven Gesichtspunkten, also aus dem Gefühl heraus getroffen werden. Ausschlaggebend ist, inwieweit es einem Unternehmen gelungen ist, seine Kunden zu begeistern.
Doch auch Kunden, die emotional Kaufentscheidungen treffen, benötigen vergleichende Zahlen, Daten und Fakten. Diese geben ihnen die Möglichkeit,

- ihrer Begeisterung Ausdruck zu verleihen,
- ihre Kaufentscheidung vor anderen zu rechtfertigen und
- etwaige Kaufreue abzuwenden.

Begeisterte Kunden sind auch begeisterte Empfehler. Die rationale Ansprache soll deshalb Kunden in ihrer Überzeugungsmission unterstützen. Hierbei benötigen sie stichhaltige Argumente, mit denen sie auch den Einwürfen kritischer Gesprächspartrnern gewachsen sind.

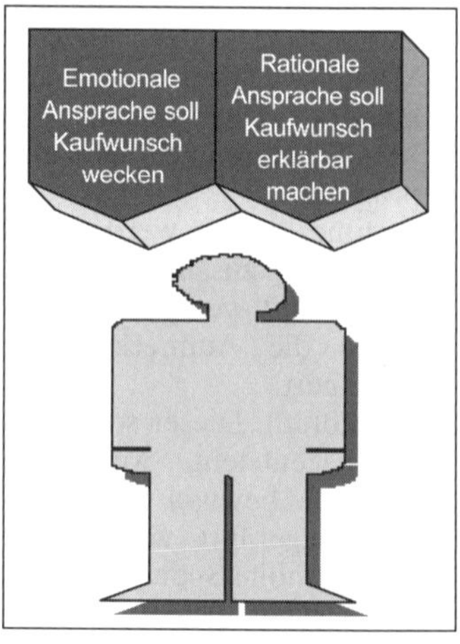

Rationale Ansprache: macht Kaufwünsche und -entscheidungen nach innen und außen erklärbar

Redefigur

Sie geben den Inhalten von Werbetexten, Produktpräsentationen und Kaufargumenten gezielt ihre dramaturgische Wirkung.

Problemfeld:
Die reine Auflistung von Produktinformationen und Verkaufsargumenten gibt noch nicht wider, in welcher Wichtigkeit sie für den Kunden stehen.

Problemlösung:
Redefiguren ermöglichen es, mit entsprechendem Nachdruck Aussagen zu tätigen. Beispiel:

- Alliteration. Die Wörter beginnen mit dem gleichen Buchstaben oder gleicher Vorsilbe (»kommen und kaufen«). Sie macht den Inhalt eindringlich und einprägsam.
- Antithese. Hier werden Gegensätze zusammengeführt (»Viel und wenig«) und dadurch die Aufmerksamkeit gesteigert.
- Anakoluth. Dieser sog. Satzbruch entsteht, wenn die Satzteile bewusst falsch zusammengeführt werden. Er erzeugt hohe Spannung.
- Anführungszeichen. Sie steigern oder intensivieren den Inhalt (»Sehr geehrte … liebe Kunden« und intensivieren dadurch den Kontakt zwischen den Kommunikationspartner.
- Chiasmus. Der Folgesatz wiederholt ein Wort aus dem vorausgegangenen (»Wir haben die Lösung für Sie. Eine Lösung, die…«) und macht ihn bedeutungsschwer.
- Litotes. Sie mildert eine Aussage, ohne dass sie den Inhalt verändert. Bspw. wird das Gegenteil verneint (»nicht besonders billig«), um ihr die harte Wirkung (»sehr teuer«) zu nehmen.
- Klimax. Sie steigert durch eine Aneinanderreihung von Begriffen deren Wirkung (»kommen, sehen, kaufen«)
- Metapher. Sie ist die bildhafte Umschreibung eines Produktnutzens (»präzise wie eine Uhr«), um die Vorstellungskraft des Kunden anzuregen.
- Analogie. Sie verdeutlicht Ähnlichkeiten, um zwei unterschiedliche Aussagen in einen logischen Zusammenhang zu bringen (»Unsere Kinder sind uns lieb und teuer und deshalb soll man auch bei ihrer Sicherheit nicht knausern«).
- Wiederholung. Sie kennt sechs unterschiedliche Formen; durch sie soll der Informationskern nachhallen und dadurch nachwirken.

Referenzwert

Der monetäre Wert eines Kunden, der sich aus seiner Referenz- und Empfehlungsleistung ergibt.

Problemfeld:
Marketingmaßnahmen konzentrieren sich darauf, bei Kunden den aus seinen eigenen Umsätzen resultierenden Ertragswert zu optimieren. Dabei wird sein Ertragswert auch durch sein Referenzverhalten bestimmt.

Problemlösung:
Referenzwertorientiertes Kundenmanagement umfasst alle Marketingmaßnahmen, die das Empfehlungsverhalten der Kunden optimieren.
Dazu wird zunächst in einer ABC-Analyse festgestellt, welche Kunden zu den Referenz-Stars und welche zu den Referenz-Nieten zählen. Im Mittelpunkt stehen somit Kunden,
- die positive Fürsprecher des Unternehmens und
- die auf Grund ihrer Meinungsführerschaft dazu in der Lage sind, einen möglichst großen Kreis potenzieller Kunden entsprechend zu beeinflussen. Dabei kann es sich durchaus um Multiplikatoren handeln, die aufgrund ihres Umsatzes zu den B- und C- Kunden zählen oder die selbst noch nicht Umsatz getätigt haben.

Es können aber auch Kunden mit hohem Ertragswert zu Referenznieten zählen. Dies ist dann der Fall, wenn er entweder nicht über eine entsprechende Meinungsführerschaft verfügt oder diese nicht für Referenzleistungen nützt. Im letzten Fall ist dies ein Hinweis, dass der Kunde selbst nicht mit den Unternehmensleistungen zufrieden ist.
Das Ziel einer solchen Analyse ist, Kunden mit den entsprechenden Voraussetzungen zu Referenzstars zu machen und sie zu motivieren und zu befähigen, ihre Empfehlungsleistungen zu erbringen.

■ Reisender
Veralteter Begriff für einen angestellten Verkaufsmitarbeiter, der im Außendienst Kunden akquiriert und zu voller Ertragskraft entwickelt.

Problemfeld:
Im Vergleich zu Handelsvertretern ist der Einsatz von angestellten Verkäufern relativ teuer. Je nach Branche und Sparte wird mit einem Kostenaufwand zwischen 500 und 800 Mark je Kundenbesuch gerechnet.

Problemlösung:
Die wichtigsten Schritte zur Effizienzsteigerung sind
- die Automatisierung der administrativen Tätigkeiten sowie deren Delegation ins Back-Office. Umfragen zufolge stehen einem Außendienstmitarbeiter nur etwa 60 Prozent seiner Arbeitszeit für Kundenkontakte zur Verfügung. Deshalb wird in Unter-

nehmen darauf geachtet, dass alle Aufgaben, die nicht unbedingt mit der Verkaufstätigkeit in Zusammenhang stehen, ins Unternehmen delegiert werden. Dies hat auch direkte Kostenvorteile, da ein Außendienstarbeitsplatz um etwa 20 Prozent teuerer ist als ein Arbeitsplatz in der Verwaltung.

- die Inanspruchnahme des Innendienstes für verkäuferische Aufgaben. Dies wird über befähigte Innendienstmitarbeiter oder über Verkäufer erreicht, die in den verkaufsaktiven Innendienst wechseln wollen. Dieser verkaufsaktive Innendienst übernimmt bspw. Akquisitionsaufgaben bei B- und C-Kunden und parallel zum Außendienst die Betreuung der A-Kunden. Hierbei unterstützt er per Brief und Telefon die einzelnen Akquisitionsprojekte.
- die Verschmelzung von Außendienst und Innendienst zu einer Funktionseinheit mit entsprechender Aufgabenteilung. Der Außendienst übernimmt die Neukundenakquisition, die Betreuung der Schlüsselkunden sowie die Akquisition bei der Ersatzbeschaffung. Der Innendienst konzentriert sich auf die Angebotsverfolgung, das After Sales Marketing sowie die Betreuung von B- und C-Kunden. Dieses Zusammenspiel macht es notwendig, die Schnittstellen zwischen Innen- und Außendienst völlig aufzulösen und beide zu einem Verkaufstandem zu vereinen. Dabei muss ein Vertriebsinformationssystem den engen Informationsaustausch bewerkstelligen. Die Voraussetzung ist auch ein leistungsbezogenes Entlohnungssystem, das diesem Team-Selling-Gedanken Rechnung trägt.

■ Reklamation

Beanstandung durch den Kunden in Bezug auf eine seiner Ansicht nach mangelhaften Warenlieferung.

Problemfeld:
Es ist nicht immer erkennbar, ob eine Reklamation sachlich begründet ist oder ob ein vorgeschobener Grund vorliegt um nachträglich Preisnachlässe zu erhalten.

Problemlösung:
Die Behandlung von Kundenreklamationen sollte nach folgenden Regeln erfolgen:

- Der Kunde erwartet Aufmerksamkeit, wenn er den Grund seiner Reklamation beschreibt. Der Lieferant hat durch Zwischenfragen die Möglichkeit, sich zu informieren, ob und inwieweit tatsächlich ein Reklamationsgrund vorhanden ist.

- Der Kunde will seiner Verärgerung Luft machen. Er erwartet Verständnis für seine Lage und nicht Widersprüche und Einwände.
- Bei der Behandlung von Reklamationen geht es zunächst um die einvernehmliche Lösung. Kunden erwarten häufig keine Wiedergutmachung, sondern ein Signal des guten Willens.
- Vom Kunden konstruierte Reklamationsfälle lassen sich lösen, indem das vom Kunden angestrebte Ziel, bspw. Preisminderung, vermieden wird. Die Lösung ist hier Rücknahme gegen Erstattung des Kaufpreises oder Umtausch gegen eine Ware, deren einwandfreier Zustand vom Kunden bestätigt wird.
- Bei Waren von relativ geringem Wert zahlt sich Großzügigkeit in Form von Kundenbindung und Empfehlungsleistung des Kunden aus.

■ Relaunch

Maßnahme, ein Produkt den veränderten Anforderungen des Marktes anzupassen.

Problemfeld:
Ein Produkt soll einer bestimmten Zielgruppe mit einem bestimmten Bedürfnisprofil sowie einem bestimmten Zeitgeist entsprechen. Doch diese Faktoren sind laufenden Veränderungen unterworfen.

Problemlösung:
Produktmanager versuchen durch qualitative und quantiative Marktforschung herauszufinden, ob und wie sich ihre Zielgruppe und deren Bedürfnisstruktur verändern wird. Durch diese Prognosen ist es ihnen möglich herauszufinden, zu welchem Zeitpunkt welche Produktanpassung notwendig wird. So bleibt ihnen Zeit, das Produkt in seinem Aussehen, in seinen Leistungen und in seinen Eigenschaften zu aktualisieren. Relaunch ist somit nicht allein ein face lifting, also eine Verjüngung des Designs, sondern umfasst die gesamte Neuausrichtung der Marketingstrategie bis zur Neupositionierung, die Erschließung neuer Zielgruppen, den Ausbau neuer Vertriebswege oder die Festlegung einer neuen Preispolitik.
Das Ziel dieser permanenten Verjüngung ist, dem Produkt die Degenerartionsphase zu ersparen. Relaunch ist somit nicht die Reaktion auf stagnierende und zurückgehende Absätze, sondern ein proaktiver Vorgang, eine Vorbereitung auf zu erwartende Konsumveränderungen.

■ Renner-/Penner-Analyse

Die Bewertung der einzelnen Geschäftsfelder bzw. Sortimentsbereiche nach ihrer jeweiligen Ertragskraft.

Problemfeld:
Wenn das Gesamtergebnis positiv ist, bleiben Verlustbringer vielfach unerkannt.

Problemlösung:
Die Renner/Penner-Analyse kann bis auf das einzelne Produkt oder den einzelnen Kunden heruntergebrochen werden. Ziel ist, die heimlichen Verlustbringer herauszufinden und auszuschalten.

Hierbei muss berücksichtigt werden, in wieweit sich die einzelnen Geschäftsbereiche gegenseitig in ihrer Ertragskraft beeinflussen. So kann es sein, dass der ertragsstarke Service-Geschäftsbereich nur auf Grund des verlustbringenden Geschäftsfelds Produktverkauf existieren kann.

■ **Schauwerbung**
Der Einsatz der Schaufenster als Präsentationsmittel für Produkte und Dienstleistungen.

Problemfeld:
Schaufenster bieten ideale Möglichkeiten, bei Kunden Wünsche zu wecken und Kaufanreize zu schaffen. Doch wie kann Schauwerbung optimal umgesetzt werden?

Problemlösung:
Generell ist das Schaufenster ein hocheffizientes, aber auch preisgünstiges Werbemittel. Gerade wenn es sich in einer frequentierten Lage befindet, bietet es ideale Kommunikationsmöglichkeiten. Ausschlaggebend ist jedoch, dass es nach marketingstrategischen Gesichtspunkten gestaltet und in das Marketing-Mix mit einbezogen ist.
Im idealen Fall erzeugt Schauwerbung folgende Reaktionen:

- Vorbeigehende auf das Unternehmen aufmerksam machen.
- Sie auf das präsentierte Angebot neugierig machen.
- Bei ihnen Besitzbedürfnis zu wecken.
- Sie zu veranlassen, diesem Bedürfnis unmittelbar nachzukommen.

Damit das Angebot in der gewünschten Weise wahrgenommen wird, muss das Schaufenster auffällig gestaltet sein. Dabei ist auch zu beachten, dass nicht jeder potenzielle Kunde schon unmittelbar vor dem Ladenlokal steht. Vielmehr sollten auch diejenigen erreicht werden, die sich weiter entfernt befinden, bspw. auf der anderen Straßenseite.
Schauwerbung muss also so wirkungsvoll sein, dass Passanten schon von weitem darauf aufmerksam werden. Um schon auf große Distanz die Blicke dorthin zu lenken, empfiehlt es sich, auch die Fassade mit einbeziehen. Das beste Mittel ist der strategische Einsatz von Licht und Farbe. Bunte Markisen, Leuchtschrift oder sogar

wehende Fähnchen sollen Aufmerksamkeit erregen.
Jetzt kommt es darauf an, dass diese Reizwirkung noch verstärkt wird. Am besten wird dies erreicht, wenn die Schaufenster auch tagsüber strahlend hell beleuchtet sind. Auf diese Weise reduziert sich gleichzeitig die Reflexionswirkung des Tageslichts auf den Scheiben, so dass die Auslagen von allen Seiten gut einsehbar sind.
Damit ist die nächste Stufe erreicht: die Nahwirkung zu verstärken. Wer vor dem Schaufenster steht, dessen Blicke müssen richtig gelenkt werden. Auch hier hilft der Einsatz von Licht und Farbe. Soll bspw. der Blick auf ein bestimmtes Produkt gelenkt werden, dann kann dies durch die Lichtführung erreicht werden. Aber auch Farben und Formen der Dekorationsmittel sollen die Blicke gezielt auf die Produkte führen – und nicht davon ablenken.
Emotionalität spielt in der Werbung eine entscheidende Rolle. Deshalb soll strategische Schauwerbung den Betrachter in eine ganz bestimmte Stimmung versetzen. Ein typisches Beispiel ist das Panorama Sonne, Palmen, Sand und Meer. Mit solcher Art von Kulisse verbindet der Betrachter das angenehme Gefühl, das sich bei ihm einstellt, mit dem Nutzen, den das angebotene Produkt verspricht.
Ein häufiger Fehler: Das Schaufenster ist mit den unterschiedlichsten Produkten vollgefüllt. Das hat zur Folge, dass der Passant vergeblich nach einem Anhaltspunkt sucht, an dem sich sein Auge festhalten kann. Besser ist es, themenbezogen zu dekorieren. Doch auch an Reize gewöhnt man sich. Deshalb sollten zumindest allmonatlich Gestaltungselemente verändert werden. Zumindest vierteljährlich sollte das Schaufenster völlig neu gestaltet werden, wobei es wichtig ist, regelmäßig zwischen den Zielgruppen abzuwechseln, die angesprochen werden sollen.
Gute Dienste leistet ein Jahresthemenplan, der aber in die Gesamtmarketingstrategie mit integriert sein soll.

■ Schlanker Vertrieb

Die Rückführung der Vertriebsorganisation auf ihre ursprüngliche Aufgabe der Kundenakquisition, Kundenbindung, des Produktverkaufs und vor allem der Beobachtung der sich verändernden Kundenbedürfnisse und Marktsituationen.

Problemfeld:
Wie kann eine Vertriebsorganisation schnellstmöglich auf jeweils neue Marktsituationen und Kundenbedürfnisse reagieren und wie kann sie dazu die nötigen Informationsfäden knüpfen?

Problemlösung:
Die Verkaufsorganisation beschränkt sich nicht nur auf den Produktvertrieb, sondern erschließt sich ihre Kunden systematisch als Informationsquellen. Dies ist notwendig, um den sich ständig ändernden Marktvoraussetzungen zu entsprechen.

- So weiß ein Unternehmen zwar, dass ein neues Produkt nicht die erwarteten Absatzzahlen erreicht. Über die Schnittstelle Vertrieb/Kunde könnte es erfahren, warum der Absatz ausbleibt.
- Über den Vertrieb lassen sich auch Informationen einholen, warum die Umsätze einer bestimmten Kundengruppe ausbleiben oder warum sich das Ergebnis eines bestimmten Verkaufsgebiets von Jahr zu Jahr verschlechtert.

Beim »schlanken Vertrieb« spielt der Besuchsbericht eine wichtige Rolle. Verkäufer sahen ihn bisher als lästige Zweckübung an, weil sie befürchteten, dass er zu ihrer Leistungskontrolle eingesetzt wird. Im Unternehmen bleibt er jedoch häufig unausgewertet, weil er nicht systematisch genug strukturiert ist, um ihn statistisch auswerten zu können.
Beim schlanken Vertrieb wird der Verkäufer dazu veranlasst, seine Informationsquellen über Kunden und Märkte auszubauen, systematisch Informationen zu sammeln und an das Unternehmen zurückzureichen. Zu diesen Informationen zählen auch »Soft Facts« wie Stimmungen und Trends, Einschätzungen, Prognosen und Beurteilungen des Außendienstmitarbeiters selbst. Im Unternehmen werden zur Gesamtsicht diese Informationen mit den Ergebnissen aus Marktuntersuchungen verknüpft.

Voraussetzungen:

- Die Verkäufer müssen davon überzeugt werden, dass die Preisgabe ihrer persönlichen Erfahrungen durch die Verknüpfung mit den Erfahrungen anderer sowie mit objektiven Marktdaten auch für sie von Vorteil ist.
- Sie müssen dazu ermuntert werden, Kundeneinwänden und den Gründen von Kaufablehnungen bereits im Gespräch auf den Grund zu kommen und diese in geeigneter Form zu protokollieren.
- Sie müssen dazu befähigt werden, ihre Verkaufsgespräche mit Kundeninterviews zu verknüpfen.

Schließlich benötigen sie geeignete Formblätter oder Masken, um die Ergebnisse aufzulisten und sie anschließend sinnvoll ausgewerten zu können.

Der Aufbau einer solchen Datenbank orientiert sich an individuellen Erfordernissen. Identisch ist jedoch die Gestaltung des Steckbriefs mit den allgemeinen Daten der Kundenunternehmen, wie sie bereits in der konventionellen Kundenkartei zusammengestellt werden. Im Mittelpunkt steht jedoch die ABC-Analyse, die fortgeschriebene Kundenklassifikation, die über die Entwicklung der Kundenqualität Auskunft gibt.
Dieses statistische Röntgenbild gewinnt seine Kriterien aus ergänzenden Kundeninformationen, bestehend aus Fakten und Einschätzungen unter anderem über dessen wirtschaftliche Lage, unternehmerischen Ziele, Marktposition, Umsatzpotenziale und Wettbewerbssituation, schließlich über Strukturen seiner eigenen Kunden und das Einzugsgebiet.
Demgegenüber gilt es, die Situation der Kundenfirma zum eigenen Unternehmen darzustellen: Wie verteilt sich dessen Umsatzvolumen bzw. Umsatz je Produkt auf die Lieferquellen, mit denen das Unternehmen in Kontakt steht? Welche Quellen bevorzugt es und warum?
Ein weiterer Abschnitt der Liste betrifft die Konkurrenzforschung, die Einstellung des Kunden zu Mitbewerbern.
Im Mittelpunkt der Marktforschungsaufgaben des Außendienstes steht das Feedback über die Produkt-Akzeptanz, das beim System des „schlanken Vertriebs" nahtlos vom Nutzer bis zum Produktplaner reichen muss. Der Handel erfährt im täglichen praktischen Umgang mit den Konsumenten hautnah deren Reaktionen im Sinn von Kauf oder Nichtkauf, Zufriedenheit und Unzufriedenheit, Lustund Unlustgefühle. Der Außendienstmitarbeiter kann sich so direkt über die Akzeptanz informieren, die der Kunde und der Kunde seines Kunden gegenüber dem Produkt entwickelt.

■ Schlüsseltrend

Orientierung und Einstellung der Gesellschaft in ihren Werten, aber auch in ihren Bedürfnissen, in Mode, Kauf und Konsumverhalten.

Problemfeld:
Zielgruppen zu definieren wird im Zuge der Individualisierung bei den Konsumenten immer schwieriger.

Problemlösung:
Ein Weg, sich bei zersplitterten Zielgruppen nicht zu verzetteln, ist die Orientierung an den großen Trends, die auf das Kaufverhalten maßgeblichen Einfluss haben.
Nach einer Untersuchung der BBE-Handelsberatung erlebt die Wirtschaft derzeit folgende Schlüsseltrends:

- Midager und Senioren als ertragsstärkste Zielgruppen.
- Der Jugendmarkt wird von medienorientierten Heranwachsenden (Medienkids) und von markenorientierten Jugendlichen (Markenteens) bestimmt.
- Die initiative Hausfrau und Mutter aber auch die smarte Karrieristin bestimmen das Bild der Frau.
- Die Gesellschaft pendelt zwischen den politischen und gesellschaftlichen Leitbildern.
- Der Konsument sehnt sich nach Sicherheit.
- Konsumenten professionalisieren ihr Einkaufsverhalten.
- Luxus und Genuss dienen der eigenen Belohnung.
- Convenience: Zeit ist Geld.
- Alle im Börsenfieber.

Senioren-Marketing
Marketingstrategien für die ertragsstarken Altersgruppen ab 50.

Problemfeld:
Marketingmaßnahmen favorisieren weitgehend die jüngeren Zielgruppen, obwohl die ab 50-Jährigen sowohl nach ihrem Bevölkerungsanteil wie auch nach ihrer Kaufkraft die attrakivste Käufergruppe geworden sind.

Problemlösung:
Seniorenmarketing konzentriert sich nicht auf eine bestimmte Zielgruppe, sondern auf eine Vielfalt der unterschiedlichsten Kundensegmente. Senioren sind eine heterogene Kundengruppe. So unterteilt sich die Zielgruppe der Senioren in folgende unterschiedliche Atlerssegmente:

- Die »Jungen Alten«. Sie stehen mitten im Leben, sind in der Regel noch berufstätig, besuchen Fitnessstudios und unternehmen Aventure-Reisen in exotische Länder.
- Die über 60-Jährigen bilden die ertragsstärkste Gruppe der Senioren. Sie sind bereits im Ruhestand und verfügen über viel Zeit, sich mit Dingen zu befassen, die ihnen Spaß machen. Sie gönnen sich gerne etwas und das darf auch etwas kosten.
- Die ab 70-Jährigen, die bereits mit Altersbeschwerden konfrontiert sind. Sie bevorzugen bspw. Produkte, die leicht zu handhaben und zu verstehen sind. Vor neuen technischen Errungenschaften haben sie eher Scheu.

Unternehmen konzentrieren sich deshalb in ihrem Seniorenmarketing auf ganz bestimmte Segmente dieser Konsumentengruppe.
Für den Einzelhandel ist bspw. ausschlaggebend, inwieweit ausreichendes Volumen der entsprechenden Altersgruppe im Einzugsgebiet vertreten ist. In der Regel gehören Bewohner von

Wohn- und Siedlungsgebieten jeweils bestimmten Alterklassen an, so dass sich das Potenzial relativ leicht einschätzen lässt. Eine weitere Voraussetzung ist die seniorengerechte Ladengestaltung. Um der Zielgruppe die Entscheidungsfindung zu erleichtern, ist es besser, ausgewählte Highlights wirkungsvoll in Szene zu setzen, statt die verwirrende Breite des Gesamtsortiments darzustellen. Die Zielgruppe benötigt auch eine relativ hohe Beratungsleistung. Dem kommt entgegen, wenn die Angebote per Poster und Flyer ausreichend kommentiert werden. Sinnvoll sind Produktbeschreibungen, die vom Kundennutzen und nicht von den technischen Features ausgehen.

Weiterführende Literatur:
Krieb, Christine; Reidl, Andreas: Senioren Marketing. So erreichen Sie die Zielgruppe der Zukunft, Wien 1999

▪ Servicequalität

Die Leistungsfähigkeit produktbegleitender Dienstleistungen im Wettbewerb.

Problemfeld:
Kunden erwarten, dass Unternehmen auf die Qualtiät ihrer Dienstleistungen ebenso großen Wert legen wie auf die Qualität ihrer Produkte. Besonders kritisch wird dieser Service in Problemsituationen beurteilt.

Problemlösung:
Hersteller und Handel entwickeln Servicestrategien, die auf den Bedarf der Zielgruppe zugeschnitten sind und die das Image des Anbieters und seines Produktes mittragen.

DaimlerChrysler bspw. entwickelte ein internationales Service-Konzept, das »Customer Assistance Center« (CAC). Der Internationalität des Unternehmens entsprechend entstand die europaweite Einrichtung nicht in Deutschland, sondern in in Maastricht in den Niederlanden.

Das „Customer Assistance Center" sollte die technischen Voraussetzungen dafür schaffen, dass sich die Marktleistungscenter und Vertriebspartner vor Ort optimal um den Kunden kümmern können. Das CAC ist rund um die Uhr an 365 Tagen im Jahr für Kunden und Interessenten von Mercedes-Benz erreichbar. Von jedem westeuropäischen Land aus und in zwölf europäischen Sprachen kann der Kontakt aufgenommen werden.

Das Service-Angebot des Kunden-Center gliedert sich in zwei Bereiche:

- 24-Stunden-Service für Pannenhilfe und Hotline bei Unfällen, Einbruch und Diebstahl und
- Customer Service für Anfragen und Reklamationen.

Innerhalb des ersten Jahres seit der Eröffnung des »Customer Assistance Center« haben über eine Million Kunden Kontakt per Telefon, Brief, Fax und E-Mail aufgenommen. In jedem europäischen Land wird eine kostenfreie Freephone Number eingeführt. Seit Januar 2000 steht der volle Service-Umfang des CAC unter dieser einheitlichen Telefonnummer in ganz Westeuropa zur Verfügung.

Zur Servicequalität zählt auch die ausreichende Kapazität einer Serviceeinrichtung. Deshalb wird eine ständige Erreichbarkeit des Call Centers durch die Ausstattung mit 320 PC-Arbeitsplätzen erreicht. Die Datenbanken umfassen eine Kapazität von 50 Millionen Kundendatensätzen. Ausgerichet ist es für 10.000 Anrufe pro Tag im Jahr 2000.

Ein weiteres Merkmal der Servicequalität ist, dass es der Kunde so einfach wie möglich nutzen kann. Deshalb wurde das System mit dem so genannten »Computer Telephony Integration« (CTI) ausgestattet. Bei einem eingehenden Anruf erscheint automatisch auf dem Bildschirm ein Fenster mit Informationen über den Typ des Anrufs und die Sprache. Die gesamte Kommunikation wird über den Computer koordiniert.

Schließlich muss bei einer produktbegleitenden Dienstleistung auch die Mitarbeiterqualität dem Ruf des Unternehmens und seiner Produkte gerecht werden. Bei DaimlerChrysler geht man deshalb davon aus, dass die rund 450 CAC-Mitarbeiter der Schlüsselfaktor für die Kundenakzeptanz der Serviceleistungen sind.

Dementsprechend erfolgt der Prozess der Mitarbeiterauswahl nach besonders strengen Maßstäben. Bei einer Informationsveranstaltung wird den Bewerbern das CAC zunächst vorgestellt. Daraufhin wird mit den Bewerbern ein Telefoninterview in englischer Sprache durchgeführt und weitere Fremdsprachenkenntnisse überprüft. Wer den Sprachtest positiv abschließt, nimmt an einem Assessment Center teil. Dort finden Gruppen- und Einzelgespräche statt.

Bevor die Mitarbeiter ihre erste Aufgabe übernehmen, durchlaufen sie ein intensives Qualifikationsprogramm. Darauf folgen kontinuierliche On-the-Job-Trainings. Die 30 Unterrichtsmodule decken Produkt-, Markt- und Servicethemen ab. Vor allem werden die Mitarbeiter geschult, kundenorientiert zu denken und zu handeln.

Ausschlaggebend bei grenzüberschreitenden Servicekonzepten ist, dass die Servicemitarbeiter mit den Mentalitäten und den Umgangsregeln der einzelnen Länder vertraut sind.

Deshalb rekrutiert DaimlerChrysler die CAC-Mitarbeiter aus allen beteiligten europäischen Ländern.
Produktbegleitende Dienstleistungen bieten die Chance, anhand der erkannten Kundenprobleme Leistungsverbesserungen herbeizuführen. So werden alle CAC-Einsätze regelmäßig ausgewertet. Die daraus resultierenden Erkenntnisse sollen bspw. dazu beitragen, die Produkte noch besser auf die Wünsche der Kunden abzustimmen.
Schließlich erfüllen produktbegleitende Dienstleistungen noch eine Marketingziel: Die Kunden sollen intensiv an das Unternehmen gebunden werden. Bei DaimlerChrysler soll dies erreicht werden, indem das CAC die Erwartungen noch übertrifft und so auch zum Objekt von Kundenempfehlungen wird.

▪ Shop-in-Shop-System

Übersetzt mit »Laden im Laden«: In einem Verkaufsraum werden durch optische Abgrenzungen kleine Bereiche für ein bestimmtes Warenangebot geschaffen.

Problemfeld:
Herausragende Sortimentsbereiche sollen dem Kunden gegenüber besonders herausgestellt werden.

Problemlösung:
Anfangs realisierten Kaufhäuser, Einkaufszentren und Supermärkte die Shop-in-Shop-Idee. Später übernahmen sie auch kleine Fachhandelsgeschäfte, bis hin zur Bäckerei und zum Friseursalon.
Shop-in-Shop-Systeme gehören zu den Verkaufsförderungsmaßnahmen der Industrie. Diese richtet am POS ihrer Kunden entsprechende Flächen ein, in denen nur ihr Sortiment zu finden ist.
Die Gründe für solch eine Lösung: Die Hersteller wollen ihre Produkte von denen des Wettbewerbs abgrenzen und dadurch eine Alleinstellung erreichen. Es gibt aber auch Kooperationsformen auf der Handelsebene. Ein Beispiel hierfür sind Kaffeeröster, die für ihre Aktionsware auch Shop-in-Shop-Systeme in Outlets von Lebensmittelketten vertreiben.
Die Fachhandelsgeschäfte standen anfangs skeptisch der Idee gegenüber. Sie befürchteten, dass unter der Dominanz einzelner Hersteller das Fachhandelsimage leiden würde. Doch dann gelangten sie zu der Überzeugung, dass das Image bestimmter Marken zur Profilierung beitragen kann.
Ausschlaggebend für ein Shop-in-Shop-System ist, dass die Identität des Fachhandelsunternehmens erhalten bleibt. Außerdem sollen die Verträge ge-

nügend Spielraum für Variationsmöglichkeiten lassen. Shop-in-Shop-Kooperationen gibt es in unterschiedlichen Formen:

- Der Fachhändler fungiert als Vermieter der Fläche, der Mieter verkauft auf eigene Rechnung mit eigenem Personal.
- Der Händler betreibt den Shop selbst.
- Das Shop-in-Shop-Verkaufspersonal vertreibt auf eigene Rechnung bzw. fungiert als Franchisenehmer.

Allerdings gibt es Kaufhausketten, die sich aus Gründen der Übersichtlichkeit wieder von ihrem Shopkonzept trennen.

■ Smart-Shopper

Kunden, die als »Schnäppchenjäger« versuchen, bei jedem Kaufanlass Preisnachlässe zu erzielen.

Problemfeld:
Wenn der Auftrag winkt, bringen Verkäufer der Feilschphase wenig Widerstand entgegen. Doch leichtfertig vergebene Nachlässe setzen sich in einer Kettenreaktion fort. Außerdem wirken sie inflationär, weil Kunden den Hebel ansetzen, um immer weitere Preisreduzierungen zu erreichen.

Problemlösung:
Der beste Schutz gegen Smart-Shopper sind, wenn möglich, informelle Kontakte zu Wettbewerbern, um mit ihnen gemeinsam Festlegungen gegen einen drohenden »grauen Markt« zu treffen. Eine weitere Gegenstrategie ist ein Wechsel der Kriterien beim Leistungsvergleich der Verkaufsmitarbeiter. Wenn sie nach dem erwirtschafteten Ertrag und nicht mehr nach den erzielten Umsätzen bewertet werden, dann werden sie nicht mehr leichtfertig Nachlässe vergeben.

Verkaufsmitarbeitern sollte klar gemacht werden, dass Preisnachlässe den Kunden misstrauisch machen. Hat der Kunde seine Forderung durchgesetzt, dann kommt bei ihm die Vermutung auf, dass das Produkt entweder überteuert oder ein unverkäuflicher Ladenhüter war. Außerdem sollten sie davon überzeugt werden, dass sie durch Nachlässe ihre Verhandlungsposition schwächen, der Kunde das weitere Geschehen diktiert und erneut Druck ausübt.

Die beste Smart-Shopper-Abwehr ist, sich auf sie einzustellen und sich nicht von ihren Forderungen überraschen zu lassen. Statt mit emotionalen Reaktionen kann der Verkäufer dann mit der passenden Argumentation schnell den Preisangriff abwehren.

Zu jeder Smart-Shopper-Taktik existiert die passende Gegentaktik:

- An erster Stelle steht hier die Drohung mit Auftragsentzug. Der vorbereitete Verkäufer weiß jedoch von vornherein, wie hoch er das Kundeninteresse einschätzen kann und wiederholt seine Kundennutzen-Argumente.
- Der Preis wird als zu hoch bezeichnet: Hier lässt sich durch entsprechende Fragestellung nach konkreten Vergleichen feststellen, ob der Einkäufer mit präzisen Zahlen aufwarten kann. Im weiteren Verlauf kann die preiswerte Qualität des Produktes herausgestellt werden. Die Nennung namhafter Kunden als Kronzeugen für die Wettbewerbsfähigkeit ist ein zusätzlicher Schachzug.
- Der Wettbewerber gibt Nachlässe: Auch hier kann ein guter Verkäufer mit korrigierenden Fakten aufwarten, oder er stellt dem unterschiedlichen Preis auch die unterschiedliche Leistung gegenüber. Letztendlich lässt sich solch ein Verhalten als Schwächezeugnis darstellen.
- Drohung mit Konkurrenzangebot: Dieser Einwurf lässt sich gut in die eigene Argumentationskette einbauen: »Das wollte ich Ihnen gerade selbst vorschlagen, damit Sie sich durch den Vergleich von unserer Leistungsfähigkeit überzeugen können.«
- Drohung mit dem Abbruch der Geschäftsbeziehung: Auch für diesen Fall ist der Verkäufer gut gerüstet und kann detailliert angeben, wie fruchtbar die Geschäftsbeziehung zum Nutzen des Kunden bisher verlaufen ist.
- Kritik an Firma und Produkt: Hier hilft nicht die Verteidigung, sondern die Offensive. Der Kunde wird detailliert befragt, bis deutlich wird, inwieweit seine Vorwürfe gerechtfertigt sind. Wenn nicht, soll der Kunde die Möglichkeit des Rückzugs haben. Wenn ja, ist es angebracht, eine Klärung anzukündigen und wieder zum Verkaufsgespräch zurückzukehren.
- Der Kunde kündigt im Falle eines Nachlasses große Abnahmemengen an: Hier kann ein Jahresabschluss mit konkreten Konditionen ins Spiel gebracht werden.
- Mehrere Gesprächspartner spielen sich die Bälle zu: Hier ist die beste Taktik, immer nur auf den Gesprächspartner einzugehen, dessen Argumente sich am besten nutzen lassen.
- Konfrontation mit anwesenden Mitbewerbern: Hier ist es besser, sich aus jeglichen Duellen herauszuhalten und ein Einzelgespräch anzustreben.
- Der Verkäufer wird mit „Bedenkzeit“ allein gelassen:

Hier sollte sofort klargestellt werden, dass keine Bedenkzeit notwendig ist. Stattdessen sollte der Verkäufer nochmals die Kundenprobleme zum Thema machen, die vom Produkt gelöst werden sollen.

Ausschlaggebend ist, dass der Verkäufer die positive Gesprächsstimmung hält und versucht, durch Humor und Gelassenheit den Smart-Shopper zur Aufgabe zu bewegen.

Schwieriger ist die Entwöhnung nachlassverwöhnter Kunden. Dies lässt sich nur über einen entsprechenden Zeitraum und nur in kleinen Schritten erreichen, bspw. in dem damit begonnen wird, Nachlässe an bestimmte Bedingungen zu knüpfen. Dies können größere Abnahmemengen, zusätzliche Servicepakete oder längere Lieferkonditionen sein.

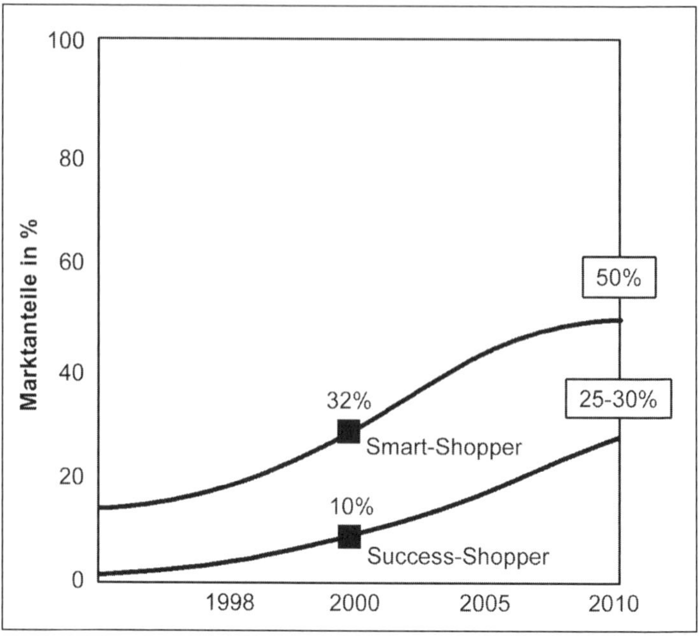

Smart-Shopper: Der Anteil der Smart-Shopper wird zunehmen (BBE-Unternehmensberatung, Köln; Studie Konsumwelten 2010)

Sonderangebot
Sortimentsware, die über einen bestimmten Zeitraum hinweg zu einem reduzierten Preis angeboten wird.

Problemfeld:
Wie kann sich ein Einzelhandelsunternehmen kurzfristig von den Mitbewerbern abheben und neue Kundengruppen an den POS locken?

Problemlösung:
Sonderangebote sind für Hersteller und Händler ein attraktives Mittel, um Kunden an die eigene Verkaufsstätte zu binden und neue Kunden in das Geschäft zu locken. Wettbewerbsvorteile ergeben sich auf der Basis, bewährte Leistung zu günstigerem Preis aufzubauen. Ein anderer Grund für die Notwendigkeit von Sonderangeboten liegt aber auch darin, dass sich viele Anbieter oft genug gezwungen fühlen, mit ihrer Angebots- und Preispolitik nachzuziehen, wenn ein Mitbewerber den Absatz bestimmter Produkte durch eine Sonderpreis-Aktion ankurbelt.
Das Verkaufsförderungsinstrument „Sonderangebote" ist fest in die Marketing- und Vertriebszielsetzungen der Hersteller und Händler eingebaut. Als „strategische Waffe" eingesetzt, können mit Verkaufsaktionen, die Sonderangebote zum Inhalt haben, folgende Ziele ins Visier genommen werden:

- Marktanteile hinzugewinnen,
- Lagerbestände abbauen,
- Auslaufmodelle absetzen und
- den Abverkauf des Gesamtsortiments steigern.

Mit Sonderangeboten will sich der Händler von seinen Mitbewerbern abheben. Dieses Ziel steht freilich nicht in Einklang mit den Verkaufsförderungsüberlegungen des Herstellers. Sondergrößen sind bspw. eine hervorragende Gelegenheit, Lagerengpässe zu umgehen oder Altlasten abzubauen. Packungspromotion nennt die Verkaufsförderung diese Variante des Sonderangebots. Üblich sind die Varianten, dass eine Normalpackung zu einem reduzierten Stückpreis angeboten wird, Mehrstückpackungen einen reduziertem Gesamtpreis aufweisen oder der Kunde an Feiertagen oder zu anderen Ereignissen mit Sonderpackungen verwöhnt wird. Sondergrößen als Sonderangebot haben sich besonders im Lebensmittel- und Kosmetikbereich durchgesetzt.
Spricht man über Sonderangebote, müssen auch Platzierungsüberlegungen mit einfließen. Sie verstärken die Sonderstellung der Produktangebote um ein Vielfaches und haben außerdem den Vorteil, auch andere Produkte im Umfeld in Szene setzen zu können. In Selbstbedienungsgeschäften hat sich

eingebürgert, dass Sonderangebote im Kassenbereich zu finden sind.
Zur Platzierung von Sonderangeboten gibt es folgende Regeln:
- Zur Lenkung des Kundenflusses Sonderangebote in verkaufsschwachen Ladenzonen platzieren, aber bei der Wahl des Standortes Bedarf-Verwandtschaften beachten.
- Zur Förderung von Impulskäufen aber in verkaufsstarken Zonen präsentieren.
- Sonderangebote nicht länger als eine Woche anbieten.
- Auffällige Kennzeichnung der Angebote.
- Deutliche Kommunizierung des Sonderangebots am POS und in der Handelswerbung.

■ Sponsoring

Die Unterstützung eines Sympathieträgers zur Erreichung von Marketingzielen.

Problemfeld:
Sponsoring wird noch häufig als persönliches Engagement für einen wohltätigen Zweck fehlinterpretiert und deshalb nicht ausreichend in die Gesamtmarketingstrategie eingebunden.

Problemlösung:
Sponsoring ist ein Marketinginstrument, unter anderem für folgende Ziele:
- Erhöhung des Bekanntheitsgrades,
- Erschließung von Zielgruppen,
- Kompetenzdarstellung
- sowie vor allem zur Entwicklung einer Sympathieebene.

Sponsoring basiert auf dem Zwei-Gewinner-System. Das bedeutet, der Einsatz, den der Sponsoring-Geber bringt, dient zunächst dem direkten Zweck. Der Nutzen für ihn liegt darin, einen idealen Anlass für eine umfassende PR-Aktion zu haben. Somit lautet das Motto: Tue Gutes und sprich darüber.
Entscheidend ist, dass die Zielgruppe das Sponsoring-Engagement in der gewünschten Weise wahrnimmt. Nicht jedes Engagement erfüllt seinen Sponsoring-Zweck. Im schlimmsten Fall kann es sogar negative Wirkungen hervorrufen, bspw. wenn ein Projekt unterstützt wird, das von der Zielgruppe kritisch beurteilt wird. Sponsoren orientieren sich deshalb an den Interessen ihrer Wunschzielgruppen, wenn sie sich für einen Sponsoring-Zweck entscheiden.
Im Mittelpunkt der Sponsoring-Strategie steht die Herausstellung der eigenen Leistungsfähigkeit und Kompetenz. So ist es erfolgsentscheidend, dass die Sponsorentätigkeit über die Medien umfassend kommuniziert wird. Sinnvoll ist es, über die gesamte Dauer hinweg immer wieder neue Höhepunkte

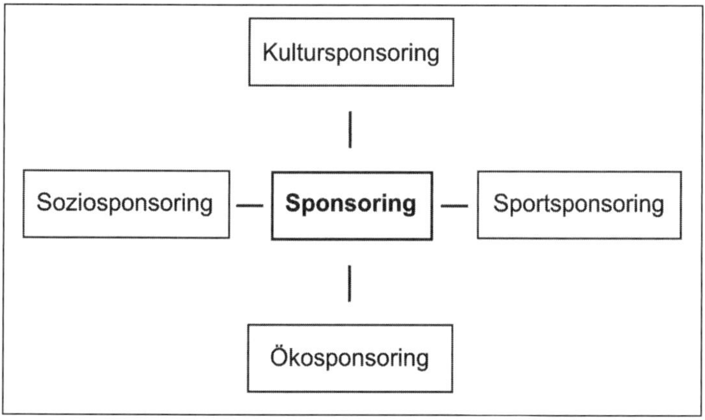

Sponsoring: Sponsoringarten

zu schaffen. Diese reichen von der einfachen Scheckübergabe bis zu publikumswirksamen Veranstaltungen gemeinsam mit dem Sponsorpartner.
Generell sollten bei Sponsoring-Projekten klare rechtliche Absprachen getroffen werden. Diese beinhalten, welche Rechte und Pflichten sich aus der Sponsoring-Kooperation ergeben. Auch die Dauer der Zusammenarbeit muss vertraglich fixiert sein.
Die einfachste Form der Erfolgskontrolle bietet die Medien-Resonanz. Da Sponsoring langfristig wirkt, ist das Ergebnis nicht sofort aus den Unternehmenszahlen abzulesen. Trotzdem sollte kontrolliert werden, inwieweit sich die Sponsorenaktivität auf Kundenqualität und Umsatz sowie letztendlich auf den Unternehmensertrag auswirkt.

Weiterführende Literatur:
Frey, Hansrudolf: Sponsoring, Der Leitfaden für die Praxis, 2. Aufl., Bern 2000

■ **Stadtmarketing**
Gemeinsam geplante und umgesetzte Marketingstrategie des Handels, Gewerbes und der Gastronomie sowie der sozialen und kulturellen Einrichtungen einer Kommune, eines Stadtteils oder eines Geschäftsviertels.

Problemfeld:
Wettbewerb findet nicht nur innerhalb der Handelsunternehmen, sondern auch zwischen Städten und Gemeinden statt. So fließt Kaufkraft aus den

Städten in die stadtnahen Einkaufszentren, aber auch aus Pendlergemeinden in die Städte.

Problemlösung:
Stadtmarketing soll die Einkaufskerne insgesamt, aber auch den Auftritt einzelner Unternehmen für ansässige und für auswärtige Kunden attraktiv machen. Das wichtigste Ziel ist die Verbreiterung, Verbesserung und Komplettierung des Waren- und Dienstleistungsangebots. Dazu werden die beteiligten Unternehmen, Verbände, Kammern, Behörden und politischen Funktionsträger in einer handlungsfähigen Kooperation zusammengefasst, bspw. in einem Arbeitskreis, Verein oder in einer GmbH. Ausschlaggebend ist, dass der Träger einen Etat verwalten kann und förderfähig ist.
In der Regel begleiten externe Stadtmarketing-Experten die Planungs- und Realisierungsphase. Die Weiterentwicklung liegt in den Händen der in Fachausschüssen zusammengefassten Kooperationsmitglieder.
Die erste Stufe ist die Analyse des Ist-Zustands. Diese erfolgt durch die Auswertung statistischer Zahlen über die wirtschaftlichen Verflechtungen mit den Kommunen der Region sowie den Verlauf der Kaufkraft- und der Pendlerströme. Hieraus ergibt sich die Darstellung der Problemfelder.
Es folgt die Konzeption eines Gesamtplans mit der Beschreibung der Hauptziele (u.a. Attraktivitätssteigerung, Angebotsoptimierung, Profilierung innerhalb des Einzugsgebiets) und der damit zusammenhängenden Aufgaben, bspw. in den Bereichen Stadtentwicklung, Wirtschaft, Verkehr, Kultur, Kommunikation und Verwaltung.
Die Detailplanung, Steuerung, Umsetzung sowie die Erfolgskontrolle wird häufig von Arbeitskreisen bewerkstelligt, die mit entsprechend fachkundigen Vertretern der Wirtschaft sowie kommunalen Mandatsträgern besetzt sind. Letztere setzen die Ziele der Arbeitskreise auch in ihren parlamentarischen Gremien durch.
Stadtmarketing wird auf diese Weise zu einem fortlaufenden Prozess, wobei immer wieder neue Ziele ins Auge gefasst werden.

Weiterführende Literatur:
Helbrecht, Ilse: Stadtmarketing, Konturen einer kommunikativen Stadtentwicklungspolitik, Leverkusen 2000

▪ **Strategische Allianz**
Unternehmenskooperationen, um zur Erreichung bestimmter Marketing- oder Vertriebsziele von den Stärken des jeweiligen Partners zu profitieren.

Problemfeld:
Fehlende Mittel, Kapazitäten und Kompetenzen zwingen gerade mittelständische Firmen dazu, ihren Unternehmenszielen Grenzen zu setzen.

Problemlösung:
Unternehmen schließen sich zusammen, um jeweils von den Stärken des anderen zu profitieren.
Ein wesentlicher Beweggrund für Kooperationen ist die Aussicht, gemeinsam einem großen Wettbewerber die Marktmacht streitig zu mache. Dank der zusammengeführten Ressourcen des verknüpften Know-how können mittelständische Unternehmen auch besonders ertragsstarke Kundengruppen erschließen.
Die Planung einer strategischen Allianz beginnt mit der Zielformulierung. Daran orientieren sich Art und Umfang einer Zusammenarbeit. Außerdem lässt sich das Idealprofil des künftigen Partners darstellen. Ziele solcher Kooperation sind bspw. Effizienzsteigerung und Kostensenkung in Marketing und Vertrieb durch gemeinsame

- Marketinginitiativen,
- Vertriebsstrukturen,
- logistische Infrastrukturen.

Es können aber auch strategische Gesichtspunkte sein wie die gemeinsame Besetzung einer attraktiven Nische oder die Abwehr von Markteindringlingen. Die sicherste Methode, zum richtigen Partner zu kommen, ist, aufzulisten,

- welche Aufgaben ihm in dieser Kooperation zufallen und
- welchen Nutzen er daraus ziehen kann.

Aus diesen Merkmalen geben sich klare Hinweise, welche Unternehmen für eine strategische Allianz in Frage kommen.
Als Multiplikatoren von Suchanfragen eignen sich

- Fachverbände,
- Fachzeitschriften,
- die Kooperationsbörsen des Internets,
- die Datenbanken der Kammern,
- Unternehmensberater.

Ist nach Abgleich der Interessen der richtige Partner gefunden, dann folgt die Ausgestaltung eines Kooperationskonzeptes. Es legt die einvernehmlich festgelegten Ziele, Leistungen und Gegenleistungen fest.
Im Detail wird verbindlich festgeschrieben, wer aus welchem Unternehmen für welche Aufgaben verantwortlich ist und wie diese Funktionen vernetzt werden.
All diese Vereinbarungen werden als Vertrag fixiert. Dazu gehören auch Sanktions- und Haftungsregelungen sowie Beendigungsklauseln.

Weiterführende Literatur:
Heck, Arno: Strategische Allianzen, Erfolg durch professionelle Umsetzung Heidelberg, 1999

■ Supply Chain Management
SCM ist die Betrachtung, Gestaltung und Steuerung der Informations-, Material- und Geldflüsse über die gesamte Lieferkette vom Lieferanten für Rohmaterial bis zum Endkunden. Die hierbei erforderlichen Aufgaben werden durch eine Reihe von sogenannten SCM-Systemen unterstützt.

Problemfeld:
In der Versorgungskette von den Teileherstellern bis zum Produktverkauf kommt es mangels Koordination zu teurer Lagerhaltung, beziehungsweise langen Lieferzeiten oder Lieferengpässen.

Problemlösung:
SCM-Basis ist ein gemeinsames Datensystem, auf die jeder Beteiligte Zugriff hat. Dieser Datenaustausch orientiert sich an der aktuellen Kundennachfrage. Somit steuert SCM die Unternehmensaktivitäten der an der Versorgungskette Beteiligten bedarfsorientiert, so das SCM-Transfer und Competence-Center der Fraunhofer Gesellschaft.
Mit dem Trend zur Abnahme der Wertschöpfungstiefe in Unternehmen erstrecken sich Wertschöpfungs- und Innova-

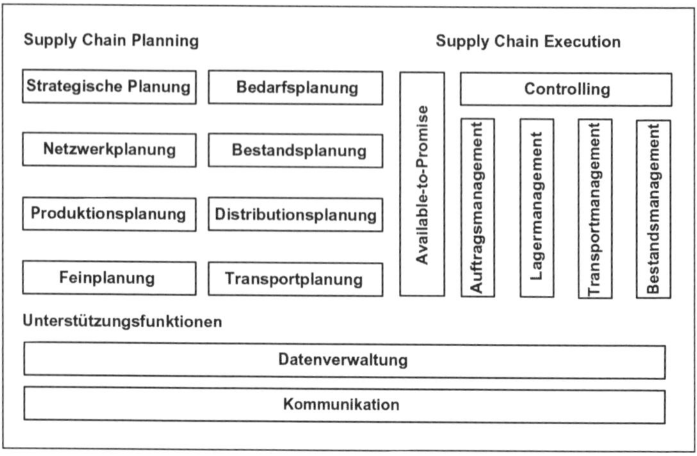

Supply Chain Management: Planung und Steuerung eines effizienten SCM zwischen den einzelnen Partnern tionsprozesse über immer mehr Unternehmen, so dass die Wettbewerbsfähigkeit einer Organisation nur noch zum Teil von deren internen Leistungsfähigkeit abhängt. Eine sich daraus abzeichnende Entwicklung ist die vermehrte Bildung von strategischen Partnerschaften oder aber auch konkreten Unternehmenszusammenschlüssen. Unternehmen sind damit immer mehr Teil dieser komplexen Systeme in Form von global tätigen Logistik- und Produktionsnetzwerken. Bedingt durch diese unternehmensübergreifende Einbindung in Netzwerken ergeben sich immer höhere Anforderungen an die Kooperation und Koordination zwischen den einzelnen Partnern. Die Herausforderung stellt das Management solcher Systeme dar, das dabei von einer neuen Generation von IT-gestützten Informationssystemen unterstützt werden muss – bis hin zum Einbezug der Endkonsumenten über den elektronischen Handel.

■ **Target Price**
Der Preis, der für ein neues Produkt auf dem Markt voraussichtlich erzielt werden kann.

Problemfeld:
Nicht nur ein am Markt vorbeientwickeltes Produkt führt zum Flop, sondern auch ein Preis, der nicht unter Marketing-Gesichtspunkten festgelegt wurde.

Problemlösung:
In der Regel konzentrieren sich Unternehmen darauf, möglichst kostengünstig zu produzieren, in der Hoffnung, einen wettbewerbsfähigen Preis zu erzielen. Beim Target Pricing wird bereits bei der Produktentwicklung ein wettbewerbsfähiger Preis festgelegt. Dazu wird der Einkäufer am Entwicklungsprozess beteiligt. Bei permanenten Recherchen auf den Beschaffungsmärkten eruiert er Möglichkeiten zur kontinuierlichen Senkung der Fertigungskosten und zur Beschleunigung der Marktreife.
Doch auch Zulieferer bieten ihre Teilnahme an der Produktentwicklung und -verbesserung an, um kostengünstige und wertsteigernde Lösungen vorzuschlagen und um die dazu notwendigen Materialien, Teile oder Module anzubieten.

Weiterführende Literatur:
Coureil, Pierre: Mehrwert. Die neue Aufgabe der Führung, Frankfurt 1999

■ **Teamselling**
Selbststeuernde abteilungsübergreifende Verkaufsteams in der Investitions- und Konsumgüterindustrie, entweder für zeitlich befristete Projekte oder als fest installierte Vertriebsstruktur.

Problemfeld:
Der Verkäufer sieht sich als Einzelkämpfer, der in allen Themenbereichen seinen Kunden gegenüber Beratungskompetenz beweisen muss.

Problemlösung:
Mit Team Selling wird ein synergetisches Zusammenspiel der Kompetenzen, Fähigkeiten und

Funktionen der Beteiligten erreicht. Zu den Aufgaben eines solchen Teams gehört nicht nur die Abwicklung von Verkaufsprozessen, sondern auch die Akquisition und Pflege von Kunden und letztendlich auch die Erschließung von Märkten.
Je nach Aufgabenstellung ergeben sich für das Team folgende Optionen, bspw.:

- Innendienst/Außendienst,
- Außendienst/Key-Account-Management,
- Außendienst/Marketing,
- Außendienst/F&E,
- Key-Account-Management/Marketing/Controlling,
- Vertrieb/Service/Kundendienst, Key Account.

Multifunktionale Teams sollen vor allem die typischen Schnittstellenprobleme, wie sie zwischen verschiedenen Abteilungen entstehen, beseitigen.
Ausschlaggebend ist jedoch, dass innerhalb eines Teams Interessenausgleich, bspw. bei der Vergütung besteht. Außerdem sollten die Teammitglieder so ausgewählt werden, dass sich ihr spezifisches Know-how ergänzt.
Da gerade in gemischten Teams auch Mitarbeiter mit unterschiedlichen Temperamenten und Charakteren zusammengeführt werden, liegt der Erfolg auch in der ausgleichenden Tätigkeit des Team-Moderators.

■ **Technischer Vertrieb**
Verkaufsorganisation von Unternehmen der Investitionsgüter- und Zulieferindustrie.

Problemfeld:
Der Verkauf erklärungsbedürftiger Produkte verlangt von Vertriebsmitarbeitern Fähigkeiten und Erfahrungen in völlig unterschiedlichen Bereichen. Er erfordert das technische Fachwissen eines Ingenieurs, die Erfahrungen eines Betriebswirtschaftlers bzw. Marketing-Fachmanns und das Können eines Verkäufers.

Problemlösung:
Je nach Unternehmen und Branche werden unterschiedliche Methoden praktiziert. Doch das Ziel ist identisch: Der Verkäufer soll in erster Linie seine Beratungstätigkeit im Hinblick auf die Kunden-Problemlösung, beziehungsweise auf den Kundennutzen gestalten und sich nicht auf die technische Sicht beschränken.
Einige Unternehmen lösen dies, indem sie bei der Rekrutierung ihrer Mitarbeiter besonderen Wert auf deren Verkaufstalent legen und ihnen das notwendige technische Fachwissen vermitteln. Andere bilden Naturwissenschaftler, die sich durch Kontaktfreudigkeit hervorheben, zu Vertriebsingenieuren aus. Schulungsinhalte sind hier unter anderem Marketing, Ver-

kaufstechnik und Verkaufsrethorik.
Immer häufiger treten auch gemischte Verkaufsteams auf, bei denen sich die Kenntnisse und Fähigkeiten der Mitglieder gegenseitig ergänzen.

Weiterführende Literatur:
Kleinaltenkamp Michael; Plinke, Wulff: Technischer Vertrieb, Grundlagen des Business-to-Business Marketing, 2. Aufl., Heidelberg 2000

■ **Telefonmarketing**
Kundenkommunikation über das Fernsprechnetz zur Ermittlung von kundenrelevanten Informationen und zum Einstieg in den Verkaufsprozess.

Problemfeld:
Eine Akquisitionsstrategie ist nur dann erfolgversprechend, wenn dem Verkäufer ein Persönlichkeits- bzw. Bedürfnisprofil seines Kunden vorliegt.

Problemlösung:
Das Telefon ist nicht unbedingt für jede Branche das ideale Verkaufsinstrument, jedoch ein effizientes Hilfsmittel für die Kundenakquistion. Per Telefon lassen sich beim Kunden all die Informationen abholen, die zur Planung der weiteren Akquisitionsstrategie notwendig sind.
Dazu zählt zunächst, ob der Kunde genügend Ertragskraft aufweist und inwieweit realistische Abschlusschancen bestehen. Dann lassen sich an Hand von Telefongesprächen Bedürfnisprofile entwickeln und sogar sein Entscheidungsverhalten analysieren.
Im Mittelpunkt des Telefonmarketings steht somit nicht das Verkaufs-, sondern das Informationsgespräch.
Das zweite Ziel des Anrufs ist, beim Kunden eine Sympathie- und Vertrauensebene zu schaffen. Und schließlich lautet das Endziel: Den Angerufenen zu veranlassen, einen persönlichen Beratungstermin zu vereinbaren.

Weiterführende Literatur:
Greff, Günter: Das 1×1 des Telefonmarketing, Tele- und Internetservices professionell einsetzen, 2. Aufl., Wiesbaden 2000

■ **Telefonverkauf**
Der Kunde wird in einem fernmündlichen Verkaufsgespräch zum Abschluss geführt.

Problemfeld:
Auf Grund der hohen Besuchskosten ist es nicht mehr bei allen Kundengruppen und Produktbereichen wirtschaftlich, den Außendienst einzusetzen.

Problemlösung:
Der Telefonverkauf ist eine gute Alternative zum Außendienstbesuch, wenn bestimmte Voraussetzungen geschaffen

werden. In erster Linie fordert der Telfonverkauf eine zusätzliche Qualifizierung der Verkaufsmitarbeiter, da er nach anderen Regeln abläuft als das persönliche Gespräch. So kommt es bei den Betroffenen zum so genannten Telefonstress, weil sie ihre Gesprächspartner zwar hören, nicht aber ihre Reaktionen sehen können, um die Situation einzuschätzen. In solchen Trainingsmaßnahmen lernen Telefonverkäufer auch, sich in erster Linie auf den Gesprächspartner und nicht auf das eigene Verhalten zu konzentrieren.

Eine weitere Fähigkeit des Telefonverkäufers ist, aus der Stimme des Gesprächspartners auf dessen Persönlichkeit und Gefühlsreaktionen zu schließen: In welcher Verfassung er sich zum Zeitpunkt des Anrufs befindet, ob er gereizt ist, in Eile, abgehetzt oder entspannt, ob er durch den Anruf gestört wird. Ob er gesprächsbereit ist, ein williger oder unwilliger Gesprächspartner ist. Professionelle Telefonverkäufer bereiten sich auf alle Eventualitäten vor.

Der Ablauf eines telefonischen Verkaufsgesprächs umfasst zehn Stufen:

1. Mit dem Anruf dem Kunden eine willkommene Abwechslung schaffen.
2. Ihn in Gesprächslaune bringen.
3. Ihn über ein Stichwort zum Thema holen.
4. Ihn über das Thema zum Problemfeld führen.
5. Ihn dazu bringen, dass er das Problemfeld bei sich entdeckt.
6. Ihn über das Ausmaß und die Details dieses Problems berichten lassen.
7. In ihm das Bedürfnis nach einer Problemlösung wecken.
8. Ihn über seine Vorstellungen der Problemlösung berichten lassen.
9. Sich als Problemlöser erkennbar machen.
10. Mit ihm vereinbaren, wie die Einzelheiten dieser Problemlösung vor Ort besprochen werden.

Bei einem »kalten Anruf«, also bei einem Gespräch, auf das der Empfänger nicht vorbereitet ist, entscheiden die ersten Sekunden über das Gesprächsklima. Gewiefte Telefonverkäufer versuchen deshalb, mit einem einzigen Satz den Angerufenen für sich zu gewinnen. Mit »störe ich gerade?« demonstrieren sie Rücksichtnahme und zudem geben sie dem Angerufenen die Entscheidungsfreiheit, das Gespräch anzunehmen oder es auf einen anderen, aber dann konkret abgesprochenen Zeitpunkt zu verschieben.

»Eigentlich habe ich jetzt keine Zeit« ist in diesem Fall die häu-

figste Antwort. Sie ist jedoch der beste Anknüpfungspunkt für eine kurze, unverbindliche Unterhaltung, in der der Anrufer eine Sympathieebene aufbauen kann. Außerdem hört er aus dem kurzen Gespräch heraus, ob sich beim Angerufenen genügend Neugierde entwickelt hat, um das Gespräch weiter fortzusetzen, oder ob es besser ist, einen anderen Gesprächszeitpunkt abzusprechen.
Eine kleine Checkliste, in der kurz die maßgebenden Punkte des Gesprächsinhalts und der Gesprächsziele vermerkt sind, ist ein wichtiges Steuerungselement des Gesprächsverlaufs. Professionelle Telefonverkäufer machen ihre Kunden zu Erzählern und steuern mit dem richtigen Argument an der richtigen Stelle. Dadurch bringen sie den Angerufenen dazu, die Kaufargumente selbst zu formulieren. Der Gesprächsabschluss muss mit einer verbindlichen Absprache verbunden werden, am besten mit einem konkreten oder zumindest mit einem Gesprächstermin nach dem Versand von Prospekten oder eines Angebots.

■ **Trendscout**
Szenegänger, die sich auf die Spur von Trendsettern setzen, um für Produzenten neue Märkte ausfindig zu machen.

Problemfeld:
Auf dem Jugendmarkt lassen sich Trends schwer vorausbestimmen. Deshalb benötigen Hersteller intensive Kontakte in die einzelnen Jugendszenen.

Problemlösung:
Beim Scoutsystem geht es darum, per Zielgruppenbeobachtung einen Trend bereits zu erkennen, wenn er geboren wird. Der Vorsprung entscheidet über den Erfolg, denn erfahrungsgemäß teilen sich die Ersten den Markt unter sich auf. Sie erwirtschaften auch die höchsten Erträge, denn mit wachsender Marktsättigung verfallen die Preise. Entscheidend für die Hersteller ist, mit der Ware rechtzeitig auf dem Markt zu sein, um den ersten großen Run abzufangen und noch bevor ihre Ware „zu verderben beginnt“.
Im Scoutsystem werden die Entwicklungen per Zielgruppen-Pyramide abgebildet. An der Pyramidenspitze befinden sich die Trendsetter, also die Schöpfer neuer Trends. Dann folgen die so genannten Opinionleader, die Meinungsmacher. Sie bestimmen auch, welche aus dem Ausland kommende Strömung in Deutschland wirksam wird. Durch sie überwindet ein Trend die Szene- und Milieugrenzen. Er erreicht die Early Adopters, die ersten Nachahmer, auf dem Massenmarkt.

Diese sorgen dafür, dass er um sich greift und von den Städten in die ländlichen Räume schwappt.

Per Scoutsystem wird somit auch erforscht, ob ein Trend all diese Phasen durchläuft oder ob er an irgendeinem Punkt der Pyramide zum Stillstand kommt.

U

Ubiquität
Begriff für die weltweite Erhältlichkeit eines Produktes.

Problemfeld:
Verbraucher wollen bei Produkten des täglichen Bedarfs ihre Stamm-Marke einfach und problemlos nachkaufen. Ansonsten weichen sie auf Konkurrenzprodukte aus.

Problemlösung:
Die Ubiquität ist die Voraussetzung für die Entwicklung eines Produktes zum Markenartikel. Gerade bei einem Konsumartikel der unteren Preisklasse ist der flächendeckende Vertrieb die Voraussetzung für den Absatzerfolg. Für ein hochpreisiges Produkt wird dagegen eher der Exclusivvertrieb gewählt um zu dokumentieren, dass es nicht für jedermann gedacht ist. Typisch dafür sind die üblichen Zigarettenmarken, die in jedem Automaten zu haben sind, sowie die exklusiven, die nur in bestimmten Tabakgeschäften erhältlich sind. Diese Überallerhältlichkeit ist ein Teilaspekt des Markenimage. Coca-Cola bspw. pflegt den Ruf, dass es weltweit vertrieben wird. Andererseits genügt es bei bestimmten Markenprodukten, wenn sie innerhalb einer Region flächendeckend vertrieben werden. Dies ist bei landestypischen Produkten, bspw. bestimmten Bier- oder Spirituosenmarken der Fall.

Umfeldanalyse
Die Wahrnehmung all der Kriterien, die sich direkt oder indirekt auf das Unternehmen in seinem Markt auswirken.

Problemfeld:
Chancen und Risiken ergeben sich für ein Unternehmen nicht nur aus dem direkten Marktgeschehen, sondern auch indirekt aus vielerlei Faktoren des nichtmarktwirtschaftlichen Umfelds. Zu den indirekten Einflusskriterien zählen

- Gesetzliche Regelungen (EU-Richtlinien, Gemeindesatzung)

- Ökonomische Veränderungen (Währungskurs, regionale Entwicklung der Arbeitslosenquote)
- Technische Entwicklung
- Gesellschaftspolitische Entwicklung

Sie können neue Märkte schaffen, bestehende veränderen oder zerstören. Sie können aber auch Wettbewerber bevorzugen oder benachteiligen.

Problemlösung:
Das Wechselspiel der direkten und indirekten Einflüsse zwingt zur ständigen Prüfung und Modifikation der Marketingstrategie. Allerdings ist es kaum möglich, das gesamte Ursachen-/ Wirkungsnetz transparent zu machen. Sinnvoll ist es deshalb, jede Veränderung zu analysieren, ob, wie und wie umfangreich sie sich auf den Interessensbereich des Unternehmens auswirkt.
Ausschlaggebend ist, dass über eine strategische Frühaufklärung bevorstehende Veränderungen so frühzeitig erkannt werden, dass noch ausreichend Zeit für die notwendigen Anpassungsstrategien bleibt. Im Technologiebereich bspw. gibt die Beobachtung von Grundlagenforschungen Hinweise auf künftige Techniktrends.

■ **Umsatzpleite**
Resultat, wenn sich Unternehmen nicht ausreichend auf den Erfolgsfall einer Marketinginitiative vorbereiten.

Problemfeld:
Wenn sich Unternehmen nicht ausreichend auf den Erfolg neuer Marketingstrategien vorbereiten, kann es zu Finanzierungs-, Herstellungs- sowie Lieferengpässen und sogar zu einem Unternehmenskollaps kommen.

Hintergrund:
Unternehmen halten so viel flüssige Mittel sowie maschinelle und personelle Kapazitäten vor, wie sie für das übliche Tagesgeschäft bewältigen. So kann eine Neuprodukteinführung, eine neue Verkaufsinitiative oder auch nur eine neue Anzeigenkampagne zu einem Boom führen, der für das Unternehmen nicht mehr zu bewältigen ist. Wenn tatsächlich mehr Aufträge als bisher akquiriert werden, hat dies Auswirkungen auf die Ursachen-Wirkungskette eines Unternehmens: den Cashflow, die Kreditlinie, den Personaleinsatz in Einkauf, Fertigung, Auslieferung und Kundenbetreuung.
Zu einem solchen Zusammenbruch kommt es, wenn

- Das Unternehmen nicht mehr genügend Liquidität aufweist, um die Aufträge vorzufinanzieren.

- Die Infrastruktur nicht mehr ausreicht, um das gestiegene Auftragsvolumen abzuwickeln.

Zumindest kann so ein Auftragsboom die Rendite drücken, wenn er das Unternehmen dazu zwingt,
- zusätzliche Fremdmittel zu beschaffen,
- Überstunden anzusetzen bzw. den Personalbestand zu erhöhen,
- zusätzliche Zulieferer zu rekrutieren,
- Lohnaufträge an Fremdfirmen zu vergeben.

Problemlösung:
Die Vorbereitungen auf den Erfolgsfall sind ein wichtiger Teil einer Marketinginitiative. Dieser Teil der Planung beginnt mit der Erfolgsprognose, also der Einschätzung, welche Ergebnisse mit dieser Initiative erzielbar sind. Dann folgt die Analyse darüber, inwieweit die finanziellen, personellen und maschinellen Ressourcen ausreichen, um den geschätzen Mehrabsatz zu bewältigen.
Schließlich werden Lösungen für den Erfolgsfall entwickelt, bspw. durch die Bereitstellung zusätzlicher Finanzierungsmittel, Absprachen mit alternativen Lieferquellen oder die Einbindung von Dienstleistern zur Auftragsabwicklung.
Unternehmen planen ihren Umsatzerfolg kurz-, mittel- und langfristig im voraus. Sie setzen Jahresziele, teilen diese in Quartals- und Monatsziele und legen detailliert fest, wie die Zielerreichung bewältigt werden soll.

▪ Unique Selling Proposition (USP)
Wettbewerbvorteil, den sich ein Unternehmen durch eine kundenorientierte Marketingstrategie verschafft.

Problemfeld:
Angebote mit identischem Kundennutzen sind auch für den Kunden austauschbar. Die Konsequenz ist der Preiswettbewerb.

Problemlösung:
Die USP- Strategie hat das Ziel, ein Produkt/Dienstleistungsangebot einzigartig zu machen, sodass es sich von allen Wettbewerbsangeboten deutlich heraushebt. Solch ein USP-Kriterium kann im Produktnutzen selbst liegen. Eine Maschine bspw. kann besonders schnell und präszise arbeiten oder besonders niedrige Verbrauchswerte aufweisen.
Der USP kann aber auch in den produktbegleitenden Dienstleistungen liegen, bspw. in der besonders intensiven Beratungsleistung, der besonders kurzen Lieferzeit oder den besonders qualifizierten Supportleistungen. Die Einzigartigkeit kann aber auch im Marken- oder Un-

ternehmensimage liegen, bspw. im besonderen Vertrauen, das der Kunde entgegenbringt.
Die Besonderheit muss nicht unbedingt zusätzlichen Kundennutzen bieten. So kann auch eine außergewöhnliche Vermarktungs- oder Werbeidee zum herausragenden Merkmal werden.
Ausschlaggebend ist, dass der Kunde auf die Besonderheit aufmerksam wird. Dies wird erreicht, indem die USP auch im Mittelpunkt der Kundenkommunikation steht.
Allerdings ist die USP-Strategie ein permanentes Wettrennen mit Nachahmern. Es kommt also darauf an, dass das USP-Konzept so angelegt ist, dass es von Me-too-Unternehmen, nicht problemlos kopiert werden kann.

■ **Unternehmenskultur**
Die aus dem Unternehmen kommenden und von der Öffentlichkeit wahrgenommenen Werte und Normenvorstellungen sowie Denk- und Verhaltensmuster (Corporate Identity).

Problemfeld:
Die Unternehmenskultur wird von Kunden klar und deutlich wahrgenommen. Bei Diskrepanz zwischen Unternehmensauftritt und tatsächlicher Unternehmensmentalität, also bei einem Bruch der Corporate Identity, ziehen sie das Unternehmen und seine Integrität insgesamt in Zweifel.

Problemlösung:
Die Unternehmenskultur wird von den Mitarbeitern gelebt und deshalb beginnt jede Marketingstrategie im Unternehmen selbst. Sie soll die Führungskräfte und ihre Mitarbeiter an die angestrebte Unternehmenskultur heranführen, indem sie sie bspw. zur

- Kunden-,
- Leistungs-,
- Ertrags- und
- Innovationsorientierung ermutigt und befähigt.

Die Hauptaufgabe bei diesem langwierigen und schwierigen Prozess liegt bei den Führungskräften. Sie führen ihre Mitarbeiter an die damit zusammenhängenden neuen Normen und Regeln heran, indem sie diese selbst übernehmen und vorleben.

Weiterführende Literatur:
Krohmer, Harley: Marktorientierte Unternehmenskultur als Erfolgsfaktor der Strategieimplementierung, Ein integratives Personalentwicklungs-Konzept, Wiesbaden 2000

Value added
Der wettbewerbesentscheidende Zusatznutzen eines Produktes oder einer Dienstleistung.

Problemfeld:
Ein Angebot, das im Vergleich zu Wettbewerbsprodukten keine besonderen Zusatznutzen bietet, wird von den Kunden auch nicht besonders wahrgenommen.

Problemlösung:
Zusatznutzen vermittelt den Kunden den Eindruck, dass das Produkt im Vergleich zum Wettbewerb über einen höheren Wert verfügt. Dieser Mehrwert kann im Produkt selbst liegen, bspw. in Form eines zusätzlichen Features, es kann sich aber auch um eine zusätzliche produktbegleitende Dienstleistung handeln.
Dieser Zusatznutzen kann auch entgeltlich angeboten werden. Der Kunde wird sich dann dafür entscheiden, wenn für ihn der individuell wahrgenommene Mehrwert höher ist als das Entgeld, das er dafür zu zahlen hat.
Typisch für einen entgeltlichen Zusatznutzen ist der Lieferservice im Getränkehandel oder bei Anbietern von Tiefkühlkost. Hier nehmen Kunden höhere Preise um des Vorteils willen in Kauf, die Ware frei Haus zu bekommen.
Ausschlaggebend für erfolgreiche Value added-Strategien ist, dass sich der Zusatznutzen an konkreten Kundenbedürfnissen orientiert.

Variety Seeking
Das Bedürfnis von Kunden, aus Neugierde auf andere Marken zu wechseln.

Problemfeld:
Trotz Zufriedenheit mit ihrem Lieferanten und dessen Produkten verspüren Verbraucher den Wunsch nach Abwechslung.

Hintergrund:
Auch wenn Kunden vom Nutzen des von ihnen gewählten Produktes überzeugt sind, pro-

bieren sie aus Neugierde gerne auch Wettbewerbsprodukte aus.

Problemlösung:
Markenartikelhersteller erhöhen die Wechselbarrieren, indem sie ihren Produkten Neuigkeitswerte mit auf den Weg geben. Dies erreichen sie unter anderem durch immer wieder neue Produktvariationen, Produktverbesserungen und -aktualisierungen bis hin zum kompletten Produktrelaunch. Diese Innovationen werden in Kampagnenform an die Konsumenten kommuniziert.

Weiterführende Literatur:
Helmig, Bernd: Variety-seeking-behavior im Konsumgüterbereich, Beeinflussungsmöglichkeiten durch Marketinginstrumente, Wiesbaden 1997

■ Verdrängungswettbewerb

Das Wachstum eines Anbieters erfolgt nicht parallel zum Wachstum des Marktes, sondern zu Lasten von weniger leistungsfähigen Wettbewerbern.

Problemfeld:
Überangebot in einem stagnierenden Markt veranlasst Unternehmen zu Preis- und Konditionenkämpfen außerhalb ihrer Marketingstrategien und ohne Rücksicht auf ihre Ertragsinteressen.

Problemlösung:
Eine vorbeugende Strategie, sich aus dem Verdrängungswettbewerb der Wettbewerber herauszuhalten, ist in den Investitionsgüterbranchen das Beziehungsmaketing, also die vielfältige Vernetzung der Lieferanten-/Kundenprozesse. Solche Kooperationen hindern den Kunden daran, sich kurzfristig einem preisgünstigeren Anbieter zuzuwenden.
Unternehmen der Konsumgüterbranchen versuchen zu Wettbewerben Abstand zu gewinnen, indem sie neue Trends setzen und besetzen. Oder sie konzentrieren sich mit ihrer Marketingstrategie auf eine Teilzielgruppe. Ein Beispiel wäre der Hersteller von Haushaltsmaschinen, der seine Produkte speziell für den Seniorenmarkt konzipiert.

■ Vergleichende Werbung

Werbung, die unmittelbar oder mittelbar einen Mitbewerber oder die von einem Mitbewerber angebotenen Waren oder Dienstleistungen erkennbar macht.

Problemfeld:
Nach der EU-Richtlinie ist vergleichende Werbung unter ganz bestimmten Voraussetzungen erlaubt. Der nationale Vorschlag wählt dagegen einen anderen Ansatz und beschreibt die Kriterien, nach denen die

vergleichende Werbung gegen die guten Sitten verstößt – so beschreibt es das Jahrbuch »Werbung in Deutschland 2000« des Zentralverbandes der deutschen Werbewirtschaft.

Problemlösung:
Werbungstreibende orientieren sich in der Regel an folgenden Kriterien: Ein Werbevergleich ist unlauter, wenn er:

- sich nicht auf Waren oder Dienstleistungen für den gleichen Bedarf oder dieselbe Zweckbestimmung bezieht;
- nicht objektiv auf eine oder mehrere wesentliche, relevante, nachprüfbare und typische Eigenschaften oder den Preis dieser Waren und Dienstleistungen bezogen ist;
- im geschäftlichen Verkehr zu Verwechslungen zwischen dem Werbenden und einem Mitbewerber, zwischen den von diesen angebotenen Waren oder Dienstleistungen oder den von ihnen verwendeten Kennzeichen führt;
- die Wertschätzung des von einem Mitbewerber verwendeten Kennzeichens in unlauterer Weise ausnutzt oder beeinträchtigt;
- die Waren, Dienstleistungen, Tätigkeiten oder persönlichen Verhältnisse eines Mitbewerbers herabsetzt oder verunglimpft oder
- eine Ware oder Dienstleistung als Imitation oder Nachahmung einer unter einem geschützten Kennzeichen vertriebenen Ware oder Dienstleistung darstellt.

Es ist zu erwarten, dass die in den Kriterien verwandten Begriffe wie »Nachprüfbarkeit«, »typisch«, »wesentlich« oder »relevant« im Laufe der Zeit durch die Rechtspraxis konkretisiert werden.

■ Verhandlungsduell

Verkaufsgespräch, bei dem sich Verkäufer und Kunde als Gegner gegenüberstehen.

Problemfeld:
Verkaufsgespräche verlaufen oft nach einem festgelegten „Ritual“, wobei einem Kundeneinwand ein Verkäuferargument folgt, dem der Kunde einen neuen Einwand aufsetzt. Unmerklich entwickelt sich das Gespräch zum Duell, bei dem es nicht mehr um die Sache geht, sondern nur noch um Sieg oder Niederlage. Das Gespräch hat ein Spannungsverhältnis herbeigeführt, dessen Auswirkungen zukünftig immer wieder zu Komplikationen führen werden.

Hintergrund:
Beide Gesprächspartner sind bemüht, sich gegenseitig zu entdecken. Aus diesem Bedürfnis heraus unterliegen sie schnell dem falschen Zwang, sich ge-

genseitig beeindrucken zu müssen, um die grundlegende Frage zu klären: Bin ich ihm gewachsen, ist er mir gewachsen? Der Kunde will sich von der Qualität und der Seriosität seines Gegenübers überzeugen. Er startet zu einem Zuverlässigkeitstest, der von kleinen Gesprächsfallen bis zu massiven Provokationen reichen kann, aber nur die Antwort auf die Frage zum Ziel hat: Ist er für mich der richtige Geschäftspartner?

Problemlösung:
In solch einer Situation ist es für den Verkäufer höchste Zeit, den Kunden auf die Sympathieebene zu führen. Der ideale Eisbrecher ist hier der Humor, denn er setzt in verschiedener Hinsicht positive Signale:

- In erster Linie vermittelt Humor dem Gesprächspartner das Bild von natürlicher Souveränität, die nicht zu erschüttern ist.
- Dann ist er der Vorschlag zum Nichtangriffspakt: »Ich habe das Spiel durchschaut, und da wir ebenbürtig sind, können wir auf Positionskämpfe verzichten und uns stattdessen auf das eigentliche Thema konzentrieren«. Damit lässt sich vermeiden, dass ein Gespräch in einen Schlagabtausch abrutscht.
- Auch baut Humor wirkungsvoll Misstrauen und Scheu ab: »Sie sehen, ich bin Ihnen gegenüber offen und führe nichts im Schilde.«
- Schließlich zeigt Humor eine Gemeinsamkeit, eine Wir-Ebene, auf der sich beide Gesprächspartner begegnen können: »Wir lachen über dieselbe Sache, also haben wir unsere gemeinsame Frequenz gefunden.«
- Letztendlich ist der Brückenschlag Humor das ideale Mittel dazu, den Gesprächspartner aus der Reserve zu locken. Sobald er auf Humor mit Humor reagiert, hat er seine abwartende Haltung verlassen und ist seinerseits dabei, Verständigungsbrücken zu schlagen und die Atmosphäre zu entspannen.

Humor virtuos als Kommunikationsmittel einzusetzen, erfordert jedoch hohe Sensibilität, denn über das »Wann« und »Wie« gibt es keine Rezepte. Die Frage nach Zeitpunkt und Dosis entscheidet sich vielmehr von Fall zu Fall und erst im jeweiligen Moment.
Wirklicher Humor ist eine freundliche Aufmerksamkeit gegenüber dem Gesprächspartner, der dieses Geschenk mit Sympathiegabe honoriert.
Humor ist ein vielseitiges Werkzeug zum Verkaufserfolg, weil er auch in der Lage ist, sich anbahnende Problemsituationen in Kundengesprächen zu klären. Er ist das ideale rhetorische

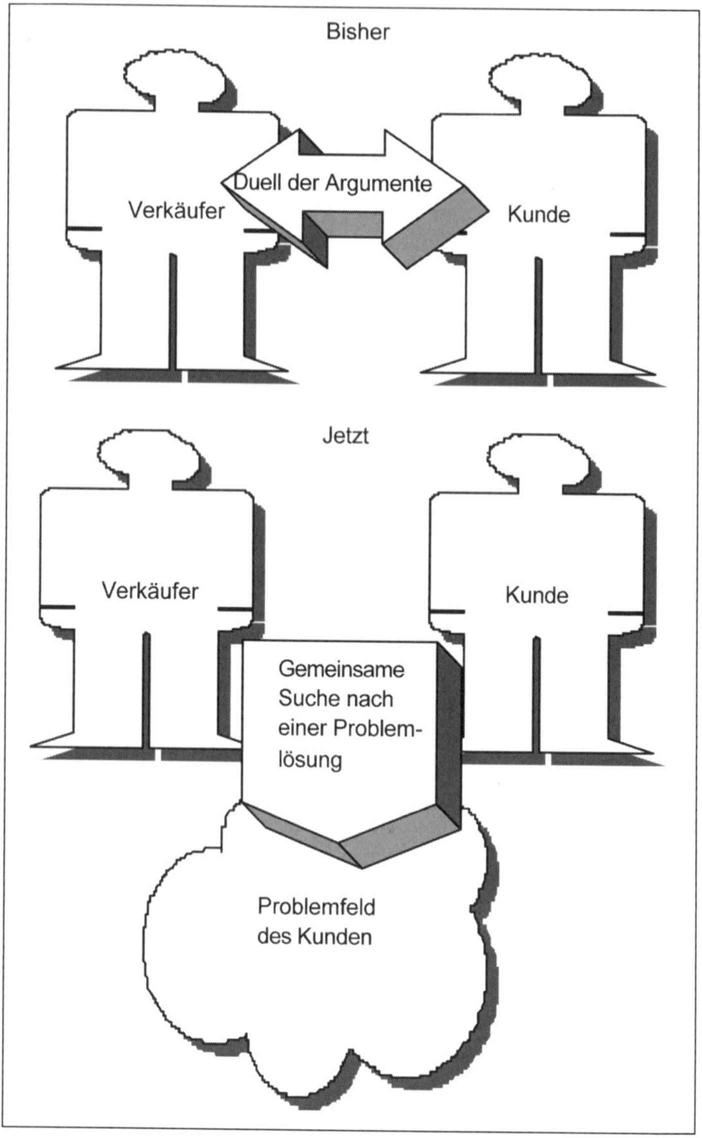

Verhandlungsduell: Suche nach Problemlösung

Mittel, den Gesprächspartner immer wieder von seiner Gegenpart-Rolle zu lösen und schließlich zu entwaffnen. Er enttarnt und eliminiert unsachliche Gegenargumente, ohne deren Urheber bloßzustellen. Mit ihm lässt sich eine Gesprächsentwicklung umlenken, sobald sie nicht mehr im vorgesehenen Sinn verläuft.

- Bei Verkaufsgesprächen mit mehreren Teilnehmern lässt er sich als Mehrheitsbeschaffer für die eigenen Standpunkte nutzen.
- Bei sich eskalierender Auseinandersetzung, bspw. bei einem Reklamationsfall entgiftet er die Atmosphäre und eröffnet neue Wege, gemeinsam Lösungen zu finden.
- Bei festgefahrener Verhandlungsposition gibt er dem Gesprächspartner die Chance, ohne Gesichtsverlust seinen Standpunkt zu verlassen.
- Bei unvorhergesehenen Gesprächswendungen verschafft er genügend Frist, sich auf die neue Situation einzustellen.
- Er ist die eleganteste und nachdrücklichste Form, Angriffe zu stoppen, dem Angreifer Stärke zu demonstrieren und ihn zur Änderung seiner Taktik zu veranlassen.

Er ist ein Weg, „durch die Blume“ zu sprechen, um einer Aussage die Schärfe zu nehmen, ohne sie zu verändern.

■ Verkäuferauswahl

Die Rekrutierung von Vertriebsmitarbeitern nach einem vorgegebenen Anforderungsprofil.

Problemfeld:
Mangelnde Sorgfalt bei der Selektion schadet sowohl dem Unternehmen als auch den betroffenen Kandidaten: Wenn er abgelehnt wurde, obwohl er den Anforderungen genügt, oder weil er den Arbeitsplatz erhielt, obwohl er die damit verbundenen Anforderungen nicht erfüllen kann.

Problemlösung:
Bei der Bewerberauswahl sollte die Entscheidung auf konkrete Fakten gestützt werden. Deshalb muss bei der Selektion methodisch vorgegangen werden.
Das Bewerbergespräch: Es dient dazu, den Kandidaten in menschlicher Beziehung kennen zu lernen und ihn zu informieren. Auf beiden Seiten entsteht ein erster Eindruck.
Das standardisierte Bewerberinterview: Es verläuft bei allen Bewerbern in gleicher Form und zwar exakt nach einem vorgegebenen Leitfaden. Hierbei werden systematisch arbeitsplatzrelevante Informationen erfragt. Die Ergebnisse werden auf Auswertungsbögen aufgelistet und diese nach vorgegebenen Kriterien zensiert. Ziel ist, die persönlichen und fachlichen

Voraussetzungen der Bewerber, orientiert an der Arbeitsplatzbeschreibung, vergleichbar zu machen.
Stressinterviews, in denen die Bewerber provoziert oder verunsichert werden, werden hierbei immer seltener angewandt, weil sie wenig aussagen und nicht mehr mit den modernen Unternehmenskulturen vereinbar sind.
Das Unternehmensplanspiel: Bei dieser computergestützten Simulation werden typische Tätigkeiten des Arbeitsplatzes praxisnah ausgeführt. Abschließend werden die Ergebnisse detailliert dargestellt, um Vergleiche auch in Einzelfaktoren zu ermöglichen.
Einzel-Assessment-Center: Der Bewerber erhält Aufgaben, die er lösen und einem Beobachterkreis präsentieren muss. Diese Aufgaben betreffen sowohl allgemeine Talente und Fähigkeiten, aber auch arbeitsplatzspezifische Voraussetzungen. Hierbei bietet sich bspw. die Möglichkeit zu erkennen, wie Bewerber Konfliktsituationen meistern. Wichtig ist, dass hierbei Verhaltenskompetenz und Fachkompetenz getrennt werden.

▪ Verkaufsrhetorik

Gesprächstechnik, die den Kunden für Argumente zugänglich machen und vom Gesprächsinhalt überzeugen soll, um ihn zur gewünschten Entscheidung zu führen.

Problemfeld:
Der Verkaufserfolg bleibt aus, wenn Argumente nur an den Verstand, aber nicht an die Gefühlswelt des Kunden gerichtet werden.

Problemlösung:
Entscheidungen fallen in erster Linie nicht im Kopf sondern nach dem Gefühl, zumal die entscheidenden Faktoren immer nur subjektiv gewichtet werden. In der Regel gehen Kunden ihren Empfindungen nach, wenn sie sich auf ein bestimmtes Produkt festlegen. Erst in der zweiten Phase werden die passenden Kriterien herangezogen, um die getroffene Entscheidung vor sich und vor anderen erklärbar zu machen.
Deshalb ist es für den Verkaufserfolg wichtig, nicht nur auf der rationalen Ebene mit dem Kunden zu kommunizieren, sondern auch auf seine Empfindungen einzuwirken.
Die Verkaufsrhetorik gibt hierzu zahlreiche Hilfsmittel zur Hand:
Mit den richtigen Worten die gewünschte Vorstellung erzeugen: Halb leer bspw. erzeugt eine andere Vorstellung als halb voll, obwohl beide Formulierungen die gleiche Information in sich tragen. Im Verkaufsge-

spräch bringt die Bezeichnung »teuer« eine andere Wirkung hervor als »wertvoll«.
Verkäufer wundern sich jedoch oft, wenn Verkaufsargumente am Kunden abprallen. Das ist häufig dann der Fall, wenn eine Aussage negiert wird. Bspw.: »Der Motor ist überhaupt nicht laut.« Dies hat dieselbe Wirkung, als wenn man jemandem sagen würde: »Stellen Sie sich nicht einen Elefanten vor.« Die gewünschte Vorstellung stellt sich jedoch beim Kunden ein, wenn ihm erklärt wird: »Der Motor ist besonders leise.«
An der Formulierung des Verkäufers bemerkt der Kunde auch, wie ernst es ihm in einer Angelegenheit ist. Das passive »ich möchte« wirkt auf ihn wie eine zum Widerspruch reizende Wunschäußerung. Mit dem aktiven »ich will« kündigt der Verkäufer eine Aktion an, gegen die keine Einspruch möglich ist.
Mit der Stimme die passende Stimmung schaffen: Allein schon wie ein Wort ausgesprochen wird, weckt beim Kunden die entsprechenden Empfindungen. Geht dem Verkäufer der Name des Produktes schnell über die Lippen, verliert es im Empfinden des Kunden seine Wichtigkeit. Dies wird daran augenscheinlich, wie ehrfürchtig teure Automarken und wie herablassend billige Automarken ausgesprochen werden. Verkäufer können so mit der richtigen Aussprache bestimmte Produkteigenschaften herausheben, Bedeutung beigeben und Werte beimessen.
Wir-Gefühl erzeugen: Verkäufer wecken bei Neukunden Vertrauen, indem sie mit »wir« und »unser« Gemeinsamkeit schaffen: »Wir sind beide Unternehmer und wissen . . .« Dieses Wir-Gefühl entsteht ebenfalls, wenn der Kunde mit »auch« Gemeinsamkeiten darstellt: »Ich kenne auch das Gefühl . . .« »Ich habe auch schon erlebt . . .« Diese Identifikation kann auch zu den bestehenden Kunden des Unternehmens erzeugt werden: »Sicher wollen sie auch Kosten sparen.«

■ **Versandhandel**
Einzelhandelskategorie, bei der der Kunde im Distanzkauf Produkte bestellt und zustellen lässt.

Hintergrund:
Deutschland ist das Land des Versandhandels. Etwa 22,16 Millionen Deutsche gelten als Versandhandelskunden. Der Versandhandelsumsatz ist innerhalb eines Jahrzehnts von 24,4 Mrd. Mark auf 40,2 Mrd. Mark gestiegen.
Die typischen Besteller sind
- 30 bis 50 Jahre alt,
- leben in Haushaltungen mit drei und mehr Personen,
- haben ein Nettoeinkommen von über 3000 Mark und

- wohnen in Städten bis 20.000 Einwohner.

Hohe Wachstumsraten haben die vielen kleinen Sortiments- und Spezialversender, die einen Einzelhandelsmarktanteil von etwa sechs Prozent auf sich vereinigen und bereits 40 Prozent des Versandhandelsumsatzes erwirtschaften.

Problemlösung:
Der Versandhandel ist eine erfolgversprechende Alternative zum stationären Einzelhandel, wenn er sich auf eine relativ wettbewerbsfreie Nische konzentriert – allerdings deutschlandweit. Die künftige Erfolgsregel des Versandhandels ist somit

- ein ganz bestimmtes Spezialsortiment
- für eine ganz bestimmte Kundengruppe
- in einem möglichst großen Verkaufsgebiet.

Das Ziel ist, sich auf ein Kundensegment zu spezialieren, das auf Grund des geringen Volumens innerhalb des Einzugsgebiets eines Fachhandelsgeschäfts oder eines Outlets nicht berücksichtigt werden kann. Beispiele sind hier ausgefallene Marken für Whiskykenner, CDs für die Liebhaber historischer Opernaufnahmen und Buchübersetzungen für Freunde afrikanischer Literatur.
Bisher scheiterten Versandhandels-Inititativen an den relativ hohen Vorlaufkosten für Werbung und Katalogherstellung.
Heute nutzt der Versandhandel jedoch kostengünstig das Internet als Marketinginstrument, als elektronischer Katalog und als Vertriebskanal.
Der erste Schritt für den Start eines Projektes ist, über den Spezialmarkt, seine Kundenstruktur und deren spezifischen Bedürfnisse hohe Kompetenz zu erlangen. Diese vermittelt Sicherheit bei der Zusammenstel-

Uhren, Schmuck, Besteck, Porzellan	+ 8,3 %
Körper- und Gesundheitspflege	+ 7,4 %
Bekleidung	+ 3,8 %
Bücher, Tonträger, Druckerzeugnisse	- 4,1 %
Haus, Haushalt, Garten	- 5,1 %
Gesamt	+ 0,8 %

Versandhandel: Entwicklung des Versandhandels. Umsatzveränderungen 1999 nach Produktsparten (Bundesverband des Deutschen Versandhandels) lung des Kern- und des Nebensortiments sowie der zielgruppenspezifischen Ansprache. Nachdem der spezialisierte Versandhandel von der Mundwerbung lebt, bezieht dies auch Strategien des Empfehlungsmanagements mit ein.

Weiterführende Literatur:
Dorner, Babette: Versandhandelsmarketing, Ansätze zur Kundengewinnung und Kundenbindung, Wiesbaden 1999

Vertriebsproduktivität

Die Leistungsfähigkeit von Vertriebsstrukturen und -prozessen.

Problemfeld:
Unternehmen fehlen Vergleichszahlen zur Optimierung ihrer Vertriebsstrukturen.

Problemlösung:
Dr. Manfred Krafft vom Lehrstuhl für Marketing an der WHU Koblenz hat in einem Vertriebs-Informationspanel für die Investitionsgüterindustrie die entsprechenden Kennzahlen ermittelt.
Demnach ist bei der Zielgröße Abschlusswahrscheinlichkeit das Vertriebsteam besonders erfolgreich, bei dem der Anteil der Mitarbeiter mit bis zu drei Jahren und der mit über zehn Jahren Vertriebszugehörigkeit besonders hoch ist.
Bei den erfolgreichsten Unternehmen

- lag der Neuproduktanteil bei etwa 55 Prozent,
- der Anteil der Neukunden bei knapp 40 Prozent,
- führt ein Vertriebsleiter maximal drei Mitarbeiter,
- betragen die jährlichen Trainingskosten etwa 5000 Mark,
- benötigt der Außendienstmitarbeiter 75 Prozent seiner Arbeitszeit für die Vor- und Nachbereitung seiner Kundenkontakte.

Viral-Marketing

Auch Propagation-Marketing oder Aggregation-Marketing genannt. Ihm liegt das Konzept zugrunde, dass sich Produktbotschaften per Internet wie eine Virusansteckung verbreiten lassen.

Problemfeld:
Marketinginitiativen haben bei den Adressaten eine relativ kurze Wirkungsdauer.

Problemlösung:
Die Kunst des erfolgreichen Viral-Marketings bestehe darin, den Lauffeuer-Prozess mit den strategisch richtigen Mitteln anzustoßen, um dann die Verbreitung automatisiert ablaufen zu lassen. Werkzeuge des Viral-Marketing sind zunächst die eigene Website, Newsletter und insbesondere die Kommunikation via E-Mail.
Bspw. werde der Besucher einer Webseite oder der Empfänger

eines Newsletters direkt angesprochen (»Kennen Sie jemanden, dem diese Informationen auch nützlich sind?«). Dann wird die Seite an die eingegebene E-Mail-Adresse versandt.

■ **Virtual Communities**
Interessensgruppen, die sich unter Internet-Nutzern entwickeln.

Problemfeld:
Wie lassen sich aus der anonymen Masse der Internet-Nutzer Kundensegmente abbilden?

Problemlösung:
Die strategischen Vorteile des Internet als Marketinginstrument liegen in seinen Fähigkeiten, »virtual communities« hervorzubringen. Hierbei handelt es sich um Internet-Nutzer, die sich auf bestimmten Plattformen zum Gedankenaustausch und zur Meinungsbildung treffen. Solche Plattformen sind

- E-Mails,
- Diskussionsforen und
- Newsgroups.

Marketingstrategen prognostizieren, dass sich solche virtuellen Communities zu den erfolgreichsten Marketingkonzepten entwickeln werden. Generell lassen Unternehmen solche virtual communities entstehen, indem sie auf ihren Webseiten entsprechende Themenschwerpunkte setzen. Wirklich erfolgreich sind jedoch Konzepte, in denen nicht der Anbieter sondern die Besucher die Inhalte bereitstellen. Der Anbieter steht im Hintergrund und stellt lediglich die Plattform zur Verfügung.
Das Ergebnis ist für ihn eine Database potenzieller Kunden, die über ein identisches Profil verfügen. Im Laufe der Zeit entwickeln die Community-Mitglieder eine hohe Identifikation zu »ihren« Seiten, der Betreiber erreicht eine hohe Kundenbindung.

Weiterführende Literatur:
Brunold, J.; Merz, H.; Wagner, J.: www.cyber-communities.de – virtual communities: Strategie, Umsetzung, Erfolgsfaktoren, Landsberg 2000

W

■ Wachstumsschwelle
Kritischer Punkt, wenn ein Unternehmen seine Infrastruktur erweitert und Investitionen trifft, um vorhandene Marktchancen zu nutzen oder neue Märkte zu erschließen.

Problemfeld:
Entwicklungssprünge sind mit finanziellen Risiken verbunden, weil neue Investitionen notwendig werden und die laufenden Kosten, bspw. durch den höheren Personaleinsatz, steigen. Ein weiterer Risikofaktor ist das fehlende Know-how für den Wechsel in das neue, ungewohnte Wettbewerbsumfeld.
Wachstumsschwellen führen gerade bei mittelständischen Unternehmen oft zu Krisen. Hier wird häufig versäumt, die dazu notwendigen personellen oder organisatorischen Voraussetzungen zu treffen. Auch wird unterlassen, sich das Know-how anzueignen, das notwendig ist, um sich im neuen Umfeld zu etablieren.

Problemlösung:
Um Wachstumsschwellen zu überwinden, müssen Wachstumsstrategien entwickelt werden. Dazu gehört zunächst eine kritische Bestandsaufnahme im Unternehmen und eine Auflistung aller Voraussetzungen, die erfüllt werden müssen um den neuen Anforderungen zu genügen. Die wichtigste ist das gesteuerte quantitative und qualitative Wachstum des Managements.
Erfolgversprechend beim Übertritt einer Wachstumsschwelle ist das Benchmarking, also die Orientierung an den Infrastrukturen, die sich die Wettbewerber geschaffen haben. Die letzte Phase gilt den Überlegungen, welche Voraussetzungen geschaffen werden müssen, um sich gegenüber diesen Konkurrenten erfolgreich durchzusetzen.

■ Wear-out-Effekt
Abnehmende Beachtung durch den Empfänger, wenn eine Werbebotschaft längere Zeit unverändert bleibt.

Problemfeld:
Schauplakat- und Anzeigenwerbung werden im Laufe der Zeit von der Öffentlichkeit immer weniger wahrgenommen. Die Werbewirkung verpufft.

Problemlösung:
Der Übergang zwischen der Penetration, also der Wiederholung zur Vertiefung der Werbewirkung und dem Wear-Out-Effekt, ist fließend und je nach Werbeziel bzw. Intensität und Medium unterschiedlich.
Ausschlaggebend für die Dauer einer Kampagne ist zunächst der Zeitraum, in dem der Kampagnenanlass aktuell ist, bspw. eine bestimmte Jahreszeit oder ein bestimmter Trend.
Entscheidend ist auch die Art der Kampagne. Für Imagewerbung werden in der Regel bis zu sechs Monate angesetzt, für Produktwerbung etwa ein Vierteljahr.
Schließlich spielt auch die Häufigkeit eine Rolle, mit der die Empfänger mit der Botschaft in Kontakt kommen, bspw. Schaufensterwerbung im Umfeld von Bahnhöfen oder Plakatwerbung an Ausfallstraßen. Bei den Pendlern, an die sie gerichtet sind, zeigt sich ein relativ schneller Gewöhnungseffekt.
Der Wear-out-Effekt lässt sich verzögern, wenn das Penetrations- mit dem Variationsprinzip verknüpft wird. Dies wird bei der Anzeigenwerbung durch eine immer gleiche Grundbotschaft (»Ihr Einkaufsparadies«) und eine aktuelle Zusatzbotschaft (»chic auch im Winter«) erreicht.

■ Werbebotschaften

Die Formulierung des Kundennutzens und der Problemlösungseigenschaften eines Produktes oder einer Dienstleistung.

Problemfeld:
Tag für Tag wird ein Kunde mit etwa 2000 Werbebotschaften konfrontiert. Doch wie lässt sich in dieser Masse eine Heraushebung erreichen?

Problemlösung:
Die wichtigste Regel verbirgt sich hinter dem so genannten KISS-Prinzip: Keep it simple and stupid. Die Werbebotschaft soll so einfach und so verständlich wie möglich formuliert sein: Kurze und klare Sätze mit höchstens acht Wörtern oder kurze Aufzählungen der Details des wichtigsten Werbearguments. Die Begriffe sollen aus dem Erfahrungsschatz des Empfängers stammen und von ihm positiv besetzt sein wie bspw. Geld und Glück, Ruhe und Urlaub.
Der zweite Erfolgsfaktor ist das sog. Kontinuitätsprinzip: Je häufiger der Kunde mit der Botschaft in Berührung kommt, umso mehr prägt sie sich in sein Unterbewusstsein ein. Deshalb

setzen Unternehmen bei ihren Radio- und Fernsehspots auf Penetration, die häufige Wiederholung. Dies gilt auch für die Anzeigenwerbung, wobei es besser ist, mit einem kleinen, einmal festgelegten Anzeigenformat an gleicher Stelle häufig zu werben als gelegentlich mit einer großen Anzeige.

Eine Schlüsselrolle hat das Ordnungsprinzip. Der Leser muss auf dem ersten Blick die Inhalte überschauen können. Dabei wird sein Blick über die Anzeigenfläche geführt, und zwar vom Bild als Blickfang über die Schlagzeile zur Kernaussage und den entscheidenden Informationen.

Das Personalisierungsprinzip sagt aus, dass der werbliche Inhalt einen »Empfehler« haben muss. Dieses Prinzip kann durch eine Personenabbildung erfüllt sein oder durch die Textformulierung, die sich wie eine Empfehlung darstellt.

Beim Plakativprinzip wird ein Gestaltungselement besonders stark herausgestellt. In der Regel handelt es sich um die zentrale Werbeaussage oder ein Motiv, das diese Aufgabe übernimmt. Bspw. kann auch der Angebotspreis besonders plakativ herausgestellt werden. Der Leser gewinnt hierdurch den subjektiven Eindruck, dass das Angebot besonders kostengünstig ist.

Beim Profilierungsprinzip geht es um die Einzigartigkeit, die Unverwechselbarkeit des Erscheinungsbildes. Schon ab einer gewissen Entfernung muss es der Leser eindeutig dem werbenden Unternehmen zuordnen können. Zu dieser Heraushebung dienen außergewöhnliche grafische Elemente oder eine typische Schrift. Allerdings sollten diese Elemente im gesamten Werbemix verwendet werden.

Das Sympathieprinzip ist erfolgsentscheidend, weil es den Empfänger in eine positive Grundstimmung versetzt und ihn zur Zuwendung veranlasst. Sympathie wird erzeugt durch lockeren Aufbau, schlanke Schrift, warme, freundliche Farbtöne große Bilder mit Motiven, die beim Empfänger Idyllen oder Wunschbilder erzeugen.

Das Variationsprinzip sagt aus, dass es besser ist, sich bspw. nur auf eine Botschaft je Anzeigenkampagne zu reduzieren, statt alle Werbeaussagen in einen Anzeigentext zu packen. Es ist auch möglich, die Schlagzeile mit der wichtigsten Aussage beizubehalten und in jeder neuen Anzeige ein anderes Argument zu bringen.

Die Langwirkungsprinzip ist gegeben, wenn die Werbung für den Empfänger zusätzlichen Nutzen bietet, so dass er sie geistig speichert. Solche Nutzen bieten bspw. Expertentipps, Rezepte oder Vergleichsdaten.

Das Zielgruppenprinzip geht davon aus, dass eine Werbebotschaft nicht an alle Zielgruppen gerichtet werden soll, sondern an jedes Kundensegment mit der maßgeschneiderten Botschaft.
Je treffsicherer die Ansprache der Zielgruppe gelingt, desto höher die Werbebeachtung. Um zusätzliche Streuverluste zu vermeiden, sollte bereits in der Frühphase der Werbeplanung durch eine einfache Kundenbefragung im Geschäft das richtige Einzugs- und Werbeverbreitungsgebiet ermittelt werden. Dies erfolgt, noch ehe darüber entschieden wird, welche Werbeträger langfristig eingesetzt werden.

■ Werbegemeinschaft

Unternehmen, die sich zusammenschließen, um zum gemeinsamen Nutzen Marketingstrategien zu planen, zu finanzieren und umzusetzen.

Problemfeld:
Gerade kleinere Unternehmen verfügen nicht über das Knowhow und über die Mittel, um im Wettbewerb die notwendigen Marketingmaßnahmen umzusetzen.

Problemlösung:
Kooperationen mit Unternehmen identischer Interessenslage und identischer Ziele zur Entwicklung gemeinsamer Marketingstrategien, beziehungsweise eines gemeinsamen Werbeauftritts.
Ein herausragendes Beispiel für diesen Weg ist die Internationale Bodensee Tourismus GmbH (IBT), eine Marketinggesellschaft aller Bodenseeanrainer der Schweiz, Liechtenstein, Österreich sowie Deutschland. Ihre Vorbildfunktion für Werbegemeinschaften und Marketingkooperationen hat sie inne, weil sie Wettbewerber als Partner zusammenführt, sie veranlasst, ihre individuellen Leistungen gemeinsam zu vertreiben.
Die IBT wurde gegründet, weil mit rund 20 Millionen Übernachtungen und einem Einnahmevolumen von etwa 5,7 Milliarden Mark der Tourismus für alle Anrainer des Bodensees ein bedeutender Wirtschaftsfaktor und Arbeitgeber ist. Die IBT bezeichnet sich demnach als Destinationsmanagement-Gesellschaft. Das heißt, während bisher mit ortsorientierten Strategien gearbeitet wurde und die Einbindung möglichst aller Interessen in die touristische Arbeit zu den vordringlichsten Aufgaben gehörte, haben sich die Erfordernisse an touristisches Destinationsmarketing in den vergangenen Jahren wie folgt gewandelt:

- Erfolgreiches Tourismusmarketing muss heute immer bei der Definition von Kernkompetenzen einer Destination ansetzen.

- Aus diesen Kernkompetenzen sind Kerngeschäfte zu entwickeln, für die zielgruppengerechte Marketingstrategien entworfen werden.
- Dabei wird Marketing nicht auf »Werbung« reduziert, sondern berücksichtigt sämtliche Marketinginstrumente, also auch die Bereiche Vertrieb und Verkauf.

Das Ziel dieser grenzüberschreitenden Initiative ist, den Bodensee wieder in die erste Reihe der europäischen Ferienregionen aufrücken zu lassen. Die wichtigste Aufgabe der IBT ist vor allem die Bündelung aller Mittel und Aktivitäten für eine schlagkräftige Vermarktung der internationalen Tourismusdestination Bodensee.
Die IBT ist, losgelöst aus traditionellen Verbandsstrukturen, operativ tätig. Sie ist ein Wirtschaftsunternehmen mit der Aufgabe, die Destination Bodensee zu vermarkten.

Ihre Initiativen:
1. Integration bestehender Strukturen der Partner aus den Ländern Österreich, Deutschland, Schweiz und Liechtenstein
2. Gewährleistung einer durchgängigen Informations- und Reservierungssystematik
3. Aufbau einer gemeinsamen Vertriebsplattform
4. Buchbarkeit der Angebote für Reisebüros in den beteiligten Partnerländern
5. Erschließung weiterer Vertriebswege und gezielte Marketingaktionen

Ihre konkreten Aufgaben:
1. Produkt- und Preisgestaltung:
- Koordinierung, Produktion, Vertrieb und Vermarktung der Bodensee-Erlebniskarte als »All-inclusive-Card«.
- Koordinierung eines Anbieterverbundes zum Thema »Familienferien«.
- Einrichtung und Betrieb eines destinationsweiten Informations- und Reservierungssystems.
- Förderung, Betreuung und Koordinierung von Markenbildungen unter der Dachmarke Bodensee.

2. Information und Vertrieb
- Aufbau und Betrieb eines destinationsweiten Informations- und Servicecenters.
- Abwicklung von Kundenkontakten.

3. Marketing, Kommunikation
- Versand von Pressediensten an Reiseredaktionen.
- Durchführung von Pressereisen.
- Betreuung von Journalisten.
- Anzeigenwerbung.
- Durchführung von themenbezogenen Werbekampagnen.

4. Messen/Verkaufsförderung
- Messeauftritte in Stuttgart und Berlin.
- Messeauftritte in Deutschland, den Niederlanden und Italien.

5. Binnenmarketing/ Marktforschung/Statistik:
- Durchführung von Workshops, Seminaren usw.
- Regelmäßige Durchführung von Gästebefragungen.
- Erstellung einer Potenzialanalyse für die Destination mit dem Institut für Demoskopie in Allensbach.

Die wichtigste Voraussetzung einer solchen Kooperation ist, dass das Einzelinteresse nicht gegen das Gesamtinteresse stehen darf. Den Beteiligten war somit klar, dass ein gemeinsamer Erfolg nur erreicht werden kann, wenn ihr die individuellen Erfolgsziele der Fremdenverkehrsorte und der einzelnen Gastronomie- und Tourismusunternehmen untergeordnet werden. Auf dieser Basis war es möglich, dass die Internationale Bodensee Tourismus GmbH als Schlüsselstrategie ein grenzübergreifendes Gästekarten-Konzept entwickeln konnte.

Diese Bodensee-Erlebniskarte ist eine »Alles-inklusiv-Karte« durch die der Kartenkäufer über den Zeitraum der jeweiligen Gültigkeit hinweg freien Eintritt bzw. kostenlosen Transport bei allen Partnerunternehmen erhält. Für die Attraktivität der Karte ist von entscheidender Bedeutung, dass die gesamte Bodensee-Schifffahrt und die Bergbahnen, sowie die frequenzstärksten Tourismusangebote im Bodenseeraum enthalten sind.

Als weitere Partner sind Freizeit- und Erholungsanlagen, Schwimmbäder, Museen, Burgen, Schlösser, zoologische und botanische Gärten etc. beteiligt. Dabei wird ein möglichst flächendeckendes Angebot angestrebt, damit der Gast im Umkreis seines Ferienortes, wo auch immer er sich im Bodenseeraum befindet, ein attraktives Angebot als Inhaber der Erlebniskarte vorfindet.

Diese »Erlebniskarte Bodensee« ist eine Chipkarte neuester Generation. Es handelt sich um eine so genannte Kontaktkarte, die von den Inhabern bei den Leistungserbringern jeweils in ein Akzeptanzterminal eingeführt wird.

Alle Akzeptanzstellen der Karte erhalten ein Lese- und Schreibgerät, mit denen die tatsächlichen Besucherfrequenzen erfasst und gezählt werden können. Für diese Investitionen in Höhe von rund 200.000 Mark trat die Gesellschaft in Vorleistung. Die Daten werden von dort an die Clearingstelle übermittelt und ausgewertet. Die Abrechnung erfolgt nach den

mit den Leistungsträgern abgesprochenen Tarifen, entsprechend der gemessenen Besucherzahlen.
Die Vertriebsstellen dieser Karte sind Tourist-Informationen, Beherbergungsunternehmen, Informations- und Servicecenter der IBT, Kioske und Fahrkartenschalter. Für den Kartenverkauf werden an die Distributoren Provisionen in Höhe von drei Prozent bezahlt.
Ein wichtiger Punkt für solch eine tiefgreifende Kooperationsmaßnahme ist, den Beteiligten klarzumachen, welchen individuellen Nutzen sie von solch einem gemeinsamen Auftritt haben. Diese Überzeugungsphase wurde besonders aufwändig geplant und umgesetzt:

- 60 Vermieterversammlungen wurden organisiert.
- 1.000 Hotelmitarbeiter mit vier animierten Roadshows angesprochen.
- 400 Gespräche mit Leistungsträgern fanden statt.
- 1.000 Mitarbeiter wurden geschult.
- 254 Eingabegeräte wurden installiert.
- 650.000 Informationsbroschüren wurden gedruckt.
- 25.000 Fahrtkilometer legte das Schulungsteam zurück, um all diese Aufgaben zu erfüllen.

Die Hauptargumente bei der IBT in dieser Aufklärungsphase waren

- Mehr Umsatz
- Senkung der Verwaltungskosten
- Zusätzliches Marketinginstrument

Um gruppendynamische Entwicklungen zielorientiert zu steuern wurden zunächst die größten und wichtigsten Leistungsträger gewonnen. Dann wurden, von oben nach unten, die kleineren Unternehmen mit einbezogen.
Tatsächlich ergaben schon die ersten Erfahrungen der Beteiligten, dass die angestrebten Ziele wie z.B. qualitativ hochstehende Service- und Dienstleistungsketten, relativ leicht zu erreichen sind.
Ihnen zeigte sich auch, dass es nur konzentrierte und effektive Marketingaktivitäten möglich machen, Wettbewerbschancen gegenüber anderen Regionen zu verbessern. Vor allem kleinere Anbieter stellten fest, dass sie aufgrund des positiven Imagetransfers durch die »Großen« profitieren, dass sich durch die Karte ihre Frequenzen erhöht haben.

■ Werbegeschenk

Gabe, um beim Kunden Aufmerksamkeit und Sympathie zu wecken und positiv in Erinnerung zu bleiben.

Problemfeld:
Wenn strategische Regeln missachtet werden, können Werbegeschenke einer Geschäftsbeziehung eher schaden.

Problemlösung:
Werbeartikel sind eine Investition in die Kundenbeziehung. Im Mittelpunkt steht die Frage: Mit welchem Präsent können Kunden ans Unternehmen gebunden werden, werden sie zu höheren Umsätzen veranlasst und zu begeisterten Weiterempfehlern?
Hier kommt es nicht in erster Linie auf den Preis des Werbegeschenks an, sondern auf den Aufmerksamkeitswert. Der Mittelpunkt des strategischen Schenkens ist somit das Wissen um die Botschaft, die der Kunde aus einem Geschenk herausliest. Das Geschenk berührt den Kunden, wenn er den Eindruck gewinnt, dass es speziell für ihn ausgesucht wurde. So empfindet es der Kunde als persönliche Wertschätzung, wenn es originell und außergewöhnlich ist oder eine deutliche Beziehung zu ihm hat, bspw. zu einem Hobby oder einer Sportart, die er ausübt.
Entscheidend ist auch der Zeitpunkt des Schenkens. Hohe Aufmerksamkeit erregen Geschenke, wenn sie an einen geeigneten Anlass anknüpfen, bspw. ein Bildband über das Zielland für den bevorstehenden Urlaub des Kunden oder ein Logbuch nach einem absolvierten Segelkurs.

■ Werbewirkung

Das Ergebnis von Werbemaßnahmen bei der anvisierten Zielgruppe.

Problemfeld:
Nur weil eine Werbemaßnahme teuer ist, muss sie nicht unbedingt erfolgreich sein. Doch wie lässt sich die Wirkung von Werbemaßnahmen feststellen?

Problemlösung:
Wer Werbung macht, will auch wissen, ob sie bei den angepeilten Empfängern ankommt. Nicht bei jeder Werbemaßnahme besteht die Möglichkeit, ihren Erfolg an Hand des Response festzustellen. Deshalb bedient man sich bspw. bei der Printwerbung der Anzeigencopy- und Beilagentests, mit denen die Beachtungs- und Lesewirkung von Anzeigen und Prospekten untersucht wird. Denn es sind immer wieder die gleichen Gestaltungsfehler zu beobachten, wenn Handelsanzeigen nur relativ mittelmäßige Beachtungs- und Lesewirkungen erzielen.
Besonders stark hängt der Werbeerfolg davon ab, ob die Werbung Profil, also eine für den Betrieb typische Grundgestaltung zeigt. Dabei sollten folgende Bedingungen erfüllt werden:

- Sie muss sich von den Grundgestaltungen aller anderen Werbetreibenden im Verbreitungsgebiet deutlich unterscheiden (Alleinstellungswirkung),
- sie muss sympathisch wirken und
- sie muss auffallen.

Deshalb sollten bei der Beurteilung der Werbewirkung folgende Kriterien geprüft werden:

1. Wie gut ist die Branche zu erkennen?
2. Wie ansprechend wirkt die Anzeige?
3. Wie auffällig ist die Anzeige?
4. Wie interessant ist die Anzeige?
5. Wie übersichtlich ist die Anzeige?
6. Wie informativ ist die Anzeige?
7. Wie gut ist der Text zu lesen?
8. Hat die Anzeige eine besondere Werbeidee?
9. Ist die Gestaltung unverwechselbar?
10. Kann die Gestaltung auf andere Medien, bspw. der Funk- oder Schauwerbung übertragen werden?
11. Ist die Anzeige eine logische Einheit?

■ **Wertanalyse**
Ermittlung der Kosten, die dafür anfallen, wenn einem Produkt bestimmte Funktionen und Eigenschaften mitgegeben werden.

Problemfeld:
Overengineering, also überflüssige Ausstattung und Leistung erhöhen die Herstellungskosten und senken somit die Wettbewerbsfähigkeit eines Produktes.

Problemlösung:
Bei der Anlayse eines Produktes oder einer Dienstleistung wird ermittelt, welchen Nutzen in welcher Qualität der Kunde tatsächlich benötigt. Entscheidend ist also eine Differenzierung in Haupt-, Neben- oder Hilfs- und überflüssige Funktionen, um die überflüssigen Leistungs- und Qualitätsmerkmale eliminieren zu können.
Im Automarkt zeigt sich, dass sich der Kunde in seiner Kaufentscheidung an Leistungskriterien orientiert, die er nicht oder höchst selten in Anspruch nimmt. In diesem Fall ist es sinnvoll, diese besondere Leistungsfähigkeit oder den besonderen Qualitätsstandard auch deutlich zu kommunizieren.

■ **Wertschöpfungskette**
Alle Aktivitäten eines Unternehmen im Vermarktungsprozess eines Produktes.

Problemfeld:
Unternehmen entwickeln nicht in allen Beschaffungs-, Produktions-, Marketings- und Ver-

triebsfunktionen herausragende Leistungsfähigkeit, um den Wettbewerbsanforderungen zu genügen.

Problemlösung:
Die Wettbewerbsfähigkeit ergibt sich aus der optimalen Umsetzung einer jeden einzelnen Aktiviktät der Wertschöpfungskette. Bei der Wertschöpfungskettenanalyse zeigt sich, bei welcher Aktivität jeweils das Unternehmen Kernkompetenz verfügt, also aus der Kunden- beziehungsweise Marktperspektive eine überragende Effizienz erreicht. Die Positionierung umfasst sowohl die Primäraktivitäten, die Prozessabschnitte, als auch die Sekundäraktivitäten, also die Aufgaben, die für die Abwicklung des Gesamtsystems notwendig sind.
Im nächsten Schritt werden in Form einer Stärken-/Schwächenanalyse die weniger ausgeprägten Kompetenzen dahingehend untersucht, ob es sich rechnet, diese aufzubauen oder ob es wirtschaftlicher ist, auf die Kompetenzen von Dienstleistern zurückzugreifen (Outsourcing).

Weiterführende Literatur:
Hughes, Jon; Ralf, Mark; Michels, Bill: Supply Chain Management, So steigern Sie die Effizienz Ihres Unternehmens durch perfekte Organisation der Wertschöpfungskette, Landsberg 2000

■ Wissensmanagement

Das Zusammenführen, Verknüpfen und Auswerten der im Unternehmen und dessen Mitarbeiter vorhandenen Informationen und Erfahrungen zur Optimierung der Marktchancen.

Problemfeld:
Falsche Marktentscheidungen haben für Unternehmen existenzbedrohende Auswirkungen, vor allem wenn sie
- Neuproduktentwicklungen,
- Erweiterung des Dienstleistungsangebots und
- Festlegen neuer Investitionschwerpunkte betreffen.

Andererseits werden Führungskräfte mit immer schneller werdenden Entscheidungszyklen konfrontiert. Wie können sie zu ihrer Entscheidungfindung alle maßgebenden Faktoren einbeziehen? Wie können sie die Informationen, an denen sich ihre Entscheidung orientiert, möglichst schnell einholen, analysieren und bewerten?

Problemlösung:
Das Know-how des einzelnen Mitarbeiters und all die Informationsquellen, die ihm zur Verfügung stehen sowie alle Informationen, alle »harten« und »weichen« Faktoren, die im Unternehmen anfallen oder empfangbar sind, werden für sich allein und in aufbereiteter Form

allen Mitarbeitern zugänglich gemacht.
Ein herausragendes Beispiel, wie Wissensmanagement umgesetzt werden kann, bietet die deutsche Tochtergesellschaft des amerikanischen Computerhardware-Herstellers Hewlett-Packard (HP). Sie befasst sich mit Wissensmanagement, weil es in der schnelllebigen Informations- und Kommunikationsindustrie mit ihren zum Teil extrem kurzen Produkt- und Innovationszyklen ausschlaggebend ist, Entscheidungen, die weit in die Zukunft gerichtet und mit erheblichen Investitionsrisiken verbunden sind, durch alle verfügbaren Informationen, Kenntnissen und Wissen abzusichern.
Zur Umsetzung werden mehrere Verfahren und Techniken verwendet:
Bspw. die strategische Frühaufklärung, bei der die so genannten »Schwachen Signale« verarbeitet werden. Schwache Signale sind Informationen, die das gesamte Unternehmensumfeld betreffen. Es handelt sich hier um Erfahrungen, Erkenntnisse und Rückschlüsse, die von den Mitarbeitern dokumentiert, bewertet und mit anderen Signalen in Zusammenhang gesetzt werden. Der kritische Punkt hier ist die Qualität dieser schwachen Signale. Zwar steht eine Vielzahl von Quellen zur Verfügung. Doch ist es schwierig, die daraus resultierenden Signale richtig einzuordnen.
Ein Projektteam befasste sich zunächst mit der Frage, wie die Qualität dieser schwachen Signale verbessert werden kann. Es kam zu dem Schluss, zunächst für den Bereich Dienstleistungen ein Online-Wissensmanagement-System zu entwickeln.
Dieses System soll die folgenden drei Ziele erreichen:

- Minimierung des Risikos bei Entscheidungen.
- Ein frühzeitiges Erkennen von Risiken und Chancen.
- Ein Zeit- und Informationsvorsprung vor den anderen Markteilnehmern.

Besonderer Wert wurde darauf gelegt, die Mitarbeiter in die Wissensbewertung mit einzubeziehen. Das System soll deshalb

- Für jeden Nutzer den Strom der internen und externen Informationen überwachen.
- Zugriff auf das aktuelle Wissen der anderen Benutzer bieten.
- Dazu soll jeder Mitarbeiter aus seinem Arbeitsgebiet Informationen erhalten und weitergeben können.

Das Konzept, das im Unternehmen HP »Electronic Market Information Broker« genannt wird, wurde dreistufig ausgelegt und zwar mit

- Informationsbeschaffung,

- Informationsbewertung und
- Informationstransport.

Die Bedingung war, dass jeder Benutzer den Informationsstrom regelt, nutzen kann und anderen zur Nutzung zur Verfügung stellt.
Das System sollte keine hierarchischen Beschränkungen aufweisen, sodass jeder Mitarbeiter alle Informationen seines Arbeitsgebietes erhalten und weitergeben kann.
Dies hat einen wichtigen Grund: Eine Verschmelzung aller Informationen aus den unterschiedlichsten Quellen bietet die besten Chancen,

- ein möglichst scharf umrissenes Gesamtbild zu erhalten.
- aus diesem Gesamtbild eine möglichst frühzeitige und sichere Entscheidung zu treffen.

Die beiden Ausgangspunkte der Projektrealisierung waren

- das unternehmenseigene Netzwerk (Lotus Notes).
- das bestehende Grundkonzept eines Knowledge Management Systems.

Die Umsetzungsschritte:

1. Die Definition der originären Informationsquellen.
2. Das Erstellen eines so genannten Knowledge Trees, eines Funktionsbaumes, der die Themen in Form von Ästen und Zweigen in Rubriken und Unterrubriken ordnet.
3. Mechanismen zur Klassifzierung der Informationen.

Der Testbetrieb wurde zunächst mit 50 Nutzern gestartet. Nachdem das Pilotprojekt zur allgemeinen Zufriedenheit ablief, wurde das Konzept unverändert auf das gesamte Unternehmen ausgedehnt.
Als Informationsquellen wurden unter anderem bestimmt:

- IT-Fachzeitschriften
- Wirtschaftspublikationen
- Tageszeitungen
- Studien
- Newsdienste von Marktforschern
- Unternehmenseigene Newsletter
- Das HP-Intranet
- Bestimmte Internet-Adressen
- Mitarbeiter, bspw. in Bezug auf Kunden-, Tagungs-, Seminar- und Messebesuche.

Die Funktion des HP-Wissensmanagement-Systems:

1. Der jeweilige Mitarbeiter definiert sein Benutzerprofil, damit er nur die Informationen erhält, die er für seine Tätigkeiten benötigt. Entsprechend gefiltert ist das Informationsangebot, das er erhält, nachdem er sich im System angemeldet hat. Seinem Benutzerprofil entsprechend werden die Informationen

zudem noch in einer bestimmten Wertigkeit zur Verfügung gestellt.

2. Jetzt kann der Nutzer die Informationen für sich auswerten. Ist eine Information für ihn nicht relevant, kann er sie aus dem Angebot löschen. Er kann die erhaltenen Informationen aber auch klassifizieren, und zwar in den vier Stufen unwichtig, weniger wichtig, wichtig, sehr wichtig. Außerdem kann er eine Information mit anderen Themenbereichen verknüpfen, wenn der Nutzer entsprechende Zusammenhänge erkennt.

Betrifft eine Information bspw. das Thema »Hardwarewartung« und ergibt sich eine Verbindung zum Themenbereich »Server«, so kann er mit der Eingabe des entsprechenden Stichworts die Verknüpfung schaffen. Dadurch wird diese Information sowohl den Mitarbeitern angeboten, die für Hardwarewartung zuständig sind, wie auch denjenigen, für die Server von Bedeutung sind.

Die Ergebnisse bei HP: Nach einer Umfrage bei Entscheidern hat sich die Quantität und Qualität der Informationen für die strategische Frühaufklärung spürbar verbessert. Von ihnen wurde auch bestätigt, dass bspw. Überlegungen, wann welche Produkte wie auf den Markt gebracht werden sollen, auf einer erheblich sicheren Grundlage erfolgen können.

Weitere Ergebnisse der Umfrage:

- Die Mitarbeiter sind über die Vorgänge im Unternehmen weitaus besser informiert als dies vor der Einführung der Fall war.
- Wenn sich ein HP-Verkäufer auf einen Kundenbesuch vorbereitet, dann ist es ihm zur Gewohnheit geworden, sich im System über dessen finanzielle Performance oder dessen bestehende IT-Ausstattung zu informieren.
- Die Mitarbeiter arbeiten effizienter, weil sie die Informationen nicht mehr selbst sammeln und filtern müssen, sondern nur noch die erhalten, die sie wirklich benötigen.
- Der elektronische Informationsbroker schließt die »Informationsverteilung auf Verdacht aus«, weil klare Strukturen vorhanden sind.
- Das System trägt zur Teambildung bei, weil jeder gleichermaßen davon profitiert, dass von allen Informationen gesammelt und weitergeleitet werden.
- Die Entscheidungsfindung wurde in Bezug auf ihre Qualität und ihre Zeitdauer erheblich verbessert.
- Die Motivation der Mitarbeiter hat sich wesentlich verbessert, weil sie in den Meinungsbildungsprozess des Unternehmens mit einbezogen sind.

Allerdings bringt die Einführung von Wissensmanagement einen Mehraufwand für die Mitarbeiter und den Druck, die Informationen auszuwerten und in Folge die notwendigen Initiativen zu ergreifen. In Unternehmen mit negativer Unternehmensstruktur kann ein Wissensmanagement-System Konflikte bringen, da Mitarbeiter bspw. mittels zurückgehaltener oder gezielt lancierter Informationen Entscheidungen beeinflussen können.

Zielgruppenerweiterung
Die Erschließung neuer Abnehmer- oder Konsumentengruppen.

Problemfeld:
Jeder Markt beziehungsweise jedes Kundensegment hat eine spezifische strukturelle und konjunkturelle Entwicklungslinie. Konzentriert sich ein Lieferant auf nur einen Markt oder nur eine Kundengruppe, gerät er ebenfalls in diese Abhängigkeit.

Problemlösung:
Hierzu gibt es einige Möglichkeiten, mehrere Märkte anzusprechen: Ein Lieferant kann in seinem bestehenden Geschäftsfeld neue Märkte ansprechen, er kann dazu sein Sortiment modifizieren, sein Sortiment ausweiten oder er kann es mit produktbegleitenden Dienstleistungen anreichern. Außerdem kann er ein zusätzliches Geschäftsfeld einrichten, das er im Zusammenspiel mit seinem bestehenden Geschäftsfeld betreiben kann.

Beispiel: Ein Sanitärhändler nimmt Fliesen mit in sein Angebot. Dadurch erreicht er nicht nur Badrenovierer und Badeinrichter, sondern generell alle Hausbauer und Hausrenovierer. Er kann aber auch Produkte der obersten Preisklasse mit ins Sortiment legen. Dann erreicht er über sie zusätzlich noch Kunden der oberen Einkommensklassen.
Der Einstieg in die neuen Märkte erfordert jedoch begleitende Marketingstrategien. An erster Stelle steht hier die Marktforschung. Sie muss klären, ob die anvisierten Märkte die nötigen Ertragsstärken und Volumina aufweisen. Dann folgt die Konkurrenzforschung. Mit ihr zeigt sich, ob und wie diese Märkte im Einzugsgebiet von Wettbewerbern bedient werden.
Das Marketingkonzept hat die Aufgabe, die neu anvisierten Zielgruppen von der besonderen Kompetenz des Unternehmens zu überzeugen. Hat bspw. ein Unternehmen bisher nur

Kunden der mittleren Einkommensschichten bedient, dann muss es jetzt bei den oberen Einkommensklassen hoffähig werden. Dies kann unter anderem dazu fühen, dass das Unternehmen künftig in entsprechend gestalteten Geschäftsräumen seine Luxus-Kompetenz darstellen muss.

In der weiteren Folge muss die Marketingkonzeption geteilt werden, denn jede Zielgruppe muss mit ihrem spezifischen Problemfeld und in ihrer Sprache in ihren Medien erreicht werden.

■ Zielgruppenorientiertes Marketing

Stratregie, um potenzielle Kunden mit identischem Ertragswert-, Kommunikations- und Bedürfnisprofil zusammenzufassen.

Problemfeld:

Je allgemeiner ein Produkt spezifiziert bzw. ein Problemlösungsangebot dargestellt ist, umso geringer ist die Chance, dass sie die spezifischen Bedürfnisse des einzelnen Kunden erfüllen.

Problemlösung:

Der Wechsel vom Schrotflintenkonzept mit breiter Streuung zum Scharfschützenkonzept.

Beim zielgruppenorientierten Marketing werden die Kunden möglichst fein segmentiert. Die Kriterien, nach denen die Sortierung erfolgt, beziehen sich zunächst auf den Kundenwert: Welche Kunden mit welchen Profilen bringen dem Unternehmen langfristig die höchsten Erträge?

Ausschlaggebend sind somit die Umsatzpotenziale, die sie versprechen, die Akquistions- und die Handlingskosten, die sie verursachen, außerdem die Wettbewerbssituation auf diesen Kundenmärkten sowie die eigene Kompetenz, diese Gruppen besser zu bedienen, als es die Wettbewerber können.

Dann werden diese Wunschzielgruppen nach ihren Kundenprofilen unterteilt:

- welche Nutzenanforderungen sie an das Produkt stellen,
- welchen begleitenden Service sie benötigen,
- welchen Kaufpreis sie zu zahlen bereit sind,
- welche Vertriebskanäle sie nutzen,
- mit welchen Problemlösungsargumenten sie angesprochen werden wollen,
- mit welchen Kommunikationsmedien sie erreichbar sind.

Nach diesen Kundenprofilen lässt sich für jedes Segment eine maßgeschneiderte Marketingstrategie entwickeln.

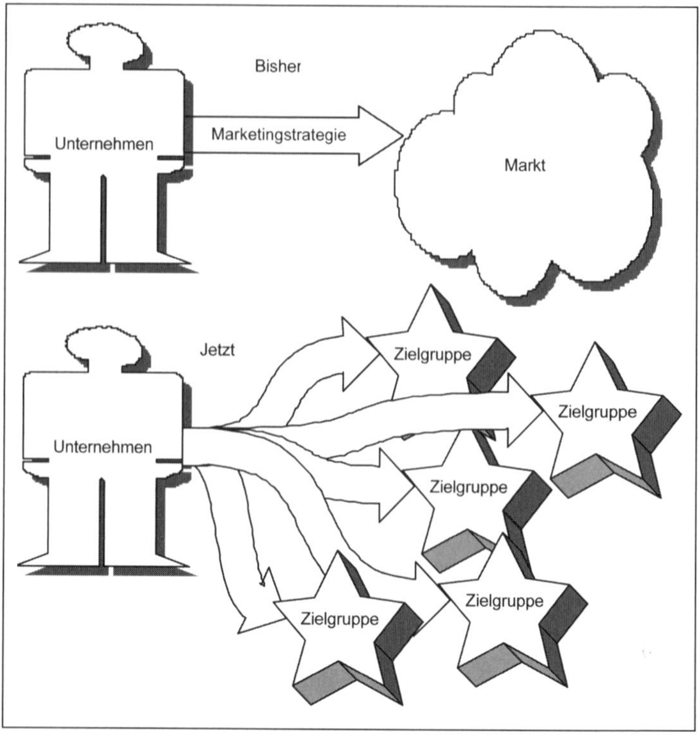

Zielgruppenorientiertes Marketing: Spezifische Bedürfnisbefriedigung der einzelnen Kunden durch exakte Zielgruppensegmentierung

■ **Zugartikel**
Aus aktuellem Anlass werblich besonders herausgestellte Produkte.

Problemfeld:
Der Handel benötigt Produkt-Highlights, um die Aufmerksamkeit der Kunden zu wecken und sie an das Hauptsortiment heranzuführen.

Problemlösung:
In der Regel haben Zugartikel saisonale Anlässe. Typisch sind hier Apotheken, die in den ersten heißen Frühlingstagen ihr Angebot an Sonnenmilch, beim beginnenden Herbst ihr Sortiment an Kräutertees besonders herausstellen. Für die Zugartikel-Strategie gibt es aber auch regelmäßig widerkehrende lokale Anlässe, wie bspw. das Ok-

toberfest in München und der Karneval in Köln. Zu den Zugartikeln zählt aber auch die teilweise saisonal gebundene Aktionsware, die von Filialketten wie Tschibo, Aldi und Norma angeboten werden.
Die Erfolgsregel der Zugartikel-Strategie ist, Anlässe zu suchen, die geeignet sind, um bestimmte Artikel besonders herauszustellen. Für die Sportartikelbranche sind dies bspw. herausragende Erfolge deutscher Teams, für die IT-Branche neue technische Entwicklungen.

■ Zuliefererkooperation

Zusammenarbeit von Zulieferer und Hersteller zur Optimierung der Prozesse und zur Verbesserung der Marktchancen.

Problemfeld:
Geschäftsfbeziehungen, bei denen der reine Warenabsatz im Vordergrund steht, bringen dem Lieferanten keine nennenswerten Markterfolge mehr.

Problemlösung:
Die Zuliefererkooperation steht unter dem Gedanken, dass ein Lieferant vom wirtschaftlichen Erfolg seines Kunden abhängig ist. Auf diesen Erfolg kann er durch Zusammenarbeit Einfluss nehmen. Typisch sind hier Innovationspartnerschaften:
Zulieferer und Hersteller verknüpfen ihr Know-how, um in möglichst kurzer Zeit und mit möglichst geringem Kostenaufwand neue, marktfähige Produkte zu entwickeln.
Ein weiteres gemeinsames Ziel ist die Senkung der Prozesskosten durch Reduzierung oder Straffung von Prozessstufen. So kann ein Online-Datenaustausch die Just-in-Time-Anlieferung ermöglichen. In der Automobilindustrie sind solche Kooperationen besonders weit fortgeschritten. Teilweise sind die Zulieferer auf dem Firmengelände der Autohersteller angesiedelt. Sie werden von Anfang an in die Entwicklung neuer Fahrzeugmodelle mit einbezogen. Außerdem liefern sie nicht mehr nur einzelne Fahrzeugteile, sondern komplette Baumodule.
Eine Zuliefererkooperation ist dann langfristig stabil, wenn sie nach den Regeln des Zweigewinnerprinzips aufgebaut ist: Alle Beteiligten profitieren aus der Partnerschaft im gleichem Maße.

■ Zusatznutzen

Heraushebung aus dem Wettbewerb durch Leistungen, die über den Grundnutzen eines Produktes hinausgehen.

Problemfeld:
Es wird immer schwieriger, über eine Differenzierung des eigenen Angebots eine Bindung und Vertrauensbasis zu den Kunden aufzubauen.

Problemlösung:
Produkte und Dienstleistungen sollen durch Zusatznutzen Alleinstellungen erhalten. Der erste Schritt hierzu ist, festzustellen, welcher Zusatznutzen vom Kunden gewünscht wird und deshalb willkommen ist. Dieser Zusatznutzen soll so schlagkräftig sein, dass er im Wettbewerbsumfeld für den Kunden zum letzten, entscheidenden Auswahlkriterium wird. Ein Beispiel hierfür ist die DBV-Winterthur Krankenversicherung AG. Sie führte ein Krankenversicherungsprodukt mit vertraglichem Anspruch des Versicherten auf medizinischen Service ein. Durch die Umfrage des Marktforschungsunternehmens Infratest-Burke war dem Versicherer bekannt, welche Bedürfnisse seine Kunden hatten. Darauf sollte das Team im Call Center gezielt eingehen. Bspw. fehlt den Patienten das nötige medizinische Wissen, um die Diagnose ihres Arztes beurteilen zu können. Verschafft die geplante Behandlung Besserung? Gibt es wirkungsvollere Therapien?
Ein weiterer ausschlaggebender Punkt ist, dass der Zusatznutzen eines Produktes sogar zu Kosteneinsparungen dienen kann. Beim Modell der DBV-Versicherung steckt der Gedanke dahinter, dass durch den Service die Aufwendungen für den Versicherungsanbieter durch unnötige Doppeluntersuchungen reduziert werden.
Zusatznutzen soll aber auch imagefördernd wirken. Durch die Verbindung von Versicherungsschutz und einer neuen Form der Kunden-Beratung erreicht dies die DBV-Versicherung mittels folgender Strategien:

- Die intensive Betreuung in medizinischen Fragen sollte das Vertrauensverhältnis zwischen Kunde und Versicherer aufbauen.
- Der Versicherer will nicht nur als reine Leistungsabwicklungsstelle auftreten, sondern sich als nutzenstiftender Dienstleister profilieren.

Im ersten Schritt wurde ein Call Center eingerichtet, dessen Mitarbeiter den medizinischen Beistand leisten sollen. Elf Mediziner verschiedener Fachrichtungen und neun Gesundheitsberaterinnen beantworten die Telefonanfragen der Versicherten an fünf Tagen in der Woche von 7 bis 22 Uhr. Die Dienstleistungen des Call Centers sind mit den Versicherungsprämien abgegolten, der Service für den »Visions«-Kunden ist daher gebührenfrei.
Solch ein Zusatznutzen soll jedoch nicht in die Rechte des Kunden eingreifen, bspw. in Beziehung auf den Datenschutz. Deshalb erhielt das medizini-

sche Call Center die Rechtsform einer unabhängigen GmbH, um solche Interessenkollisionen von vorneherein auszuschließen. Diese Gesellschaft für Gesundheitsservice (MCS) ist sowohl räumlich als auch administrativ von der DBV-Winterthur getrennt. Der Datenfluss funktioniert nur vom Versicherungsträger zum Call Center. Das soll der Qualitätssicherung dienen. Denn die Mediziner können, wenn der Versicherte eine Datenschutz-Erklärung abgegeben hat, auf die Krankengeschichte zugreifen, die über die Abrechnungen in der Versicherung dokumentiert ist. Die Sachbearbeiter der DBV-Winterthur können jedoch aus Datenschutzgründen nicht auf die EDV des Call-Centers zugreifen.

Solch ein Service darf aber auch nicht gegen Wettbewerbsregeln o.ä. verstoßen. Deshalb geben die Mediziner am Telefon keine Ferndiagnosen und Therapieempfehlungen. In der Praxis werden unterschiedliche Diagnose- und Therapiemöglichkeiten erläutert. So können 80 Prozent der Anfragen sofort am Telefon beantwortet werden. Häufig geht es um Terminvermittlungen, Fragen zum Beipackzettel, zu Impfungen und Reisemedizin oder zu Fitness. In Zweifelsfällen spricht der Call-Center-Mediziner direkt mit dem behandelnden Arzt oder holt eine ärztliche Zweitmeinung ein.

Auschlaggebend bei solch einem Zusatzservice ist, dass er umfassend seinen Zweck erfüllt. Bei der DBV Winterthur wird dies unter anderem durch eine umfangreiche Datenbank erreicht. Bei der Frage nach Adressen von Fachärzten und Kliniken nutzt die MCS eine Datenbank mit Qualifikationsangaben zu mehr als 100.000 niedergelassenen Ärzten, 48.000 Zahnärzten, 2.500 Kliniken, 16.500 Therapeuten aller Fachrichtungen und 5.000 Beratungsstellen und Selbsthilfeorganisationen.

Das Problem eines solchen Zusatzservice ist, dass er zwar umfassend nutzbar sein muss, doch er soll auch ausgelastet sein. Deshalb wird das medizinische Call Center auch den Ärzten der Versicherten angboten. Sie können über ihre Kollegen des MCS auf die weltweiten medizinwissenschaftlichen Datenbanken zugreifen.

In der Regel hat ein Unternehmen zwar Kompetenz in Bezug auf sein Produkt, jedoch häufig nicht in Bezug auf den Zusatzservice. Die DBV-Winterthur hat sich deshalb für eine Zusammenarbeit mit der Deutschen Klinik für Diagnostik (DKD) in Wiesbaden entschieden. Diese verfügt über 93 Spezialisten verschiedener medizinischer Fachrichtungen.

Zwischenhandel
Prozessstufe beim Vertrieb einer Ware oder einer Dienstleistung.

Problemfeld:
Um ein Produkt direkt an den Endanwender zu bringen, fehlt es den Herstellern am nötigen Know-how und zur Distribution an der ausreichenden Infrastruktur.

Problemlösung:
Je nach Art des Distributionsnetzes bietet der Zwischenhandel dem Hersteller Vorteile auf verschiedenen Ebenen. Vor allem können mit relativ geringem Investitionsaufwand Märkte erschlossen bzw. neue Produkte auf den Markt geworfen werden.
Weitere Vorteile sind bspw.:

- Marktnähe: Der Vertriebspartner vor Ort verfügt über Kenntnisse und Erfahrungen seines lokalen Marktes. Deshalb kann er das Zielgruppenmarketing des Herstellers entsprechend anpassen.
- Kundennähe: Er befindet sich vor Ort beim Kunden und kann sich deshalb um die einzelne Kundenakquistion kümmern.
- Er veredelt das Angebot des Herstellers durch produktbegleitende Dienstleistungen.
- Durch seinen Sortimentsmix führt er den Kunden an die Produkte des Herstellers heran.
- Er bietet die Waren des Herstellers in bedarfsgerechten Losgrößen an.

Eine zwischengeschaltete Distributionsebene kann aber auch Nachteile bringen. So reduziert sich der Einfluss des Herstellers darauf, wie und an wen seine Produkte vertrieben werden. Deshalb wählt er Partnerschaftsformen, in denen er seine Marketingstrategien möglichst bis zum Verbraucher steuern kann und Marktinformationen möglichst ungefiltert zu ihm zurückgelangen. Am Gebräuchlichsten sind hier Vertragshandels- beziehungsweise Franchisepartnerschaften.

Literaturhinweise

Altmann, Hans Christian: Kunden kaufen nur von Siegern, 4. Auflage, Landsberg 2000

Backhaus, Klaus, Büschken, Joachim, Voeth, Markus: Internationales Marketing, 3. überarb. u. erw. Auflage, Stuttgart 2000

Backhaus, Klaus: Industriegütermarketing, 5. überarb. u. erw. Auflage, München 1997

Berndt, Ralph, Fantapié Altobelli, Claudia, Sander, Matthias: Internationales Marketing-Management, Berlin 1999

Bruhn, Manfred: Marketing, 4. überarb. Auflage, Wiesbaden 1999

Colbert, F.: Kultur- und Kunstmarketing, Berlin 1999

Eisenmann, Hartmut, Reuthal, Klaus-Peter: Lexikon Marketing-Recht, Landsberg 1998

Erber, Sigrun: Eventmarketing, Landsberg 2000

Fischbach, Sven: Lexikon der Wirtschaftsformeln und Kennzahlen, Landsberg 1999

Fritz, Wolfgang (Hrsg.): Internet-Marketing, Stuttgart 1999

Großklaus, Rainer, Didszun, Christina: Das How-to-Buch Marketingplan, Landsberg 1999

Großklaus, Rainer, Didszun, Christina: Die 122 besten Checklisten Kundenorientierung, Landsberg 1999

Herrmann, Andreas: Produktmanagement, München 1997

IFAM Institut für angewandte Marketing-Wissenschaften BDU: Die 199 besten Checklisten für Ihr Marketing, 2. Auflage, Landsberg 2000

Kleinaltenkamp, M., Plinke, W. (Hrsg.): Markt- und Produktmanagement, Berlin 1999

Kotler, Philip, Bliemel, Friedhelm: Marketing-Management, 9. überarb. u. akt. Auflage, Stuttgart 1999

Kroeber-Riel, Werner, Weinberg, Peter: Konsumentenverhalten, 6. überarb. Auflage, München 1996

Lewis, Herschell Gordon: Werbebriefe mit Power, 4. Auflage, Landsberg 2000

Link, Jörg, Tiedtke, Daniela (Hrsg.): Erfolgreiche Praxisbeispiele im Online Marketing, Berlin 1999

Meffert, Heribert, Bruhn, Manfred: Dienstleistungsmarketing, 3. überarb. Auflage, Wiesbaden 1999

Meffert, Heribert: Marketing, 8. überarb. u. erw. Auflage, Wiesbaden 1998

Misner, Ivan R.: Marketing zum Nulltarif, Landsberg 1999

Muther, A.: Electronic Customer Care, Berlin 1999

Scharnbacher, Kurt, Kiefer, Guido: Kundenzufriedenheit, 2. Auflage, München 1998

Unger, F., Durante, N.-V., Gabrys, E., Koch, R., Wailersbacher, R.: Mediaplanung, 2. überarb. u. erw. Auflage, Berlin 1999

Unger, Fritz, Fuchs, Wolfgang: Management der Marktkommunikation, 2. überarb. u. erw. Auflage, Berlin 1999

Winkelmann, Peter: Marketing und Vertrieb, 2. überarb. u. erw. Auflage, München 2000

Autor

Wolfgang Kappeller ist Wirtschaftsredakteur und hat sich auf die Themenbereiche Marketing und Vertrieb spezialisiert. Er war jahrelang als stellvertretender Chefredakteur bei namhaften Fachpublikationen der Wirtschaftspresse tätig.

Heute ist er Herausgeber der Publikation »Case Studies«, die Fallbeispiele erfolgreicher Marketing- und Vertriebsstrategien veröffentlicht. Außerdem leitet er seine eigene Marketing-Fachredaktion PROFITEXT. Deren Kompetenz liegt in der Betreuung von Branchen- und Spartenzeitschriften.

Schlagwortverzeichnis